Egbert Brieskorn (Hrsg.)

Felix Hausdorff zum Gedächtnis

Band I

Felix Hausdorff im Arbeitszimmer seines Hauses in Bonn,
Hindenburgstraße 61, im Juni 1924.

Egbert Brieskorn (Hrsg.)

Felix Hausdorff zum Gedächtnis

Band I
Aspekte seines Werkes

Die Deutsche Bibliothek – CIP-Einheitsaufnahme

Felix Hausdorff zum Gedächtnis / Egbert Brieskorn (Hrsg.). –
Braunschweig; Wiesbaden: Vieweg.
NE: Brieskorn, Egbert [Hrsg.]
Bd. 1. Aspekte seines Werkes. – 1996
   ISBN-13: 978-3-322-80277-4   e-ISBN-13: 978-3-322-80276-7
   DOI: 10.1007/978-3-322-80276-7

Bildnachweis: Seite II
Photograph: Ludwig Hogrefe
Das Original, ein Stereobildpaar, befindet sich im Nachlaß von Felix Hausdorff
in der Handschriftenabteilung der Universitäts- und Landesbibliothek Bonn.

Gedruckt auf säurefreiem Papier

Inhalt

Einleitung

Egbert Brieskorn

Es gibt wohl kaum einen Mathematiker, der nicht den Namen Hausdorff kennt. Was ein Hausdorff-Raum ist, weiß wohl jeder, und die meisten kennen vermutlich weitere mit diesem Namen verbundene mathematische Gegenstände, etwa das Hausdorffsche Paradoxon oder die Baker-Campbell-Hausdorff-Formel oder die Hausdorff-Maße und die Hausdorff-Dimension. Andererseits gibt es wohl nur wenige Mathematiker, die das gesamte Werk Felix Hausdorffs in seinem Umfang und seinem inneren Zusammenhang überblicken können. Zum einen umfaßt dieses Werk nämlich nicht nur mathematische Arbeiten, sondern auch philosophische und literarische: zwei Bücher, einen Gedichtband, ein Theaterstück und eine Reihe von Essays, die Hausdorff unter dem Pseudonym Paul Mongré veröffentlicht hat. Zu diesem Teil von Hausdorffs Werk haben bisher wohl nur sehr wenige Mathematiker einen Zugang gefunden. Zum andern aber ist es auch bei Beschränkung auf das mathematische Werk zur Zeit kaum möglich, dieses als Ganzes in seinem inneren Zusammenhang, seiner Einbettung in den historischen Kontext und in seiner Wirkung zu überschauen.

Dafür gibt es mehrere Gründe. Wer etwa die Wirkungsgeschichte von Hausdorffs Werk untersuchen will, steht vor dem Problem einer kaum zu begrenzenden Fülle von Material. Hausdorff hat durch seine Arbeiten und besonders durch sein 1914 erschienenes Buch „Grundzüge der Mengenlehre" wesentlich dazu beigetragen, daß die von Georg Cantor geschaffene Mengenlehre zum Fundament der gesamten Mathematik wurde. Er hat in diesem seinem Hauptwerk insbesondere die mengentheoretische Topologie so entwickelt, wie es das strukturelle Denken der modernen Mathematik erfordert. Nicolas Bourbaki stellt dazu fest:

„Mit Hausdorff beginnt die mengentheoretische Topologie, so wie wir sie heute verstehen. Auf den Umgebungsbegriff zurückgreifend verstand er es, unter den Hilbertschen Axiomen über Umgebungen in der Ebene diejenigen herauszugreifen, die seiner Theorie gleichzeitig die wünschenswerte Präzision und die erwünschte Allgemeinheit gaben. Das Kapitel, in dem er die Folgerungen daraus entwickelt, ist immer noch ein Vorbild für eine axiomatische Theorie, die abstrakt, doch von vornherein auf die Anwendungen eingestellt ist."

Die gleichzeitig allgemeine und präzise außerordentliche Erweiterung des Raumbegriffs, die durch diese Theorie zur Verfügung gestellt wurde, hat in den vergangenen achtzig Jahren in allen Gebieten der Mathematik und darüber hinaus auch in anderen Wissenschaften eine solche Fülle von Anwendungen hervorgebracht, daß deren Darstellung den Rahmen jeder vernünftig begrenzten Wirkungsgeschichte sprengen würde.

Jene eigentümliche Verbindung von großer Allgemeinheit mit einer Präzision, welche eine feine Abstimmung eines Spektrums von Begriffen bei Anwendungen auf sehr verschiedenartige komplexe Situationen ermöglicht, kennzeichnet auch eine andere bedeutende Leistung Hausdorffs, die heute in vielen Zusammenhängen, besonders in der höheren Analysis, von grundlegender Bedeutung ist. Gemeint ist die Arbeit „Dimension und äußeres Maß" aus dem Jahre 1918. In dieser Arbeit führte Hausdorff eine Klasse von Maßen ein, die man heute Hausdorff-Maße nennt. Implizit erhält die Arbeit einen völlig neuartigen Dimensionsbegriff. Die neue, für Teilmengen metrischer Räume definierte Dimension heißt heute Hausdorff-Dimension. Sie muß als Werte nicht mehr natürliche Zahlen haben, sondern kann als Wert jede nichtnegative reelle Zahl annehmen. In seiner Arbeit konstruiert Hausdorff für jede natürliche Zahl n und für jede reelle Zahl p zwischen 0 und n Teilmengen des n-dimensionalen euklidischen Raumes mit der Hausdorff-Dimension p.

Die Zeichnung auf dem Umschlag dieses Buches – sie stammt aus Hausdorffs „Mengenlehre" von 1927 – zeigt ein Beispiel für eine derartige Konstruktion. Die unendliche Fortsetzung des Prozesses, dessen erste drei Stufen die Zeichnung darstellt, führt zu einem ebenen Jordanbogen mit der Hausdorff-Dimension $ln(2)/ln(\tau)$. Dabei ist $\tau = (\sqrt{5}+1)/2$.

Die Arbeit „Dimension und äußeres Maß" hat eine außerordentliche und immer noch anhaltende Wirkung gehabt, und schon die Darstellung aller Wirkungen dieser einen Arbeit wäre von einem einzelnen Mathematiker oder Mathematikhistoriker kaum zu bewältigen.

Fragt man, was Hausdorff zu solchen weit in die Zukunft wirkenden Leistungen befähigte, fragt man nach der Entwicklung seines Denkens und dem inneren Zusammenhang seiner Arbeiten sowie nach ihrer Einbettung in den historischen Kontext, dann sieht man sich in mehrfacher Hinsicht vor interessante, aber schwierige Probleme gestellt. Hausdorff war nicht nur ein schöpferisch tätiger Mathematiker, sondern er hat auch in der Reflexion über seine Wissenschaft bewußt den Wandel zur mathematischen Moderne mit vollzogen und dazu in der Auseinandersetzung mit anderen Auffassungen eigene wissenschaftstheoretische und erkenntniskritische Positionen entwickelt. Er hat davon manches in mathematischen Vorträgen und Vorlesungen, anderes in seinen philosophischen Arbeiten vorgetragen, und es wäre sicher keine leichte, wohl aber eine interessante Aufgabe, diese Gedanken Hausdorffs im Zusammenhang darzustellen und in den historischen Kontext einzuordnen.

Fragt man nach der Entstehungsgeschichte von Hausdorffs Arbeiten, nach ihrem Zusammenhang untereinander und ihrer Beziehung zu den Arbeiten anderer, dann ist man bei der Suche nach Antworten nicht nur auf das veröffentlichte Werk angewiesen. Es gibt einen umfangreichen wissenschaftlichen Nachlaß von weit über fünfundzwanzigtausend Seiten. Er umfaßt neben Materialien aus der Schüler- und Studentenzeit Manuskripte zu Hausdorffs Vorlesungen, Vorträgen und Veröffentlichungen sowie viele Studien und Referate und umfangreiche Berichte zu Spezialgebieten. Dieser Nachlaß zeigt, mit welcher Sorgfalt Hausdorff in großem Umfang die Veröffentlichungen anderer Mathematiker kritisch durchgearbeitet hat, wie er deren wesentlichen Kern herausgearbeitet, die Fehler verbessert und die Beweise einfacher und durchsichtiger gestaltet hat. Er zeigt auch, daß Hausdorff Ergebnisse, die heute mit den Namen anderer Mathematiker verbunden sind, gleichzeitig mit diesen gefunden hat oder sogar vor ihnen. So war beispielsweise die lange Gerade, die man heute auch Alexandroffsche Gerade nennt, weil sie in einer Publikation zuerst von Paul Alexandroff im Jahre 1924 behandelt wurde, Hausdorff schon 1915 bekannt (vgl. Nachlaß, Kapsel 31, Faszikel 121, Blatt 2).

Hausdorffs Nachlaß ist ein Zeugnis der mathematischen Arbeit eines ganzen Lebens. Felix Hausdorff hat seine Arbeit bis zum Tode fortgeführt, auch dann noch, als er wie alle Juden im nationalsozialistischen Deutschland Demütigungen und Gemeinheiten aller Art erleben mußte. Seine letzte mathematische Eintragung stammt vom 16. Januar 1942. Zehn Tage später, als die Einweisung in ein Sammellager für Juden bevorstand, nahm Felix Hausdorff sich zusammen mit seiner Frau und deren Schwester das Leben.

Nach der Niederlage des nationalsozialistischen Deutschland hat es mehr als zwanzig Jahre gedauert, bis die deutschen Universitäten und wissenschaftlichen Vereinigungen damit begannen, die dunkelste Zeit ihrer Geschichte offenzulegen. Die Artikelreihe „Kollegen in einer dunklen Zeit" von Maximilian Pinl, die in den Jahresberichten der Deutschen Mathematiker-Vereinigung der Jahre 1969 bis 1974 veröffentlicht wurde, machte das Ausmaß dessen deutlich, was man jüdischen Mathematikern in Deutschland angetan hatte. Den Mathematiker Felix Hausdorff würdigte die Deutsche Mathematiker-Vereinigung 1967, ein Jahr vor der hundertsten Wiederkehr seines Geburtstages. Der Band 69 der Jahresberichte enthielt ein Bild vom Leben Hausdorffs, verfaßt von Magda Dierkesmann, einen Bericht über das mathematische Werk von G.G. Lorentz, persönliche Erinnerungen von H. Bonnet und einen vorläufigen Bericht über den wissenschaftlichen Nachlaß von Günter Bergmann.

Es scheint, daß diejenigen, die als Nachfolger der jüdischen Professoren Hausdorff und Toeplitz nach Bonn berufen wurden, kein sonderliches Interesse an diesem Nachlaß gehabt haben. Es ist das große Verdienst von Günter Bergmann, den umfangreichen wissenschaftlichen Nachlaß Felix Hausdorffs in jahrelanger Arbeit geordnet zu haben. Der ganze Nachlaß befindet sich seit 1980 in der Handschriftenabteilung der Universitäts- und Landesbibliothek Bonn. Einen Teil der Studien und Referate hat Günter Bergmann als „Nachgelassene Schriften" in zwei Faksimile-Bänden publiziert. Eine ernsthafte historische Forschung zum Werk Felix Hausdorffs ist jedoch bisher allenfalls in Ansätzen in Gang gekommen. Alle notwendigen Voraussetzungen für eine solche Forschung sind inzwischen geschaffen worden. In den vergangenen zwei Jahren ist der Nachlaß in einer außerordentlich sorgfältigen Arbeit durch Walter Purkert bibliothekarisch erschlossen worden. Mit einem Findbuch und mit elektronisch gespeicherten Daten stehen nunmehr hervorragende Hilfsmittel für die Arbeit mit dem Nachlaß zur Verfügung. Für einige Beiträge des hier vorgelegten Bandes, beispielsweise den von Hans-Joachim Girlich, ist diese Erschließung des Nachlasses bereits von Nutzen gewesen. Insgesamt jedoch ist eine historisch fundierte Darstellung und Würdigung des gesamten Werkes von Felix Hausdorff beim gegenwärtigen Stand der Forschung nicht möglich, und auf eine Edition seiner gesammelten Werke kann man einstweilen nur hoffen.

Angesichts dieser Lage kann man nur versuchen, der heutigen Generation von Mathematikern die Bedeutung Felix Hausdorffs durch Herausarbeiten einzelner Aspekte seines Werkes zu vermitteln, unter denen dessen Wirkung auf die Entwicklung unserer Wissenschaft oder aktuell besonders interessante Forschungen sichtbar wird. Anlaß zu solchem Bemühen gab im Jahre 1992 die Erinnerung an den 26. Januar 1942, Hausdorffs Todestag. An verschiedenen Orten fanden Veranstaltungen zu seinem Gedächtnis statt, und daraus sind mehrere Publikationen hervorgegangen, die an Hausdorffs Leben und Werk erinnern und seine Bedeutung für unsere Zeit vermitteln wollen. Dazu zählt auch der hier vorgelegte Band.

Die Initiative zu seiner Entstehung ging von meinem Kollegen Jürgen Flachsmeyer aus.

Es war geplant, daß wir, er und ich, diesen Band gemeinsam herausgeben wollten, als einen gemeinsamen Beitrag der Universitäten Greifswald und Bonn, an denen Hausdorff gelehrt hat. Leider führten gesundheitliche und andere Probleme dazu, daß nicht alles so wie geplant realisiert werden konnte und Herr Flachsmeyer 1992 die Mitarbeit an dem Gedenkband aufgeben mußte. Von den Beiträgen dieses Bandes sind aber doch drei auf seine Initiative zurückzuführen, und dafür wie für alle anderen Anregungen darf ich ihm an dieser Stelle meinen Dank aussprechen. Zu den Autoren des Bandes gehören Mathematiker aller drei Universitäten, an denen Hausdorff gelehrt hat – Leipzig, Greifswald und Bonn – und auch die anderen Autoren sind in der einen oder anderen Weise mit diesen Universitäten verbunden gewesen. Besonders bei den Beiträgen aus Leipzig hat die Kenntnis der Geschichte dieser Universität dazu beigetragen, auch das Umfeld sichtbar werden zu lassen, in dem die ersten wissenschaftlichen Arbeiten Felix Hausdorffs entstanden sind.

Damit sind wir beim Inhalt des hier vorgelegten Bandes, über den ich im folgenden einen Überblick geben möchte. Etwas schematisch kann man die in diesem Band versammelten Arbeiten in vier Gruppen einteilen.

Eine erste Gruppe von zwei Arbeiten ist den Beiträgen Felix Hausdorffs zur angewandten Mathematik gewidmet. Der sehr sorgfältig recherchierte Artikel „Die frühen Leipziger Arbeiten Felix Hausdorffs" von Hans-Joachim Ilgauds behandelt Hausdorffs Beiträge zur mathematischen Astronomie, die von dem Leipziger Mathematiker und Astronomen Heinrich Bruns angeregt wurden. Dazu gehören Hausdorffs Dissertation und seine Habilitationsschrift, deren Themen die astronomische Refraktion und Extinktion sind. Herr Ilgauds stellt sowohl die historischen Wurzeln des Bruns-Hausdorffschen Verfahrens dar wie die Gründe dafür, daß dieses Verfahren sich schließlich als für die Astronomie unzureichend erwies. Diese Gründe betrafen jedoch nicht die mathematische Seite des Verfahrens. Hausdorff handhabte die mathematischen Probleme des Brunsschen Verfahrens mit virtuoser Geschicklichkeit:

„Die drei Hausdorffschen Arbeiten über die astronomische Refraktion stellten dem noch am Anfang seiner wissenschaftlichen Laufbahn stehenden Mathermatiker auch ein glänzendes mathematisches Zeugnis aus."

Der Artikel „Hausdorffs Beiträge zur Wahrscheinlichkeitstheorie" von Hans-Joachim Girlich spannt einen Bogen von Hausdorffs früher Lehrtätigkeit in Leipzig auf dem Gebiet der Wahrscheinlichkeitsrechnung und ihrer Anwendungen bis hin zu seiner großen Vorlesung über Wahrscheinlichkeitsrechnung in Bonn im Sommersemester 1923. Er untersucht die Hausdorffschen Positionen in ihrer zeitlichen Abfolge sowie die Quellen, aus denen Hausdorff schöpfte. Er versucht, die Entwicklungslinien nachzuvollziehen, die auf Gauß, Bessel, Bruns, Tschebycheff und Borel zurückgehen und von Hausdorff zu zwei Strängen gebündelt wurden: dem Gaußschen Fehlergesetz und den damit verbundenen Grenzwertsätzen und Momentenproblemen einerseits und einer maßtheoretischen Behandlung des starken Gesetzes der großen Zahlen andererseits. Hausdorffs Vorlesung von 1923

„verband erstmalig in einer Gesamtschau die moderne analytische Theorie mit einer tragfähigen axiomatischen Basis",
und sie war anderen zeitgenössischen Darstellungen der Wahrscheinlichkeitstheorie weit voraus.

Die Beiträge der zweiten Gruppe sind Hausdorffs Arbeiten zur Mengenlehre und Punktmengenlehre gewidmet. Sie haben – bei durchaus unterschiedlicher Perspektive – gemeinsam, daß sie erkenntnistheoretische Fragen berühren und dabei auch in sehr interessanter Weise versuchen, Hausdorffs mathematische Arbeit vor dem Hintergrund von dessen erkenntniskritischen und philosophischen Ansätzen zu sehen. Daß es sich dabei um Interpretationen handelt, versteht sich von selbst. Soweit dabei auf meinen eigenen, noch ausstehenden Beitrag Bezug genommen wird, muß einstweilen offen bleiben, ob diese Interpretationen und meine sich decken.

Der Artikel von Peter Koepke zeigt uns „Metamathematische Aspekte der Hausdorffschen Mengenlehre". Bekanntlich ist Felix Hausdorff weder in seinen veröffentlichten Arbeiten noch in seinem Buch „Grundzüge der Mengenlehre" von einem Axiomensystem der Mengenlehre ausgegangen, obwohl er die axiomatische Methode – etwa bei der Entwicklung der mengentheoretischen Topologie – in vorbildlicher Weise zu handhaben wußte. Peter Koepke interpretiert nun Hausdorffs Beiträge zur Mengenlehre und seine Position zum Problem der Grundlagen der Mengenlehre, also zur Frage nach den Fundamenten des Fundaments, aus der Sicht des heute erreichten Standes metamathematischen Wissens über die Axiome der Mengenlehre. Am Beispiel der Cantorschen Kontinuumshypothese, die ein wichtiges Motiv für Hausdorffs mengentheoretische Arbeiten war, vermittelt der Autor auch dem nicht mathematisch gebildeten Leser in gut verständlicher Weise einen Eindruck von Unabhängigkeitsbeweisen mit inneren Modellen und der Erzwingungsmethode. Peter Koepke zeigt, daß Hausdorff in seinen Arbeiten zur Mengenlehre bis an die Grenzen gegangen ist, wo eine axiomatische Behandlung unumgänglich wird. Ein auf den ersten Blick erstaunliches Ergebnis dieser Sicht auf die nichtaxiomatische Hausdorffsche Mengenlehre aus metamathematischer Perspektive ist, daß so der inhaltliche Zusammenhang von zeitlich weit getrennten Teilen von Hausdorffs Werk sichtbar wird:

„Damit sind, auf „metamatematische Weise", die exorbitanten Kardinalzahlen der Hausdorffschen Kardinalzahltheorie mit solchen Fragen der deskriptiven Mengenlehre und der Maßtheorie verbunden, über die Hausdorff gearbeitet hat."

Hochinteressant ist schließlich auch die folgende These von Peter Koepke:

„Unabhängigkeitsresultate können als Absage an ein absolutes mengentheoretisches Universum interpretiert werden, in erstaunlicher Analogie zur Hausdorffschen Erkenntnistheorie des Chaos in kosmischer Auslese."

Der Beitrag „Logische Ordnungen im Chaos: Hausdorffs frühe Beiträge zur Mengenlehre" von Erhard Scholz diskutiert Hausdorffs Arbeiten zur Mengenlehre auf dem Hintergrund von dessen philosophischen Auffassungen und versucht bei dieser Durchmusterung mit einfühlsamem historischem Blick die Entwicklung von Einstellungen und Denkformen zu erkennen. Er behandelt dabei Hausdorffs Axiomatisierung des Zeitbegriffs in seiner Vorlesung vom Wintersemester 1903/1904 als Beispiel für die Vorgehensweise des von Hausdorff vorgeschlagenen „besonnenen Empirismus". Es folgt ein Blick auf Hausdorffs Untersuchungen zur Struktur geordneter Mengen, insbesondere seine Ergebnisse zur Klassifikation von Ordnungstypen und zur Erzeugung der zerstreuten Ordnungstypen aus den regulären Anfangszahlen als „Uratomen der Typenwelt". In diesem Zusammenhang entstand Hausdorffs Frage nach der Existenz regulärer Anfangszahlen mit Limesindex, die Hausdorff selbst als „exorbitant groß" charakterisiert hat. Die weitere Entwicklung dieser Frage ist in dem Artikel von Peter Koepke behandelt. Im Beitrag von Erhard Scholz folgt dann eine Diskussion der Herausbildung der Axiome des Hausdorff-Raumes und der Frage ihrer Beziehung zu Hilberts Axiomatisierung der topologischen Ebene aus dem Jahre 1902, auf die auch Bourbaki in der oben zitierten Würdigung von Hausdorffs Axiomatik der mengentheoretischen Topologie Bezug nimmt. Es folgen ein kurzer Abschnitt über Hausdorffs Beitrag zur Maß- und Dimensionstheorie und schließlich ein interessanter Versuch, Hausdorffs Position zu Grundlagenfragen der Mengenlehre im Spannungsfeld zwischen extrem finitistischer Kritik einerseits und axiomatischer Präzisierung und Absicherung andererseits zu bestimmen:

„Ähnlich wie er schon im Chaos in kosmischer Auslese die logische Erkundung denkmöglicher Alternativen an die Stelle der kantischen Sicherheiten zu setzen gewußt hatte, setzte Hausdorff nun die produktive Kraft begrifflicher Ordnungen gegen die Überzeugung, das mathematische Wissen durch formal-logische Analyse ein für allemal absichern zu können.“

So sehen, wenn ich es recht verstehe, beide Autoren, Erhard Scholz wie Peter Koepke, in Cantors Universum der transfiniten Mengen ein unbestimmtes Feld von Möglichkeiten, in dem die schöpferische Tätigkeit mathematischen Denkens eine Vielfalt begrifflicher Ordnungen schafft, in Analogie zu der Auslese vieler möglicher kosmischer Welten aus dem Chaos durch das jeweils in sie verflochtene Bewußtsein, wie dies Hausdorff in seinem Buch „Das Chaos in kosmischer Auslese“ als These vertreten hat.

Auf die beiden Artikel zur Hausdorffschen Mengenlehre folgt der Beitrag von Peter Schreiber: „Felix Hausdorffs paradoxe Kugelzerlegung im Kontext der Entwicklung von Mengenlehre, Maßtheorie und Grundlagen der Mathematik.“ Aus dem Titel geht bereits hervor, daß er eine Mittelstellung zwischen den vorhergehenden und den nachfolgenden Beiträgen einnimmt. Das Hausdorffsche Paradoxon ist die merkwürdige Tatsache, daß – so formuliert es Hausdorff selbst – „eine Kugelhälfte und ein Kugeldrittel kongruent sein können“. Was damit gemeint ist und wie Hausdorff die Existenz seiner paradoxen Kugelzerlegung mit Hilfe des Auswahlaxioms beweist, wird in dem Beitrag von Peter Schreiber ebenso skizziert wie die Vor- und Nachgeschichte. Paradox nennt man das Unerwartete und deswegen befremdlich, seltsam, merkwürdig, unglaublich Erscheinende, das, was – so der Autor – „im Widerspruch zu unserer Anschauung und unseren Vorurteilen“ steht. Felix Hausdorff hat mit dem neukantianischen Apriorismus auch immer wieder die Behauptung bekämpft, die „Anschauung, ob nun reine (falls es welche gibt!) oder empirische“, sei ein Erkenntnisgrund für die strengen Urteile der modernen Mathematik. Gerade angesichts richtiger, aber paradox erscheinender Aussagen wird nach Hausdorffs Auffassung deutlich, daß es „außer der lückenlosen Deduktion kaum ein Mittel“ gibt, sich vor Täuschungen zu bewahren. Hier gibt es wirklich eine entscheidende Differenz zwischen der alten Mathematik der Zahlen und Figuren und der neuen Mathematik der Strukturen. Die Bereitschaft, angesichts der unendlichen Komplexität von Strukturen, vor denen die Anschauung versagen muß und bei denen nicht mehr die Schönheit der Gestalt der Glanz der Wahrheit ist, mit der Kraft strengen begrifflichen Denkens mathematische Erkenntnis zu schaffen, charakterisiert die Mathematik Hausdorffs wie die mathematische Moderne überhaupt.

Genau dies ist wohl der tiefere Grund dafür, daß Hausdorff in seiner Arbeit „Dimension und äußeres Maß“ mit den Hausdorff-Maßen und der Hausdorff-Dimension Begriffe bereitstellen konnte, die sich später als geeignet für die genaue und feine Beschreibung sehr komplizierter Mengen erwiesen, wie sie in der höheren Analysis, in der Theorie der dynamischen Systeme und in der geometrischen Maßtheorie untersucht werden. Dieser Arbeit Hausdorffs, ihren Wirkungen und den sich an sie anschließenden weiteren Entwicklungen sind die drei Beiträge der dritten Gruppe gewidmet. Mit dieser Schwerpunktsetzung wird der Tatsache Rechnung getragen, daß von Hausdorffs Arbeiten „Dimension und äußeres Maß" zur Zeit wohl auf das stärkste Interesse stößt. Dies gilt nicht nur für die Rezeption in der Mathematik, sondern auch für Anwendungen in anderen Wissenschaften und bemerkenswerter Weise darüber hinaus sogar für eine relativ breite Öffentlichkeit außerhalb der Universitäten. Die Stichworte, oder auch Reizworte, je nachdem, sind die Worte „Fraktal" und „Chaos". Das sehr selektive Interesse vieler Medien und vieler Laien an gerade diesen mathematischen Gegeständen ist zweifellos ein sehr interessantes Phänomen, das man unter vielerlei Gesichtspunkten analysieren könnte. Es ist aber keineswegs der Grund für die genannte Schwerpunktsetzung. Der Grund dafür ist vielmehr der Wunsch, unter verschiedenen Aspekten über die schönen und tiefliegenden Ergebnisse der mathematischen Forschungsarbeiten zu berichten, die sich aus Hausdorffs Ansätzen entwickelt haben. Daß in zwei von den drei Beiträgen auch Überlegungen zum Verhältnis des Entwicklungsstandes der mathematischen Theorie einerseits und der Ansprüche hinsichtlich Anwendungen andererseits angestellt werden und daß die Autoren dabei zu gegensätzlichen Einschätzungen gelangen, sehe ich als Herausgeber mit Gelassenheit. Das belebt die Diskussion. Doch ist diese Diskussion, wie gesagt, nicht die Hauptsache – die ist vielmehr die innermathematische Wirkung von Hausdorffs Arbeit.

Den Anfang der maßtheoretischen Dreiergruppe bildet die Arbeit von Christoph Bandt und Hermann Haase „Die Wirkungen von Hausdorffs Arbeit über Dimension und äußeres Maß", weil dieser Artikel von den dreien die weiteste Perspektive hat und geeignet ist, auch dem nicht Initiierten einen ersten Überblick zu bieten. Der erste Teil des Artikels beschreibt Hausdorffs Arbeit als einen „Grundstein der Maßtheorie". Er beginnt mit einer historischen Einleitung. Ein Satz aus ihr sei hier hervorgehoben:

„Daß Hausdorff erst mehr als zehn Jahre nach der Veröffentlichung seiner Arbeit erstmalig zitiert wurde und sich schließlich doch durchsetzte, zeigt wohl deutlich, wie weit er seiner Zeit voraus war."

Es folgt ein schöner Abschnitt „Hausdorff im Wortlaut". Anschließend wird über Eigenschaften der Hausdorff-Maße und der Hausdorff-Dimension berichtet. Danach kommt eine Einführung in einige Begriffe aus der Geometrischen Maßtheorie, insbesondere die von Besicovitch eingeführte lokale untere und obere Dichte eines Maßes, die für reguläre Punkte gleich, für irreguläre verschieden sind. Von neuen und wichtigen Resultaten über reguläre und irreguläre Mengen wird kurz berichtet. Schließlich werden Alternativen zur Definition von Maßen und Dimensionen dargestellt, Überdeckungszahlen und metrische Dimension, Packungsmaße und Packungsdimension. Der zweite Teil des Artikels, „Die Hausdorff-Dimension als Größenmaßstab", beginnt mit allgemeinen Betrachtungen zu diesem Thema und behandelt es dann in den verschiedenen Anwendungsbereichen: Zahlentheorie, selbstähnliche Mengen, dynamische Systeme, Dimension von Maßen, Stochastische Prozesse, Fraktale. Der Abschnitt über Fraktale und damit der ganze Artikel schließt mit dem folgenden Satz:

„Wie wir sehen, gibt es auf diesem Feld viele Fragen von Seiten der Naturwissenschaftler. Als Mathematiker sind wir aufgefordert, zur Beantwortung dieser Fragen in Hausdorffs Sinne beizutragen durch Schaffung einer solide begründeten und anwendungsfähigen Theorie."

Der Artikel „Hausdorff-Dimension, reguläre Mengen und total irreguläre Mengen" von

Klaus Steffen hat drei Teile. Der erste ist eine sehr gut lesbare Einführung in die Kernpunkte von Hausdorffs Arbeit über Dimension und äußeres Maß und in weitere Entwicklungen mit einer Reihe von Beispielen. Es folgt ein polemischer Teil: „Fraktale – eine universelle Theorie mit Anwendungen in allen Wissenschaften?". Darin wird vor allem die teilweise wenig sachgemäße Darstellung dieses Teilgebiets der Mathematik in populärwissenschaftlichen Veröffentlichungen und in den Medien kritisiert, aber auch nicht verifizierbare Ansprüche auf Anwendungen in anderen Wissenschaften. Diese Polemik wurde ohne, aber auch nicht gegen den Willen des Herausgebers Teil einer breiten Diskussion über diese Themen unter den deutschen Mathematikern. Dadurch sind vielleicht einige Fragen inzwischen geklärt oder doch wenigstens die verschiedenen Positionen verdeutlicht worden. Herausgeber und Verfasser sehen es als Gebot der Redlichkeit, den Artikel hier so stehen zu lassen, wie er 1992 geschrieben wurde.

An dieser Stelle darf ich vielleicht auf Grund meiner seit einigen Jahren anhaltenden Beschäftigung mit Felix Hausdorffs Gedanken zum Verhältnis von Mathematik und Anwendung und zum Verhältnis von Naturwissenschaft zu Philosophie und Weltanschauung einige allgemeine Anmerkungen machen.

Hausdorff ist mit guten Gründen für eine saubere methodische Trennung zwischen Mathematik als formal-logischer Wissenschaft und Mathematik als angewandter Wissenschaft mit aktualer Bedeutung eingetreten. Er hat sich, obwohl er selber an Fragen im Grenzbereich zwischen Mathematik und Philosophie gearbeitet hat, gegen leichtfertige Grenzüberschreitungen gewandt, gegen philosophische Bevormundung und irrationale Wissenschaftskritik ebenso wie umgekehrt gegen die voreilige Übertragung mathematisch-naturwissenschaftlicher Begrifflichkeit auf Fragen der Philosophie oder der Weltanschauung. Solche geistige Hygiene scheint mir auch heute, in einer Zeit, wo alles mit allem vermischt wird, empfehlenswert. Es gibt heute ein weit über den Bereich der Wissenschaft hinausgehendes Interesse an allem, was sich irgendwie mit dem Wort „Chaos" in Verbindung bringen läßt. Propagandisten der sogenannten Postmoderne konstatieren eine Tendenz zur „Entübelung des Chaos" (Norbert Bolz: Die Welt als Chaos und als Simulation). In solchen Zusammenhängen beruft man sich auch auf Hausdorff. Felix Hausdorff hat jedoch einen spezifischen, philosophisch reflektierten Begriff von Chaos im Verhältnis zu Kosmos gehabt. Es ist ein Gebot der intellektuellen Redlichkeit, sorgfältig im einzelnen zu prüfen, ob sich zu aktuellen Tendenzen eine Beziehung herstellen läßt oder nicht.

Das wohl wichtigste Anliegen des Beitrags von Klaus Steffen wird jedoch erst im dritten Abschnitt vorgetragen. Dieser berichtet „über einige an Hausdorffs Arbeit von 1918 anschließende Entwicklungen, die ganz wesentlich sind für die Unterscheidung zwischen „fraktalen" und „nichtfraktalen" Mengen, die aber kaum bekannt geworden sind und in den Büchern zur „Fraktaltheorie" fast nie behandelt oder auch nur erwähnt werden (mit Ausnahme des ... Buches „Fractal Geometry" von K. Falconer)". Es geht dabei um die Dichotomie von regulären und total irregulären Mengen. Ist die reelle positive Zahl p nicht ganz und ist A eine Borel-Menge in $\mathbb{R}^n$ mit endlichem positivem p-dimensionalem Hausdorff-Maß, dann ist A total irregulär. Für ganzes p hingegen kann A regulär oder auch irregulär sein, und nach wichtigen Ergebnissen von Preiss ist es im ersten Fall p-rektifizierbar, im zweiten Fall nicht.

War es das Anliegen des Artikels von K. Steffen, die Bedeutung der Hausdorff-Dimension für die geometrische Maßtheorie aufzuzeigen, so ist das Thema des Beitrags von H.G.

Bothe und J. Schmeling „Die Hausdorff-Dimension in der Dynamik". In leicht lesbarer Weise führen die Autoren in Grundbegriffe aus der Theorie diskreter dynamischer Systeme ein. Ein solches System wird hier durch einen Homöomorphismus $f: X \to X$ eines kompakten metrisierbaren topologischen Raumes X gegeben. Dabei interessiert nicht nur die Hausdorff-Dimension f-invarianter Teilmengen von X, etwa von Attraktoren, sondern auch die Hausdorff-Dimension und Dichte normierter Maße μ auf X sowie deren Entropie $h(\mu)$ bezüglich der durch f gegebenen Dynamik. Für den Fall, daß X eine geschlossene Mannigfaltigkeit ist und f ein Diffeomorphismus, besteht eine von Ledrappier und Young gefundene sehr schöne Beziehung zwischen der Entropie $h(\mu)$, den Ljapunov-Exponenten λ_i der stabilen Mannigfaltigkeiten von f bezüglich μ und deren Hausdorff-Dimensionen. Dieses Ergebnis ist ein sehr gutes Beispiel für die folgende allgemeine Feststellung der Autoren:

„So ist die Hausdorff-Dimension eingewoben in das Netz der Beziehungen zwischen den Grundbegriffen der Dynamik, dessen Aufdeckung wohl das wichtigste Anliegen der mathematischen Untersuchungen auf diesem Gebiet ist."

Der letzte Abschnitt des Artikels illustriert am Beispiel eines dynamischen Systems, dessen einziger Attraktor ein Solenoid A ist, wie unter einschränkenden zusätzlichen Voraussetzungen die Hausdorff-Dimension von A berechenbar ist und welche Schwierigkeiten ohne solche Voraussetzungen zu erwarten sind.

Die letzten zwei Beiträge dieses Bandes handeln nicht unmittelbar vom mathematischen Werk Felix Hausdorffs. Sie handeln von seinem Schicksal und dem Schicksal seiner unveröffentlichten Schriften.

Der Bericht Erwin Neuenschwanders „Felix Hausdorffs letzte Lebensjahre nach Dokumenten aus dem Bessel-Hagen-Nachlaß" beruht auf der genauen, durch sorgfältige historische Arbeit des Verfassers gewonnenen Kenntnis des Nachlasses von Erich Bessel-Hagen . Er enthält sehr wichtige Informationen zum Schicksal Felix Hausdorffs und seiner Familie im nationalsozialistischen Deutschland. Erich Bessel-Hagen war der einzige Bonner Mathematiker, der sich in jenen Jahren noch um die jüdischen Mathematiker Hausdorff und Toeplitz kümmerte. Die Berichte über Hausdorffs Schicksal in seinen Briefen verbinden sich zu „einem erschütternden zeitgenössischen Dokumentarbericht". Im Anhang seines Beitrages veröffentlicht der Verfasser den lange Zeit verschollenen, von ihm im Nachlaß von Bessel-Hagen wieder aufgefundenen Abschiedsbrief von Felix Hausdorff. Einen Satz aus diesem Brief kann ich nicht vergessen:

„Was in den letzten Monaten gegen die Juden geschehen ist, erweckt begründete Angst, dass man uns einen für uns erträglichen Zustand nicht mehr erleben lassen wird."

Der Artikel von Erwin Neuenschwander berichtet schließlich auch über das Schicksal der Bibliothek Hausdorffs und seines wissenschaftlichen Nachlasses.

Dieses Thema wird in dem Beitrag von Günter Bergmann fortgeführt. Dieser besteht aus einem kurzen Bericht darüber, was seit Hausdorffs Tod bis 1992 mit dem Nachlaß geschehen ist, und aus der von Herrn Bergmann erarbeiteten Übersicht über den Inhalt des Nachlasses. Diese stellt auch weiterhin die Grundlage für die Ordnung des Nachlasses dar, bis auf einige kleinere Änderungen, welche sich bei der bibliothekarischen Erschließung des Nachlasses durch Herrn Purkert als notwendig erwiesen. Diese Inhaltsübersicht bietet deswegen für alle, die an historischer Arbeit mit dem Nachlaß interessiert sind, eine nützliche erste Orientierung. Sehr gute weitergehende Hilfsmittel stehen, wie schon gesagt, inzwischen zur Verfügung.

Den Abschluß des Bandes bildet ein von Claus Hertling erstelltes Verzeichnis der mathematischen Schriften Felix Hausdorffs, welches das von G.G. Lorentz in Band 69 der Jahresberichte publizierte Schriftenverzeichnis in einigen Punkten ergänzt und berichtigt. Für Hilfe bei dieser Arbeit danken wir W. Purkert.

Vielleicht wird es mancher als Mangel empfinden, daß dieser Band außer dem allerdings sehr wichtigen Beitrag von Herrn Neuenschwander keinen Bericht über Hausdorffs Leben und sein nichtmathematisches Werk enthält. Ursprünglich hatte ich es übernommen, einen solchen Beitrag zu verfassen. Bei der Arbeit daran zeigte es sich aber, daß der Umfang dieses Beitrags wegen der Fülle des Materials und der Komplexität des Themas den Rahmen dieses Gedenkbandes sprengen würde. Dieser biographische Beitrag soll deswegen als ein gesonderter Band unter dem Titel „Felix Hausdorff zum Gedächtnis – Elemente einer Biographie" im Jahre 1996 erscheinen.

Wenn auch der hier vorgelegte Band nicht alle, sondern nur eine Reihe von besonders wichtigen Aspekten von Hausdorffs Werk behandelt, so meine ich doch, daß damit ein adäquater Eindruck von dem bis in unsere Gegenwart wirkenden Werk Felix Hausdorffs vermittelt wird. Allen Autoren sage ich für ihre uneigennützige Mitarbeit herzlichen Dank.

Egbert Brieskorn
Mathematisches Institut der Universität Bonn
Beringstr. 3
53115 Bonn

Die frühen Leipziger Arbeiten
Felix Hausdorffs

Hans-Joachim Ilgauds

Im wissenschaftlichen Gesamtwerk Felix Hausdorffs nehmen sich die frühen Arbeiten vom Thema her etwas exotisch aus. Hausdorff ist auf die in ihnen behandelte Problematik später niemals, auch nicht andeutungsweise, zurückgekommen.

Felix Hausdorff begann seine wissenschaftliche Laufbahn mit Arbeiten über die astronomische Refraktion und die Extinktion des Lichtes der Atmosphäre. Einerseits sind diese Arbeiten der angewandten Mathematik zuzuordnen. Eine Bewertung dieser Arbeiten unter diesem Gesichtspunkte ist in [27] vorgenommen worden. Andererseits waren die vier astronomisch-mathematischen Untersuchungen des jungen Hausdorff auf ein wohlbestimmtes astronomisch-meteorologisches Ziel gerichtet. Dieses Ziel unterschied sich grundsätzlich von den Zielen der klassischen Refraktions- und Extinktionstheorie. Die frühen Arbeiten Hausdorffs waren sehr stark von Untersuchungen seines Lehrers Heinrich Bruns (1848–1919) beeinflußt. Daß ein Schüler die Arbeiten seines Lehrers fortsetzte, war nichts Ungewöhnliches. Aber Hausdorff wurde von Bruns in eine Arbeitsrichtung gelenkt, deren einziger (zeitgenössischer) Vertreter Bruns selbst war. Aus noch anzuführenden Gründen haben Bruns und Hausdorff mit ihrer Behandlung der astronomischen Refraktion und der Extinktion keine Nachfolger gefunden. Die Arbeiten von Bruns und Hausdorff haben in der Entwicklung der Refraktions- und der Extinktionstheorie eine Sonderstellung.

Bei einer derartigen Situation erschien es ratsam, die historischen Wurzeln des Bruns-Hausdorffschen Verfahrens ebenso wie die sachlichen Gründe, die Bruns zum Verlassen der klassischen Refraktionstheorie bewegten, aufzudecken. Verzichtet werden konnte auf eine genaue Darstellung der mathematischen Hilfsmittel des *„Bruns-Hausdorff-Verfahrens"*, da das Verfahren nicht an mathematischen Unzulänglichkeiten krankte und zu seiner Durchführung auch keine grundlegenden mathematischen Neuerungen erforderte. Die Gründe für das „Scheitern" des Verfahrens waren, wie noch auszuführen sein wird, völlig anderer Art.

Ostern 1887 hatte Felix Hausdorff die Reifeprüfung bestanden und begann anschließend Astronomie und Mathematik zu studieren.

In Leipzig studierte er das Sommersemester 1887, das Wintersemester 1887/88 und dann wieder vom Sommersemester 1889 bis zum Wintersemester 1890/91.

Zusammen mit Hausdorff studierten in Leipzig Astronomie auch Walter Brix (geb. 1867), Johannes Hartmann (1865–1936), Richard Schumann (1864–1945) und Arnold Schwaßmann (1870–1963). 1891 promovierte Hausdorff mit der Arbeit *Zur Theorie der astronomischen Refraktion* — die veröffentlichte Arbeit [32] hatte im Titel statt „Refraktion" das Wort „Strahlenbrechung" — in Leipzig. Als Rechner an der Leipziger Sternwarte war Hausdorff vom Februar 1893 bis zum Februar 1895 tätig. Über die Arbeit eines Rechners sind wir durch ein Schreiben von Brix aus dem Jahre 1908 grob informiert [1, Bl. 213]. Brix führte aus, daß er seine Arbeiten — es handelte sich vorwiegend um die Reduktion von Beobachtungen — täglich von 8–13 Uhr zusammen mit den Observatoren auszuführen hatte. Für diese Arbeit erhielt er ein monatliches Entgelt von 60 M. Am 25. Juli 1895 habilitierte sich Hausdorff als Privatdozent für Astronomie und Mathematik in Leipzig. Die Habilitationsschrift hatte den Titel *Ueber die Absorption des Lichtes in der Atmosphäre* [35]. Im Wintersemester 1895/96 hielt er vor einem Zuhörer seine einzige astronomische Vorlesung in Leipzig: *Figur und Rotation der Himmelskörper*. Mit dieser Vorlesung endete die astronomische Tätigkeit Hausdorffs. Mit Unterbrechungen war Hausdorff für die Astronomen von Leipzig von 1887 bis 1896 ein Kollege. Zentrum der Leipziger Astronomie war die Universitätssternwarte, deren Leitung seit September 1882 der Astronom, Geodät und Mathematiker Heinrich Bruns hatte. Die Leipziger Universitätssternwarte war ein kleines, mittelmäßig ausgestattetes Institut. Die Zahl ihrer wissenschaftlichen Mitarbeiter, einschließlich des Direktors, war zwischen 1887 und 1896 niemals höher als vier. Es waren das: Friedrich Hayn (1863–1928), Hermann Leppig (1833–1910), Bruno Peter (1853–1911), Max Schnauder (1860–1939) und R. Schumann. Bis auf Leppig, der für den Zeit- und Wetterdienst verantwortlich war, also alles Namen, die später internationalen Klang erreichten. In den zehn Jahren der Hausdorffschen Verbindung zur Leipziger Sternwarte waren die Arbeiten für den Zonenkatalog der Astronomischen Gesellschaft, Parallaxe- und Polhöhenbestimmungen und Planetenbeobachtungen das Haupttätigkeitsfeld der Leipziger Astronomen. Die Universitätssternwarte spielte eine wichtige Rolle in der deutschen und internationalen Astronomie. Die *Astronomische Gesellschaft*, die Vereinigung der deutschen und vieler ausländischer Astronomen hatte ihren Sitz in Leipzig, und der Direktor der Leipziger Sternwarte war Rendant. Das bedeutete Einflußmöglichkeiten der Leipziger Astronomen auf alle Entscheidungen der Astronomischen Gesellschaft, insbesondere auch auf ihre Gemeinschaftsunternehmungen.

Die hohe wissenschaftliche Bedeutung von H. Bruns war schon zu der Zeit, in der Hausdorff von ihm wissenschaftlich betreut wurde, unbestritten. In seinem Nachruf auf den Kieler Astronomen Paul Harzer (1857–1932) bemerkte A. Wilkens (1881–1968):

> *„Mit Harzer ist die letzte und jüngste Größe des berühmten Leipziger Dreigestirns: Bruns, Seeliger und Harzer, deren tiefschürfende und großartige Forschung die deutsche Astronomie für mehr als ein halbes Jahrhundert einen wesentlichen Anteil ihrer internationalen Anerkennung verdankt,"* [53, S. 341] dahingegangen.

Harzer und H. v. Seeliger (1849–1924) sind bis 1885/86 bzw. 1880/81 in Leipzig tätig gewesen. Wilkens stellte auch fest:

> *„Ein Glück für die deutsche Forschung ist es gewesen, daß Harzer wie auch seine zeitgenössischen Rivalen Bruns und Seeliger in größter wissenschaftlicher Unabhängigkeit bei allerdings gegenseitig stark persönlicher Isolierung fast ausschließlich ihre eigenen Wege gehen konnten ... [und so] ein Höchstmaß an wissenschaftlicher Leistung unseres Leipziger Dreigestirns in Erscheinung treten konnte.“* [53, S. 353]

Die Untersuchungen von Bruns über die astronomische Refraktion sind ein schönes Beispiel für die unabhängige Denkweise des Leipziger Astronomen.

Die Refraktionstheorie beschäftigt sich mit der Frage, wie man den Winkel zwischen wahrer und scheinbarer Zenitdistanz eines Himmelskörpers, die astronomische Refraktion, berechnen kann.

Um das Problem deutlicher zu machen, soll eine *Skizze* herangezogen werden. Diese Skizze spiegelt nicht die wahren Größenverhältnisse wider.

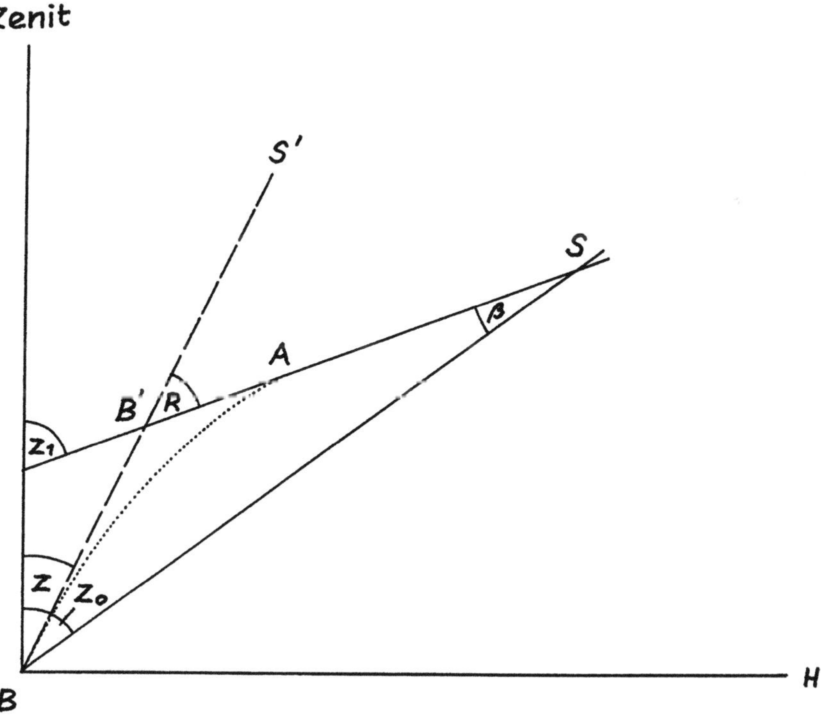

Ein vom Himmelskörper S ausgehender Lichtstrahl trifft in A auf die Erdatmosphäre. Der Lichtstrahl wird anschließend in der Erdatmosphäre gebrochen. Die

Lichtgerade (SA) geht in die Refraktionskurve (BA) über. In B trifft das Licht auf die Erdoberfläche und kann dort beobachtet werden. Der Beobachter kann den Winkel z, den Winkel zwischen dem Zenit des Beobachtungsortes und der Tangente an die Refraktionskurve in B, messen. Für den Beobachter scheint der Himmelskörper in S' zu stehen. Der Winkel z heißt scheinbare Zenitdistanz (von S bezüglich B). Der Winkel zwischen ursprünglicher und scheinbarer Richtung des Lichtstrahls heißt Refraktion (R). BB' ist im Vergleich zu den „kosmischen" Strecken $B'S$ und BS außerordentlich klein, also auch der Winkel β. Da $R = z_0 - z + \beta$ ist, wird man nur einen sehr geringen Fehler begehen, wenn man R ansetzt zu $R = z_0 - z$, also als Differenz zwischen wahrer Zenitdistanz (z_0) und der scheinbaren Zenitdistanz z. Eigentlich ist z_1 die wahre Zenitdistanz, aber man zeigt leicht, daß $z_1 \approx z_0$ ist. Der Effekt, den die Refraktion hervorruft, ist offenbar: bei Beobachtung stehen die Gestirne höher als sie stehen „dürften". Durch Beobachtungen eines Gestirnes in verschiedenen scheinbaren Zenitdistanzen kann man nachweisen: mit steigender scheinbarer Zenitdistanz nimmt auch die Refraktion zu und erreicht im Horizont H ihren größten Wert. Die Refraktion ist ein sehr störender Effekt, da sie die Positionen der Himmelskörper an der „Himmelssphäre" verfälscht. Die Astronomen haben ein elementares Interesse daran, die Größe der Refraktion für jede Zenitdistanz möglichst genau zu bestimmen.

Die astronomische Refraktion ist beobachtbar, wenn man die Bewegung des Himmelskörpers genügend genau kennt. So beobachtete T. Brahe (1546–1601) die Sonne. Die erste Beobachtungsreihe über die astronomische Refraktion überhaupt scheint von B. Walther (1430–1504) 1489 gemacht worden zu sein. Nach Brahe sind außerordentlich viele Refraktionstafeln aufgestellt worden, die bekannteste frühe war die von J. Kepler (1571–1630) von 1604. Mit Keplers Arbeit von 1604 begann die theoretische Behandlung der Refraktion. Wenn man bedenkt, daß die Entdeckung der atmosphärischen Refraktion, zumindestens ihre erste literarische Darstellung, allgemein dem Kleomedes (um 20 v.u.Z. – 15 n.u.Z.) zugeschrieben wird, ist bis zu ihrer ersten theoretischen Behandlung eine sehr große Zeitspanne vergangen.

Seit 1835 ist bekannt, daß bereits I. Newton (1643–1727) die richtige Differentialgleichung für die Refraktionskurve, die L. Euler (1707–1783) 1754 (veröffentlicht 1756) erneut entdeckte, gekannt hat [15, S. 41, S. 60], [23, S. 137]. Heute verwendet man gewöhnlich bei Refraktionsuntersuchungen nicht mehr diese Differentialgleichung, sondern das daraus gewinnbare Refraktionsintegral, das explizit die Refraktion selbst angibt. Von diesem Integral gehen alle Refraktionstheorien aus.

$$R = \int_1^{\mu_0} \frac{\mu_0 a}{\mu r} \sin z \left(1 - \left(\frac{\mu_0 a}{\mu r} \sin z\right)^2\right)^{-1/2} \frac{d\mu}{\mu}$$

R bedeutet in der Formel die gesamte Korrektion, die an die scheinbare Zenitdistanz z eines himmlischen Objektes anzubringen ist, um die wahre Zenitdistanz zu erhalten. Es sind:

μ: Brechungsexponent, μ_0: Brechungsexponent am Beobachtungsort, a: Oskulatiomsradius des Erdellipsoids im Beobachtungsort, r: Entfernung zwischen Erdmittelpunkt und einem beliebigen Punkt der Refraktionskurve. Diese Strecke setzt sich zusammen aus der Strecke Erdmittelpunkt-Erdoberfläche, dem Oskulationsradius, und der Strecke Erdoberfläche-Punkt der Refraktionskurve (h). Der übliche Ansatz $r = a + h$ [11, S. 244] setzt voraus, daß der Oskulationsradius in der näheren Umgebung des Beobachtungsortes konstant ist, die Erdoberfläche hier die Oberfläche einer Kugel mit dem Radius a ist. In die Herleitung des Refraktionsintegrals geht die fundamentale Voraussetzung ein, daß die Erdatmosphäre sphärisch geschichtet ist. Es ist offenbar, daß der Wert von R abhängig ist vom Brechungsexponenten am Beobachtungsort und damit von den meteorologischen Bedingungen am Beobachtungsort. Diese Abhängigkeit der Refraktion ist von J. Picard (1620–1682) und von E. Halley (1656?–1743) nachgewiesen worden. Von Euler stammt der später nach B. Oriani (1752–1832) und P. S. Laplace (1749–1827) benannte Satz, daß bis etwa zu Zenitdistanzen von 75° der Betrag der Lichtablenkung bis auf $\pm 0.1''$ von der vertikalen Temperatur- und Dichteverteilung in der Atmosphäre unabhängig ist.

Das Refraktionsintegral hat jedoch eine unangenehme Eigenschaft. Um es ausrechnen zu können, benötige ich den Gang des Brechungsindex mit der Höhe, oder, wenn man den 1805 von Laplace eingeführten Zusammenhang $\mu^2 = 1 + 2c\delta$ (c: konstant, δ : Luftdichte) berücksichtigt, den Gang der Luftdichte mit der Höhe. Die Dichte wiederum ist abhängig von Druck und Temperatur. Um das Refraktionsintegral auswerten zu können, benötigte man also den Gang von Druck und Temperatur mit der Höhe. Eine dieser Größen kann mit Hilfe meteorologischer Gesetze, z. B. einer geeigneten barometrischen Höhenformel, noch auf die andere zurückgeführt werden. Letzlich reduziert sich das Problem so (beispielsweise) auf die Frage, wie der Gang der Temperatur mit der Höhe ist. Das wäre nun kein Unglück, wenn man diese Daten sich hätte beschaffen können. Das konnte man jedoch nicht. Erste verläßliche Daten über den Gang meteorologischer Parameter in der freien Atmosphäre waren erhaltbar erst nach der Erfindung des Aspirations-Psychrometers von R. Assmann (1845–1918) im Jahre 1887 und dem Beginn der Berliner Freiballonfahrten im Jahre 1891. Die erste Zusammenfassung der Ergebnisse der meteorologischen Forschung, das berühmte „*Lehrbuch der Meteorologie*" von J. Hann (1839–1921), erschien 1901. Auch im Hannschen Lehrbuch fanden sich nur Daten, die sich auf die unteren Schichten der Atmosphäre beziehen, und sie sind bei der Spärlichkeit des zugrundegelegten Materials durchaus als nicht für größere Gebiete der Erde zutreffend anzusehen. Bruns beschrieb 1891 die Situation in der üblichen Refraktionstheorie so:

> „*...jeder Bearbeiter der Refractionstheorie [legt] an Stelle eines aus sicherem und ausreichendem empirischen Material hergeleiteten Temperaturgesetzes seiner Theorie zunächst rein hypothetisch eine Interpolationsformel zu Grunde ..., die seiner Meinung nach an sich zulässig ist und den vorhandenen Temperaturbeobachtungen befriedigend entspricht, und die dann nachträglich ihre Bestätigung durch die Refractionsbeobachtungen finden soll.*" [18, S. 170–171]

Bereits um 1879 hatte Bruns, wie er in einem Vortrag in Wien 1883 betonte [17], erkannt, daß dieses Verfahren nur zufällig zu einer befriedigenden Übereinstimmung von Refraktionstheorie und empirischen oder halbempirischen Refraktionstafeln führen konnte und den Schluß gezogen, daß es sinnvoll wäre, einer Idee von F. W. Bessel (1784–1846) zu folgen. Bessel hatte nämlich 1823 in einem Brief an

H. C. Schumacher (1780–1850) geschrieben:

> *„Es ist keinem Zweifel unterworfen, daß man die beobachteten Refractio-nen durch die Theorie richtig darstellen wird, sobald man das wahre Ge-setz der specifischen Elasticität der Atmosphäre kennt; wenn daher die Uebereinstimmung fehlt, so müssen entweder die astronomischen Beob-achtungen, oder aber die Annahme über die specifische Elasticität, wel-che der Rechnung zu Grunde gelegt ist, irrig seyn. Welches von beiden das sichere ist, darüber kann, nach der vollständigen hiesigen Beobach-tungsreihe, wohl kaum ein Zweifel seyn ... Meines Erachtens müßte man die Wärmeabnahme gerade aus den Strahlenbrechungen folgern, wobei aber die Unbekanntschaft mit dem mathematischen Gesetze derselben, noch eine Schwierigkeit erzeugen würde ... "* [13, S. 383–384]

Der Durchführung dieser Besselschen Idee sind die Arbeiten von Bruns und Haus-dorff gewidmet. Nach Angaben von Bruns in dem Wiener Vortrag habe er die Lösung der „Umkehraufgabe" für die terrestrische Refraktion schon 1879/80 in Ber-lin öffentlich vorgetragen, also vor den Untersuchungen von F. R. Helmert (1843–1917) zu diesem Thema. Auch die Umkehraufgabe für die astronomische Refraktion habe er als erster in Angriff genommen.

Die Durchführung der Besselschen Idee zur Umkehrung der astronomischen Re-fraktion erweist sich als schwierig. Sie liefe im Prinzip darauf hinaus, im Refraktions-integral den unbekannten Zusammenhang zwischen r und μ willkürlich anzusetzen, die Refraktionswerte bei verschiedenen Zenitdistanzen aus vielfach erfolgreich be-nutzten Refraktionstafeln zu entnehmen und so den Zusammenhang zwischen r und μ zu konkretisieren.

A. Bemporad (1875–1915), der führende Vertreter der Refraktions- und Extink-tionstheorie im früheren 20. Jh. hat für diese Vorgehensweise ein einfaches Beispiel konstruiert.

Man betrachte:

$$x = \frac{\mu_0 a}{\mu r} \sin z$$

Es gilt dann auch:

$$dx = -\frac{\mu_0 a}{\mu r} \sin z \, \frac{d(\mu r)}{\mu r}$$

und

$$\frac{dx}{\sqrt{1 - x^2}} = \frac{\frac{-\mu_0 a}{\mu r} \sin z}{\sqrt{1 - (\frac{\mu_0 a}{\mu r} \sin z)^2}} \, \frac{d(\mu r)}{\mu r}$$

Die Integration dieser Gleichung ergäbe links arc sin x und auf der rechten Seite das Refraktionsintegral, wenn nicht $\frac{-d(\mu r)}{\mu r}$ statt $\frac{d\mu}{\mu}$ stände. Es liegt jetzt nahe, anzusetzen

$$\frac{-d(\mu r)}{\mu r} = m \frac{d\mu}{\mu} \qquad\qquad (m : \text{ konstant })$$

Einsetzen dieser Formel und Integration der obigen Gleichung ergibt

$$\frac{1}{m} \text{ arc } \sin(\frac{\mu_0 a}{\mu r} \sin z)|_1^{\mu_0} = R$$

Aus der eingeführten Hypothese $\frac{-d(\mu r)}{\mu r} = m\frac{d\mu}{\mu}$ gewinnt man leicht

$$r\mu^{1+m} = a\mu_0^{1+m}$$

Berücksichtigt man noch die Laplacesche Hypothese von 1805

$$\mu^2 = 1 + 2c\delta \qquad (c: \text{ konstant}, \delta: \text{ Dichte}),$$

so ergibt sich die eingeführte Hypothese in dem Satz zu erkennen: die Dichte der Luft nimmt arithmetisch mit der Höhe ab. Daraus lassen sich dann weitere Folgerungen über die Gänge von Druck und Temperatur mit der Höhe gewinnen (siehe oben). Diese Hypothese über die Dichteabnahme lag einer großen Anzahl von Refraktionstheorien zu Grunde (P. Bouguer 1729, T. Simpson 1743, J.T. Mayer 1781, J. Bradley 1798).

Im Sinne von Bruns hätte man „umgekehrt" vorzugehen: man führe sofort als willkürliche Hypothese

$$r\mu^{1+m} = a\mu_0^{1+m}$$

ein, setze diese in das Refraktionsintegral ein und gewinnt daraus die Refraktionsformel

$$\frac{1}{m} \text{ arc } \sin(\frac{\mu_0 a}{\mu r} \sin z)|_1^{\mu_0} = R$$

Daraus kann man noch die Formel

$$R = \frac{1}{m}[z - \text{ arc } \sin(\kappa \sin z)] \qquad (\kappa = \frac{1}{\mu_0^m}),$$

die Simpsonsche Refraktionsformel, gewinnen. Es sind jetzt noch, wieder im Sinne des Brunsschen Verfahrens, drei Schritte zu tun:

1. Die Konstante m ist aus den Refraktionsbeobachtungen zu bestimmen. Für jede scheinbare Zenitdistanz z findet sich in den durch Beobachtungen gewonnenen Refraktionstafeln der entsprechende Wert R, μ_0 ist bestimmbar. Je nach Tafel und verwendeten Werten von z, sind Werte von m zwischen 6 und 6,4 ausgerechnet worden, wobei zur Bestimmung von μ_0 als Bodenbedingungen 10°C und 751,85 mm angesetzt wurden.

2. Es ist zu überprüfen, ob mit dem ausgerechneten Wert von m eine durch Beobachtungen gewonnene Refraktionstafel in ihrer Gesamtheit auch zufriedenstellend dargestellt werden kann. Das war für die Tafeln des 18. und des frühen 19. Jahrhunderts der Fall.

3. Es ist zu überprüfen, ob die eingeführte Hypothese auch mit den (zeitgenössischen) Kenntnissen über den Zustand der Atmosphäre verträglich ist. In unserem Beispiel ergäbe sich z. B. für die Grenze der Atmosphäre H:

$$H = a(\mu_0^{1+m} - 1);$$

die Höhe der Atmosphäre ist direkt von μ_0, also vom Bodendruck und der Bodentemperatur, abhängig. Dieser Satz ist in dieser „krassen Form" offenbar in einer realen Atmosphäre nicht richtig.

4. Es wäre aus der Beziehung

$$r\mu^{1+m} = a\mu_0^{1+m}$$

mit dem aus den Refraktionsbeobachtungen bestimmten m der Gang der Dichte mit der Höhe auszurechnen (Hypothese von Laplace) und dann mit Hilfe der barometrischen Höhenformel der Gang der Temperatur (und der Gang des Druckes).

Das am Beispiel erläuterte Grundprinzip des Verfahrens wird im Allgemeinen nicht so problemlos durchzuführen sein. Man wird, um den realen Verhältnissen in der Atmosphäre besser gerecht werden zu können, wesentlich kompliziertere Hypothesen über die Beziehung zwischen Brechungsindex und Höhe einführen müssen. Die Einführung komplizierterer Hypothesen in das Refraktionsintegral führt aber notwendig zu erheblichen Schwierigkeiten bei der Berechnung des Integrals. Um diesen Problemen zu entgehen, kam Bruns auf die Idee, statt des Refraktionsintegrals beliebige Näherungsformeln für die Refraktion zuzulassen. In diesen Näherungsformeln müssen neben Konstanten selbstverständlich auch a, z, μ_0, μ, r auftreten.

In die Näherungsformeln wird dann eine Hypothese über die Beziehung von Brechungsindex und Höhe eingeführt. Es ergibt sich eine Formel für die Refraktion, in der neben noch zu bestimmenden alten und neuen Konstanten a, z, μ_0, μ vorkommen. Alle Konstanten werden über gute Refraktionstafeln bestimmt – die Formel wird an die Tafel angeschlossen. Es ergibt sich so ein Zusammenhang zwischen μ und r, aus dem die Gänge von Temperatur und Druck ermittelt werden können.

Neben den vier am Beispiel erläuterten Aufgaben, die sinngemäß zu übertragen sind, sind also jetzt noch zusätzlich zu erfüllen:

5. Es sind Näherungsformeln für die Refraktion aufzufinden.

6. Es ist zu überprüfen, ob diese Näherungsformeln mit den bekannten Kenntnissen über die Physik der Atmosphäre und insbesondere über die Refraktion verträglich sind.

7. Die Auswahl der Stellen, in denen Tafel und Formel übereinstimmen sollen, kann zu sehr unterschiedlichen Differenzen zwischen Tafel und Formel an anderen Stellen führen. Es ist also zusätzlich ein Parameter in der Formel einzuführen, dessen geeignete Wahl die Verringerung dieser Differenzen ermöglicht.

Bruns schlug einen anderen Weg ein. Er setzte die Refraktion selbst „willkürlich"
als Funktion von μ und r an. Dieser Ansatz sollte nur nicht im Widerspruch zu den
Prinzipien stehen, die der Refraktionstheorie insgesamt zu Grunde liegen. Dadurch
wird die Form des Refraktionsausdruckes zum unbekannten Element.

8. Es könnte der Fall eintreten, daß die letztlich ausgerechneten Temperatur-
werte von der gewählten Form des Refraktionsausdruckes abhängen. Das soll
dadurch vermieden werden, daß die interpolatorische Darstellung der Refraktion auf möglichst viele Arten versucht wird und jeweils die Temperaturabnahmen ausgerechnet werden. Liegen diese Temperaturabnahmen hinlänglich
nahe beieinander, so kann ausgeschlossen werden, daß die gewählte Formel
entscheidenden Einfluß auf das Temperaturgesetz ausübt. Dieses wird dann
vorwiegend vom Beobachtungsmaterial geprägt sein. [18, S. 210; 32, S. 481–
482]

Nach diesen Grundsätzen entwickelte Bruns in seiner Arbeit von 1891 verschiedene Refraktionsformeln und schloß diese an bekannte Refraktionstafeln an. Sind die
Refraktionsformeln genügend biegsam, kann der Anschluß beliebig genau sein. Bei
einer bestimmten Formel wird die Güte des Anschlusses bei verschiedenen Tafeln
unterschiedlich sein. Schließlich berechnete Bruns für eine Formel und verschiedene
Tafeln den Gang der Temperatur mit der Höhe. Es ergaben sich Temperaturgradienten zwischen $4,05°/$ km und $5,85°/$ km. Insbesondere ergab die Rechnung für die
berühmte Refraktionstafel von H. Gyldén (1841–1896) von 1866 [28, S. 81–82] einen
Gradienten von $5,1°/$ km. Bei diesen Berechnungen ist Hausdorff von Bruns herangezogen worden [18, S. 190]. Die Veröffentlichung der Rechnungen Hausdorffs stellte
den frühesten wissenschaftlichen Erfolg Hausdorffs dar. Im Sinne des oben angegebenen Prinzips war es notwendig, weitere Interpolationsformeln für die Refraktion
zu entwickeln, die Gänge der Temperatur auszurechnen und diese miteinander zu
vergleichen. Das waren genau die Aufgaben, die Bruns Hausdorff für seine Dissertation stellte [3, Bl. 1]. Nach Hausdorff ist die Dissertation im „astronomischen
Seminar" entstanden. [3, Bl. 1] Die gestellten Aufgaben wurden von Hausdorff nur
zum Teil bearbeitet, aber mit virtuoser Geschicklichkeit. Für verschiedene Refrak-
tionsausdrücke wurde die Anschlußfähigkeit an verschiedene Tafeln untersucht. Dabei stellte sich die bemerkenswerte Tatsache heraus, daß wesentlich verschiedene,
nach Bruns mögliche, Interpolationsformeln für die Gyldénsche Tafel einen gleich
guten Anschluß liefern. Davon erfüllt aber nur eine Anschlußformel die Bedingung
der physikalischen Zulässigkeit [32, S. 520, S. 561]. Mit zwei weiteren Arbeiten
[33, 34], beide 1893, setzte Hausdorff seine Untersuchungen zur astronomischen Refraktion fort. In der ersten Arbeit wurde die Frage diskutiert, wie man aus einem
gegebenen Interpolationsausdruck für die Refraktion durch geeignete Substitutio-
nen weitere brauchbare Refraktionsformeln gewinnen kann. Die gewonnenen Refraktionsformeln wurden auf ihren physikalischen Sinn untersucht. In dieser Arbeit rechnete Hausdorff für drei Anschlußformeln über die Gyldénsche Refraktion den Gang
der Temperatur mit der Höhe aus.
Die Hausdorffschen Gradienten für die Gyldénsche Tafel haben nach den verschiedenen verwendeten Anschlußformeln Werte zwischen $4,48°/$km und $5,51°/$km.

Nach seiner Meinung liegen auch die dieser Gradientenberechnung zugrundegelegten und angeführten Temperaturtabellen genügend nahe beieinander, daß der Schluß gezogen werden kann, daß von der gewählten Form des Refraktionsausdruckes abzusehen wäre. Dieser Schluß erscheint übertrieben, denn die Differenzen zwischen den Temperaturtabellen sind erheblich. Man kann so geteilter Meinung sein, ob die Behauptung, daß *„aus der interpolatorischen Darstellung beobachteter Refractionswerthe … die mittlere Temperaturabnahme in freier Luft genauer und bequemer als durch die bisherigen meteorologischen Hülfsmittel"* [33, S. 162] folgt, berechtigt ist. Hinzu kam, daß die Hausdorffschen, ebenso wie die Brunsschen Gradienten, gegenüber der heute bekannten mittleren Temperaturabnahme in der Atmosphäre allesamt zu niedrig sind. [25, S. 789]

Hausdorff bemerkte korrekterweise auch, daß er nur Rechenbeispiele geliefert habe, keine *„wirkliche Anwendung"* [33, S. 162] des Brunsschen Verfahrens. Dadurch wird die Tatsache, daß zu den verschiedenen Anschlußformeln Atmosphärehöhen zwischen 31 km und Unendlich gehören, nebensächlich. In der letzten Arbeit Hausdorffs zur Refraktionstheorie wurde untersucht, wie sich die Erdabplattung, also letztlich die Größe a aus dem Refraktionsintegral, auf die Refraktionswerte auswirkt. Es wurde gezeigt, daß ein merklicher Einfluß der Erdabplattung erst bei sehr großen Zenitdistanzen zu erwarten ist. Die drei Hausdorffschen Arbeiten über die astronomische Refraktion stellten dem noch am Anfang seiner wissenschaftlichen Laufbahn stehenden Mathematiker auch ein glänzendes mathematisches Zeugnis aus. Die Bearbeitung der sich aus der Bessel-Brunsschen Idee ergebenden mathematischen Aufgaben war schwierig und rechnerisch sehr aufwendig. Neben „mathematischer Phantasie" bei der Aufstellung neuer Interpolationsformeln für die Refraktion war eine völlig sichere Beherrschung der klassischen Analysis wie von Methoden der angewandten Mathematik (Ausgleichung von Beobachtungen, Abschätzung der Fehler bei interpolatorischen Entwicklungen, Störungsrechnung) unumgänglich. Daß die Hausdorffschen Arbeiten weit über dem Standard der Zeit lagen, zeigt ihr Vergleich mit der das gleiche Thema bearbeitenden Untersuchung [20].

Ein Problem war aus den Brunsschen und Hausdorffschen Berechnungen neu erwachsen. Die für die Gyldénsche Tafel, also für das gleiche Refraktionsmaterial, ausgerechneten Temperaturgradienten, liegen zwischen $4,05°/\text{km}$ und $5,51°/\text{km}$. Alle diese Berechnungen folgten gleichermaßen den von Bruns angegebenen Prinzipien und stellen alle die Refraktionswerte der Gyldénschen Tafel mit genügender Genauigkeit dar. An dieser Stelle setzte die Kritik von Julius Bauschinger (1860-1934), dem Nachfolger von H. Bruns im Amt des Leipziger Sternwartendirektors, ein. Bauschinger schlußfolgerte 1893 aus eigenen Untersuchungen und denen von J. C. R. Radau (1835–1911), aber nicht direkt auf die Leipziger Arbeiten eingehend:

„Betreff des Gesetzes der Temperaturabnahme … wird man immer auf meteorologische Beobachtungen angewiesen sein … " [7, S. 215]

Bauschingers Argumentation konzentrierte sich auf zwei Punkte. Die gemessenen Refraktionswerte sind von sehr vielen Faktoren, z. B. dem Beobachtungsinstrument, der Temperaturschichtung in der nächsten Umgebung des Instrumentes, vom Erscheinungsbild des beobachteten Objektes usw. abhängig. Ehe man sich über das Temperaturgesetz äußern kann, müßte der Einfluß dieser Faktoren genau bekannt sein. Aber sogar bei Kenntnis dieser Einflußgrößen bliebe für das Temperaturgesetz noch ein weiter Spielraum. Das war auch das Resultat der Untersuchungen von Bruns und Hausdorff, aber ohne den Einfluß der anderen störenden Größen zu berücksichtigen. Die Refraktion folgt nur sehr schwerfällig Änderungen des Temperaturgesetzes der freien Atmosphäre, eine nicht unmittelbar vermutbare Tatsache, die aber durch die Untersuchungen von Bruns und Hausdorff erstmals offenbar wurde. Um eine Entscheidung über die nach den Refraktionsmessungen möglichen Temperaturgesetze fällen zu können, müssen meteorologische Hilfsmittel herangezogen werden. Es muß also, auf einer wissenschaftlich höheren Stufe, genau das getan werden, was vermieden werden sollte.

Es sind keine Äußerungen von Bruns oder Hausdorff zur Argumentation Bauschingers bekannt. Allerdings hat sich Bruns auch nach der Arbeit des Münchener Astronomen weiterhin mit „seinem" Verfahren befaßt. Über ein größeres Manuskript von Bruns dazu sind wir durch die Dissertation [20] von F. Carius (1887–1943), einem Schüler Bruns', informiert. Das Manuskript, das schon für die Veröffentlichung vorbereitet war, ist verschollen. Carius durfte mit Genehmigung von Bruns das Manuskript benutzen und gab eine Zusammenfassung seines Inhalts. Danach blieb Bruns zwar bei der sphärischen Schichtung der Atmosphäre, ließ aber die Voraussetzung fallen, daß der Gang des Brechungsindex mit der Höhe durch die gesamte Atmosphäre durch einen einzigen analytischen Ausdruck beschrieben werden soll. Statt dessen sollte von Schicht zu Schicht der Gang des Brechungsindex mit der Höhe durch verschiedene Gesetze beschrieben werden. Auf der Basis dieser Voraussetzungen rechnete Carius für sehr einfache Fälle (der Brechungsindex in jeder Schicht ist konstant, bzw. eine lineare Funktion der Höhe) und für nur zwei Schichten den Temperaturgradienten auch für die Gyldénschen Tafeln aus. Es ergaben sich Gradienten von $12,15°$/km und $5,29°$km. Die Brunsschen Annahmen zerstreuen die Bauschingerschen Bedenken nicht, da auch bei diesen neuen ausgerechneten Temperaturgesetzen eine völlig befriedigende Darstellung der Gyldénschen Refraktionswerte zu erzielen war.

Sehr eng dem Problem der astronomischen Refraktion verwandt ist das Problem der Extinktion des Lichtes der Gestirne in der Erdatmosphäre. Die Erdatmosphäre übt eine starke Absorption auf die sie durchlaufenden Lichtstrahlen aus. Die Absorption nimmt mit der Zenitdistanz der beobachtenden Gestirne sehr stark zu. Ausdruck dieser mit der Zenitdistanz veränderlichen Absorption sind die sehr unterschiedlichen Helligkeiten, unter denen ein Gestirn bei Beobachtungen in verschiedenen Zenitdistanzen erscheint und die am deutlichsten bei der Sonne bemerkbaren unterschiedlichen Färbungen eines Gestirns bei unterschiedlichen Zenitdistanzen. Um aus den beobachteten Helligkeiten auf die tatsächlichen Helligkeiten der Gestirne schließen zu können, bedarf es einer Theorie, die die Abhängigkeit der Absorption des Lichtes in der Atmosphäre von der Zenitdistanz beschreibt. Diese Aufgabe behandelt die Extinktionstheorie.

Das Problem der Absorption des Lichtes in der Erdatmosphäre ist dem der astronomischen Refraktion sehr ähnlich. Ausgangshypothese jeder Theorie der Absorption ist die Hypothese von P. Bouguer (1698–1758) von 1729, die die Abschwächung, die das Licht beim Lauf durch die Atmosphäre erleidet, proportional dem Produkt aus ursprünglicher Intensität des Lichtes, also der Intensität des Lichtes außerhalb der Atmosphäre, und dem vom Licht in der Atmosphäre durchlaufenen Weg ansetzte.

Es gilt dann die Gleichung

$$i = I e^{-c \int \delta ds}$$

Dabei bedeuten: I : Intensität des Lichtes am Anfang, i die Intensität des Lichtes am Ende des Weges s, also, wenn man die gesamte Atmosphäre betrachtet: I die Intensität an der Grenze der Atmosphäre, i die gemessene Intensität am Ende des Weges, also am Beobachtungsort, c : konstant.

Da man I nicht kennt, ist man gezwungen, diese Größe durch beobachtbare Größen zu ersetzen.

Für das Zenit gilt

$$i_0 = I e^{-c \lambda \delta_0} \qquad\qquad (c, \lambda : \text{ Konstanten, } \delta_0 : \text{ Dichte am Beobachtungsort })$$

Damit auch:

$$i = i_0 A^{[F(z)-1]}$$

$$\text{mit} \qquad A = e^{-c\lambda\delta_0} \qquad\qquad \text{und} \qquad F(z) = \frac{1}{\lambda} \int \frac{\delta}{\delta_0} ds$$

$F(z)$ wird bezeichnet als die von den Lichtstrahlen durchlaufene Luftmasse, wenn die Luftmasse im Zenit gleich 1 gesetzt wird. Es wird also in der Extinktionstheorie die Lichtabschwächung im Zenit mit der Lichtabschwächung in anderen Zenitdistanzen verglichen [vgl. dazu 9, S. 5–6]. Das eigentliche Problem der Theorie der astronomischen Extinktion ist die Bestimmung des Integrals

$$F(z) = \frac{1}{\lambda} \int \frac{\delta}{\delta_0} ds$$

Unter den gleichen Voraussetzungen, die für die den Aufbau der Atmosphäre in der Refraktionstheorie gelten, kann $F(z)$ dargestellt werden:

$$F(z) = \frac{1}{\lambda} \int_a^{a+H} \delta \delta_0^{-1} (1 - (\frac{a\mu_0}{r\mu})^2 \sin^2 z)^{-1/2} \, dr$$

Führt man nach Laplace wiederum die Beziehung $\mu^2 = 1 + 2c_1\delta$ ein, so ergibt sich – von der Form des Integranden abgesehen – wiederum die Situation: um $F(z)$ ausrechnen zu können, benötigt man den Gang des Brechungsindex mit der Höhe, oder anders ausgedrückt, den Zusammenhang zwischen r und μ .

Gleichermaßen gibt es durch Beobachtungen bestimmte Extinktionstabellen, in denen für die verschiedenen Zenitdistanzen $z \frac{i}{i_0}$ aufgeführt wird. Die Größe A ist für jeden Ort offenbar eine Konstante und ist physikalisch über die terrestrische Extinktion oder aus der Ausgleichung photometrischer Beobachtungen ermittelbar. [10, S. 295]

Für die Bestimmung von $F(z)$ böte sich der gleiche Weg an, der bei der Refraktionstheorie angedeutet wurde, also die Einführung eines willkürlichen Zusammenhanges zwischen μ und r und seine Konkretisierung über Extinktionstabellen. Es wäre jedoch auch folgende Überlegung sinnvoll: da die Absorption nach Bouguer abhängig von dem vom Lichtstrahl durchlaufenen Weg ist, dieser Weg aber durch die Refraktion verlängert wird, besteht eine offenbare Beziehung zwischen Refraktion und Extinktion. Diese Beziehung faßte P. S. Laplace (1749–1827) im IV. Band seiner *Mécanique céleste* in die Formel

$$F(z) = \frac{R}{\alpha \sin z}$$

(α : konstant, z : scheinbare Zenitdistanz, R : Refraktion bei z)

Nach dieser Formel von Laplace wäre es jetzt möglich, alle Resultate der Refraktionstheorie auf die Extinktionstheorie zu übertragen, d. h. auch alle von Bruns und Hausdorff entwickelten Refraktionsformeln direkt zur Gewinnung neuer Formeln für $F(z)$ einzusetzen. Umgekehrt entspräche auch einer beliebigen Formel von $F(z)$ einer bestimmten Refraktionsformel, und diese Formel könnte wiederum an Refraktionstafeln angeschlossen und der Gang der Temperatur ausgerechnet werden.

Entscheidend war für die Durchführbarkeit dieser Idee aber die Frage, ob die Formel von Laplace überhaupt richtig ist, also die vorhandenen, aus Beobachtungen gewonnenen, Extinktionstabellen befriedigend dargestellt. Diese Frage bildete den Ausgangspunkt der Hausdorffschen Überlegungen in seiner Habilitationsschrift *Ueber die Absorption des Lichtes in der Atmosphäre* [35].

Als Bruns Hausdorff die Extinktionstheorie zur Bearbeitung übergab, scheint er nicht berücksichtigt zu haben, daß die Situation eine andere als bei der Refraktionstheorie war. Im Gegensatz zur astronomischen Refraktion, die seit Jahrhunderten in einer Flut von auch theoretischen Arbeiten behandelt worden war, war die Anzahl der brauchbaren theoretischen Untersuchungen zur Extinktion fast an einer Hand abzählbar. Die Theorie von P. Bouguer aus den Jahren 1729/1760 widersprach den realen Verhältnissen in der Atmosphäre und ist deshalb zu Recht von Hausdorff nicht berücksichtigt worden. Die Methode von J. H. Lambert (1728–1777) aus dem Jahre 1760 verzichtete völlig auf jeden höheren theoretischen Anspruch, war aber für Hausdorff wegen ihres Ansatzes für die Extinktion als Potenzreihe interessant. Zur Dissertation von J. Maurer aus dem Jahre 1882 meinte G. Müller (1851–1925), einer der führenden Spezialisten der astronomischen Photometrie:

„Seine [die Theorie von Laplace] ist in neuerer Zeit in einigen Punkten durch Maurer und Hausdorff modificirt worden, ohne dass damit jedoch ein wesentlicher Fortschritt erzielt worden wäre." [44, S. 112]

Die theoretische Arbeit von H. Seeliger von 1891 [47] war für Hausdorff von zweifachem Interesse: sie wies auf die Differenzen hin, die sich zwischen Extinktionstheorie und Extinktionsbeobachtungen auftaten, und sie wies den Langleyschen Einwand gegen die klassische Extinktionstheorie zurück. [47, S. 262]

Wendet man sich dem beobachteten Teil des Extinktionsproblems zu, schien die Lage auf den ersten Blick, hauptsächlich durch die Existenz der Potsdamer mittleren Extinktionstabelle [41, S. 285], günstiger zu sein. Beim genauen Durchsehen des zur Verfügung stehenden Materials wurde der Theoretiker jedoch enttäuscht. Legt man den Maßstab an, daß eine Tabelle von gemessenen Extinktionswerten sich auf gleiche Beobachtungsobjekte und genau definierte und miteinander vergleichbare Beobachtungsbedingungen beziehen sollte, fallen sofort die Tabellen [48, 49] von L. Seidel (1821–1896) von 1852/1863 unter die Kategorie unzuverlässig, da sie zeitlich und vom Beobachtungsmaterial her inhomogen sind. Das hatte Hausdorff bemerkt [35, S. 422, S. 468] und diese Tafeln *„nur gelegentlich zur Controlle"* [35, S. 422] herangezogen. Bezüglich der Beobachtungen von Müller auf dem Säntis [42] unterlief Hausdorff ein Fehler. Er meinte, daß die Zahlen der dortigen Extinktionstabelle nach der Formel von Laplace ausgerechnet worden seien. [35, S. 468] Deshalb seien die Säntis-Beobachtungen für eine unbefangene Diskussion der Extinktionstheorie nur bedingt brauchbar. Es ist später darauf hingewiesen worden, daß man aus dem bei Müller angegebenen Beobachtungsmaterial leicht die Extinktion als reines Beobachtungsresultat erhalten kann [38, S. 11]. Für Hausdorff blieben an verwertbarem Beobachtungsmaterial also nur die Potsdamer Extinktionstabelle und die ihr zugrundeliegenden Teiltabellen übrig. Die Potsdamer mittlere Extinktionstabelle behandelte Hausdorff als aus vergleichbarem Beobachtungsmaterial hergeleitet. Tatsächlich besteht sie jedoch aus zwei Teilen. Der Teil von $0° - 80°$ Zenitdistanz ist in sich homogen, der von $80° - 90°$ Zenitdistanz mit einigen Abstrichen im Prinzip auch. Diese Zweiteilung ist in Potsdam aus Gründen der Beobachtbarkeit der himmlischen Objekte unvermeidbar gewesen. Die Überprüfung von Extinktionsformeln an der gesamten Potsdamer Tabelle mußte notwendig unlösbare Schwierigkeiten hervorrufen. Bei Hausdorff scheinen diese und noch andere methodische Mängel [38, S. 18] noch zum Teil entschuldbar, daß aber ein so erfahrener Astronom und Mathematiker wie Bruns diese Mängel nicht rügte [2, Bl. 6], ist unverständlich.

Der Leser der Hausdorffschen Habilitationsschrift bemerkt darin die Ansätze zu einer vorsichtigen Kritik des Brunsschen Verfahrens, etwa wenn er bemerkt, daß

> *„... die Müller'schen Werthe vertrauenswürdiger als irgend ein Formelansatz [sind], der bloss aus unserer mangelhaften Kenntniss der atmosphärischen Vorgänge geschöpft ist."* [35, S. 444]

oder

> *„Wir können hiermit unsere Aufgabe, aus den Absorptionsbeobachtungen die Constitution der Atmosphäre zu erschliessen, innerhalb der sachlich gezogenen Grenzen als gelöst ansehen. Die Antwort fällt zum Theil unbestimmt aus; wir haben eine ganze Gruppe von Hypothesen erhalten, zwischen denen numerisch die Wahl schwer sein dürfte, die aber physikalisch, wenn auch Aehnliches, so doch nicht Gleiches besagen."* [35, S. 465]

Das ist im Prinzip die gleiche Aussage, die wir bezüglich der Interpretation der aus Refraktionswerten ausgerechneten Temperaturangaben getroffen haben. Um eine Entscheidung zwischen den Hypothesen fällen zu können, sind weitere, und zwar direkte Untersuchungen sowohl zur Extinktion als auch Meteorologie nötig [35, S. 465, S. 480]. Konsequenterweise verzichtete Hausdorff auf Angaben über die Gänge von Druck und Temperatur auf der Basis von Extinktionsbeobachtungen.

Die Arbeit Hausdorffs [35] zerfiel in drei Teile. Im ersten Teil versuchte er über die Formel von Laplace die formelmäßige Darstellung der Extinktion auf die der Refraktion zurückzuführen. Nach H. v. Seeliger und auch nach Hausdorff [35, S. 401] war zudem sowieso eine Überprüfung der Theorie von Laplace an neuerem Beobachtungsmaterial vonnöten. Hausdorff schloß aus den Differenzen, die sich aus der Darstellung der Potsdamer Tabelle durch die Formel von Laplace tatsächlich ergeben, auf die Unvollständigkeit der Formel von Laplace und erweiterte diese Formel durch Zusatzglieder. Diese ergänzten Laplaceschen Formeln gaben jedoch keine besseren Resultate bezüglich der Darstellung der Potsdamer Tabelle. Daraus schloß Hausdorff, die Laplaceschen Formeln wären überhaupt für die Darstellung der Potsdamer mittleren Extinktionstabelle ungeeignet — tatsächlich kann aber jeder der beiden Teile für sich vollständig durch die Theorie von Laplace beschrieben werden. Es müssen also nach Hausdorff neue Formeln für die Darstellung der Extinktion entwickelt werden. Bei der Gewinnung neuer Extinktionsformeln benutzte Hausdorff nicht mehr die Formel von Laplace, verwendete aber weitgehend das sich aus seiner Formel ergebende Prinzip, die Extinktion auf die Refraktion zurückzuführen. Das kann einfach so geschehen, daß eine scheinbar brauchbare „willkürliche" Extinktionsformel so umgeformt wird, daß sie die Substitution eines Brunsschen oder Hausdorffschen Ausdrucks für die Refraktion ermöglicht. Die Konstanten dieser neuen Extinktionsformeln können dann aus den guten und sicheren Refraktionstafeln bestimmt werden. Es muß dann noch untersucht werden, ob die so entwickelten Extinktionsformeln auch die Werte der Extinktionstafeln befriedigend darstellen. Daneben entwickelte Hausdorff auch Extinktionsformeln, ohne das *Laplacesche Prinzip* zu befolgen. [35, S. 430 ff.], aber sich eng an die Form von ihm selbst und von Bruns entwickelter Refraktionsformeln anlehnend. Für die wichtigsten aller dieser Formeln wird die Darstellbarkeit der Müllerschen Tabelle für Potsdam untersucht. Alle Anschlußversuche mit so entwickelten Formeln für die Extinktion verbessern entweder nicht den Anschluß gegenüber der Formel von Laplace oder aber führen, wenn sie das tun, zu unzulässigen Zuständen der Atmosphäre ($F \leq 0$) bzw. führen zu Aussagen über die Struktur der Atmosphäre, die als höchst unwahrscheinlich anzusehen waren. Im letzten Teil seiner Arbeit behandelte Hausdorff den 1884 und auch später von S. P. Langley (1834–1906) gemachten Einwand, daß die klassische Extinktionstheorie nur für monochromatisches Licht gälte. Das zur Erde gelangende Licht sei aber nicht homogen zusammengesetzt, und daher werde von der Atmosphäre etwa doppelt soviel Licht absorbiert, wie bisher angenommen. Aus theoretischen Gründen ist dieser Einwand völlig berechtigt, weil nachgewiesen werden kann, daß einzelne Spektralbereiche der von den Sternen ausgehenden Strahlung vollständig in der Atmosphäre absorbiert werden. Bereits Seeliger [47] aber hatte den Langleyschen Einwand für den Bereich des Spektrums, der für die zeitgenössische Photometrie in Frage kam, zurückgewiesen. Da Hausdorff der Meinung war, zwischen der (monochromatischen) Theorie von Laplace und der Potsdamer Tabelle gäbe es gravierende Widersprüche, glaubte er bei der Verwendung von zusammengesetztem Licht zu besseren Übereinstimmungen von Extinktionstheorie und Extinktionsmessungen zu kommen. Das gelingt zwar, aber wie Hausdorff selbst feststellte

> „... *mit der Benutzung hypothetischer Daten, die sich mit der Wirklichkeit nicht zu decken brauchen.*" [35, S. 473].

Um zu überprüfen, ob die hypothetischen Daten real sind, bedarf es wiederum des Rückgriffs auf andere Methoden der Erforschung der Atmosphäre. Die Distanzierung Hausdorffs von der Grundidee des Brunsschen Verfahrens ist auch hier unübersehbar.

Es besteht kein Zweifel daran, daß das Bruns-Hausdorffsche-Verfahren die Anregung von Bessel sinnvoll umsetzte. Das Verfahren lieferte erstmals Temperaturgesetze für die Atmosphäre, die wissenschaftlich begründet waren. Das letzlich den Rechnungen zugrundeliegende statische Modell der Atmosphäre aber ist viel zu einfach, um die real außerordentlich verwickelten meteorologischen Vorgänge mehr als nur sehr grob zu beschreiben. Ein anderes Modell stand aber zur Zeit der Entstehung und Ausarbeitung des „Bruns-Hausdorff-Verfahren" nicht zur Verfügung. Das Verfahren kam schon zu spät, nämlich zu einer Zeit, in der die Erforschung der freien Atmosphäre durch neue technische Hilfsmittel massiv einsetzte.

Archivalien

1. *Acta die Sternwarte zu Leipzig und das bei derselben angestellte Personal betr. v. 1884–1910.* Sächs. Hauptstaatsarchiv Dresden 10147/25, Min. für Volksbildung, Staatsarchiv Dresden.

2. *Personalakte Nr. 547 (F. Hausdorff),* Universitätsarchiv Leipzig.

3. *Promotionsakte Nr. 742 (F. Hausdorff),* Universitätsarchiv Leipzig.

4. *Promotionsakte Nr. 1848 (F. Carius),* Universitätsarchiv Leipzig.

Literatur

5. Ball, L. de: *Refraktionstafeln,* Leipzig 1906.

6. Ball, L. de: *Die Radau'sche Theorie der Refraktion,* Sitzungsber. Kaiserl. Akad. Wiss. Wien, Math.-Nat. Kl., CXV Bd., IX. Heft, Abth. IIa, 1906, S. 1361–1422.

7. Bauschinger, J.: *Untersuchungen über die astronomische Refraction ...*, Neue Annalen der K. Sternwarte in München, Bd. III, München 1898, S. 41–229.

8. Bauschinger, J.: *Heinrich Bruns*, Vierteljahresschrift der Astronomischen Gesellschaft 56 (1921), S. 59–69.

9. Bemporad, A.: *Zur Theorie der Extinktion des Lichtes in der Erdatmosphäre*, Mitt. der Grossh. Sternwarte zu Heidelberg (Astronometrisches Institut), hg. v. W. Valentiner, IV, Karlsruhe 1904, spez. S. 13–14.

10. Bemporad, A.: *Besondere Behandlung des Einflusses der Atmosphäre (Refraktion und Extinktion)*, Encyklopädie der Mathematischen Wissenschaften mit Einschluss ihrer Anwendungen, Sechster Band, Leipzig 1905–1923, S. 287–334.

11. Bemporad, A., Wünschmann, F.: *Die astronomische und terrestrische Strahlenbrechung*, Handbuch der phys. Optik, Bd. I, Erste Hälfte, hg. v. E. Gehrcke, Leipzig 1926, S. 237–281.

12. Bemporad, A., Wünschmann, F.: *Die Extinktion des Lichtes in der Erdatmosphäre*, Handbuch der physikalischen Optik, hg. v. E. Gehrcke, Bd. I, Erste Hälfte, Leipzig 1926, S. 293–305, spez. 296–297.

13. Bessel, F. W.: *Auszug aus einem Schreiben des Herrn Professors und Ritters Bessel an den Herausgeber.* Königsberg 1823, Nov. 10., Astronomische Nachrichten 2 (1824), S. 381–386; auch leicht verändert: Bessel, F. W.: Abhandlungen, hg. v. R. Engelmann, Erster Band, Leipzig 1875, S. 235–237.

14. Brüning, M.: *Messungen und Gedanken zur Frage der Refraktionswerte bei grossen Zenitdistanzen*, Die Sterne 31 (1955), S. 172–176.

15. Bruhns, C.: *Die astronomische Strahlenbrechung in ihrer historischen Entwickelung*, Leipzig 1861.

16. Bruns, H.: *Die Figur der Erde — Ein Beitrag zur europäischen Gradmessung*, Publication d. Königl. Preuss. Geodät. Institutes, Berlin 1878.

17. Bruns, H.: *Bemerkungen zur Refractionstheorie*, Vierteljahrsschrift der Astronomischen Gesellschaft 18 (1833), S. 249–253.

18. Bruns, H.: *Zur Theorie der astronomischen Strahlenbrechung*, Ber. über die Verh. d. Königl. Sächs. Ges. d. Wiss. zu Leipzig, Math.-Phys. Cl., 43. Bd., 1891, S. 164-227.

19. Bruns, H.: *Bemerkung zu dem vorstehenden Aufsatz* [v. H. Jacoby, H.J.I.], Astronomische Nachrichten 142 (1897),. S. 149–152.

20. Carius, F.: *Zur Theorie der astronomischen Strahlenbrechung*, Inaugural-Dissertation Universität Leipzig, Weida 1910.

21. Dieminger, W,: *Kenntnis vom erdnahen Raum im Wandel eines Jahrhunderts*, Nova Acta Leopoldina, Neue Folge Nr. 199, Bd. 36, Halle 1971.

22. Dietze, G.: *Einführung in die Optik der Atmosphäre*, Leipzig 1957.

23. Euler, L.: *De la réfraction de la lumière en passant par l'atmosphère selon les divers degrés tant de la chaleur que de l'élasticité de l'air*, Mémoires de L'Académie Royale des Sciences et Belles Lettres à Berlin MDCCLVI, S. 131–172.

24. Faust, H.: *Der Aufbau der Erdatmosphäre. Eine zusammenfassende Darstellung unter Einbeziehung der neuen Raketen- und Satellitenmeßergebnisse*, Braunschweig 1968.

25. Flohn, H.: *Aerologische Klimatologie*, in: Hesse, W. (Hg.), Handbuch der Aerologie, Leipzig 1961, S. 783-831.

26. Friedmann, Ch.: *Atmosphärische Extinktion und meteorologische Elemente*, Die Sterne 30 (1954), S. 54–59.

27. Girlich, H.-J.: *Felix Hausdorff und die angewandte Mathematik*, in: Beckert, H., Schumann, H. (Hg.), 100 Jahre Mathematisches Seminar der Karl-Marx-Univ. Leipzig, Berlin 1981, S. 134–146.

28. Gyldén, H.: *Untersuchungen über die Constitution der Atmosphäre und die Strahlenbrechung in derselben*, Mém. Acad. imp. des sciences de St.-Pétersbourg, VIIE Sér., T. X, N^0 1, St.-Pétersbourg 1866.

29. Gyldén, H.. *Untersuchungen über die Constitution der Atmosphäre und die Strahlenbrechung in derselben*, Mém. Acad. imp. des sciences de St.-Pétersbourg, VIIE Sér., T. XII, N° 4, St.-Pétersbourg 1868.

30. Hann, J.: *Lehrbuch der Meteorologie*, Leipzig 1901.

31. Harzer, P.: *Berechnung der Ablenkung der Lichtstrahlen in der Atmosphäre der Erde auf rein meteorologisch-physikalischer Grundlage*, Publikation der Sternwarte in Kiel, XIII, Kiel 1922–24.

32. Hausdorff, F.: *Zur Theorie der astronomischen Strahlenbrechung*, Ber. über die Verh. d. Königl. Sächs. Ges. d. Wiss. zu Leipzig, Math.-Phys. Cl., 43. Bd., 1891, S. 481–566.

33. Hausdorff, F.: *Zur Theorie der astronomischen Strahlenbrechung II*, Ber. über die Verh. d. Königl. Sächs. Ges. d. Wiss. zu Leipzig, 45. Bd., 1893, S. 120–162.

34. Hausdorff, F.: *Zur Theorie der astronomischen Strahlenbrechung III*, Ber. über die Verh. d. Königl. Sächs. Ges. d. Wiss. zu Leipzig, Math.-Phys. Cl., 45. Bd., 1893, S. 758–804.

35. Hausdorff, F.: *Ueber die Absorption des Lichtes in der Atmosphäre*, Ber. über die Verh. d. Königl. Sächs. Ges. d. Wiss. zu Leipzig, Math.-Phys. Cl., 47. Bd., 1895, S. 401–482.

36. Hayn, F.: *Todesanzeige H. Bruns,* Astronomische Nachrichten 210 (1919/20), S. 15–16.

37. Helmert, F. R.: *Die mathematischen und physikalischen Theorien der höheren Geodäsie,* Bd. II, Leipzig 1884, spez. S. 577.

38. Kempf, P.: Besprechung von [35], Vierteljahrsschrift der Astronom. Ges. 31 (1896), S. 2–28.

39. Möller, F., Bullrich, K.: *Thermodynamische Grundlagen und Arbeitsmethoden der Aerologie,* in: Hess, W. (Hg.), Handbuch der Aerologie, Leipzig 1961, S. 17-123.

40. Möller, F., Manabe, S.: *Über das Strahlungsgleichgewicht der Atmosphäre,* Zeitschrift für Meteorologie 15 (1961), S. 3–8.

41. Müller, G.: *Photometrische Untersuchungen,* Publ. d. Astrophys. Obs. zu Potsdam, 3. Bd., Potsdam 1893, S. 227–292.

42. Müller, G.: *Photometrische und spektrokopische Beobachtungen angestellt auf dem Gipfel des Santis,* Publ. d. Astrophys. Obs. zu Potsdam, 8. Bd., Potsdam 1893, S. 2–101.

43. Müller, G., Kempf, P.: *Untersuchungen über die Absorption des Sternenlichts in der Erdatmosphäre, angestellt auf dem Ätna und in Catania,* Publ. d. Astrophys. Obs. zu Potsdam, 11. Bd., Potsdam 1898, S. 209–279.

44. Müller, G.: *Die Photometrie der Gestirne,* Leipzig 1897.

45. Oppolzer, Th. v.: *Vorläufige Mittheilung über eine neue Refractionsformel,* Astronomische Nachrichten 89 (1877), S. 365–366.

46. Radau, R.: *Essai sur les réfractions astronomiques,* Annales de l'Observatoire de Paris, Mémoires T. XIX, 1889, S. 1 60.

47. Seeliger, H.: *Ueber die Extinction des Fixsternlichtes in der Atmosphäre,* Ber. d. Königl. Bayer. Akad. d. Wiss. 1891, II. Cl., Bd. XXI, S. 247–264.

48. Seidel, L.: *Untersuchungen über die gegenseitigen Helligkeiten der Fixsterne erster Grösse und über die Extinction des Lichtes in der Atmosphäre,* Abh. d. Königl. Bayer. Akad. d. Wiss., II. Cl., Bd. VI, III. Abth., 1852, S. 539–660, spez. S. 581.

49. Seidel, L.: *Resultate photometrischer Messungen an 208 der vorzüglichsten Fixsterne . . . ,* Abh. d. Königl. Bayer. Akad. d. Wiss., II. Cl., Bd. IX, III. Abth., 1863, S. 419–607, spez. S. 503.

50. Siedentopf, H.: *Der Einfluß der Erdatmosphäre bei astronomischen Beobachtungen,* Die Naturwissenschaften 35 (1948) 10, S. 289–298.

51. Wegener, K.: *Bemerkungen zur Refraktion,* Gerlands Beiträge zur Geophysik 47 (1936), S. 400–408.

52. Wempe, J.: *Die Wellenlängenabhängigkeit der atmosphärischen Extinktion,* Astronomische Nachrichten 275 (1974), S. 1–22.

53. Wilkens, A.: *Paul Harzer,* Vierteljahrsschrift der Astronomischen Gesellschaft 67 (1932), S. 341–354.

54. Winkelmann, A. (Hg.): *Handbuch der Physik,* Zweiter Band, Erste Abth., Breslau 1894, S. 356–373.

55. Wirtz, C.: *Tafeln und Formeln aus Astronomie und Geodäsie,* Berlin 1918.

Hans-Joachim Ilgauds
Universität Leipzig
Karl-Sudhoff-Institut
Augustusplatz 10/11
04109 Leipzig

Hausdorffs Beiträge zur Wahrscheinlichkeitstheorie

Hans-Joachim Girlich

Im Sommersemester 1896 begann der Privatdozent Dr. Felix Hausdorff an der Universität Leipzig mit der Vorlesung „Mathematische Einführung in das Versicherungswesen" eine Lehrtätigkeit auf dem Gebiet der Wahrscheinlichkeitsrechnung und ihren Anwendungen, die er als Ordinarius an der Friedrich-Wilhelms-Universität Bonn zu einer Vollendung brachte, die heute nahezu unbekannt ist. Überraschend war dazu, daß Hausdorff einerseits seit 1901 keine einzige Arbeit zur Wahrscheinlichkeitsrechnung publiziert hatte, wobei nur wenige Seiten in seinem Hauptwerk „*Grundzüge der Mengenlehre*" auszunehmen sind. Andererseits geht aus seinen Briefen und Äußerungen seiner Zeitgenossen hervor, daß er die Entwicklung der Wahrscheinlichkeitstheorie seit der Jahrhundertwende aktiv verfolgte und an einem mathematisch befriedigenden Abschluß der klassischen Wahrscheinlichkeitsrechnung persönlich interessiert war.[1]
Hausdorffs erfolgreiche Studien zum Momentenproblem waren dann wohl auslösend für eine Kursvorlesung „*Wahrscheinlichkeitsrechnung*", die er im Sommersemester 1923 in Bonn hielt. Diese umfangreiche Vorlesung verband erstmalig in einer Gesamtschau die moderne analytische Theorie mit einer tragfähigen axiomatischen Basis. Vom dargestellten Inhalt und der mathematischen Strenge her ist das Hausdorffsche Vorlesungsskriptum durchaus vergleichbar mit dem Lehrbuch von H. Richter, das in Deutschland nach mehr als 30 Jahren einen Standard setzte, den Hausdorff im wesentlichen schon 1923 erreichen konnte. Mit seiner Vorlesung übertraf er nicht nur die im deutschsprachigen Raum durch E. Czuber, H. Bruns und R.v.Mises geprägte Lehrmeinung, sondern ging auch über die von H. Poincaré und E. Borel bestimmte französische Richtung sowie die St. Petersburger Schule von P.L. Tchebycheff, A. Liapounoff und A. Markoff (nicht nur bei unabhängigen Größen) hinaus. Da die Vorlesung nur dem Kreis seiner Bonner Studenten vorbehalten blieb, konnte sie keine globale Wirkung erzielen. Dagegen beeinflußte Hausdorff mit seinen Büchern zur Mengenlehre die aufkommende Moskauer Schule der Wahrscheinlichkeitstheorie, insbesondere A. Khintchine aber auch A. Kolmogoroff.[2]
Wir können hier nicht ergründen, wodurch F. Hausdorff abgehalten wurde, seine (Bonner) Vorlesungen zur Wahrscheinlichkeitsrechnung zu publizieren, wie es etwa vor ihm H. Poincaré tat, dessen Forschungsschwerpunkt ebenfalls außerhalb der

Stochastik lag.[3] Stattdessen werden wir versuchen, die Entwicklungsstränge nachzuvollziehen, die auf C.F. Gauß, F.W. Bessel, H. Bruns, P.L. Tchebycheff und E.
Borel zurückgehen und von F. Hausdorff zu zwei tragenden Säulen eines Lehrgebäudes gebündelt wurden.[4]

Die erste Säule umfaßt das Gaußsche Fehlergesetz und die damit verbundenen
Grenzwertsätze sowie Momentenprobleme. Die zweite Säule fußt auf der Mengenlehre und enthält das starke Gesetz der großen Zahlen, das eine maßtheoretische
Behandlung erfährt, wodurch eine Basis für das Studium stochastischer Prozesse
entstehen konnte. Entsprechend diesen beiden Säulen werden im ersten Teil der Arbeit die von Hausdorff geprägten analytischen Methoden der Wahrscheinlichkeitsrechnung ausführlich dargestellt, die zum *Hausdorffschen Grenzwertsatz* führen. Der
kürzere zweite Teil ist einer mengentheoretisch orientierten Wahrscheinlichkeitsrechnung vorbehalten. Hier wird zunächst Hausdorffs Analyse des Wachstums von
Fluktuationen gewürdigt, danach seine axiomatische Grundlegung, die nicht nur die
Bohlmann/Broggischen Axiome umfaßt, sondern bereits mit σ-Algebren arbeitet.
Damit werden wohl erstmalig reelle Zufallsgrößen allgemein erklärt und die beiden
Säulen fest verbunden.

Wir werden vornehmlich die Hausdorffschen Positionen in ihrer zeitlichen Abfolge untersuchen sowie die Quellen, aus denen er unmittelbar schöpfte. Zu weiteren Strömungen, welche die Wahrscheinlichkeitsrechnung im ersten Viertel unseres
Jahrhunderts voran brachten, können wir glücklicherweise den interessierten Leser
auf die beiden vorzüglichen Übersichten von U. Krengel und H. Witting verweisen,
die in der Festschrift zum hundertjährigen Bestehen der Deutschen Mathematiker-
Vereinigung wichtige Detailinformationen zu Sachverhalten liefern, die wir hier nur
anzudeuten vermögen.

1   Das Gaußsche Fehlergesetz

Am 25.07.1895 hielt Felix Hausdorff im Rahmen seines Habilitationsverfahrens einen
öffentlichen Vortrag über das „Gaussische Fehlergesetz". Dieses Thema bevorzug-
te der Kandidat wie auch die Kommission, der die Mathematiker Adolph Mayer
und Sophus Lie angehörten, vor zwei rein astronomischen Themen. Es umfaßte eine
Problematik, in die Hausdorff bereits 1888 durch Wilhelm Foerster und Friedrich
Helmert eingeführt worden war und mit der er sich 1890 bei der Ausarbeitung
seiner stenographierten Mitschrift der Brunsschen Vorlesung über Wahrscheinlichkeitsrechnung eingehend auseinander gesetzt hatte. Das „Gauss'sche Fehlergesetz",
das „Gauss'sche Gesetz", das „Exponentialgesetz" in seinen eigenen Vorlesungen
zur Wahrscheinlichkeitsrechnung 1900/01, 1923 und 1931 spiegeln in beeindrucken-
der Weise die Herausbildung neuer Termini und eines vereinfachenden und dabei
generalisierenden Methodensystems wider. Ausgehend von empirischen Ansätzen,
die den praktischen Erfordernissen der Astronomie und Geodäsie entsprachen, über
den Begriff des *Zufallsspieles*, setzt sich der Begriff der zufälligen Variablen durch,
und mit dem zentralen Grenzwertsatz wird ein krönender Abschluß der klassischen

Wahrscheinlichkeitsrechnung gefunden.[5]
Wir eröffnen diese Entwicklungslinie mit der Diskussion von Ursprung und Inhalt des Gaußschen Fehlergesetzes.

Im Jahre 1809 veröffentlicht der Direktor der Göttinger Sternwarte Carl Friedrich Gauß ein Werk über die Bewegung der Himmelskörper. Darin bewies er unter der Hypothese des arithmetischen Mittels (siehe unten), daß der Fehler einer zu messenden Größe mit der Wahrscheinlichkeit

$$\Theta(hr) := \frac{2h}{\sqrt{\pi}} \int_0^r \exp(-h^2 t^2) dt \tag{1}$$

betragsmäßig unterhalb einer positiven Zahl r liegt. Seitdem wird diese Aussage als *Gaußsches Fehlergesetz mit dem Präzisionsmaß h* bezeichnet. In Pariser Fachkreisen erregte diese Nachricht großes Aufsehen. So hatte sich Pierre Simon Laplace schon in den siebziger Jahren des 18. Jahrhunderts mit einem Ausdruck der Form (1) im Zusammenhang mit der Bernoullischen Versuchsfolge beschäftigt und für unbeschränkt wachsendes r den Wert des uneigentlichen Integrals berechnet. Doch seine Überlegungen zur Struktur zufälliger Meßfehler führten ihn zu einem anderen Fehlergesetz. Die Gaußsche Idee bestand nun darin, die Frage nach der Form des Fehlergesetzes unmittelbar mit einem statistischen Schätzproblem zu verbinden. Denn sein Grundanliegen war nicht ein Fehlergesetz „an sich", sondern eine Begründung der Methode der kleinsten Quadrate zur Ausgleichung fehlerbehafteter Beobachtungen, auf die wir in Abschnitt 4 näher eingehen werden. Laplace setzte am 14. April 1810 der Gaußschen Argumentation einen Grenzwertsatz für den „erreur moyenne" entgegen, der noch heute seinen Namen trägt. Dem Gaußschen Beweis, den Gauß selbst später als „angewandte Metaphysik" bezeichnete, werden wir uns nun zuwenden.[6]

2   Die Hypothese des arithmetischen Mittels

Gauß ging von der Vorstellung aus, daß diejenige Linearkombination der Beobachtungsfehler als Schätzung für den wahren Fehler die günstigste ist, die den wahrscheinlichsten Fehler ergibt. Dieses Maximum-Likelihood-Prinzip war bereits von J.H. Lambert (1760) eingeführt worden. Es liefert im Falle eines Gaußschen Fehlergesetzes gerade das arithmetische Mittel als Maximum-Likelihood-Schätzung für den aus Symmetriegründen verschwindenden wahren Fehler. In der erwähnten Arbeit von 1809 invertiert Gauß diesen Sachverhalt zur *Hypothese vom arithmetischen Mittel*, die besagt, daß das arithmetische Mittel Maximum-Likelihood-Schätzung des (wahren) Fehlers beim „wahren" Fehlergesetz ist. Das bedeutet: wenn a der wahre Wert ist und $\varphi(x - a)$ die Wahrscheinlichkeitsdichte das Resultat x zu erhalten, dann wird bei beliebigen n und Beobachtungen $x_1, \ldots, x_n$ die gemeinsame Verteilungsdichte $\varphi(x_1 - a) \ldots \varphi(x_n - a)$ ihr Maximum bei $a = \frac{x_1 + \ldots + x_n}{n}$ annehmen. Auf der Grundlage dieser Hypothese leitet Gauß eine Differentialgleichung her, der nur die Gaußsche Fehlerfunktion, d.h. der Integrand von (1), genügt. Hausdorff hat

1923 (wie auch Lomnicki) diese Herleitung modifiziert, indem er die implizite Gaußsche Forderung der Differenzierbarkeit der Fehlerfunktion fallen läßt und zu einer Funktionalgleichung gelangt, deren eindeutige stetige Lösung gerade die Gaußsche Fehlerfunktion ist.

Der mathematische Kern dieser Vorgehensweise wird heute als *Charakterisierung von Verteilungsgesetzen* bezeichnet. So gelang es 1961 H. Teicher, die obige Gaußsche Beweismethodik streng zu begründen. Eine Fülle derartiger Charakterisierungsprobleme wird in der Monographie von Kagan, Linnik und Rao 1972 behandelt.

3 Das Präzisionsmaß

Beim Gaußschen Fehlergesetz (1) ist der Parameter h ein Maß für die Präzision der Messung. Heute wird meist mit dem Parameter $\sigma^2 = 1/2h^2$ gearbeitet. Je größer die Präzision h ist, um so kleiner ist die Streuung σ^2 des Fehlers X, d.h. die mittlere quadratische Abweichung von der Nullage: $\sigma^2 = E(X^2)$. Da der wahre Wert des Parameters h unbekannt ist, gibt Gauß (1816) dafür zwei Schätzverfahren an. Zum einen benutzt er die Maximum-Likelihood-Schätzung, des weiteren schlägt er einen Schätzwert h' vor, der allein auf dem empirischen Median der Beobachtungsfehlerbeträge beruht, d.h. auf einer Zahl r', welche die der Größe nach geordneten Beträge der Beobachtungsfehler halbiert:

$$\frac{1}{2} = \Theta(h'r').$$

Hausdorff (1901) greift die in praxi ohne jegliches Rechnen zu realisierende größenmäßige Anordnung von Beobachtungsdaten auf. Allerdings beschränkt er sich nicht auf den Median, sondern betrachtet ein beliebiges Quantil r von (1), über dessen Ordnung er noch geeignet verfügt. Sind etwa von n Beobachtungsfehlern k kleiner als r und $n - k$ größer, so ergibt sich der Wert $\hat{h}$ der *Hausdorffschen Schätzung H_r* aus der Beziehung

$$\frac{k}{n} = \Theta(\hat{h}r),$$

die durch das Bernoullische Gesetz der großen Zahlen für große n gerechtfertigt ist. Für die Güte von H_r leitet Hausdorff folgende Approximation her:

$$E(H_r - h)^2 \approx \frac{h^2}{2n} f(hr),$$

mit $f(t) = \pi\Theta(t)[1 - \Theta(t)]\frac{e^{2t^2}}{2t^2}$. Das Minimum von f ist $f(1.05) \approx 1.53$ und $\Theta(1.05) \approx 0.86$. Gegenüber der Gaußschen Wahl $0.5 \approx \Theta(0.477)$ mit $f(0.477) \approx 2.72$ wird mit dem Hausdorffschen Quantil der Ordnung 0.86 gegenüber dem Median eine beträchtliche Verbesserung im Sinne des obigen Gütemaßes erreicht.

Es ist bemerkenswert, daß neben Maximum-Likelihood-Schätzungen schon so früh Schätzungen studiert wurden, die unempfindlicher gegen Störungen („Ausreißer") sind und heute als robuste Schätzungen eine Rolle spielen. Über neuere Entwicklungen geben folgende Bücher Auskunft: Mosteller und Tukey (1977), Huber (1981) und Hampel u.a. (1986).

4 Zwei Ausgleichsprinzipien

Die lineare Ausgleichung von vermittelnden Beobachtungen y_k, $k = 1, \ldots, n$, versucht, diese an die Meßstellenmatrix $(x_{ij})_{\substack{i=1,\ldots,n \\ j=1,\ldots,m}}$ über einen Parametervektor $\gamma = (\gamma_j)$ anzupassen. Die dabei auftretenden „*Widersprüche*" $\varepsilon_k := y_k - \sum_{j=1}^{m} x_{kj}\gamma_j$ sind für $n > m$ so klein wie möglich zu machen. Eine erste Lösungsmöglichkeit eröffnet die Annahme:

$$\sum_{k=1}^{n} \varepsilon_k^2 = \text{Min!} \tag{2}$$

Es sind also Parameterwerte γ_j^* gesucht, so daß zu vorgegebenen y_k, x_{ij} die Bedingung (2) erfüllt ist. Das Prinzip (2) gab der *Methode der kleinsten Quadrat(summ)e* ihren Namen. Es wurde von Gauß 1821 erneut begründet. Gauß geht davon aus, daß die Widersprüche unabhängigen Fehlergesetzen unterliegen, von denen nur angenommen wird, daß die Streuungen endlich sind und kein systematischer Fehler vorhanden ist. Wird nun vorausgesetzt, daß die Streuung des Gesamtfehlers minimal auszufallen hat, so führt das auf die Vorschrift (2). Diese sogenannte KQ-Schätzung stimmt im Falle eines Gaußschen Fehlergesetzes mit der Maximum- Likelihood-Schätzung von γ überein, wie Gauß schon 1809 erkannt hatte. Neuere Untersuchungen zu derartigen Schätzproblemen findet man etwa bei Bibby und Toutenburg (1989).[7]

Ein zweites Ausgleichsprinzip fordert an Stelle von (2):

$$\sum_{k=1}^{n} \mid \varepsilon_k \mid = \text{Min!} \tag{3}$$

Es wurde von J. Fourier bei der Vermessung der Cheops-Pyramide während der französischen Ägyptenexpedition 1798–1801 angewandt. Hausdorff diskutiert in [67] das Optimierungsproblem (3), indem er den Parameterraum so in Teilräume zerlegt, daß auf diesen die Zielfunktion jeweils linear ist und das Minimum in den Ecken angenommen wird. Die Zerlegungsaufgabe wird in der Ebene veranschaulicht. Es ist nicht zweifelsfrei erwiesen, ob dieser schöne Exkurs zur linearen Optimierung mit 1901 zu datieren ist, oder ob der „Anhang zur Methode der kleinsten Quadrate" erst nach der Lektüre der 1902 in den Ostwalds Klassikern erschienenen deutschen Fassung von Fouriers „Analyse des équations determinées" dem Vorlesungsmanuskript hinzugefügt wurde.[8]

5 Zufallsspiele und politische Arithmetik

Wir werden nun skizzieren, wie Felix Hausdorff durch neue Lehraufgaben außerhalb der Astronomie zur Wahrscheinlichkeitsrechnung gelangte. Über die äußeren Umstände gibt ein Schreiben des sächsischen Staatsministers des Kultus und öffentlichen Unterrichts Paul von Seydewitz vom 03.12.1895 Auskunft, in welchem der Philosophischen Fakultät zu Leipzig die *Ausbildung von Versicherungstechnikern* angetragen wird. Darin heißt es

> „Außerdem hat der Professor der Mathematik, Geheimer Hofrat Dr. Scheibner sich in einem dem Ministerium vorgelegenen Privatbriefe dafür ausgesprochen, daß, wenn das Bedürfnis nach Vorlesungen über die elementaren Teile der Wahrscheinlichkeitsrechnung, die Gesetze der Lebensdauer usw. für Versicherungstechniker an der Universität sich geltend machen sollte, sich unter den Mathematikern und Astronomen der Hochschule Geneigtheit finden würde, demselben abzuhelfen".[9]

In dem Antwortschreiben der Fakultät vom März 1896 wird u.a. ausgeführt

> „daß die Frage der Ausbildung im Versicherungswesen bereits vor längerer Zeit die Aufmerksamkeit der hiesigen Vertreter der Mathematik und Nationalökonomie auf sich gezogen hat und daß auf ihre Veranlassung der Privatdozent Dr. Hausdorf sich entschlossen hat - zunächst für das Bedürfnis der Studierenden der Nationalökonomie und Statistik - im nächsten Sommersemester eine diesbezügliche Vorlesung: ‚Einführung in die mathematische Theorie des Versicherungswesens‘ (eventuell mit Übungen) und nächsten Winter eine solche über ‚Mathematische Statistik‘ zu lesen".[10]

Diesen Plan konnte Hausdorff aus persönlichen Gründen nicht termingerecht realisieren. Kaum hatte er die bereits eingangs erwähnte Vorlesung im April 1896 mit Zinseszinsrechnung und elementarer Wahrscheinlichkeitsrechnung begonnen, starb am 15. Mai sein Vater. Felix Hausdorff brachte die Lehrveranstaltung mit einem Exkurs über Lebensversicherung im Sommer zum Abschluß, doch die angekündigte Vorlesung über „Ausgewählte Kapitel der Finanz- und Versicherungsmathematik" im Wintersemester 1896/97 fand nicht statt. Er bittet in einem Schreiben vom 13.11. den Dekan um Befreiung von dieser Vorlesung aus gesundheitlichen Gründen. Am 17.11. wechselt er die Wohnung und zieht wieder zu seiner Mutter, Johanna Hausdorff geb. Tietz, die nach dem Tode ihres Mannes die Leitung des Fabrikationsgeschäftes für bedruckte Baumwollwaren übernimmt, während ihr Sohn Felix seit 14.09.1896 den Verlag Hausdorff und Co. als Buchhändler weiterführt. Am 08.12. heiratet seine jüngste Schwester Wally den Fabrikbesitzer Anton Glaser in Prag-Karolinenthal. Bei einem Kuraufenthalt in der Nähe von Genua schließt Hausdorff am 25.03.97 ein Aphorismen-Manuskript ab.[11]
Am 21.04., wieder in Leipzig, beginnt er mit einer Vorlesung über „Politische Arithmetik", die neben Zinseszinsrechnung auch Staatsanleihen, Tilgungspläne und Lotterien behandelt. Dabei wird als einfaches mathematisches Modell ein Zufallsspiel

zugrundegelegt. Hausdorff gelangt zu dieser Modellierung, indem er eine der Basisideen der Theoria combinationis von Gauß aufgreift:

> „Die Bestimmung einer Grösse durch eine einem grösseren oder kleineren Fehler unterworfene Beobachtung wird nicht unpassend mit einem Glücksspiel verglichen, in welchem man nur verlieren, aber nicht gewinnen kann, wobei also jeder zu befürchtende Fehler einem Verlust entspricht. Das Risiko eines solchen Spieles wird nach dem wahrscheinlichen Verlust geschätzt, d.h. nach der Summe der Produkte der einzelnen möglichen Verluste in die zugehörigen Wahrscheinlichkeiten."[12]

Mit dieser Ansicht folgt Gauß (1821) der Spielinterpretation von Laplace, die dieser in seiner „Théorie analytique des Probabilités" von 1820 mit nahezu gleichen Worten formuliert. Im Gegensatz zu Laplace fährt Gauß fort:

> „Die Grösse des Verlustes muß vielmehr durch eine solche Funktion des Fehlers ausgedrückt werden, die ihrer Natur nach immer positiv ist. Bei der unendlichen Mannigfaltigkeit derartiger Funktionen scheint die einfachste, welche diese Eigenschaft besitzt, vor den übrigen den Vorzug zu verdienen, und dies ist unstreitig das Quadrat".

Der Vorteil dieser Vorgehensweise besteht darin, daß die vollständige Kenntnis eines Verteilungsgesetzes nicht erforderlich ist. Stattdessen wird nur mit einer numerischen Kenngröße des Verteilungsgesetzes gearbeitet. Das dazu verwendete mittlere Risiko M stimmt im Quadrat mit der unter 3. eingeführten Fehlerstreuung σ^2 überein.[13]

Wir wollen die Hausdorffsche Einführung eines Zufallsspieles in seiner Vorlesung „Politische Arithmetik" und der unmittelbar daraus hervorgegangenen Veröffentlichung „Das Risico bei Zufallsspielen" explizit nachvollziehen, da in ihr der Schritt zu einer diskreten Zufallsvariablen schon gegangen wird.

> „Bei jedem Zufallsspiel handelt es sich um zwei einander gegenüberstehende Spieler und um bedingte, also mit Wahrscheinlichkeitswerthen behaftete Zahlungen des einen an den anderen."[14]

Wenn also ein gewisses Ereignis A_k mit der Wahrscheinlichkeit p_k eintritt, hat der eine Spieler den Einsatz u_k, der andere, der zur Unterscheidung als Spielunternehmer bezeichnet wird, den Preis v_k zu zahlen:

> „Durch Trennung der möglichen Fälle lässt sich das Zufallsspiel immer auf die Form bringen, dass n einander ausschließende und zur Gewißheit ergänzende Ereignisse mit den Wahrscheinlichkeiten $p_1\, p_2\, \ldots\, p_n$ in Betracht kommen, derart dass $\sum_\alpha p_\alpha = 1$."[14]

Die Größen $u = \sum_{k=1}^{n} u_k p_k$, $v = \sum_{k=1}^{n} v_k p_k$ stellen die „mathematischen Gewinnhoffnungen" für Unternehmer bzw. Spieler dar. Das Spiel ist ein „gerechtes", wenn $u = v$ gilt. Die „Reingewinnhoffnung" des Spielers beträgt $x = v - u = \sum_{k=1}^{n} x_k p_k$ und die des Unternehmers gerade $u - v$. Zur Beurteilung eines gerechten Spieles schlägt Hausdorff das „mittlere Risico M" vor, wobei $M^2 = \sum_{k=1}^{n} x_k^2 p_k$ gesetzt wird.[15]

Der Vorteil dieser Wahl gegenüber dem in der Versicherungsliteratur zumeist genutzten „durchschnittlichen Risico D" gemäß $D = \frac{1}{2} \sum_{k=1}^{n} |x_k| p_k$ wird im Encyklopädie-Artikel von G. Bohlmann (1901) herausgestellt und die Hausdorffsche Arbeit als Grundlage einer einfachen Risikotheorie für Lebensversicherungen gewürdigt.[16]

Die Vorlesungen über Versicherungsmathematik und Politische Arithmetik wurden überwiegend von Mathematikstudenten besucht (bei letzterer waren es 11 unter 13 Hörern). Diesen Sachverhalt nahm das sächsische Kultusministerium zum Anlaß, am 21.09.1897 den Antrag der philosophischen Fakultät auf Vergütung derartiger Vorlesungstätigkeit abzulehnen und das Versicherungstechniker-Projekt damit fallen zu lassen. Die Ursache ist wohl in einem Vorhaben zu suchen, das nicht nur jenes umfaßte, sonderen wesentlich weiter reicht. So wurde auf dem II. Kongreß für das kaufmännische Unterrichtswesen am 11./12. Juni 1897 in Leipzig das allgemeine Bedürfnis nach Errichtung von Handelshochschulen in Deutschland artikuliert. Doch finanzielle Schwierigkeiten ließen derartige Projekte bis dato nicht realisierbar erscheinen. Nun war Leipzig als eine der bedeutendsten Handelsstädte, als Sitz einer der größten Universitäten und einer der ältesten Handels-Lehranstalten im Deutschen Reich als Vorreiter prädestiniert. Vielleicht gab Professor Ehrenberg aus Braunschweig auf dem Kongreß den letzten Anstoß, indem er sagte:

> „Leipzig ist klassischer Boden nicht nur für die politische Befreiung von der Fremdherrschaft, sondern auch für die geistige Befreiung von dem Banne der Unbildung und Engherzigkeit. Seit Jahrhunderten ist hier eine der fruchtbarsten Stätten dieses geistigen Befreiungskampfes."[17]

Daraufhin entschloß sich die Handelskammer zu Leipzig in Person ihres Vorsitzenden Gustav Zweininger und des Direktors ihrer Öffentlichen Handels-Lehranstalt Hermann Raydt im Einvernehmen mit dem Rektor der Universität, dem Juristen Emil Friedberg, ein derartiges Unternehmen in Angriff zu nehmen. Am 14.01.1898 stimmte die Königliche Regierung in Dresden zu, und am 24.04.1898 wurde die *Handelshochschule zu Leipzig* als erste ihrer Art in Deutschland mit einem Festakt in der Aula des Paulinums feierlich eröffnet.[18]

Zu den Dozenten der neuen Institution gehörte Felix Hausdorff von Anfang an. Er las im SS 1898 und im SS 1890 „Versicherungsmathematik in elementarer Behandlung, mit praktischen Übungen" sowie im WS 1898/99 „Politische Arithmetik in elementarer Behandlung (Finanzwesen, Zufallsspiele usw.)". Diese Veranstaltungen fanden an der Universität statt und standen sowohl deren Studierenden als auch den Handelsstudenten offen. Vielleicht waren unter Hausdorffs Hörern auch Eugen Schmalenbach, der spätere Begründer der Betriebswirtschaftslehre in Deutschland, und Wassili Leontief aus St. Petersburg, der Vater des späteren Nobelpreisträgers, die beide in dieser Zeit in Leipzig ein viersemestriges Handelsstudium absolvierten.[18]

Ab WS 1901/02 lehrte Hausdorff regelmäßig weitere 17 Semester innerhalb des Ausbildungsteiles „Kaufmännische Arithmetik" die *„Politische Arithmetik"*, welche

Zinseszins- und Rentenrechnung, Tilgungspläne von Anleihen und Berechnungsarten von Lebensversicherungen umfaßte. Das geschah nun außerhalb der Universität, zunächst im Gebäude der Öffentlichen Handelslehranstalt in der Löhrstr. 3/5 und ab SS 1904 im ersten Gebäude der Handelshochschule in der Schulstraße 1. Damit war aber keine feste Anstellung an der Handelshochschule, sondern nur ein Lehrauftrag verbunden. Das lag an dem provisorischen Charakter der Institution, die erst im Februar 1911 eine juristisch selbständige Einrichtung des öffentlichen Rechts wurde. Bis dahin mußten alle Lehrveranstaltungen auf Honorarbasis von Angehörigen der Universität und der Öffentlichen Handelslehranstalt bestritten werden.[19]
In der Ankündigung der Handelshochschule zu Leipig von 02.03.1910 heißt es noch, Prof. Dr. Hausdorff würde ab 1. April für das 4. Semester vier Wochenstunden Politische Arithmetik lesen. Doch am 26. März signalisierte das sächsische dem preußischen Kultusministerium, daß es gegen eine Wegberufung von F. Hausdorff keine Bedenken hege und seine Entlassung sofort erfolgen könne. Den Ruf der Universität Bonn auf ein etatmäßiges Extraordinariat nahm Hausdorff am 04.04. an. Am 25.04, zur feierlichen Eröffnung des neuerbauten Handelshochschulgebäudes in der Ritterstr. 8/10 (dem heutigen Geschwister-Scholl-Haus), dem natürlich der Rektor der Universität, der Mathematiker Otto Hölder, beiwohnte, hatte sich Hausdorff schon dem Rheinland zugewandt, wo er anfangs auch seine Lehrtätigkeit in der „Politischen Arithmetik" fortsetzte.[20]

6 Kollektivmaßlehre und Quotenrechnung

Als sich Felix Hausdorff Ostern 1887 in die Matrikellisten der Universität Leipzig einschrieb, wurde dort das Plenum der ordentlichen Professoren von Moritz Wilhelm Drobisch und Gustav Theodor Fechner angeführt, von zwei Gelehrten, die sich besonders um die Entwicklung der Psychologie verdient gemacht hatten. Während der Mathematiker und Philosoph Drobisch, auf J.F. Herbart fußend, die Psychologie auf der Grundlage von Gedankenexperimenten zu mathematisieren suchte, fand der Physiker und promovierte Mediziner Fechner praktische Versuche am Menschen unerläßlich. So gelangte dieser im Anschluß an Ernst Heinrich Weber über Beobachtungsreihen zu dem Gesetz zwischen Reizstärke und Empfindung, das heute beider Namen trägt. Fechners Psychophysik wurde von dem 1875 nach Leipzig berufenen Wilhelm Wundt weitergeführt, der innerhalb von 25 Jahren sein privates Seminar zu einem bedeutenden öffentlichen Institut für experimentelle Psychologie ausbauen konnte.[21]
Einen nicht unbeträchtlichen Anteil an der Weltgeltung der Leipziger Psychologie um die Jahrhundertwende hatten die von Fechner entwickelten Methoden zur Auswertung statistischen Materials. Sie wurden zum Teil in der „Vorschule der Aesthetik", in den Abhandlungen der Königlich Sächsischen Gesellschaft der Wissenschaften und in dem in deren Auftrag von Gottlieb Friedrich Lipps postum 1897 herausgegebenen Fechnerschen Lehrbuch „Kollektivmasslehre" publiziert. Fechners wichtigste Entdeckung war dabei, daß — entgegen der durch C.F. Gauß und A. Que-

telet geprägten öffentlichen Meinung — das Gaußsche Fehlergesetz für viele biologische, meteorologische und „moralische" Phänomene, bei denen der Zufall eine Rolle spielt, nicht mehr anwendbar ist, sondern höchstens als Approximation dienen kann. Neben die in der Astronomie bewährte Fehlertheorie tritt eine neue „Lehre", die sogenannte *Kollektivmaßlehre*, eine frühe statistische Methodenlehre, die das statistische Verhalten einer im allgemeinen großen Anzahl unterschiedlicher Individuen zu beschreiben gestattet. Die Basis bildet der Begriff des Kollektiv(gegenstand)s (kurz K.-G.). Dazu schreibt Fechner (1874):

> „Unter einem Collectivgegenstand verstehe ich einen Gegenstand, der in einer unbestimmten Mehrzahl zufällig variirender Exemplare, welche sich unter einem gemeinsamen Begriffe vereinigen, vorkommt."[22]

Als Beispiele führt Fechner insbesondere die Rekruten eines Landes, die Ähren eines Kornfeldes, die Gemälde einer Galerie an, deren Abmessungen innerhalb des Bezugsobjektes schwanken. Zum Anliegen der Kollektivmaßlehre meint Fechner:

> „Über alle diese Einzelfragen aber erhebt sich eine allgemeinere, die wichtigste, um die es sich überhaupt in dieser Lehre handeln kann ..., die Frage nach dem Gesetze, wie sich die Exemplare eines K.-G. nach Maß und Zahl verteilen. Unter dem Ausdrucke V e r t e i l u n g aber ist die Bestimmung zu verstehen, wie sich die Zahl der Exemplare eines gegebenen K.-G. mit ihrer Größe ändert."[23]

Einem „Kollektiv" wird als „Maß" eine Verteilung zugeordnet, die weiterhin durch möglichst wenige Kennziffern zu charakterisieren ist. Die Ermittlung und Deutung derartiger Konstanten bilden den Hauptteil der Fechnerschen Studien. So kann das Präzisionsmaß h als die Unterschiedsempfindlichkeit der Urteilsschwankungen einer Versuchsperson aufgefaßt werden, wenn diese einem gewissen Reiz mehrfach ausgesetzt wird und jenen zu beurteilen hat. Für asymmetrische Verteilungen werden verschiedene Potenzmittel sowie der „Centralwerth" (Median) eingeführt, der robuster als der Mittelwert ist, sowie das zweiseitige Gauß-Gesetz mit der Verteilungsdichte

$$\varphi(x) \sim \begin{cases} \exp\left[-h^2(x-b)^2\right] & \text{, für } x < b, \\ \exp\left[-k^2(x-b)^2\right] & \text{, für } x > b. \end{cases} \tag{4}$$

Auf das Problem der Abhängigkeit geht Fechner im Zusammenhang mit den Mitteltemperaturen aufeinanderfolgender Jahre nur kurz ein. Erst später wird am Wundtschen Institut die Verbindung zweier (zufälliger) Größen quantitativ erfaßt. Das gelang Charles Edward Spearman unter anderem mit einem geeigneten Rangkorrelationskoeffizient, der heute noch seinen Namen trägt. Dieser englische Student, der als Generalstabsoffizier während der Zeit des Burenkrieges sein Studium in Leipzig unterbrechen mußte, wandte sich an den 5 Jahre jüngeren Hausdorff und bat ihn um Hilfe bei der mathematischen Bestätigung seiner empirisch getesteten Formeln. Hausdorff lieferte ihm u.a. einen Ausdruck für den mittleren quadratischen Fehler sowie eine Beweisskizze. Spearman promovierte 1905 bei W. Wundt und lehrte als Professor der Psychologie von 1911–1931 am University College London.[24]

Die Fechnersche Kollektivmaßlehre wird von dem Leipziger Astronomen Heinrich Bruns in zweierlei Hinsicht ausgebaut. Er gibt eine Methode an, wie — über Fechners oben angegebenes Verteilungsgesetz (4) hinausgehend — eine interpolatorische Darstellung von empirischen Häufigkeitskurven gewonnen werden kann, die für einen größeren Kreis von Anwendungen brauchbar ist. (Auf diese Brunssche Reihe werden wir erst im Zusammenhang mit der Hausdorffschen Herleitung eingehen.) Des weiteren versucht Bruns in einem Lehrbuch die Wahrscheinlichkeitsrechnung und die Kollektivmaßlehre formal zu vereinigen. So schwebt ihm vor, die Wahrscheinlichkeitsrechnung „von Anfang an nur als eine Häufigkeitsrechnung" zu behandeln. In einem im gleichen Jahr in den Leipziger Berichten erschienenen Artikel verwendet er den Begriff „*Quotenrechnung*", um, wie er schreibt „einen von F. Hausdorff vorgeschlagenen Ausdruck zu gebrauchen". Letzterer hat wohl für „relative Häufigkeit" den Terminus „Quote" verwendet, doch scheint es mir völlig verfehlt - wie es L. v. Bortkiewicz (1917) versucht - ihn als einen Vertreter abzustempeln, der

> „die Wahrscheinlichkeitsrechnung zu einer ‚Quotenrechnung' degradiert".[25]

Hausdorff hat die Brunssche Idee von der zentralen Rolle der relativen Häufigkeit für einen Aufbau der Wahrscheinlichkeitsrechnung nicht aufgegriffen. Dieser Idee lag wohl die Auffassung zu grunde, daß ein stochastisches Modell im Kontext der beobachtbaren Daten des zu beschreibenden Systems aufzustellen sei, damit die Wahrscheinlichkeitstheorie eine konkrete Basis in der Praxis fände. Hausdorff trennt dagegen Wahrscheinlichkeitsrechnung und Statistik. In seiner Vorlesung über „Mathematische Statistik" im WS 1897/98 knüpft er an Fechner an, indem er nicht das Objekt, sondern die Methode herausstellt:

> „Statistik = Analyse der Massenerscheinungen (Lexis). Massenerscheinungen (Collectivgegenstände nach Fechner) sind Zustände und Veränderungen innerhalb einer irgendwie abgegrenzten Gesamtheit, die nach irgendwelchen der Abstufung fähigen Merkmalen quantitativ erforscht werden können."[26]

Er fährt dann fort:

> „... Also Massenerscheinungen, gleichgültig welcher Art; ob Bevölkerungs-, Criminal-, Gesundheits-, Wetter- Wirthschaftsstatistik. Darin gehen wir also etwas weiter als Lexis, der nur die Massenerscheinungen des gesellschaftlichen Menschenlebens zur Statistik rechnet; aber weniger weit als Manche, die nur math. Statistik oder angewandte Wahrscheinlichkeitsrechnung in ihr sehen wollen."[26]

Die Brunssche Intention wird dagegen später durch Richard von Mises aufgegriffen und 1919 mit einer statistischen Definition der Wahrscheinlichkeit auf der Grundlage eines axiomatisierten Kollektivbegriffs realisiert. Hausdorff gehörte zu den ersten, die sich mit der *von Misesschen Axiomatik* auseinandersetzten und konkrete Fehler und Bedenken dem Autor mitteilten. Über Details kann sich der Leser auf bequeme Weise in der Übersicht [85] informieren. Darüberhinaus schrieb Hausdorff in einem Brief vom 06.01.1920 an Georg Pólya:

> „Nach meiner Ansicht ist die M.sche Grundlegung der Wahrscheinlich
> keitsrechnung total verunglückt und wir sind durch sie nicht besser ge
> stellt, als wenn wir einfach direkt von einer Verteilungsfunction und den
> zugehörigen Stieltjes-Integralen ausgehen."[27]

Mit dieser Aussage bringt Hausdorff deutlich zum Ausdruck, daß es ihm nicht nur
um die logischen Fehler der von Misesschen Grundlegung geht. Das „total verunglückt" steht auch für die aus der Sicht des Mathematikers überflüssige Belastung einfacher wahrscheinlichkeitstheoretischer Sachverhalte durch „sehr komplicierte und unnötig enge Bedingungen". Dabei beruft sich Hausdorff implizit auf von
Mises selbst, der bereits in seiner Grundlagen-Arbeit 1919 erklärte:

> „Jedenfalls könnte man die Wahrscheinlichkeitsrechung in dem Umfang,
> in dem sie heute zur Lösung konkreter Probleme bereit steht, auch in
> der Weise aufbauen, daß man an Stelle unserer Aufstellung"

— gemeint ist die von Misessche Axiomatik — und er setzt sinngemäß fort:

> mit Verteilungen und Transformationen von Verteilungen arbeitet.[28]

Eine unmittelbare Antwort auf Hausdorffs Brief ist nicht bekannt. Doch äußerte
sich G. Pólya (1928) über den Zufallscharakter von Massenerscheinungen wie folgt:

> „Es sei nur darauf hingewiesen, daß die Regellosigkeit mit der erfah
> rungsmäßigen Effektlosigkeit der Spielsysteme in sehr treffenden Zusam
> menhang gebracht wurden durch Herrn v. Mises".[29]

Hausdorff sieht also vor allem die Notwendigkeit der Abkopplung der Zufälligkeit von der Wahrscheinlichkeit für den Aufbau einer effektiven mathematischen
Wahrscheinlichkeitstheorie. Allerdings nimmt er dabei die potentiellen Möglichkeiten nicht wahr, die im von Misesschen Ansatz für das Modellieren zufälliger Folgen steckt. Das algorithmentheoretische Konzept war aber damals wahrlich nicht
vorauszusehen.[30]

7   Die Hypothese der Elementarfehler

Mit der Vorlesung „Wahrscheinlichkeitsrechnung" im WS 1900/01 und der daraus
hervorgegangenen Publikation in den Leipziger Berichten vom 06.05.1901 gelingt es
Hausdorff, aus dem Bannkreis der Gaußschen Fehlertheorie weiter herauszutreten
und einen Kalkül für zufällige Größen zu entwickeln. Dazu trug auch eine Idee bei,
die mit dem Namen von Gotthilf Hagen verbunden ist, der in Deutschland vor allem
als Wasserbaumeister durch die Projektierung der Hafenanlagen an der Jade — im
heutigen Wilhelmshaven — bekannt wurde. Dem Hagenschen Lehrbuch „Grundzüge
der Wahrscheinlichkeits-Rechnung" entnimmt Hausdorff für die genannte Vorlesung
eines der ersten Beispiele der Sprachstatistik und zwar eine Erhebung über die
Häufigkeit des Buchstabens e in einem deutschen Text und deren Auswertung mit
dem Gaußschen Fehlergesetz. Letzteres wird von Hagen auf der Basis folgender
Hypothese hergeleitet:

> „Der Beobachtungsfehler ist die algebraische Summe einer unendlichen
> großen Anzahl elementärer Fehler, die alle gleichen Werth haben und
> eben so leicht positiv, wie negativ sein können."[31]

Die von J.F. Encke (1850) verbesserte Beweisführung kann als eine Version der de
Moivreschen Variante zum zentralen Grenzwertsatzes angesehen werden. Die Idee
der *Elementarfehler* basiert auf Studien des akademischen Lehrers von G. Hagen,
des Königsberger Astronomen Friedrich Wilhelm Bessel über die Natur der Fehler
bei astronomischen Beobachtungen. So fand dieser allein 13 Fehlerursachen beim
Bestimmen der Poldistanz von Fixsternen. Diesen Sachverhalt fand Hausdorff so
wichtig, daß er die Besselsche Fehlerliste vollständig in seine Vorlesung einbaute.
Die Laplacesche Formulierung der Prämissen des zentralen Grenzwertsatzes von
1810, wonach alle Beobachtungsfehler unabhängig und identisch verteilt sind nach
einem Verteilungsgesetz, das symmetrisch, sonst aber beliebig sein kann, läßt sich
im Nachhinein als eine Hypothese der Elementarfehler deuten. Ein erklärter Gegner
dieser Interpretation ist A. Markoff aus St. Petersburg, der in einem Brief vom
09.10.1898 an A. Wassilieff in Kasan schreibt:

> „die Darstellung eines Fehlers in Form einer Summe vieler unabhängiger
> Fehler sollte man, wie ich meine, dem Bereich der Trugbilder zuschrei-
> ben".[32]

Allerdings macht er selbst von diesem Trugbild in seinem Lehrbuch „Wahrscheinlichkeitsrechnung" notgedrungen Gebrauch, das 1912 in deutscher Übersetzung erschienen ist.
Bessel versuchte 1838, das Gaußsche Fehlergesetz für Fehler herzuleiten, die sich
aus nicht identisch verteilten Fehlerursachen additiv zusammensetzen. Dazu schrieb
Gauß am 28.2.1839:

> „Ihren Aufsatz in den Astronomischen Nachrichten über die Annäherung
> des Gesetzes für die Wahrscheinlichkeit aus zusammengesetzten Quellen
> entspringender Beobachtungsfehler an die Formel $e^{-\frac{xx}{hh}}$ habe ich mit
> grossem Interesse gelesen; doch bezog sich, wenn ich aufrichtig sprechen
> soll, diess Interesse weniger auf die Sache selbst als auf Ihre Darstellung.
> Denn jene ist mir seit vielen Jahren familiär, während ich selbst niemals
> dazugekommen bin, die Entwickelung vollständig auszuführen."[33]

Die angesprochene Darstellung betrifft insbesondere die Faltung von Verteilungsgesetzen. Bessel gab Formeln für die Verteilung der Summe von 2, 3 und 4 Fehlerursachen an und ging zu Reihenentwicklungen über, die 1897 von H. Bruns modifiziert
wurden.[34]
Hausdorff meinte 1901 zu den Arbeiten von Laplace, Bessel und Bruns:

> „die geheimnissvolle Entstehung des Gauss'schen Gesetzes aus dem Zu-
> sammenwirken zahlreicher Einzelfehler zu einem Gesammtfehler behält,
> so zu sagen, den Character eines überraschenden fait accompli."[35]

Er greift die tragenden Ideen der berühmten Gelehrten auf und verhilft ihnen zu einer klaren mathematischen Ausdrucksform, die wir in den nächsten beiden Abschnitten beschreiben werden. Jedoch erreicht Hausdorff dabei noch nicht den Wissensstand der St. Petersburger Schule. Erst 20 Jahre später gelangt er zu schärferen Resultaten (vgl. die Abschnitte 10 und 11).

8   Transformation und Entwicklung von Verteilungen

Als Schlüssel zur Behandlung der Summe unabhängiger Größen x, y gibt Hausdorff an:[36]

$$De^{(x+y)u} = De^{xu} \cdot De^{yu}, \quad u \in \mathbb{R},$$

wofür wir heute schreiben:

$$E \exp(u[X + Y]) = E \exp(uX) \cdot E \exp(uY). \tag{5}$$

Wenn X die natürliche Zahl n mit Wahrscheinlichkeit p_n annimmt und $\sum_n p_n = 1$ gilt, dann ist $E \exp(uX) = \sum_n p_n z^n$, mit $z = e^u$, die erzeugende Funktion von X. Damit ist (5) eine einfache Aussage über erzeugende Funktionen, die übrigens die Grundlage des Laplaceschen Werkes „Théorie analytique des Probabilités" bilden. Schwieriger dagegen ist die Situation, wenn X mit der Wahrscheinlichkeit $\int_a^b \varphi(x)dx$ einen Wert aus dem Intervall (a, b) annimmt. Dann ist

$$f(u) = E \exp(uX) = \int_{-\infty}^{\infty} exp(ux)\varphi(x)dx \tag{6}$$

eine Funktion mit der Produkteigenschaft (5), die als eine das Verteilungsgesetz φ charakterisierende Funktion bezeichnet werden kann, wenn f umgekehrt φ eindeutig festlegt. Diese erforderliche Umkehrrelation fand Hausdorff in dem Gaußschen „Schönen Theorem der Wahrscheinlichkeitsrechnung":

$$2\pi \varphi(x) = \int_{-\infty}^{\infty} \exp(-ixu)f(iu)du$$

für im Unendlichen verschwindendes φ.[37]

Der über die Fourier-Transformation begründete Kalkül zur Bestimmung der Verteilung einer Summe unabhängiger stetiger Zufallsgrößen führte um die Jahrhundertwende nur in wenigen Fällen zu expliziten Ausdrücken. Erst der Ausbau der Theorie spezieller Funktionen ermöglichte Fritz Oberhettinger (1973), ein umfangreiches Tafelwerk über Fouriertransformationen von Verteilungen und ihren Inversen zusammenzustellen und für den Kalkül nutzbar zu machen. Einen Ausweg fand Hausdorff (1901) in geeigneten Reihenentwicklungen. Er entwickelt den natürlichen Logarithmus von f nach Potenzen von u:

$$\ln f(u) = \sum_{k=1}^{\infty} \frac{c_k}{k!} u^k. \tag{7}$$

Die Gültigkeit einer Darstellung (7) ist nicht etwa für jedes Verteilungsgesetz φ erfüllt, sondern wird in [67] vorausgesetzt. Dann folgt für $c_1 = 0$ und $c_2 = \frac{1}{2}$, also für verschwindende Erwartung und der Präzision 1, mittels der Umkehrformel

$$2\pi\varphi(x) = \int_{-\infty}^{\infty} exp(ixu - \frac{1}{4}u^2 + \sum_{k=3}^{\infty} \frac{c_k}{k!}(-iu)^k)du. \tag{8}$$

Wird noch beachtet, daß

$$(-1)^k \frac{d^k}{dx^k}(e^{-x^2}) = \int_{-\infty}^{\infty} (-iu)^k \exp(ixu - \frac{1}{4}u^2)\,du \cdot (4\pi)^{-\frac{1}{2}}$$

$$= H_k(x)\,e^{-x^2}, \tag{9}$$

wobei H_k das Hermitesche Polynom k-ter Ordnung ist, so liefert (8)

$$\varphi(x) = \frac{e^{-x^2}}{\sqrt{\pi}} \left[1 + \frac{c_3}{3!}H_3(x) + \frac{c_4}{4!}H_4(x) + \frac{c_5}{5!}H_5(x) + \frac{c_6 + 10c_3^2}{6!}H_6(x) + \dots \right]. \tag{10}$$

Weiterhin zeigt Hausdorff die Orthogonalität der Hermiteschen Polynome bezüglich der Gewichtsfunktion e^{-x^2} und leitet damit unter der Annahme, daß die Funktion $\varphi(x)$ nach den Ableitungen von e^{-x^2} entwickelbar ist, die Beziehung her:

$$\varphi(x) = \frac{e^{-x^2}}{\sqrt{\pi}} \sum_k \frac{1}{2^k k!} \left(\int_{-\infty}^{\infty} \varphi(y)H_k(y)\,dy \right) H_k(x). \tag{11}$$

Derartige Entwicklungen wurden bereits von J.P. Gram (1883) und anderen angegeben. Wir werden erst im nächsten Abschnitt beschreiben, wie Hausdorff (10) verwendet, um mittels der Hypothese der Elementarfehler zum Gaußschen Fehlergesetz zu gelangen. Er folgt dabei Ideen von Bessel (1838) und von Bruns (1897), der eine beliebige Verteilungsfunktion nach den Ableitungen der Normalverteilung analog zu (11) entwickelt hatte, wobei er diese sogenannte *Brunssche Reihe* nur für den Fall einer diskreten Verteilung und zwar recht aufwendig und verwickelt auf der Grundlage des Dirichletschen Kontinuitätsfaktors begründete. Der von Hausdorff in obiger Weise behandelte stetige Fall wurde von Bruns mit der Bemerkung abgetan, daß er sich leicht auf den diskreten Fall zurückführen läßt.
Im November 1904 besucht C.V.L. Charlier, der Direktor der Sternwarte Lund, die Universität Leipzig und wird von H. Bruns auf dessen Arbeiten von 1897/98, wohl aber nicht auf die von Hausdorff (1901), aufmerksam gemacht. Daraufhin veröffentlicht Charlier 1905/06 drei Arbeiten über die Entwicklung von Fehlergesetzen, wobei er für die Darstellung (10) die Bezeichnung „Typus A" einführte. Im Gegensatz zu Bruns verwendet Charlier die Laplacesche Methode der Transformation der Verteilungsgesetze. Allerdings erreicht er dabei nicht die Hausdorffsche Perfektion. Auf die Charlierschen Fehler weist Cramér (1972) hin.
Die Fragen nach der Konvergenz der A-Reihe (10) oder der Darstellbarkeit eines Fehlergesetzes φ durch die Reihe (11) werden weder von Hausdorff noch von Charlier beantwortet. Erst R.v. Mises (1912) findet unter Einsatz der Sturm-Liouvilleschen Theorie als eine hinreichende Bedingung für die Darstellbarkeit von φ, daß

„$\varphi(x)e^{x^2}$ eine stetige Funktion von beschränkter Schwankung [ist], die im Unendlichen mindestens von dritter Ordnung gegen null geht."[38]

Weitere Bedingungen werden von Rotach (1925) und Szegö (1926) angegeben.

9   Logarithmische Momente

Wir bezeichnen wieder nach [60] mit φ ein Verteilungsgesetz und zwar die Verteilungsdichte einer Zufallsgröße X. Dann heißt der Ausdruck

$$m_k = \int_{-\infty}^{\infty} x^k \, \varphi(x)dx = E(X^k) \quad , k \in \mathbb{N}, \tag{12}$$

das *k-te Moment* der Verteilung φ. Ohne Beschränkung der Allgemeinheit werden im folgenden nur Verteilungen mit $m_1 = 0$ betrachtet.
Unter gewissen Voraussetzungen an das Verteilungsgesetz folgt aus (6)

$$f(u) = 1 + \sum_{k=2}^{\infty} \frac{m_k}{k!} u^k \tag{13}$$

und damit aus (7)

$$c_1 = 0, \; c_2 = m_2, \; c_3 = m_3,$$
$$c_4 = m_4 - 3m_2^2, \; c_5 = m_5 - 10m_2m_3, \ldots$$

Die Entwicklungskoeffizienten c_k werden von Hausdorff (1901) als „kanonische Parameter" des Verteilungsgesetzes φ bezeichnet, in den Vorlesungen 1900/01 und 1923 als „addirbare Parameter" bzw. *logarithmische Momente*. Heute spricht man allgemein von Semiinvarianten. Der Bezug zur Zufallsgröße X werde durch $c_k = c_k[X]$ symbolisiert. Speziell für das Gaußsche Gesetz mit der Präzision h ergibt sich für die Momente

$$m_{2k-1} = 0\,, \; m_{2k} = \frac{(2k)!}{k!(2h)^{2k}} \,, k \in \mathbb{N},$$

und für die logarithmischen Momente

$$c_k = 0 \,, \; k \neq 2 \,; \; c_2 = \frac{1}{2h^2} \,, k \in \mathbb{N}. \tag{14}$$

Die logarithmischen Momente haben folgende „kanonische" Eigenschaft. Es seien X und Y zwei unabhängige Zufallsgrößen. Dann gilt für die logarithmischen Momente einer Linearkombination

$$c_k\,[\alpha X + \beta Y] = \alpha^k \, c_k[X] + \beta^k \, c_k[Y]. \tag{15}$$

Aus (14) und (15) schließt Hausdorff (vgl. Abschnitt 10) auf die

„Gruppeneigenschaft des Gauss'schen Gesetzes, d.h. seine Eigenschaft,
für den Totalfehler zu gelten, wenn es für die Partialfehler gilt."[39]

Pólya (1919) behandelt das umgekehrte Problem. Auf der Grundlage der Gruppeneigenschaft beweist er einen Charakterisierungssatz für das Gaußsche Gesetz, worunter er allgemein $\varphi_0(x) = \frac{1}{\sqrt{\pi}}e^{-x^2}$ versteht und jedes ihm ähnliche, d.h. $\varphi_0(\frac{x}{r})\frac{1}{r}$ mit beliebigem $r > 0$. Derartige Faktorisierungsprobleme erfuhren in jüngster Zeit eine Renaissance. Die Ergebnisse sind in den Büchern von Ramachandran und Lau (1991) sowie Prakasa Rao (1992) zu finden.

Hausdorff (1901) untersucht weiterhin die Frage, unter welchen Bedingungen an die logarithmischen Momente der Partialfehler X_j der modifizierte Totalfehler X gemäß $sX := \sum_{j=1}^n X_j$ näherungsweise nach dem standardisierten ($h = 1$) Gaußschen Gesetz verteilt ist. Mit $a_k := \frac{1}{n} \sum_{j=1}^n c_k[X_j]$ erhält er aus (15):

$$s^k c_k[X] = na_k \quad , k = 2, 3, \ldots \tag{16}$$

Wird entsprechend (14) mit $h = 1$ gerade $c_2[X] = \frac{1}{2}$ gefordert, so folgt aus (16) $s = \sqrt{2na_2}$. Für die übrigen logarithmischen Momente gewinnt er

$$c_3[X] = \frac{1}{\sqrt{n}}a_3(2a_2)^{-\frac{3}{2}} \ , \ c_4[X] = \frac{1}{n}a_4(2a_2)^{-2}, \tag{17}$$

allgemein ist $c_k[X]$ von der Ordnung $a_k : \sqrt{n^{k-2}a_2^k}$.
Hausdorffs Antwort auf die Frage lautet damit:

„Dass diese Ordnungen für $\lim n = \infty$ verschwinden, ist die genauere
Formulirung der oben angedeuteten Bedingung, dass die Partialfehler
von nicht allzuverschiedener Grössenordnung sein sollen."[40]

Die von Hausdorff aufgeworfene Problematik der Größenordnung der Entwicklungskoeffizienten wird später von Harald Cramér aufgegriffen. Für den Statistiker ist nicht die Konvergenz der Reihe (10) interessant, sondern die Güte der Approximation durch die ersten Glieder. Deshalb gibt Cramér (1928) asymptotische Entwicklungen für Fehlergesetze an, die entsprechend der Hypothese der Elementarfehler erzeugt wurden.[41]
Der Abschnitt über die logarithmischen Momente darf nicht abgeschlossen werden, ohne auf T.N. Thiele zu verweisen, in dessen Buch „Theory of Observations" von 1903 diese Parameter ebenfalls eingeführt werden. Diesem Buch ist eine Vorlesung vorangegangen, deren Buchform 1889 in Kopenhagen erschienen und im Jahrbuch über die Fortschritte der Mathematik 1892 ausführlich referiert worden ist. Thiele spricht - wegen (15) - von Halbinvarianten, im Englischen ist auch die Bezeichnung „cumulants" gebräuchlich. Jedenfalls hat Thiele mit diesen Parametern bereits vor Hausdorff gearbeitet, so daß ich meine Behauptung in [50] revidieren muß und Thiele eindeutig die Priorität gebührt.
Wir beenden damit den Bericht über Hausdorffs Beiträge zur Wahrscheinlichkeitsrechnung bis zum Jahre 1901, der keine spektakulären Entdeckungen oder Resultate enthält, die in besonderer Weise hervorgehoben zu werden verdienen. Bleibende

Verdienste auf dem Gebiet der Wahrscheinlichkeitstheorie konnte Hausdorff erst erringen, nachdem er längere Zeit sich mit Problemen der Mengenlehre und der Analysis auseinandergesetzt hatte.

10   Momentenprobleme

Es sei $\mu = (\mu_n)_{n \in \mathbb{N}_0}$ eine Folge reeller Zahlen und $I \subseteq \mathbb{R}$ ein Intervall. Die Frage nach der Existenz einer auf I monotonen Funktion F mit der Eigenschaft

$$\int_I x^n dF(x) = \mu_n \quad , \; n = 0, 1, 2, \ldots, \tag{18}$$

wird als *Momentenproblem* (μ, I) bezeichnet. Wenn ein derartiges F existiert, so heißen die Zahlen μ_n Momente von F. Gibt es zu vorgegebenen Größen (μ, I) genau eine Lösung von (18), so heißt das Momentenproblem *bestimmt*. Dabei werden zwei Lösungen als gleich angesehen, wenn sie dieselben Stetigkeitspunkte besitzen und sich dort höchstens um dieselbe Konstante unterscheiden. Gibt es mehrere Lösungen und haben alle Lösungen an der Stelle x denselben Wert, so heißt x eine *Bestimmtheitsstelle*. Den Fall $I = [0, \infty)$ untersuchte T.J. Stieltjes 1894/95.

Hausdorff stößt bei der Herleitung der Gruppeneigenschaft des Gaußschen Gesetzes mittels der logarithmischen Momente auf die Notwendigkeit, von der Verteilungsdichte φ voraussetzen zu müssen, daß φ durch die Folge der Momente m_k gemäß (12) eindeutig bestimmt sei

> „was sich wahrscheinlich für analytische Functionen $\varphi(x)$ unter gewissen Annahmen über das Verhalten für $x = \infty$ beweisen lassen wird, kaum aber, wenn man für $\varphi(x)$ unendlich viele Oszillationen in endlichen Intervallen zulässt."[43]

Damit nimmt Hausdorff 1901 an, daß das Momentenproblem auch für $I = (-\infty, \infty)$ im allgemeinen nicht bestimmt ist. Die Vermutung wird durch H. Hamburger 1920 bestätigt. Letzterer gibt Kriterien für die Bestimmtheit an, wobei er — wie Stieltjes — Eigenschaften zugehöriger Kettenbrüche ausnutzt.

Etwa zur gleichen Zeit untersucht Hausdorff in Greifswald verschiedene Summationsmethoden und wird dabei auf ein Momentenproblem für Funktionen F von beschränkter Schwankung auf $I = [0, 1]$ geführt. Für die Wahrscheinlichkeitsrechnung ist allerdings nur der Fall einer monotonen Belegungsfunktion F von Interesse.

Satz 1. *Die Zahlen μ_n sind dann und nur dann die Momente einer monotonen Funktion F auf $[0, 1]$, wenn sie eine total monotone Folge bilden, d.h. die Ungleichungen*

$$\mu_{k,n} := \sum_{j=0}^{n} (-1)^j \binom{n}{j} \mu_{k+j} \geq 0$$

für $k, n = 0, 1, 2, \ldots$ erfüllen.

Diese Aussage beweist Hausdorff in [65] auf nahezu elementare Weise. Er bildet Treppenfunktionen F_r mit den Sprungstellen $\frac{s}{r}$ und den Sprunghöhen $\lambda_{r,s} = \binom{r}{s} \mu_{s,r-s}$ mit $s = 0, 1, \ldots, r$ und $r \in \mathbb{N}$ und konstruiert F als schwachen Limes der F_r. Seitdem nennt man das durch obigen Satz gelöste Problem das *Hausdorffsche (ein-dimensionale) Momentenproblem*. Hausdorffs Verdienst liegt vor allem darin, bei der Untersuchung von Momentenproblemen ohne jegliche Anleihe bei der Theorie der Kettenbrüche und der Funktionentheorie auszukommen. Das gilt nicht nur, wie allgemein bekannt ist, für den Fall: $I = [0, 1]$, sondern auch für $I = (-\infty, \infty)$. Den letztgenannten Fall behandelt er in seiner Vorlesung von 1923, in der er eine hinreichende Bedingung für die Bestimmtheit des Hamburgerschen Momentenproblems angibt.[44]

Dazu werden im Anschluß an Riesz (1922) folgende Determinanten eingeführt:

$$
D_n := \begin{vmatrix} \mu_0 & \mu_1 & \cdots & \mu_n \\ \vdots & \vdots & & \vdots \\ \mu_{n-1} & \mu_n & \cdots & \mu_{2n-1} \\ \mu_n & \mu_{n+1} & \cdots & \mu_{2n} \end{vmatrix}, \quad B_n(x) := \begin{vmatrix} \mu_0 & \mu_1 & \cdots & \mu_n \\ \vdots & \vdots & & \vdots \\ \mu_{n-1} & \mu_n & \cdots & \mu_{2n-1} \\ 1 & x & \cdots & x^n \end{vmatrix},
$$

Satz 2. *Es gelte $D_n > 0$ für alle $n \in \mathbb{N}_0$ und*

$$
\sum_{n=1}^{\infty} \frac{B_n^2(x)}{D_n\, D_{n-1}} = \infty. \tag{19}
$$

Dann ist x Bestimmtheitsstelle des Momentenproblems $(\mu, \mathbb{R})$.

Wenn also (19) für jedes $x \in \mathbb{R}$ erfüllt ist, so folgt aus Satz 2 die Bestimmtheit des Momentenproblems $(\mu, \mathbb{R})$.

Über die klassischen Momentenprobleme geben die Monographien von Shohat/ Tamarkin (1943) und Achieser (1961) erschöpfend Auskunft.

Das Grundanliegen der Kollektivmaßlehre, eine Verteilung durch wenige Parameter zu charakterisieren, steht im Zusammenhang mit sogenannten endlichen Momentenproblemen, die in den Büchern von Karlin/Studden (1966), Krein/Nudelman (1973) und Anastassiou (1993) behandelt werden.

11 Grenzwertsätze

Das *Gaußsche Gesetz* (G.G.) spielte in den vorangehenden Abschnitten eine zentrale Rolle. Hausdorff faßt 1900/01 die entsprechenden Aspekte wie folgt zusammen:

> „Aber weder das Princip des arithm. Mittels, noch die Gruppeneigenschaft würden das G.G. retten, wenn es nicht empirisch Bewährung fände, und das liegt an ganz anderen Eigenschaften: nämlich, der aus einer grossen Zahl l von Elementarfehlern resultierende Totalfehler befolgt approximativ das G.G., welches auch die Fehlergesetze der Elementarfehler sein mögen."[45]

Das Gaußsche Gesetz ist jedoch nicht allein eine Aussage zur Fehlertheorie. David Hilbert betont dessen größere Reichweite, indem er 1918 formuliert:

> „in der Wahrscheinlichkeitsrechnung ist das Gaußsche Fehlergesetz ... der grundlegende Satz."[46]

Hausdorff präzisiert diesen Sachverhalt 1923 auch äußerlich und verwendet hierzu — wie Lindeberg — den Begriff „*Exponentialgesetz*" (EG), und dessen Bedeutung

> „... liegt vielmehr in einem Grenzwerthsatz, der das früher elementar abgeleitete Gesetz der großen Zahlen dahin verschärft, dass unter ähnlichen Voraussetzungen wie damals die Summe unabhängiger Variabler eine nach dem EG convergirende Vertheilung hat."[47]

Der Übergang von den Brunsschen Approximationen der Kollektivmaßlehre zu nach heutigen Maßstäben strengen Beweisen des Laplaceschen Satzes läßt sich bei Hausdorff nicht genau zeitlich lokalisieren. Wahrscheinlich hat dazu das bereits oben erwähnte Lehrbuch von Markoff (1912) beigetragen, in dem die Arbeitsweise der russischen Schule der Wahrscheinlichkeitsrechnung dem mitteleuropäischen Leserkreis nahe gebracht wurde, und auch ein Hinweis auf die wichtige Arbeit von A. Liapounoff (1901) zu finden ist. Dazu schreibt Cramér (1976):

> „the work of Liapounov was very little known outside Russia, but I had the good luck to be allowed to see some notes on his work made by the German mathematician Hausdorff, and these had a great influence on my subsequent work in the field."[48]

Wir werden hier nicht auf die Formulierung und den Beweis des Liapounoffschen Grenzwertsatzes in der Hausdorffschen Vorlesung von 1923 eingehen, worin schon die Ergebnisse von Lindeberg (1922) eingearbeitet sind, weil zu dieser Zeit auch Cramér (1923) eine entsprechende Version veröffentlicht hat. Stattdessen werden wir die Entwicklung des sogenannten zweiten Grenzwertsatzes (vergleiche Satz 7) skizzieren, ausgehend von Ideen von Liapounoffs akademischen Lehrer Tchebycheff, über A. Markoff und G. Pólya bis hin zu M. Fréchet und J. Shohat, wobei wir natürlich insbesondere den Beitrag von Hausdorff berücksichtigen.

Eine Abschätzung der Wahrscheinlichkeit eines gewissen Ereignisses mittels der ersten beiden Momente des zugrunde liegenden Wahrscheinlichkeitsgesetzes wird durch eine Ungleichung gegeben, die nach P.L. Tchebycheff, seltener nach I.J. Bienaymé, benannt wird, obwohl sich Tchebycheff 1874 selbst auf Bienaymé beruft. Allerdings hat allein Tchebyscheff daraus die sogenannte *Momentenmethode* entwickelt, die es erlaubt, aus dem Verhalten einer Momentenfolge auf ein Wahrscheinlichkeitsgesetz und zwar speziell auf das Gaußsche zu schließen. Da zu den diesbezüglichen Ideen von Tchebycheff erst sein Schüler A. Markoff scharfe Sätze formuliert und dazu strenge Beweise geliefert hat, werden wir uns gleich letzteren zuwenden.

Satz 3. *Es seien $X_1, \ldots, X_n$ unabhängige Zufallsgrößen mit verschwindenden Erwartungen, gleichmäßig beschränkten Momenten beliebiger Ordnung und der Eigenschaft $\lim\limits_{n \to \infty} \frac{1}{n} E \left(\sum_{i=1}^{n} X_i \right)^2 > 0$. Dann gilt für jedes $m \in \mathbb{N}$:*

$$\lim_{n \to \infty} \left[E \left(\frac{\sum_{i=1}^{n} X_i}{\sqrt{2E(\sum_1^n X_i)^2}} \right)^m - \frac{1}{\sqrt{\pi}} \int\limits_{-\infty}^{\infty} t^m \, e^{-t^2} \, dt \right] = 0.$$

Markoff (1898) beweist Satz 3 über den polynomischen Lehrsatz. Im gleichen Jahr gelingt es ihm, mittels der analytischen Theorie der Kettenbrüche und gewisser von Tchebycheff aufgestellten Ungleichungen, folgenden zentralen Grenzwertsatz zu bestätigen.[49]

Satz 4. *Unter den Voraussetzungen von Satz 3 gilt*

$$\lim_{n \to \infty} P \left(\frac{\sum_{i=1}^{n} X_i}{\sqrt{2E(\sum_1^n X_i)^2}} < x \right) = \frac{1}{\sqrt{\pi}} \int\limits_{-\infty}^{x} e^{-t^2} \, dt. \qquad (20)$$

Wie Markoff (1908) durch Stutzen der auftretenden Zufallsgrößen zeigen konnte, führt die Momentenmethode zur Aussage (20) sogar für Zufallsgrößen, bei denen nur die Existenz der Momente $(2+\delta)$-ter Ordnung gesichert ist, mit beliebig kleinem $\delta > 0$.

Im Anschluß an Hamburger (1919), der die Hinlänglichkeit von

$$\overline{\lim_{k \to \infty}} \, \frac{\sqrt[2k]{m_{2k}}}{2k} < \infty \qquad (21)$$

für die Bestimmtheit des Momentenproblems $(m, \mathbb{R})$ gezeigt hat, beweist G. Pólya (1920) den sogenannten Stetigkeitssatz des Momentenproblems. F. Hausdorff gibt diesem in seiner Vorlesung 1923 folgende Form:[50]

Satz 5. *Sei F eine monotone Funktion mit $F(-\infty) = 0$ und der Eigenschaft (19) für alle $x \in \mathbb{R}$. Weiterhin sei $(F_n)_{n \in \mathbb{N}}$ eine Folge monotoner Funktionen mit $F_n(-\infty) = 0$, deren Momente nach denen von F konvergieren. Dann gilt*

$$\lim_{n \to \infty} F_n(x) = F(x),$$

und zwar gleichmäßig für alle $x \in \mathbb{R}$.

Bei Hausdorff folgt Satz 5 unmittelbar aus Satz 2, während bei Pólya die Bedingung (19) durch (21) sowie die Stetigkeit von F ersetzt ist und er einen Konvergenzsatz für Laplace-Transformierte heranzieht. Für das Gaußsche Gesetz $\Phi(x) = \frac{1}{\sqrt{\pi}} \int_{-\infty}^{x} e^{-t^2} \, dt$ bestätigt Hausdorff die Bedingung (19) für alle x und erhält mit (14):[51]

Satz 6. *Es sei* $(F_n)_{n\in\mathbb{N}}$ *eine Folge monotoner Funktionen mit* $F_n(-\infty) = 0$ *und* $F_n(+\infty) = 1$, *deren logarithmische Momente* $c_k^{(n)}$ *sämtlich nach* 0 *konvergieren bis auf* $c_2^{(n)}$, *das nach* $\frac{1}{2}$ *strebt. Dann gilt*

$$\lim_{n\to\infty} F_n(x) = \Phi(x),$$

und zwar gleichmäßig für alle $x \in \mathbb{R}$.

Mit diesem speziellen Grenzwertsatz präzisiert Hausdorff seine Aussagen von 1901 über die Gültigkeit des Gaußschen Fehlergesetzes, die wir in Abschnitt 9 dargestellt haben.

Einen neuen Beweis des Hausdorffschen Grenzwertsatzes (Satz 5) geben Fréchet/ Shohat (1931) an, wobei sie einen Auswahlsatz von Helly (1912) verwenden. In Lehrbüchern, wie etwa bei Chow/Teicher (1978), p. 260, wird dieser Satz wie folgt formuliert:

Satz 7. *Es sei* $(F_n)_{n\in\mathbb{N}}$ *eine Folge von Verteilungsfunktionen* F_n, *deren Momente* $m_k^{(n)}$ *gegen endliche Zahlen* μ_k *für alle* $k \in \mathbb{N}$ *konvergieren. Wenn die* $(\mu_k)_{k\in\mathbb{N}}$ *die Momente einer eindeutig bestimmten Verteilungsfunktion* F *sind, so gilt*

$$F_n \xrightarrow{c} F. \tag{22}$$

Die vollständige Konvergenz (22) bedeutet

$$\lim_{n\to\infty} F_n(x) = F(x)$$

in allen Stetigkeitspunkten von F, sowie $F_n(\infty) \to F(\infty)$, $F_n(-\infty) \to F(-\infty)$. Die F_n sind nicht notwendig Wahrscheinlichkeitsverteilungen.

Der klassische zentrale Grenzwertsatz für nicht identisch verteilte unabhängige Zufallsgrößen und eine spezielle Form des zweiten Grenzwertsatz, der Abhängigkeiten einschließt, wurden von A. Markoff im Anhang der 3. und 4. russischen Auflage seines Lehrbuches von 1911 bzw. 1924 mittels der Tchebycheffschen Momentenmethode vollständig bewiesen. Hausdorff folgt in seiner Bonner Vorlesung ebenfalls Tchebycheff. Aber seine Beweise (speziell zu Satz 2 und Satz 5) sind im Vergleich zu denen von Markoff so einfach und klar, daß sie selbst heute noch vorgetragen werden könnten.

Wir kommen nun zur zweiten Säule des Hausdorffschen Lehrgebäudes, die auf dem Fundament der Mengenlehre ruht und eine moderne Wahrscheinlichkeitstheorie ankündigt.

12   Inhalte von Punktmengen

Das Hauptwerk von Hausdorff, sein 1914 erschienenes Buch „*Grundzüge der Mengenlehre*", enthält im letzten Kapitel eine Einführung in die Lebesguesche Maß- und Integraltheorie mit Bezug zur Wahrscheinlichkeitsrechnung. Darin setzt sich Hausdorff eingangs mit dem Problem der Inhaltsbestimmung auseinander:

> „Danach formuliert Lebesgue das Problem dahin, jeder (beschränkten)
> Menge A des Raumes E_n als Inhalt eine Zahl $f(A) \geq 0$ unter folgenden
> Bedingungen zuzuordnen:
>
> (α) Kongruente Mengen haben denselben Inhalt.
>
> (β) Der Einheitswürfel hat den Inhalt 1.
>
> (γ) Es ist $f(A + B) = f(A) + f(B)$.
>
> (δ) Es ist $f(A + B + C + \ldots) = f(A) + f(B) + f(C) + \ldots$ für eine
> beschränkte Summe von abzählbar vielen Mengen."

Hausdorff erkennt folgenden fundamentalen Sachverhalt, der die Notwendigkeit für
die Entwicklung einer Maßtheorie auf geeigneten Mengensystemen unterstreicht.

Satz 8. *Das Inhaltsproblem* (α), (β), (γ), (δ) *ist unlösbar. Das Problem* (α), (β), (γ)
ist für den $\mathbb{R}^n$ *,$n \geq 3$ nicht lösbar.*

Zum Beweis der zweiten Aussage zeigt er, daß eine Kugelhälfte mit einem Kugeldrittel kongruent sein kann. Später findet S. Banach, daß für $n = 1$ und 2 das Problem
lösbar ist, aber nicht eindeutig.[52]
Wir werden im Abschnitt 14 darauf eingehen, wie Hausdorff in seiner Vorlesung 1923
die σ-Algebra, die von Intervallen erzeugt wird, als ein brauchbares Mengensystem
für die Beschreibung einer reellen Zufallsgröße einführt.

Der enge Zusammenhang zwischen Wahrscheinlichkeitsrechnung sowie Maß und Integral war Hausdorff seit langem bekannt. So erweist er der Wahrscheinlichkeitsrechnung bereits in seiner ersten Vorlesung im Herbst 1900 gebührende Reverenz,
indem er in der Liste der Wissenschaftsgebiete, die ihrer bedürfen, auch aufführt:

> „ ... reine Mathem. verdankt ihr Anstoss zur Ausbildung der Theorie
> der bestimmten Integrale."[53]

Eine analoge Aussage über die Maßtheorie wäre in seinem Buch durchaus am Platze
gewesen. Hausdorff schwächte eine derartige aber etwas ab:

> „Wir bemerken noch, daß manche Theoreme über das Maß von Punkt-
> mengen vielleicht ein vertrauteres Gesicht zeigen, wenn man sie in der
> Sprache der Wahrscheinlichkeitsrechnung ausdrückt."[54]

Die hier angesprochenen „Theoreme" sind Aussagen über zwei spezielle Sachverhalte, die ursprünglich im Kontext von Aufgaben der Wahrscheinlichkeitsrechnung
entstanden sind. So formulierte z.B. den einen H. Gyldén (1888) als das *Kettenbruchproblem* etwa folgendermaßen:

> „Wie gross ist die Wahrscheinlichkeit, dass bei der Entwicklung irra-
> tionaler Decimalbrüche in Kettenbrüche ganze Zahlen von gegebener
> Grösse auftreten?"[55]

T. Brodén erkannte bereits die Problematik; um die Gyldénsche Lösung streng zu
beweisen, benötigt man:

„eine im Sinne der modernen Mengenlehre allgemeine Theorie für Wahrscheinlichkeiten bei unendlich vielen Möglichkeiten"[56]

A. Wiman ging 1901 noch einen Schritt weiter. Er knüpfte an die meßbaren Mengen von Borel (1898) an und meinte:

> „falls man eine Wahrscheinlichkeitstheorie im Sinne der modernen Mengenlehre entwickeln wollte, vor allen Dingen auf diesen Borel'schen Inhaltsbegriff Bezug zu nehmen ist."[57]

Da Hausdorff von den Borelschen Versuchen (vgl. Abschnitt 13) zum Aufbau einer derartigen Wahrscheinlichkeitstheorie recht unbefriedigt war und 1914 selbst noch keine bessere Variante einer Grundlegung anbieten konnte, entschloß er sich, nur die „Sprache" der Wahrscheinlichkeitsrechnung zu verwenden, wobei er einen gewissen Quotienten als Wahrscheinlichkeit dafür definierte, daß ein Punkt einer Menge einer gewissen Teilmenge angehört.

Durch diesen Trick war ein Verlust an Strenge der Beweisführung vermieden. Hausdorff konnte somit das Kettenbruchproblem und das Borelsche Paradoxon untersuchen und dabei interessante Aussagen erstmalig streng beweisen. Unter Stochastikern wird heute nur seine Aussage über die Konvergenzgeschwindigkeit beim starken Gesetz der großen Zahlen hervorgehoben, die in Verbindung mit dem Borelschen Paradoxon steht. Mir scheint noch wichtiger zu sein, daß Hausdorff auf den Seiten 416 bis 426 seines Buches an zwei Beispielen programmatisch gezeigt hat, wie Probleme der Wahrscheinlichkeitsrechnung in Zukunft zu lösen sind. Diese beiden Beispiele erforderten eine mengentheoretische Behandlung und bildeten dadurch eine starke Motivation für eine neue Grundlegung der Wahrscheinlichkeitstheorie.

Wir werden im nächsten Abschnitt das zweite Beispiel besprechen und abschließend die von Hausdorff in seiner Vorlesung 1923 gewählte axiomatische Basis der Wahrscheinlichkeitsrechnung darlegen.

13   Das starke Gesetz der großen Zahlen

Émile Borel untersuchte 1909 ein zahlentheoretisches Problem mittels einer wahrscheinlichkeitstheoretischen Methode. Er fragte dabei nach dem Verhalten der relativen Häufigkeit der Ziffern eines echten Dezimalbruchs, wenn die Anzahl der betrachteten Ziffern über alle Grenzen wächst. Er stellte fest, daß mit Wahrscheinlichkeit 1 eine Zahl aus dem Einheitsintervall eine Dezimalbruchentwicklung besitzt, bei der die relative Häufigkeit jeder der Ziffern $0, 1, \ldots, 9$ gegen $\frac{1}{10}$ strebt (Satz von Borel für die Basis 10). Zur Begründung wird die Ziffernfolge einer zufällig aus dem Einheitsintervall herausgegriffenen Zahl durch eine Bernoullische Versuchsfolge modelliert, wobei jeweils nur eine bestimmte Ziffer ins Auge gefaßt wird. Dabei ist insbesondere interessant, ob diese Ziffer unendlich oft auftritt. Borel entdeckt für eine Folge unabhängiger Alternativversuche, bei denen im n-ten Versuch Erfolg mit Wahrscheinlichkeit p_n auftritt, daß die Divergenz der Reihe $\sum_n p_n$ einen unendlich oftmaligen Erfolg mit Wahrscheinlichkeit 1 nach sich zieht. Dagegen führt die Konvergenz dieser Reihe auf die Wahrscheinlichkeit 0 für dieses Ergebnis. Diese Borelsche Aussage trägt heute die Bezeichnung Borel-Cantelli-Lemma. Sie ist grundlegend für unendliche Versuchsfolgen und fast sichere Konvergenz. Doch der erste mathematisch strenge Beweis dieses Lemmas stammt weder von Borel noch von Cantelli, sondern von Hausdorff.[58]

Hausdorff löst sich von den Borelschen Hypothesen und der Normalapproximation. Stattdessen arbeitet er streng im Laplaceschen Wahrscheinlichkeitsraum, allerdings ohne diesen heutigen Begriff zu verwenden. Die Grundmenge ist hier das Einheitsintervall $I = (0,1)$. Er fragt nun speziell nach dem Lebesgueschen Maß der Menge M aller irrationalen Zahlen von I, für die die relative Häufigkeit der Nullen in ihrer dyadischen Entwicklung nicht gegen $\frac{1}{2}$ strebt. Mit

$$M(n,\varepsilon) = \left\{ x \in I : \left| \frac{k_n(x)}{n} - \frac{1}{2} \right| \geq \varepsilon \right\},$$

wobei $k_n(x)$ die Anzahl der Nullen unter den ersten n Ziffern der dyadischen Entwicklung von x bezeichnet, und

$$M(\varepsilon) = \limsup_{n \to \infty} M(n,\varepsilon) = \bigcap_{m=1}^{\infty} \bigcup_{l=0}^{\infty} M(m+l,\varepsilon) \tag{23}$$

ergibt sich die Divergenzmenge bezüglich des Limes $\frac{1}{2}$ zu

$$M = \bigcup_{n=1}^{\infty} M(\tfrac{1}{n}). \tag{24}$$

Da die Menge der rationalen Punkte eines Intervalls das Maß 0 besitzt, ist das Lebesguesche Maß der Menge $M(n,\varepsilon)$ gerade das Maß einer gewissen Anzahl von Intervallen der Länge $\frac{1}{2^n}$, und zwar gilt

$$\lambda(M(n,\varepsilon)) = \sum_{k \in A(n,\varepsilon)} \binom{n}{k} \frac{1}{2^n},$$

wobei $A(n,\varepsilon) := \left\{ k \in \{0,1,\ldots,n\} : \left| \frac{k}{n} - \frac{1}{2} \right| \geq \varepsilon \right\}$. Mit der Identität

$$\sum_{k=0}^{n} \binom{n}{k} \frac{1}{2^n} \left(\frac{k}{n} - \frac{1}{2} \right)^4 = \frac{3n^2 - 2n}{16n^4} \tag{25}$$

folgt

$$\lambda(M(n,\varepsilon)) \leq \frac{3}{16\varepsilon^4} \cdot \frac{1}{n^2}.$$

Wegen

$$\sum_n \lambda(M(n,\varepsilon)) < \infty, \quad \text{gilt } \lambda\left(\limsup_{n \to \infty} M(n,\varepsilon) \right) = 0 \tag{26}$$

und mit (24) folgt $\lambda(M) = 0$. Damit ist der Borelsche Satz für die Basis 2 vollständig bewiesen. Hier benutzt Hausdorff das Borel-Cantelli-Lemma, und zwar in der Form (26), wozu ihn (23) in Verbindung mit der Subadditivität des Lebesgueschen Maßes unmittelbar berechtigen. Darüberhinaus gibt er mit einem Hinweis auf eine Identität analog zu (25), die höhere als das 4. Moment berücksichtigt, noch eine Konvergenzgeschwindigkeit an.

Satz 9. *Für jede Zahl $\vartheta < \frac{1}{2}$ hat die Menge der Punkte $x \in I = (0,1)$ mit*

$$\lim_{n\to\infty} \left(\frac{k_n(x)}{n} - \frac{1}{2} \right) n^\vartheta = 0 \tag{27}$$

das Maß 1.

H. Steinhaus (1923) hat den Hausdorffschen Hinweis explizit aufgegriffen und folgende Ungleichung bewiesen:

$$\sum_{k=0}^{n} \binom{n}{k} (2k - n)^{2m} \leq 2^n (2m - 1)!! \, n^m \, , \tag{28}$$

wobei $(2m - 1)!! = 1 \cdot 2 \cdot 5 \ldots (2m - 1)$ gesetzt wurde. Damit konnte er folgende Aussage zeigen, die (27) verbessert:

Satz 10. *Die Menge der Punkte $x \in (0,1)$ mit*

$$\limsup_{n\to\infty} \left| \frac{k_n(x)}{n} - \frac{1}{2} \right| \sqrt{\frac{2n}{\log n}} \leq 1 \tag{29}$$

hat das Lebesque-Maß 1.

Der Hausdorffsche Satz 9 wurde auch von A. Khintchine (1923) hervorgehoben, der gleichzeitig das schärfere Resultat von G. Hardy und J. Littlewood (1914) erwähnt, das mit einer anderen Methode erhalten wurde, aber schwächer als Satz 10 ist. Hausdorff bezeichnet seine obige mengentheoretische Untersuchung

> „als plausible Übertragung des ‚Gesetzes der großen Zahlen' ins Unendliche".[59]

Auf das Studium der Bernoullischen Versuchsfolge selbst, wie es Borel (1907) und Cantelli (1917) unternommen haben, geht Hausdorff erst in seiner Bonner Vorlesung ein. Dabei betrachtet er wie Borel eine unendliche Folge unabhängiger Alternativversuche und die Wahrscheinlichkeit $w_n(\varepsilon) = P\left(\left| \frac{1}{n} \sum_{j=1}^{n} X_j - p \right| \geq \varepsilon \right)$. Für die Reihe $\sum_{n=1}^{\infty} w_n(\varepsilon)$ kann er Konvergenz nachweisen. Damit zeigt Hausdorff analog zu obigem Beweis des Borelschen Satzes zur Basis 2 das starke Gesetz der großen Zahlen:

Satz 11. *Es sei* $(X_n)_{n\in\mathbb{N}}$ *eine Folge unabhängiger und identisch verteilter Zufallsgrößen mit* $P(X_n = 1) = p = 1 - P(X_n = 0)$. *Dann gilt*

$$P\left(\lim_{n\to\infty} \frac{1}{n} \sum_{j=1}^{n} X_j = p\right) = 1.$$

Wir betrachten nun allgemein eine Folge $(X_n)_{n\in\mathbb{N}}$ wofür eine Zahlenfolge $(a_n)_{n\in\mathbb{N}}$ existiert mit der Eigenschaft

$$\lim_{n\to\infty} \left(\frac{1}{n} \sum_{j=1}^{n} X_j - a_n\right) = 0. \tag{30}$$

Wir interessieren uns analog zu (27) für die Geschwindigkeit der Konvergenz (30), mit anderen Worten, für das Wachstum der Fluktuation $\sum_{j=1}^{n} X_j - na_n$. Hartman und Wintner (1941) zeigten folgendes Gesetz vom iterierten Logarithmus.

Satz 12. *Es sei* $(X_n)_{n\in\mathbb{N}}$ *eine Folge unabhängiger und identisch verteilter Zufallsgrößen mit* $E(X_n = 0)$ *und* $E(X_n^2 = 1)$. *Dann gilt*

$$P\left(\limsup_{n\to\infty} \frac{1}{\sqrt{2n\log\log n}} \sum_{j=1}^{n} X_j = 1\right) = 1.$$

W. Feller (1943) übertrug Satz 12 auf den Fall nicht identisch verteilter Zufallsgrößen und gab eine historische Übersicht, die für den Fall der Bernoullischen Versuchsfolge über die oben genannten Stationen von Hausdoffs Satz 9 zum Satz vom iterierten Logarithmus von Khintchine (1924) führte.[60]

14 Hausdorffs Axiomatik

Unter der Schirmherrschaft von Felix Klein fand in Göttingen zu Ostern des Jahres 1900 ein Ferienkurs für Oberlehrer statt. Als einer der Referenten hielt G. Bohlmann vier Vorlesungen über Versicherungsmathematik. In der zweiten Vorlesung formulierte er fünf Hypothesen, aus denen sich sämtliche Sätze der Versicherungsmathematik logisch folgern lassen. Wenige Monate später nimmt David Hilbert auf dem 2. Internationalen Mathematikerkongreß darauf Bezug und forderte dazu auf, die Wahrscheinlichkeitsrechnung so zu axiomatisieren, daß (über endliche Ereignissysteme hinaus) auch Größen der mathematischen Physik und ihre Mittelwerte eine entsprechende Fundierung erfahren.[61]
Felix Hausdorff äußert sich zur Axiomatisierungsproblematik bereits am 16. Oktober 1900. In seiner ersten Vorlesung zur Wahrscheinlichkeitsrechnung stellt er vier Annahmen auf, aus denen er die Laplacesche Definition der Wahrscheinlichkeit eines Ereignisses als das Verhältnis der Zahl der günstigen zur Zahl der möglichen Fälle herleitet. Er bemerkt dazu:

„Die logische Analyse der 4 Voraussetzungen sehr weit zu treiben, etwa nach Art der modernen Untersuchungen über die Grundlagen der Geometrie, hat keinen Zweck; die Schwierigkeiten liegen auf praktischem Gebiete, in der Subsumption der wirklichen Fälle unter das theor. Schema, also auf das Analogon der Geom. übertragen: nicht darin, aus gegebenen Axiomen die Folgen zu entwickeln, sondern zu beurteilen, was in praxi als Punkt, was als Gerade angesehen w. kann."[62]

Hier wird bereits eine Absage an die in Abschnitt 6 erwähnte v. Misessche Axiomatik vorweggenommen. Hausdorff trennt deutlich das reale zufällige Phänomen vom mathematischen Modell und betont die Schwierigkeit der Anpassung von Modell und Realität. Allerdings ist zu diesem Zeitpunkt das Modell noch recht bescheiden und das Mittel der Approximation stetiger Fehlergesetze durch diskrete Größen keine befriedigende Basis der Wahrscheinlickeitsrechnung. In den „Grundzügen der Mengenlehre" deutet er an, wie die Laplacesche Intention von Wahrscheinlichkeit in einem umfassenderen Modell verwirklicht werden könnte. Dabei unterdrückt er die Widersprüche nicht, die bei einer formalen Übertragung auftreten.[63]
Erst seine tiefgründigen Untersuchungen über Momentenfolgen und das Momentenproblem für ein endliches Intervall brachten Hausdorff wieder näher an die Wahrscheinlichkeitsrechnung heran und er begann eine maßtheoretisch fundierte Wahrscheinlichkeitstheorie auszuarbeiten und darüber im Sommersemester 1923 zu lesen.

Sein Vorlesungsmanuskript beginnt mit sogenannten „elementaren" Wahrscheinlichkeiten (W.) indem er im Anschluß an Bohlmann (1901) fordert:

> **„Axiom** (α) Die W. eines gewissen Ereignisses ist 1.
>
> **Axiom** (β) (Additionspostulat). Die W., dass von zwei einander ausschliessenden Ereignissen eins eintrete, ist die Summe der Wahrscheinlichkeiten beider Ereignisse: $w(A + B) = w(A) + w(B)$."

Auf der Grundlage des Ereigniskalküls der Aussagenlogik und dieser beiden Axiome behandelt Hausdorff in den ersten drei Kapiteln die klassische Wahrscheinlichkeitsrechnung bis hin zum Bernoullischen Gesetz der großen Zahlen.
Danach geht er wie Broggi (1907) zu „allgemeinen" Wahrscheinlichkeiten über.

> „... Die nächstliegende Art, den W. begriff zu erweitern, ist die Betrachtung abzählbarer Ereignisfolgen $A_1, A_2, \ldots$, wo also jeder natürlichen Zahl n ein Ereignis A_n zugeordnet ist ... Wir erweitern sodann das Axiom (β) zum
>
> **Axiom** (γ) (Additionspostulat). Die W., dass von abzählbar vielen, einander paarweise ausschließenden Ereignissen eins eintrete, ist die Summe der Wahrscheinlichkeiten der einzelnen Ereignisse:
>
> $$w(A_1 + A_2 + \ldots) = w(A_1) + w(A_2) + \ldots$$
>
> **Axiom** (δ) $w(A) \geq 0$."

Auf der Basis des erweiterten Axiomensystems (α), (γ), (δ) werden im 4. Kapitel das Borel-Cantelli-Lemma und das starke Gesetz der großen Zahlen (Satz 11) bewiesen. Im 5. Kapitel werden stetige Verteilungen einbezogen. Hausdorff verbindet diese Hilbertsche Forderung mit dem Nachweis, daß die obigen Axiome erfüllbar sind.

> „Wir machen jetzt den Übergang zur Mengenlehre, indem wir ein Ereignis als Menge der ihm günstigen Fälle auffassen; hierbei betrachten wir nur ein System von Ereignissen, bei denen die Mengen M der möglichen Fälle immer dieselbe ist; A ist Theilmenge von M. Der Summe und dem Product von Ereignissen entspricht Summe und Durchschnitt von Mengen ...
>
> ... Was wir brauchen, ist also: ein abgeschlossenes Mengensystem ..., bestehend aus allen oder gewissen Theilmengen A von M (wozu M selbst gehört), und in ihm eine additive, nichtnegative Mengenfunction $\Phi(A)$ (insbesondere $\Phi(M) > 0$)...
>
> ... so ist $w(A) = \frac{\Phi(A)}{\Phi(M)}$ eine unseren Postulaten genügende W."[64]

Hausdorff geht also von einer Grundmenge M und einer σ-Algebra $\mathcal{M}$ von Teilmengen aus, worauf eine σ-additive 1-normierte Mengenfunktion w erklärt ist. In gleicher Weise beschreibt Kolmogoroff (1933) ein Borelsches Wahrscheinlichkeitsfeld — wie wir heute sagen — einen Wahrscheinlichkeitsraum.
Als Beispiel betrachtet Hausdorff $M = \mathbb{R}$ und $\mathcal{M} = \mathcal{B}^1$, die von den Intervallen erzeugt σ-Algebra. Weiterhin gibt er sich eine monotone, nichtfallende, linksstetige Funktion F vor mit $F(-\infty) = 0$ und $F(\infty) = 1$, die sich als Summe einer Sprungfunktion und einer stetigen Funktion schreiben läßt. Hierfür ergibt sich w gemäß

$$w(A) = \int_A dF(x) = \sum_{x_k \in A} x_k p_k + \int_A dF_s(x)$$

für jedes $A \in \mathcal{B}^1$. Speziell mit $A_x := (-\infty, x)$ folgt $w(A_x) = F(x)$ die „Vertheilung einer reellen Variablen".[65]
Im 6. Kapitel führt Hausdorff die „Vertheilung eines Variablenpaares" als ein Maß in der Ebene ein, wobei der Spezialfall unabhängiger Variablen durch ein Produktmaß beschrieben wird.
Damit kann Hausdorff das wichtige Konzept der Verteilung und somit die Grenzwertsätze besser logisch einordnen als R. v. Mises (1919).
Die Hausdorffsche Vorgehensweise wird — von ihm unabhängig — durch Norbert Wiener (1923) bei der Modellierung der Brownschen Bewegung und später durch A. Kolmogoroff (1933) weitergeführt, dessen „Hauptsatz" über Verteilungen in unendlichdimensionalen Räumen eine Theorie stochastischer Prozesse eröffnet, von deren Entwicklung zum Beispiel die Monographien von Joseph Doob (1953), I.I. Gihman und A.V. Skorohod (1974/79) sowie L.C.G. Rogers und David Williams (1987) zeugen.

Vielleicht wird am Ende mancher Leser noch fragen, warum Hausdorff nicht wenigstens seine Grundlegung der Wahrscheinlichkeitsrechnung veröffentlicht hat und welche Kenntnis A. Kolmororoff etwa davon hatte. Der Autor kann diese beiden Fragen nicht schlüssig beantworten. Allerdings könnte ein Blick in die Zeitschrift Fundamenta Mathematicae weiterhelfen, in der Hausdorff nach 1923 vorrangig publizierte.

So wird in einem Artikel von A. Łomnicki (1923) im Anschluß an Borel (1909) und Hausdorff (1914) (vgl. Abschnitt 12), unter Verwendung der Lebesgueschen bzw. der Carathéodoryschen Maßtheorie, die Wahrscheinlichkeit von Ereignissen bestimmt, bei denen sich die „möglichen Fälle" als Punktmengen im $\mathbb{R}^n$ darstellen lassen. Desweiteren führt H. Steinhaus (1923) einen Wahrscheinlichkeitsraum für die unendliche Bernoullische Versuchsfolge ein, wobei die Wahrscheinlichkeit axiomatisch erklärt wird. Die Hausdorffsche Axiomatik unterscheidet sich hiervon dadurch, daß ihr — wie auch derjenigen von S. Bernstein (1917) — eine Ereignisalgebra zugrunde liegt. Während aber Bernstein in seiner bedeutsamen Analyse dazu ein recht schwerfälliges Axiomensystem aufstellt, um daraus eine Wahrscheinlichkeit abzuleiten, arbeitet Hausdorff mit den oben aufgeführten natürlichen Axiomen für den Grundbegriff Wahrscheinlichkeit. Den Vorgriff zum Kolmogoroffschen Axiomensystem vollzieht Hausdorff nur verbal. Die Äquivalenz von Ereignisalgebra und entsprechender Mengenalgebra wird später durch den Isomorphiesatz von M. H. Stone (1936) bestätigt.

Eine partielle Antwort zur zweiten Frage hat A. Kolmogoroff (1933) bereits selbst gegeben, indem er im Vorwort seines berühmten Ergebnis-Bandes darauf hinweist, daß der maßtheoretische Aufbau der Wahrscheinlichkeitsrechnung

> „in den betreffenden mathematischen Kreisen seit einiger Zeit geläufig [war]".[66]

Zu diesen Kreisen gehören wohl insbesondere die Autoren von Band IV (1923) von Fundamenta Mathematicae, von S. Banach über M. Fréchet, A. Khintchine und A. Kolmogoroff bis hin zu W. Sierpiński und N. Wiener.

Für die Anregung zu diesem Beitrag, das Ermöglichen der Einsichtnahme in Hausdorffsche Vorlesungskripten sowie die tiefgründige Auseinandersetzung mit einer ersten Version danke ich Herrn E. Brieskorn herzlich. Weitere Korrekturvorschläge und Hinweise habe ich von den Herren H. Föllmer, K. Hinderer, U. Krengel, V. Nollau, W. Purkert und H.-J. Roßberg erhalten, denen ich, ebenso wie den Herren S. Axsäter (Lund) und V. Katsnelson (Rehovot) für das Beschaffen von Literatur, zu großem Dank verpflichtet bin. Last not least sei noch den Damen der Universitätsbibliothek Leipzig und der Handschriftenabteilung der Universitäts- und Landesbibliothek Bonn für ihre Unterstützung vielmals gedankt.

Anmerkungen

Die folgenden Anmerkungen, beziehen sich zumeist auf den gesamten Block, der der jeweiligen Verweisnummer vorangeht. Aussagen, die bereits in meiner früheren Arbeit [50] nachgewiesen wurden, werden hier nicht nochmals auf die Originalquelle zurückgeführt. Es sei besonders darauf hingewiesen, daß die verwendeten Symbole f, φ, Φ, H_n der Hausdorffschen Schreibweise entsprechen und von der heute üblichen abweichen.

[1] Vgl. die Abschnitte 6, 11 bis 14.

[2] Vgl. die Abschnitte 11, 13 und 14.

[3] Vgl. aber [108], S. 172, eine Ankündung, der durch [109] in keiner Weise entsprochen wird.

[4] Vgl. die Abschnitte 1 bis 5, 10, 11 und 13.

[5] Vgl. [50], S. 139, 136; [70], [67], [68].

[6] Vgl. [47], S. 92–117; [88], S. 559; [6], S. 523; Abschnitt 7.

[7] Vgl. [67], S. 112a; [47], S. 1–27, 92–117.

[8] Vgl. [67], S. 112a bis 112d.

[9] Vgl. [2], Bl. 1.

[10] Vgl. [2], Bl. 5.

[11] Vgl. [50], S. 140; [3]; [50], das Buch „Sant' Ilario".

[12] Vgl. [47], S. 5.

[13] Vgl. [89], S. 339; [47], S. 6.

[14] Vgl. [59], S. 498.

[15] Vgl. [59], S. 499; 505.

[16] Vgl. [13], S. 893, 903, 906, 908, 917.

[17] Vgl. [2], Bl. 12/13; [112], S. III/IV.

[18] Vgl. [113].

[19] Vgl. [42].

[20] Vgl. [74], [138], Nachlaß Hausdorff, Kapsel 24: Fasz. 73/74.

[21] Vgl. [37], [137].

[22] Vgl. [38], S. 3; [39], [40].

[23] Vgl. [40], S. 4.

[24] Vgl. [40], S. 365 f.; [120], S. 73; [121], S. 107. Weitere Informationen sind der Vita der Spearmanschen Dissertation sowie der Encyclopaedia Britannica entnommen.

[25] Vgl. [23], S. 31; [24], S. 571; [17], S. 147.

[26] Vgl. [66], Fasc. 5, S. 1 + 2.

[27] Vgl. [85], S. 462; [101], S. 323; [63].

[28] Vgl. [99], S. 83.

[29] Vgl. [109], S. 671.

[30] Vgl. [118], [29].

[31] Vgl. [53], S. 28.

[32] Zum russischen Original vgl. [94]. Zur anschließenden Aussage vgl. [97], S. 216.

33 Vgl. [6], S. 523.
34 Vgl. [9], [21].
35 Vgl. [60], S. 167.
36 Vgl. [60], S. 169.
37 Vgl. [48].
38 Vgl. [98], S.
39 Vgl. [60], S. 172.
40 Vgl. [60], S. 173, diese „nicht allzuverschiedene Grössenordnung" hat das Gaußsche Gesetz zur Folge.
41 Vgl. [31], aber auch [30].
42 Vgl. [128], [126], aber auch [127] und [132].
43 Vgl. [67], S. 78. In (18) steht ein Riemann-Stieltjes-Integral.
44 Vgl. [64], [65], [68], S. 165–176.
45 Vgl. [67], S. 74.
46 Vgl. [72], S. 406.
47 Vgl. [68], S. 149.
48 Vgl. [33], S. 512. Vermutlich wurde diese Einsichtnahme durch G. Polya vermittelt, der Cramérs akademischen Lehrer Marcel Riesz in Schweden häufig besuchte.
49 Vgl. zu Satz 3 die Arbeit [94] die Briefe vom 23.9. und 5.10.1898 und zu Satz 4 die Arbeit [95].
50 Vgl. [68], S. 178.
51 Vgl. [68], S. 180.
52 Vgl. [62], [61], S. 430; [7].
53 Vgl. [67], S. 2.
54 Vgl. [62], S. 416.
55 Vgl. [18], S. 239; [52].
56 Vgl. [18], S. 240; [19].
57 Vgl. [136], S. 18. Hausdorff findet in [68], S. 71 die Arbeit von Borel [16] „prinzipiell ganz unklar". Vgl. [62], S. 417. Diese Definition wird von R. v. Mises in [100], S. 66 und in [102], S. 15 apostrophiert.
58 Vgl. [62], S. 420/421; [25] und den Kommentar in [85], S. 471/472, aber auch [68], S. 63–71, sowie Hausdorffs Hinweis auf G. Faber (1910) in [62], S. 467.
59 Vgl. [62], S. 420.
60 Beim Vergleich von [57] und [62] bleibt die Prioritätsfrage bezüglich des ersten Schrittes zum Gesetz vom iterierten Logarithmus noch offen.
61 Vgl. [12], [4] S. 47. Hilbert scheint zu vermuten, daß die Bohlmannschen Axiome für die Belange der mathematischen Physik nicht ausreichen.
62 Vgl. [67], S.
63 Vgl. [62], S. 416/417. Das hier noch offene Problem der Einbettung des Multiplikationssatzes wird von A. Łomnicki (1923) gelöst, dessen Manuskript zum 19.11.1920 datiert ist.
64 Vgl. [68], S. 72,75.
65 Vgl. [68], S. 77–79.
66 Vgl. [82], S. III.

Literaturverzeichnis

[1] Achieser, N.I.: Klassische Momentenprobleme (russ.). GIPML, Moskau 1961.

[2] Akten der Philosophischen Fakultät zu Leipzig, betr. Ausbildung von Versicherungstechnikern, C 3/31, 1895 - 1897, Archiv der Universität Leipzig.

[3] Akten des Polizeiamtes Leipzig, Band 159, beendet 1897, Stadtarchiv Leipzig.

[4] Alexandrov, P. (Red.): Die Hilbertschen Probleme. Ostwalds Klassiker 252. Leipzig 1979.

[5] Anastassiou, G. A.: Moments in Probability and Approximation Theory. Longman, Essex 1993.

[6] Auwers, A. (Hrsg.): Briefwechsel zwischen Gauß und Bessel. Engelmann, Leipzig 1880.

[7] Banach, S.: Sur le problème de la mesure. Fundamenta Mathematicae 4 (1923), 7–33.

[8] Bernstein, S.: Versuch einer axiomatischen Begründung der Wahrscheinlichkeitstheorie (russ.). Mitteilung der Math. Gesellschaft von Charkow 15 (1917), 209–274.

[9] Bessel, F.W.: Untersuchungen über die Wahrscheinlichkeit der Beobachtungsfehler. Astronomische Nachrichten 15 (1838), 370–404.

[10] Bibby, J., Toutenburg, H.: Prediction and Estimation in Linear Models. Wiley, New York 1977.

[11] Bienaymé, I.J.: Considération à l'appui de la découverte de Laplace sur la loi de probabilité dans la méthode des moindres carrés. Comptes Rendus de l'Académie des Sciences de Paris, 37 (1853) 309–327.

[12] Bohlmann, G.: Über Versicherungsmathematik. In: F.Klein/E.Riecke (Hrsg.), Über angewandte Mathematik und Physik. Teubner, Leipzig 1900, 114–145.

[13] Bohlmann, G.: Lebensversicherungs-Mathematik. Encyklopädie der Mathematischen Wissenschaften, Bd. I, D4b, Teubner, Leipzig 1901, 852–917.

[14] Borel, E.: Remarques sur certains questions de probabilité. Bulletin de la Société Mathématique de France 33 (1905), 123–128.

[15] Borel, E.: Éléments de la Théorie des Probabilités. Hermann, Paris 1909.

[16] Borel, E.: Les probabilités dénombrables et leurs applications arithmetiques. Rendiconti Circolo Matematico Palermo 27 (1909), 247–271.

[17] Bortkiewicz, L.v.: Die Iterationen. Springer, Berlin 1917.

[18] Brodén, T.: Wahrscheinlichkeitsbestimmungen bei der gewöhnlichen Kettenbruchentwicklung reeller Zahlen. Öfversigt af Kongl. Vetenskaps-Akademiens Förhandlingar 1900. No. 2, 239–266.

[19] Brodén, T.: Bemerkungen über Mengenlehre und Wahrscheinlichkeitstheorie, durch eine Schrift des Herrn A. Wiman veranlasst. Skanska Lithografiska Aktiebolaget, Malmö 1901.

[20] Broggi, U.: Die Axiome der Wahrscheinlichkeitsrechnung. Inaugural-Dissertation, Göttingen 1907.

[21] Bruns, H.: Ueber die Darstellung von Fehlergesetzen: Astronomische Nachrichten 143 (1897), No. 3429, 329–340.

[22] Bruns, H.: Zur Collectiv-Masslehre. Philosophische Studien (hrsg. von W. Wundt) 14 (1898) 339–375.

[23] Bruns, H.: Wahrscheinlichkeitsrechnung und Kollektivmaßlehre. Teubner, Leipzig 1906.

[24] Bruns, H.: Beiträge zur Quotenrechnung. Berichte Sächs. Ges. Wiss. zu Leipzig. 58 (1096), 571–613.

[25] Cantelli, F.: Sulla probabilita come limite della frequenza. Rend.Accad.Lincei 26 (1917), 39–45.

[26] Charlier, C.: Über das Fehlergesetz. Arkiv Mat. Astr. Fys. 2 (1905) 8, 1–9.

[27] Charlier, C.: Über die Darstellung willkürlicher Funktionen. Arkiv MAF 2 (1906) 20, 1–35.

[28] Chow, Y., H. Teicher: Probability Theory. Springer, New York 1978.

[29] Cover, T.M., Gacs, P., Gray, R.M.: Kolmogorov's contributions to information theorie and algorithmic complexity. Annals of Probability 17 (1989), 840–865.

[30] Cramér, H.: Das Gesetz von Gauss und die Theorie des Risikos. Skandin. Aktuarietidskrift 6 (1923) 209–237.

[31] Cramér, H.: On the composition of elementary errors. Skandin. Aktuarietidskrift 11 (1928), 13–74.

[32] Cramér, H.: On the history of certain expansions used in mathematical statistics. Biometrika 59 (1972), 205–207.

[33] Cramér, J.: Half a century with probability theory: some personal recollections. Annals of Probability 4 (1976), 509–546.

[34] Czuber, E.: Wahrscheinlichkeitsrechnung. 1.Bd., Teubner, Leipzig 1914.

[35] Doob, J.: Stochastic Processes. Wiley, New York 1953.

[36] Encke, J.: Über die Anwendung der Wahrscheinlichkeits-Rechnung auf Beobachtungen. Berliner Astronomisches Jahrbuch für 1853. Berlin 1850, 310–351.

[37] Fechner, G.Th.: Elemente der Psychophysik. Breitkopf und Härtel, Leipzig 1860.

[38] Fechner, G.Th.: Über den Ausgangswert der kleinsten Abweichungssumme. Abhandlungen der math.-phys. Classe der Königl. Sächs. Ges. Wiss. 11 (1874), 1–74.

[39] Fechner, G.Th.: Vorschule der Aesthetik. Breitkopf und Härtel, Leipzig 1876.

[40] Fechner, G.Th.: Kollektivmaßlehre (hrsg. von G. Lipps). Engelmann, Leipzig 1897.

[41] Feller, W.: The general form of the so-called law of the iterated logarithm. Transactions of the American Mathematical Society 54 (1943), 373–402.

[42] Fiedler, W.: Zur Geschichte der Handelshochschule Leipzig. Wiss. Zeitschrift Handelshochschule Leipzig 17 (1990) 2, 85–89.

[43] Fourier, J.: Description de l'Égypte. Paris 1822.

[44] Fourier, J.: Die Auflösung der bestimmten Gleichungen. Ostwalds Klassiker No. 127. Leipzig 1902.

[45] Fréchet, M., Shohat, J. : A proof of the generalized second limit theorem in the theory of probability. Transactions Amer. Math. Soc. 33 (1931), 533–543.

[46] Gauss, C.F.: Bestimmung der Genauigkeit der Beobachtungen. Zeitschrift für Astronomie und verwandte Wissenschaften 1 (1816) 185–197.

[47] Gauss, C.F.: Abhandlungen zur Methode der kleinsten Quadrate (hrsg. von A. Börsch/P. Simon), Stankiewicz, Berlin 1887.

[48] Gauss, C.F.: Schönes Theorem der Wahrscheinlichkeitsrechnung. In: Carl Friedrich Gauss' Werke, 8. Band, Teubner, Leipzig 1900, 88/89.

[49] Gihman,I., Skorohod, A.: Theory of Stochastic Processes. I(1974), II(1975), III(1979), Springer, Berlin.

[50] Girlich, H.: Felix Hausdorff und die angewandte Mathematik. In: H. Beckert/ H. Schumann (Hrsg.), 100 Jahre Mathematisches Seminar Leipzig. Dt. Verl. Wiss., Berlin 1981, 134–146.

[51] Gram, J.: Über die Entwickelung reeller Funktionen in Reihen mittels der Methode der kleinsten Quadrate. Crelle's Journal 94 (1883), 41–73.

[52] Gyldén, H.: Om sannolikheten af att påträffa stora tal vid utvecklingen af irrationela decimalbråk i kedjebråk. Öfversigt af Kongl. Vetenskaps-Akademiens Förhandlingar 1888. No. 6, 349–358.

[53] Hagen, G.: Grundzüge der Wahrscheinlichkeits-Rechnung. Zweite umgearbeitete Ausgabe, Ernst & Korn, Berlin 1867.

[54] Hamburger, H.: Beiträge zur Konvergenztheorie der Stieltjes'schen Kettenbrüche. Mathematische Zeitschrift 4 (1919), 186–222.

[55] Hamburger, H.: Über eine Erweiterung des Stieltjesschen Momentenproblems. Mathem. Annalen 81 (1920), 235–319; 82 (1921), 120–164; 168–187.

[56] Hampel, F.; Ronchetti, E., Rousseeuw, P., Stahel, J.: Robust Statistics: The Approach Based on Influence Functions. Wiley, New York 1986.

[57] Hardy, G.H.; Littlewood, J.E.: Some problems of Diophantine approximation. Acta Mathematica 37 (1914), 155–239.

[58] Hartman, P.; Wintner, A.: On the law of iterated logarithm. American Journal of Mathematics 63(1941), 169-176.

[59] Hausdorff, F.: Das Risico bei Zufallsspielen. Berichte Sächs.Ges.Wiss. Leipzig 49 (1897), 497–548.

[60] Hausdorff, F.: Beiträge zur Wahrscheinlichkeitsrechnung. Berichte Sächs. Ges. Wiss. Leipzig 53 (1901), 152–178.

[61] Hausdorff, F.: Bemerkung über den Inhalt von Punktmengen. Math.Annalen 75 (1914), 428–433.

[62] Hausdorff, F.: Grundzüge der Mengenlehre. Veit, Leipzig 1914.

[63] Hausdorff, F.: Brief an G. Pólya vom 6. Januar 1920 aus Greifswald. Handschriftenabteilung der Bibliothek der ETH Zürich, Hs89:237.

[64] Hausdorff, F.: Summationsmethoden und Momentfolgen I, II. Math. Zeitschrift 9 (1921), 74–109, 280–299.

[65] Hausdorff, F.: Momentprobleme für ein endliches Intervall. Math. Zeitschrift 16 (1923), 220–248.

 - Nachlaß Hausdorff: Vorlesungsmanuskripte:

[66]   Kapsel 1, Fasz.2: Math. Einführung Versicherungswesen, SS 1896,
        Fasz.3: Politische Arithmetik, SS 1897,
        Fasz.5: Mathematische Statistik, WS 1897/98.

[67]   Kapsel 2, Fasz.10: Wahrscheinlichkeitsrechnung, WS 1900/01.

[68]   Kapsel 21, Fasz.64: Wahrscheinlichkeitsrechnung, SS 1923, 1931.

[69]   Kapsel 24, Fasz.72: Politische Arithmetik, WS 1901/02.

[70] Kapsel 54, Fasz.98: Steno-Mitschrift und Ausarbeitung der Vorlesung „Wahrscheinlichkeitsrechnung" von H. Bruns, SS 1890. Handschriften- und Rara-Abteilung der Universitäts- und Landesbibliothek Bonn.

[71] Helly, E.: Über lineare Funktionaloperationen. Sitzungsberichte Akad. Wiss. Wien, 121 (1912). 265–297.

[72] Hilbert, D: Axiomatisches Denken. Mathem. Annalen 78 (1918), 405–415.

[73] Huber, A.: Robust Statistics. Wiley, New York 1981.

[74] Ilgauds, H.: Zur Biographie von Felix Hausdorff. Mitteilungen Math. Ges. 1985, H. 2-3, 59–70.

[75] Kagan, A., Linnik, J., Rao, S.: Charakterisierungsaufgaben der mathematischen Statistik (russ.). Moskau 1972.

[76] Karlin, S., Studden, W.: Tchebycheff Systems. Wiley, New York 1966.

[77] Kendall, M., Stuart, A.: The Advanced Theory of Statistics. Vol. 1, London 1962.

[78] Khintchine, A.: Über dyadische Brüche. Math. Zeitschr. 18 (1923), 109–116.

[79] Khintchine, A.: Über einen Satz der Wahrscheinlichkeitsrechnung. Fundamenta Mathematicae 6 (1924), 9–20.

[80] Khintchine, A.: Über das Gesetz der großen Zahlen. Mathematische Annalen 96 (1927), 152–168.

[81] Kolmogoroff, A.: Sur la loi forte des grandes nombres. Comptes Rendus Acad. Paris, 191 (1930), 910–912.

[82] Kolmogoroff, A.: Grundbegriffe der Wahrscheinlichkeitsrechnung. Ergebnisse, 2. Bd., Heft 3, Springer, Berlin, 1933.

[83] Krein, M.: Die Ideen von P.L. Tchebycheff und A.A. Markoff in der Theorie der Grenzwerte von Integralen (russ.). Uspechi 6 (1951) 4, 3–120.

[84] Krein, M., Nudelman, A.: Markoffsches Momentenproblem und Extremalaufgaben (russ.). Nauka, Moskau 1973.

[85] Krengel, U.: Wahrscheinlichkeitstheorie. In: Scharlau u.a. (Hrsg.), Ein Jahrhundert Mathematik 1890–1990. DMV-Festschrift, Vieweg, Braunschweig 1990, 457–489.

[86] Lambert, J.: Photometria sive de mensura et gradibus luminis. Augsburg 1760.

[87] Lämmel, R.: Untersuchungen über die Entwicklung von Wahrscheinlichkeiten. Inaugural-Dissertation, Zürich 1904.

[88] Laplace, P.: Mémoire sur les approximations des formules qui sont fonctions de trés grand nombres et sur leur application aux probabilités. Mémoires Acad. Paris 1809, 353–415, 559–565.

[89] Laplace, P.: Théorie analytique des Probabilités. Paris 1820, 3. Auflage.

[90] Liapounoff, A.: Sur une proposition de la théorie des probabilités. Bulletin de l'Acad. St.Pétersbourg. 13 (1900), 359–386.

[91] Liapounoff, A.: Nouvelle forme du théorèm sur la limite de probabilité. Mémoires de l'Acad. St.Pétersbourg. 12 (1901) 5, 1–24.

[92] Lindeberg, J.: Eine neue Herleitung des Exponentialgesetzes. Math. Zeitschrift 15 (1922), 211–225.

[93] Łomnicki, A.: Nouveaux fondements du calcul des probabilités. Fundamenta Mathematicae 4 (1923), 34–71.

[94] Markoff, A.: Das Gesetz der großen Zahlen und die Methode der kleinsten Quadrate (russ.). Mitteilungen der Physikal.-math. Gesellschaft an der Kasaner Universität 8 (1899), 3, 110–128.

[95] Markoff, A.: Über die Wurzeln der Gleichung ... (russ.) Bulletin de l'Acad. St. Petersbourg (5) 9 (1898) 5, 435–446.

[96] Markoff, A.: Über gewisse Fälle des Satzes über den Grenzwert der Wahrscheinlichkeit (russ.). Bulletin de l'Acad.St.Petersbourg. (6) 2 (1908) 6, 483–496.

[97] Markoff, A.: Wahrscheinlichkeitsrechnung (Übersetzer: H. Liebmann, von 2. russ. Aufl. 1908). Leipzig 1912.

[98] Mises, R.v.: Über die Grundbegriffe der Kollektivmaßlehre. Jahresberichte DMV 21 (1912), 9–20.

[99] Mises, R.v.: Fundamentalsätze der Wahrscheinlichkeitsrechnung. Mathematische Zeitschrift 4 (1919), 1–97.

[100] Mises, R.v.: Grundlagen der Wahrscheinlichkeitsrechnung. Mathematische Zeitschrift 5 (1919), 52–99.

[101] Mises, R.v.: Berichtigung zu meiner Arbeit „Grundlagen d. WR". Mathematische Zeitschrift 7 (1920), 323.

[102] Mises, R.v.: Wahrscheinlichkeitsrechnung und ihre Anwendung in der Statistik und theoretischen Physik. Deuticke, Leipzig 1931.

[103] Mosteller, F., Tukey, J.: Data Analysis and Regression. Addison-Wesley, Reading 1977.

[104] Oberhettinger, F.: Fourier Transforms of Distributions and their Inverses. Academic Press, New York 1973.

[105] Personal-Verzeichnis der Universität Leipzig für das Sommer-Semester 1887.

[106] Poincaré, H.: Calcul des Probabilités. Gauthier-Villars, Paris 1896.

[107] Pólya, G.: Über das Gaußsche Fehlergesetz. Astron. Nachrichten, Bd. 208 (1919).

[108] Pólya, G.: Über den zentralen Grenzwertsatz der Wahrscheinlichkeitsrechnung und das Momentenproblem. Math. Zeitschrift 8 (1920), 171–181.

[109] Pólya, G.: Wahrscheinlichkeitsrechnung. Fehlerausgleichung. Statistik. In: Abderhalden (Hrsg.) Handbuch der biolog. Arbeitsmethoden V 2,1., Berlin 1928.

[110] Prakasa Rao, B.: Identifiability in Stochastic Models. Academic Press, Boston 1992.

[111] Ramachandran, B., Lau, K.-S.: Functional Equations in Probability Theory. Academic Press, Boston 1991.

[112] Raydt, H.: Zur Begründung einer Handelshochschule in Leipzig. Denkschrift im Auftrag der Handelskammer zu Leipzig. Als Handschrift gedruckt, Leipzig 1897.

[113] Raydt, H.: Die Handelshochschule zu Leipzig. Hesse, Leipzig 1898.

[114] Richter, H.: Wahrscheinlichkeitstheorie. Springer, Berlin 1956.

[115] Riesz, M.: Sur le problème des moments. Arkiv MAF 16 (1922), 12, 1–23.

[116] Rogers, L., Williams, D.: Diffusions, Markov Processes, Martingales. Wiley, New York 1987.

[117] Rotach, W.: Reihenentwicklungen einer willkürlichen Funktion nach Hermite'schen und Laguerre'schen Polynomen. Dissertation, Genf 1925.

[118] Schnorr, C.: Zufälligkeit und Wahrscheinlichkeit. LNM 218, Springer, Berlin 1971.

[119] Shohat, J., Tamarkin, J.: The Problem of Moments. MSA, New York 1950.

[120] Spearman, C. : The proof and measurement of association between two things. American Journal of Psychology 15 (1904), 72–107.

[121] Spearman, C.: „Footrule" for measuring correlation. British Journal of Psychology 2 (1906), 89–108.

[122] Steinhaus, H.: Les probabilités dénombrables et leur rapport à la théorie de la mesure. Fundamenta Mathematicae 4 (1923), 286–310.

[123] Stieltjes, T.: Recherches sur le fractions continues. Annales Fac. Toulouse 8 (1894), 1–122, 9(1895), 1–47.

[124] Szegö, G.: Beiträge zur Theorie der Laguerreschen Polynome. Mathematische Zeitschrift 25 (1926), 87–115.

[125] Teicher, H.: Maximum likelihood characterization. Annals of Mathematical Statistics 32 (1961), 1214–1222.

[126] Thiele, T.N.: Forelaesninger over iagttagelseslaere. Reitsel, København 1889.

[127] Thiele, T.N.: Om Iagttagelseslaerens Halvinvarianter. Oversigt over det Kgl. Danskf Videnskabernes Selskabs Forhandlingar, 1899. Nr. 3, 135–141.

[128] Thiele, T.N.: Theory of Observations. Layton, London 1903.

[129] Tchebycheff, P.: Des valeurs moyennes. Liouville's Journal 12 (1867), 177–184.

[130] Tchebycheff, P.: Sur les valeurs limites des integrales. Liouville's Journal 19 (1874), 157–160.

[131] Tchebycheff, P.: Sur deux théorèms relatifs aux probabilités. Acta Math. 14 (1891), 305–315.

[132] Valentiner: Referat zu Thiele (1889). Jahrbuch Fortschritte Math. 21 (1892), 210–217.

[133] Wiener, N.: The average value of an functional. Proceedings of the National Acad. Sci. 7 (1921), 253–260.

[134] Wiener, N.: Differential-space. Journal Math. and Phys. 2 (1923), 131–174.

[135] Wiman, A.: Über eine Wahrscheinlichkeitsaufgabe bei Kettenbruchentwicklungen. Öfversigt af Kongl. Vetenskaps-Akademiens Förhandlingar 1900. No. 7, 829–841.

[136] Wiman, A.: Bemerkungen über eine von Gyldén aufgeworfene Wahrscheinlichkeitsfrage. Håkan Ohlssons Boktryckeri, Lund 1901.

[137] Witting, H.: Mathematische Statistik. In: Scharlau u.a. (Hrsg.), Ein Jahrhundert Mathematik 1890–1990. DMV Festschrift. Vieweg, Braunschweig 1990, 781–815.

[138] Wundt, W.: Das Institut für experimentelle Psychologie zu Leipzig. Engelmann, Leipzig 1910.

[139] Zur Eröffnung des neuen Handelshochschul-Gebäudes in Leipzig. Wörner, Leipzig 1910.

Mathematisches Institut der Universität Leipzig
Augustusplatz 10/11, 04109 Leipzig

Metamathematische Aspekte der Hausdorffschen Mengenlehre

Peter Koepke

Zusammenfassung: Felix Hausdorff hat in seinen mengentheoretischen Untersuchungen zahlreiche Fragen berührt, die von der üblichen Axiomatisierung der Mengenlehre unabhängig sind, d.h. in dieser weder beweisbar noch widerlegbar sind. Am Beispiel der Cantorschen Kontinuumshypothese geben wir einen Eindruck von Unabhängigkeitsbeweisen mit inneren Modellen und der Erzwingungsmethode. Unabhängigkeitsresultate können als Absage an ein absolutes mengentheoretisches Universum interpretiert werden, in erstaunlicher Analogie zur Hausdorffschen Erkenntnistheorie des *Chaos in kosmischer Auslese*.

1. Einleitung

Die im Jahr 1914 erschienenen *Grundzüge der Mengenlehre* von Felix Hausdorff markieren einen Wendepunkt in der Entwicklung der Mengenlehre [H 1914]. Vier Jahrzehnte nach Georg Cantors genialer Erkenntnis, daß es verschieden große Unendlichkeiten gibt und diese der mathematischen Untersuchung zugänglich sind, präsentiert Hausdorff die Mengentheorie als umfassendes System zur Konstruktion und Analyse unendlicher Strukturen. Zurück liegt Cantors langes und schließlich erfolgreiches Ringen um die Anerkennung der Lehre vom Transfiniten. Aus der durch die Russellsche Antinomie ausgelösten Grundlagenkrise, die die Mengenlehre nochmals zutiefst in Frage gestellt hatte, zeichnen sich tragfähige Auswege ab. Kardinalzahl- und Ordnungstheorie sind weiterentwickelt worden, maßgeblich auch von Hausdorff [H 1904 – H 1908].

Hausdorff stellt diese Theorien nun in vollendeter Weise in den *Grundzügen* dar und setzt sie sogleich neuartig in anderen Bereichen ein. In wenigen, bahnbrechenden Zeilen, die alle Gebiete der Mathematik beeinflußt haben, definiert er den Begriff des *topologischen Raumes* [H 1914, S. 213]. Das berühmte Hausdorffsche Paradoxon finden wir in den Ausführungen zur Maßtheorie [H 1914, S. 469 ff.]. Hausdorffs Buch, das für Jahre zum wichtigsten Lehrbuch der Mengentheorie wird, ist ein entscheidender Schritt zur modernen, mengentheoretisch und axiomatisch begründeten Mathematik.

Hausdorff legt den naiven Cantorschen Mengenbegriff zugrunde und behandelt Mengen – ähnlich den Zahlen oder geometrischen Strukturen – als unmittelbar erfaßte mathematische Objekte. Cantors tastende, teilweise philosophisch beeinflußte Definitionen des Mengenbegriffs haben sich als richtig erwiesen, und so kann Hausdorff, der die *Grundzüge* dem „Schöpfer der Mengenlehre, Herrn Georg Cantor, in dankbarer Verehrung" widmet, seine Darstellung einfach und selbstbewußt mit der Feststellung beginnen:

> „*Eine Menge ist eine Zusammenfassung von Dingen zu einem Ganzen,*
> *d.h. zu einem neuen Ding.*" [H 1914, S. 1]

Nur wenige Bemerkungen verwendet Hausdorff auf Grundlagenfragen der Mengenlehre oder auf deren Bedeutung für die Grundlegung der Mathematik. Daß sich die gewohnten Zahlsysteme auf Mengen reduzieren lassen und daß der Mathematiker ständig mit unendlichen Zusammenfassungen arbeitet, wird vorausgesetzt [H 1914, S. 47 bzw. S. 1 f.]. In der Gewißheit, daß der axiomatische Ansatz von Ernst Zermelo [Ze 1908] die bekannten Antinomien vermeidet und der Cantorschen Mengenlehre angemessen ist, kann Hausdorff „den naiven Mengenbegriff zulassen, dabei aber tatsächlich die Beschränkungen innehalten, die den Weg zu jenen Paradoxien abschneiden" [H 1914, S. 2]. Geschickt wird der Leser so an den Klippen zu großer, widersprüchlicher Mengenbildungen vorbeigeführt.

Gerade Hausdorff aber ist in seinen konsequenten Abstraktionen und Verallgemeinerungen auch solchen Fragen begegnet, deren Klärung mit naiven Methoden prinzipiell unmöglich ist. Die Identifikation und Analyse derartiger Situationen erfordert die exakte Festlegung der Grundannahmen und Beweismethoden der Mengenlehre. Die Logik der Mengenlehre wird selbst zum Gegenstand mathematischer Untersuchungen, und mit den *metamathematischen*[1] Techniken der axiomatischen Mengenlehre ist es gelungen, die Unabhängigkeit gewisser Hypothesen von der üblichen Axiomatisierung zu beweisen.

Hausdorff erahnt bereits die Möglichkeit von Unvollständigkeiten unseres Mengenbegriffs. In der Diskussion der zuerst von Hausdorff [H 1908, S. 443 f.] betrachteten, heute als *schwach unerreichbar* bezeichneten Kardinalzahlen sagt Hausdorff:

> „*Wenn es also reguläre Anfangszahlen mit Limesindex gibt (und es ist*
> *bisher nicht gelungen, in dieser Annahme einen Widerspruch zu ent-*
> *decken), so ist die kleinste unter ihnen von einer so exorbitanten Größe,*
> *daß sie für die üblichen Zwecke der Mengenlehre kaum jemals in Be-*
> *tracht kommen wird.*" [H 1914, S. 131]

---

[1] Der Begriff der *Metamathematik* geht auf David Hilbert zurück: „Zu dieser eigentlichen Mathematik kommt eine gewissermaßen neue Mathematik, eine *Metamathematik*, hinzu, die zur Sicherung jener dient, indem sie sie vor dem Terror der unnötigen Verbote sowie der Not der Paradoxien schützt." [Hi 1922, S. 174]

In den *Grundzügen einer Theorie der geordneten Mengen* [H 1908, S. 444] schreibt Hausdorff andererseits über dieselben Zahlen:

> *„Die Existenz einer solchen Zahl ξ erscheint hiernach mindestens problematisch, muß aber in allem Folgenden als Möglichkeit in Betracht gezogen werden."*

Somit könnte der Existenz von ξ ein ähnlicher Status zukommen, wie dem Parallelenaxiom innerhalb der Geometrie.

Dies ist von der modernen Entwicklung im wesentlichen bestätigt worden[2]. Wir verfügen über Unabhängigkeitsbeweise für ein breites Spektrum von Fragen der Mathematik unendlicher Strukturen. So läßt sich insbesondere die Cantorsche Kontinuumshypothese nicht im Zermelo-Fraenkelschen Axiomensystem ZFC entscheiden, das als Formalisierung des naiven Mengenbegriffs allgemein akzeptiert ist. Das System ZFC ist gleichermaßen mit der Kontinuumshypothese wie mit ihrer Negation verträglich.

Vom Standpunkt einer „platonistischen" Metaphysik, nach der „Ideen" und damit alle mathematischen Objekte eine absolute Existenz haben, sind die mengentheoretischen Unabhängigkeitsresultate nicht befriedigend. Im platonischen Universum, in dem der „working mathematician" in der Regel arbeitet (oder zu arbeiten glaubt), ist die Kontinuumshypothese entweder wahr oder falsch, und die Mengentheorie sollte diese einfachste offene Frage der Kardinalzahlarithmetik entscheiden. Die Unabhängigkeit der Kontinuumshypothese aber bedeutet wegen des umfassenden Charakters der mengentheoretischen Axiome die wahrscheinlich endgültige Unentscheidbarkeit dieses Problems. Die Idee einer absoluten mathematischen Welt ist in Frage gestellt.

Hier nun bietet sich eine erstaunliche Analogie zur *Philosophie* Felix Hausdorffs. Unter dem Pseudonym *Paul Mongré* veröffentlicht Hausdorff im Jahr 1898 die Schrift *Das Chaos in kosmischer Auslese – ein erkenntnisskritischer Versuch* [H 1898], die eine radikale Abkehr von jeder Metaphysik vertritt: Unsere Sinneseindrücke sind mit einer Vielzahl (physikalischer) Weltmodelle verträglich und erklärbar, das Bewußtsein wählt unter diesen ein Modell (einen „Kosmos") nach pragmatischen, traditionellen oder ästhetischen Gründen aus, ohne daß dem gewählten System eine absolute Realität beizumessen wäre. Ebenso können wir mengentheoretische Axiomensysteme als Kosmen auffassen, die aus dem Chaos des naiven Mengenbegriffs „ausgelesen" werden, und die nicht allein, sondern allenfalls in ihren Verschiedenheiten und Wechselbeziehungen ein Bild der Mengenidee und des mathematischen Universums ergeben.

Im vorliegenden Aufsatz möchte ich die Entwicklung der Mengenlehre bis zum „mengentheoretischen Relativismus" an Hand von Fragen nachzeichnen, die Hausdorff untersucht hat und die weiterhin im Zentrum der Forschung stehen. Auf einen kurzen Abriß der naiven Mengenlehre (Kap. 2) folgt ihre Formalisierung in der

---

[2]Umfassende Einführungen in die axiomatische Mengenlehre bieten die Lehrbücher von F. Drake [Dr 1974], T. Jech [Jh 1978], A. Kanamori [Ka 1994] und K. Kunen [Ku 1980].

Prädikatenlogik erster Stufe (Kap. 3). Am Beispiel der Cantorschen Kontinuumshypothese lassen sich die Grundideen der Unabhängigkeitsbeweise von Gödel und Cohen skizzieren (Kap. 4). Unabhängigkeitsresultate im Bereich der definierbaren Mengen reeller Zahlen finden sich in der deskriptiven Mengenlehre (Kap. 5). Nach einer Diskussion der Vielzahl mengentheoretischer Möglichkeiten und ihrer mathematischen Bedeutung (Kap. 6) erfolgt schließlich ein Brückenschlag zur Hausdorffschen Erkenntnistheorie (Kap. 7).

Es sei betont, daß sich der Gedankengang dieses Aufsatzes allenfalls indirekt auf Hausdorff berufen darf. Hausdorff hat, bei allem Respekt vor dem Zermeloschen Ansatz, logische und metamathematische Betrachtungen strikt vermieden. Die Verbindung zur Philosophie beruht darauf, daß sich, sicherlich entgegen Hausdorffs Hoffnungen, in der Mathematik Schwierigkeiten bei der Erfassung des Unendlichen ergeben, wie sie in ähnlicher Weise von Hausdorff – Paul Mongré bei der Erkenntnis der physikalischen Welt gesehen werden.

2. Grundzüge der Mengenlehre

Die Mengenlehre geht zurück auf Georg Cantors überraschende Entdeckung, daß es wesentlich mehr reelle Zahlen als natürliche Zahlen gibt [Ca 1874]: mit Hilfe eines *Diagonalschlusses* läßt sich zu jeder Folge $(r_n)_{n \in \mathbb{N}}$ von reellen Zahlen eine weitere Zahl konstruieren, die nicht unter den r_n vorkommt. Ein besonders einfaches, auf der Dezimalbruchdarstellung reeller Zahlen beruhendes Argument findet sich beispielsweise bei Hausdorff [H 1914, S. 64].

Zur Zeit Cantors hätte es nahe gelegen, hierin ein weiteres Paradoxon des Unendlichen zu sehen und zu schließen, daß die natürlichen und die reellen Zahlen keine abgeschlossenen Gesamtheiten bilden, sondern *potentielle* Unendlichkeiten sind, die in unendlichem, niemals abgeschlossenen Wachstum begriffen sind. Cantors historischer Schritt bestand darin, die Mengen $\mathbb{N}$ und $\mathbb{R}$ der natürlichen und reellen Zahlen als vollendete, *aktual unendliche* Zusammenfassungen zu akzeptieren, die als vollwertige mathematische Objekte in weiteren Argumenten und Konstruktionen verwendet werden können. Der Satz von Cantor besagt dann, daß es keine Bijektion zwischen den Mengen $\mathbb{N}$ und $\mathbb{R}$ geben kann; die Menge $\mathbb{R}$ der reellen Zahlen ist *überabzählbar* und von echt größerer *Kardinalität* als $\mathbb{N}$.

Im Mittelpunkt der Untersuchungen Cantors steht die Bestimmung überabzählbarer Kardinalitäten. Überabzählbare Mengen lassen sich nicht durch die natürlichen Zahlen abzählen, aber Cantor gelingt eine Verallgemeinerung der Zahlenfolge ins „Transfinite". Wir wollen die *Ordinalzahlen*, diese „geniale Schöpfung G. Cantors" [H 1914, S. 112], in Anlehnung an die *Grundzüge der Mengenlehre* darstellen.

Die Funktion der Zahlenreihe „als Instrument zum Zählen knüpft sich an eine [...] spezielle Eigenschaft, daß nämlich, wenn man bis n gezählt hat, nunmehr eine nächstfolgende Zahl $n + 1$ an die Reihe kommt" [H 1914, S. 101]. Die geordnete Menge der natürlichen Zahlen hat die „Beschaffenheit, daß bei jeder Zerlegung $A = P + Q$ das Endstück Q (falls es Elemente enthält) ein *erstes* Element hat" [a.a.O.], wobei $A = P + Q$ bedeutet, daß A disjunkt in ein Anfangsstück P und ein Endstück Q aufgeteilt wird. Man sagt, daß eine geordnete Menge A mit dieser „Beschaffenheit" *wohlgeordnet* ist.

Durch Erweiterung des Wohlordnungsprinzips von den natürlichen Zahlen ins Unendliche gelangt man zu der Klasse Ord der Ordinalzahlen in ihrer natürlichen Anordnung $<$:

$$0, 1, 2, 3, \ldots, \omega, \omega + 1, \omega + 2, \ldots, \omega + \omega, \ldots, \alpha, \alpha + 1, \ldots.$$

(Das Symbol) ω ist die kleinste verallgemeinerte Zahl, die auf die natürlichen Zahlen $0, 1, 2, \ldots$ folgt; $\omega + 1$ ist der unmittelbare Nachfolger von ω, $\omega + 2$ derjenige von $\omega + 1$, usw.; $\omega + \omega$ bezeichnet die kleinste Zahl, die größer als $0, 1, \ldots, \omega, \omega + 1, \omega + 2, \ldots$ ist, usw. Allgemein ist $\alpha + 1$ der unmittelbare Nachfolger von α; Ordinalzahlen, die > 0 sind und keine *Nachfolger* sind, heißen *Limesordinalzahlen*.

Nach Johann von Neumann [vN 1923] kann man diesen „Prozeß" im Rahmen des Mengenuniversums einfach formalisieren. Die Position der Ordinalzahl α in der $<$-Ordnung ist bestimmt durch das Anfangsstück aller kleineren Zahlen, und von Neumann identifiziert die Zahl α mit ihrer Vorgängermenge:

$$\alpha = \{\beta \mid \beta < \alpha\}.$$

Die Ordnung der Ordinalzahlen wird dann zur Elementbeziehung:

$$\beta < \alpha \quad \text{gdw.} \quad \beta \in \alpha.$$

Beispielsweise ist

$0 = \{\beta \mid \beta < 0\} = \emptyset$ die *leere Menge*;
$1 = \{\beta \mid \beta < 1\} = \{0\}$ ist die einelementige Menge mit dem Element 0;
$2 = \{\beta \mid \beta < 2\} = \{0, 1\}$ ist die ungeordnete *Paarmenge* von 0 und 1;
$\ldots$
$\omega = \{\beta \mid \beta < \omega\} = \{0, 1, 2, \ldots\}$ ist die Menge $\mathbb{N}$ der *natürlichen Zahlen*;
$\ldots$.

Die Klasse Ord aller Ordinalzahlen wird durch die $\in$-Relation wohlgeordnet: in jeder nicht-leeren Teilmenge M von Ord existiert ein minimales Element $\min(M)$. Weiterhin ist Ord eine *transitive* Klasse, wobei eine Klasse X transitiv ist, falls: $z \in y$ und $y \in X$ impliziert $z \in X$.

Jede Ordinalzahl α ist eine Teilmenge von Ord, $\alpha \subseteq$ Ord, und damit wird auch α durch $\in$ wohlgeordnet und ist transitiv. Diese Eigenschaften führen nun auf die von Neumannsche Ordinalzahldefinition: Ord ist die Klasse aller Mengen, die transitiv sind und durch $\in$ wohlgeordnet werden.

Die Wohlordnungseigenschaft von Ord ist äquivalent dazu, daß sich das Prinzip der vollständigen Induktion auf den Bereich aller Ordinalzahlen ausweiten läßt. Hausdorff formuliert dieses Schlußverfahren so:

> *„Eine Aussage $f(\alpha)$ bezüglich der Ordinalzahl α ist für jedes α richtig, sobald $f(0)$ richtig ist und sobald aus der Richtigkeit aller $f(\xi)$ für $\xi < \alpha$ auf die Richtigkeit von $f(\alpha)$ geschlossen werden kann."* [H 1914, S. 113]

Wie im Endlichen ergibt sich hieraus ein transfinites Rekursionsprinzip:

> *„$f(\alpha)$ ist für jedes α definiert, sobald $f(0)$ definiert ist und sobald vermöge der Definition aller $f(\xi)$ für $\xi < \alpha$ auch $f(\alpha)$ definiert ist."* [H 1914, S. 113]

Dies zeigt,

> *„daß die paradox scheinende Idee, über die endliche Zahlenreihe hinaus den Zählprozeß fortzusetzen, wirklich ausführbar ist, und zwar nicht in einer nebelhaften Weise mit fragwürdigen Unendlichkeitssymbolen wie ∞, sondern nach einem präzisen Gesetz, das an jeder Stelle des Zahlensystems die nunmehr folgende Zahl als Typus der Menge aller vorangehenden Zahlen eindeutig bestimmt"* [H 1914, S. 112],

wobei nach von Neumann der „Typus" der Menge aller vorangehenden Zahlen diese Menge selbst ist.

Der zweite von Cantor geschaffene Zahlbereich ist der der unendlichen *Kardinalzahlen.*

> *„Wir nennen zwei Mengen, zwischen denen eine [...] umkehrbar eindeutige Beziehung ihrer Elemente möglich ist, äquivalent."* [H 1914, S. 33]

Die Mengen x und y sind also äquivalent oder *gleichmächtig*, $x \sim y$, falls es eine Bijektion $f : x \leftrightarrow y$ gibt. Die Kardinalzahltheorie vereinfacht sich wesentlich, wenn wir wie Hausdorff den *Wohlordnungssatz* annehmen, den Cantor als „Denkgesetz" bezeichnet hat [Ca 1883, S. 169] und der von Zermelo aus dem Auswahlaxiom bewiesen wird [Ze 1904, Ze 1908]:

> *„Jede Menge kann wohlgeordnet werden".* [H 1914, S. 133]

Durch transfinite Rekursion kann man dann zu jeder Menge x eine Ordinalzahl finden, die zu x äquivalent ist. Die *Kardinalität* oder *Mächtigkeit* von x ist definiert als

$$\overline{\overline{x}} = \min\{\alpha \mid \alpha \in \mathrm{Ord} \text{ und } \alpha \sim x\}.$$

Die Klasse

$$\mathrm{Kard} = \{\overline{\overline{x}} \mid x \text{ ist eine Menge}\}$$

aller *Kardinalzahlen* ist unbeschränkt in den Ordinalzahlen [H 1914, S. 123]. Durch Rekursion können wir eine Funktion

$$\alpha \mapsto \aleph_\alpha$$

definieren, die die unendlichen Kardinalzahlen ihrer Größe nach aufzählt [H 1914, S. 124][3]:

$$\aleph_0 < \aleph_1 < \ldots < \aleph_\alpha < \aleph_{\alpha+1} < \ldots.$$

$\aleph_0 = \omega$ ist die abzählbare Mächtigkeit der Menge der natürlichen Zahlen; $\aleph_1$ ist die kleinste überabzählbare Kardinalität. Während im Endlichen Ordinalzahlen und Kardinalzahlen übereinstimmen, sind nur „wenige" unendliche Ordinalzahlen auch Kardinalzahlen, denn eine unendliche Menge läßt Wohlordnungen verschiedenen Ordnungstyps zu. Zwischen je zwei unendlichen Kardinalzahlen liegen unendlich viele Ordinalzahlen, die nicht Kardinalzahlen sind. *Limeskardinalzahlen* sind Kardinalzahlen von der Form $\aleph_\alpha$, wobei α eine Limesordinalzahl ist; dann ist $\aleph_\alpha = \bigcup_{\beta<\alpha} \aleph_\beta$. Die kleinste Limeskardinalzahl ist $\aleph_\omega$, der Limes von $\aleph_0, \aleph_1, \ldots, \aleph_n, \ldots$.

Die Lage der Kardinalzahlen innerhalb der Ordinalzahlen kann man durch folgendes Schema illustrieren (siehe auch die Abbildung in [H 1914, S. 125]):

$$0$$
$$1$$
$$2$$
$$\vdots$$
$$\aleph_0 = \omega \sim \omega + 1 \sim \omega + 2 \sim \ldots \sim \omega + \omega \sim \ldots$$
$$\aleph_1 \sim \aleph_1 + 1 \sim \aleph_1 + 2 \sim \ldots$$
$$\aleph_2 \sim \aleph_2 + 1 \sim \ldots$$
$$\vdots$$
$$\aleph_\omega \sim \ldots$$
$$\vdots$$
$$\aleph_\alpha \sim \ldots$$
$$\aleph_{\alpha+1} \sim \ldots$$
$$\vdots$$

Als Grundbausteine einer Kombinatorik unendlicher Mengen führt Cantor arithmetische Operationen für Ordinalzahlen und Kardinalzahlen ein, die die Arithmetik auf $\mathbb{N}$ erweitern; wir beschränken uns hier auf die Kardinalzahlarithmetik. Seien $\kappa, \lambda \in \mathrm{Kard}$ und A, B disjunkte Mengen mit $\kappa = \overline{A}$, $\lambda = \overline{B}$. Dann definiere ihre *Summe*

$$\kappa + \lambda = \overline{\overline{A \cup B}}$$

als Kardinalität der disjunkten Vereinigung von A und B. Ihr *Produkt*

---

[3] Die Bezeichnung der Kardinalzahlreihe durch den hebräischen Buchstaben $\aleph$ („Alef") geht auf G. Cantor zurück [Ca 1895, S. 293].

$$\kappa \cdot \lambda = \overline{\overline{A \times B}}$$

ist die Kardinalität des kartesischen Produkts von A und B, und ihre *Potenz*

$$\kappa^\lambda = \overline{\overline{\{f \mid f : B \to A\}}}$$

ist die Kardinalität des Raums aller Funktionen von B nach A (siehe [H 1914, S. 52 f.]).

Kardinalzahlsummen und -produkte für unendliches κ und λ ergeben sich durch Maximumsbildung (siehe [H 1914, S. 127 (7)]):

$$\kappa + \lambda = \kappa \cdot \lambda = \max(\kappa, \lambda).$$

Für die Kardinalzahlexponentiation existiert keine ähnlich einfache Rechenregel. Durch die Identifikation reeller Zahlen mit unendlichen Dualbrüchen, die wiederum als charakteristische Funktionen auf $\mathbb{N}$ aufgefaßt werden können, ergibt sich[4]

$$2^{\aleph_0} = \overline{\overline{\{f \mid f : \mathbb{N} \to 2\}}} = \overline{\overline{\mathbb{R}}}.$$

Das reelle Kontinuum $\mathbb{R}$ besitzt die Kardinalität $2^{\aleph_0}$, für die Cantor die berühmte *Kontinuumshypothese* postuliert [C 1878, S. 132]:

(CH) $2^{\aleph_0} = \aleph_1.$

Eine äquivalente Formulierung lautet:

      Für alle $X \subseteq \mathbb{R}$ gilt $\overline{\overline{X}} \leq \aleph_0$ oder $\overline{\overline{X}} = \overline{\overline{\mathbb{R}}}.$ (2.1)

Dieses einfachste offene Problem der Kardinalzahlarithmetik widersetzte sich allen Bemühungen Cantors – notwendigerweise, wie wir sehen werden. Cantor vermutete ferner, daß $2^{\aleph_1} = \aleph_2$ [Ca 1883, S. 207]. Fragen nach der Größe des reellen Kontinuums und ihre Verallgemeinerungen bilden bis heute einen Schwerpunkt der mengentheoretischen Forschung.

Hausdorff leistete wichtige Beiträge zur Kardinalzahltheorie. In seinen *Grundzügen einer Theorie der geordneten Mengen* [H 1908, S. 494] wird erstmals die *allgemeine Kontinuumshypothese* formuliert:

(GCH) $2^{\aleph_\alpha} = \aleph_{\alpha+1}$, für alle $\alpha \in \text{Ord}$,

und als *Cantorsche Alefhypothese* bezeichnet. Hausdorff benutzt die Alefhypothese zur Konstruktion gewisser geordneter Mengen, spricht aber keine Vermutungen hinsichtlich ihrer Richtigkeit aus.

In einer frühen Schrift Hausdorffs zur Mengenlehre [H 1904] finden wir die *Hausdorffsche Rekursionsformel*

$$\aleph_{\alpha+1}^{\aleph_\beta} = \aleph_\alpha^{\aleph_\beta} \cdot \aleph_{\alpha+1},$$

---

[4]Hausdorff argumentiert unter Benutzung von Dezimalbrüchen, daß $10^{\aleph_0} = \aleph$, wobei $\aleph$ als $\overline{\overline{\mathbb{R}}}$ definiert ist, und fährt charakteristisch humorvoll fort: „Da die Tatsache, daß wir zehn Finger haben, offenbar auf die Mengenlehre ohne Einfluß ist, so können wir statt dekadischer Brüche auch dyadische, triadische usw. zur Darstellung der reellen Zahlen verwenden und erhalten also $\aleph = 2^{\aleph_0} = 3^{\aleph_0} = \dots$" [H 1914, S. 63]

eines der wenigen bekannten Gesetze über die Kardinalzahlexponentiation. Ihr Beweis beruht auf der Betrachtung der *Konfinalität* von $\aleph_{\alpha+1}$, einem von Hausdorff eingeführten grundlegenden Begriff [H 1908]. $X \subseteq \delta$ heißt *konfinal* in einer Limesordinalzahl δ, wenn es für alle $\beta \in \delta$ ein $\gamma \in X$ gibt mit $\beta < \gamma$. Die *Konfinalität* von δ ist definiert als

$$\operatorname{cof}(\delta) = \min\{\overline{\overline{X}} \mid X \subseteq \delta \text{ ist konfinal in } \delta\}.$$

δ heißt *regulär*, wenn $\operatorname{cof}(\delta) = \delta$, ansonsten ist δ *singulär* [H 1908, S. 442]. Singuläre Ordinalzahlen sind „in wenigen Schritten" von unten erreichbar. Hausdorff zeigt unter impliziter Benutzung des Auswahlaxioms, daß jede Nachfolgerkardinalzahl $\aleph_{\alpha+1}$ regulär ist [H 1908, S. 443].

In [H 1908, S. 443] stellt Hausdorff die weitreichende Frage nach der Existenz regulärer Limeskardinalzahlen $\aleph_\alpha$. Diese heutzutage als *schwach unerreichbar* bezeichneten Kardinalzahlen sind das erste Beispiel *großer Kardinalzahlen*. Große Kardinalzahlen sind charakterisiert durch Abschlußeigenschaften gegenüber starken mengentheoretischen Prozessen.

> κ ist *schwach unerreichbar*, wenn κ regulär und überabzählbar ist und für alle $\aleph_\alpha < \kappa$ auch $\aleph_{\alpha+1} < \kappa$ ist.

> κ ist *(stark) unerreichbar*, wenn κ regulär und überabzählbar ist und für alle $\aleph_\alpha < \kappa$ auch $2^{\aleph_\alpha} < \kappa$ ist.

Ähnlich wie man die Ordinalzahl ω als Limes oder „idealen Punkt" der endlichen Kombinatorik betrachten kann, so sind große Kardinalzahlen „ideale Punkte" der unendlichen Kombinatorik. Im Cantorschen Mengenuniversum, in dem alles widerspruchsfrei Denkbare allein dadurch schon ein gewisses Existenzrecht hat [Ca 1932, S. 443], erscheint der Schritt von erreichbaren zu unerreichbaren Kardinalzahlen ähnlich gerechtfertigt wie der Schritt von den endlichen Mengen zur Menge $\mathbb{N}$ der natürlichen Zahlen.

Damit ist noch nicht dem Einwand widersprochen, daß sich diese Zahlen in einem irrelevanten „Never-never-land" befänden [ML 1983, S. 54], das jenseits jeder vernünftigen mathematischen Konstruktion liegt. Wir werden aber im 5. Kapitel darstellen, daß die Existenz großer Kardinalzahlen konkrete Bezüge zur Mengenlehre reeller Zahlen hat. Umgekehrt implizieren bestimmte Annahmen über reelle Zahlen die Existenz großer Kardinalzahlen in geeigneten Modellen der Mengenlehre.

Die bisherigen Ausführungen befassen sich neben Mengen mit geordneten Paaren, Funktionen, reellen Zahlen und anderen mathematischen Grundobjekten. Ohne Einschränkung können diese Objekte selbst als Mengen aufgefaßt werden, so daß sich alle Überlegungen innerhalb des „reinen" Mengenuniversums abspielen: das geordnete Paar (a, b) sei definiert als $\{\{a\}, \{a, b\}\}$[5]; eine Funktion ist eine Menge geordneter Paare mit Eindeutigkeitseigenschaften; natürliche Zahlen seien die Elemente der von Neumannschen Menge ω. Ganze Zahlen lassen sich mit Hilfe geordneter Paare natürlicher Zahlen einführen, rationale Zahlen durch geordnete Paare ganzer

---

[5] Auch der von Hausdorff vorgeschlagene Term $\{\{a, 1\}, \{b, 2\}\}$ hat „die formalen Eigenschaften des geordneten Paares" [H 1914, S. 32].

Zahlen, und schließlich seien reelle Zahlen die linken Hälften Dedekindscher Schnitte in $\mathbb{Q}$.

3. Die Zermelo-Fraenkelschen Axiome

Versteht Hausdorff unter einer Menge „eine Zusammenfassung von Dingen zu einem Ganzen", so stellt sich angesichts der mengentheoretischen Antinomien die Frage, welche Zusammenfassungen in der Hausdorffschen Mengenlehre beabsichtigt und zugelassen sind. Bereits Cantor hatte bemerkt, daß gewisse Zusammenfassungen keine Mengen sein können und hatte diese als *inkonsistente Vielheiten* bezeichnet [Briefe an Richard Dedekind in Ca 1932, S. 443 ff.]. Bekanntestes Beispiel einer inkonsistenten Vielheit ist die Russellsche Klasse $X = \{x \mid x \notin x\}$; wird X als Menge angenommen, so ergibt sich sofort der Widerspruch $X \in X \Leftrightarrow X \notin X$ [Ru 1903].

In seinen Briefen an Dedekind beschreibt Cantor einige grundlegende Mengenbildungsprozesse, die sich in den späteren Axiomatisierungen wiederfinden. Hausdorff beruft sich auf Ernst Zermelo: „Den [...] notwendigen Versuch, den Prozeß der uferlosen Mengenbildung durch geeignete Forderungen einzuschränken, hat E. Zermelo unternommen" [H 1914, S. 2]. Zermelos Begründung der Mengenlehre ist eine axiomatische [Ze 1908]. Nicht das „Menge-Sein" als solches wird erklärt, sondern formale Eigenschaften der Relation $x \in y$ zwischen Mengen werden aufgelistet. Hausdorff betrachtet Zermelos „äußerst scharfsinnige Untersuchungen noch nicht als abgeschlossen" [H 1914, S. 2]. Einen bis heute gültigen Abschluß findet das Zermelosche System durch zusätzliche Axiome von Dmitry Mirimanoff [Mi 1917] und Abraham Fraenkel [Fl 1922] und seine Formulierung in einer formalen Sprache durch Thoralf Skolem [Sk 1922]. Die Zermelo-Fraenkelschen Axiome einschließlich des Auswahlaxioms erlauben sämtliche Argumente aus den *Grundzügen der Mengenlehre*, so daß wir dieses als ZFC bezeichnete Axiomensystem[6] als formale Basis der Hausdorffschen Mengenlehre ansehen können.

Die mengentheoretischen Axiome werden in der Sprache der *Prädikatenlogik erster Stufe* formuliert. Ausdrücke dieser Sprache sind Wörter über einem Alphabet mit den Symbolen $\doteq$ für die *Identität*, $\dot\in$ für die *Elementbeziehung*, sowie *Variablen* $v_0, v_1, v_2, \ldots$. Die *atomaren Formeln* der Sprache sind von der Form

$$v_i \doteq v_j \quad (\text{„}v_i \text{ ist identisch mit } v_j\text{"})$$

und

$$v_i \dot\in v_j \quad (\text{„}v_i \text{ ist ein Element von } v_j\text{"}).$$

---

[6]Der Buchstabe „C" steht für das Auswahlaxiom („axiom of choice").

Die *Formeln der Mengenlehre* werden aus den atomaren Formeln nach folgenden Regeln aufgebaut: wenn ϕ, ψ Formeln der Mengenlehre sind, so auch

$$\neg\phi \qquad (\text{„nicht } \phi\text{“}),$$
$$(\phi \wedge \psi) \qquad (\text{„}\phi \text{ und } \psi\text{“}),$$
$$(\phi \vee \psi) \qquad (\text{„}\phi \text{ oder } \psi\text{“}),$$
$$(\phi \rightarrow \psi) \qquad (\text{„}\phi \text{ impliziert } \psi\text{“}),$$
$$(\phi \leftrightarrow \psi) \qquad (\text{„}\phi \text{ ist äquivalent zu } \psi\text{“}),$$
$$\forall v_i \phi \qquad (\text{„für alle } v_i \text{ gilt } \phi\text{“}),$$
$$\exists v_i \phi \qquad (\text{„es gibt ein } v_i, \text{ so daß } \phi\text{“}).$$

Wenn ein Bereich B mit einer zweistelligen Relation E für die Elementbeziehung gegeben ist und eine Zuordnung von Werten b_n aus B für die Variablen v_n, so ist rekursiv für jede Formel ϕ durch die in Klammern angegebenen Erklärungen festgelegt, ob ϕ in B gilt; in diesem Fall nennt man B ein *Modell* von ϕ und schreibt $(B, E) \models \phi$.

Zur Bezeichnung von Formeln benutzt man naheliegende Abkürzungen und Konventionen: redundante Klammern fallen weg, Variablen werden mit $x, y, z, \ldots$ bezeichnet, statt $\doteq$ und $\dot{\in}$ schreiben wir oft nur $=$ und $\in$. Die Schreibweise $\phi(x_1, \ldots, x_n)$ beinhaltet, daß alle Variablen der Formel ϕ unter den $x_1, \ldots, x_n$ vorkommen.

Für den Umgang mit „Zusammenfassungen" sind *Klassenterme* der Gestalt

$$\{x \mid \phi\}$$

hilfreich, in denen x eine Variable und ϕ eine Formel ist. $\{x \mid \phi\}$ steht für die *Klasse* aller Mengen x mit der Eigenschaft ϕ. Das Einsetzen von Klassentermen in Formeln erlaubt suggestive, abkürzende Schreibweisen für komplexe Zusammenhänge, wobei die Reduktion auf die formale Sprache der Mengenlehre nach folgender Vereinbarung erfolgt:

$$\{x \mid \phi(x, x_1, \ldots, x_m)\} \doteq \{y \mid \psi(y, y_1, \ldots, y_n)\} \text{ steht für:}$$
$$\forall z(\phi(z, x_1, \ldots, x_m) \leftrightarrow \psi(z, y_1, \ldots, y_n)),$$
$$\{x \mid \phi(x, x_1, \ldots, x_m)\} \dot{\in} \{y \mid \psi(y, y_1, \ldots, y_n)\} \text{ steht für:}$$
$$\exists y(\psi(y, y_1, \ldots, y_n) \wedge y \doteq \{x \mid \phi(x, x_1, \ldots, x_m)\}).$$

Hierbei sind die neuen Variablen sinnvoll zu wählen. Ist in der zu reduzierenden Formel bereits auf einer Seite eine Variable w vorhanden, so ersetzt man zunächst w durch den Klassenterm $\{x \mid x \in w\}$ und benutzt dann die Vereinbarungen.

Mathematische Begriffsdefinitionen sind nun formal nichts anderes als die Festlegung von – suggestiven und handlichen – *Namen* für bestimmte Formeln und Klassenterme. Wir wollen einige zur Formulierung der Zermelo-Fraenkelschen Axiome nützliche Begriffe definieren; wir geben jeweils den eingeführten Namen, die bezeichnete Formel oder den bezeichneten Klassenterm und die intendierte Bedeutung an:

$0 := \{x \mid \neg x = x\}$, „Null" oder „die leere Menge";

$x \subseteq y := \forall z(z \in x \to z \in y)$, „$x$ ist Teilmenge von y";

$\{x\} := \{z \mid z = x\}$, „die Einermenge von x";

$\{x, y\} := \{z \mid z = x \vee z = y\}$, „das ungeordnete Paar von x und y";

$x \cup y := \{z \mid z \in x \vee z \in y\}$, „die Vereinigung von x und y";

$x \cap y := \{z \mid z \in x \wedge z \in y\}$, „der Schnitt von x und y";

$\bigcup x := \{y \mid \exists z(y \in z \wedge z \in x)\}$, „die Vereinigung (der Elemente) von x";

$\mathcal{P}(x) := \{y \mid y \subseteq x\}$, „die Potenzmenge von x";

$x + 1 := x \cup \{x\}$, „der Nachfolger von x";

$\text{Nach}(x) := \exists y(x = y + 1)$, „$x$ ist Nachfolger";

$\text{Nat}(x) := (x = 0 \vee \text{Nach}(x)) \wedge \forall y(y \in x \to (y = 0 \vee \text{Nach}(y)))$,
                „x ist eine natürliche Zahl";

$\omega := \{x \mid \text{Nat}(x)\}$, „die Menge der natürlichen Zahlen";

$V := \{x \mid x = x\}$, „die Allklasse" oder „das Universum".

Diese Definitionen haben zunächst einen rein formalen Charakter; die Identifikation von ω etwa mit der üblichen Vorstellung der Menge der natürlichen Zahlen läßt sich erst rechtfertigen, wenn in den Axiomen genügend viele Struktureigenschaften der $\in$-Relation zur Verfügung stehen.

Wir zählen nun die Axiome des Systems ZFC auf, wobei wir uns an der Zermeloschen Reihenfolge [Ze 1908] orientieren.

(3.1) *Extensionalitätsaxiom* oder *Axiom der Bestimmtheit:*

$$\forall x \forall y(\forall z(z \in x \leftrightarrow z \in y) \to x = y).$$

In Hausdorffs Worten besagt dies: „Zwei Mengen [...] werden dann und nur dann als gleich betrachtet [...], wenn sie genau dieselben Elemente enthalten" [H 1914, S. 2].

(3.2) *Nullmengenaxiom:*

$$\exists x \, x = 0.$$

Zur Zeit Hausdorffs ist der Begriff der leeren Menge keine Selbstverständlichkeit:

> *„Außer den Mengen, die Elemente haben, lassen wir auch eine Menge 0, die Nullmenge, zu, die kein Element hat; die Gleichung $A = 0$ bedeutet also, daß auch die Menge A kein Element hat, verschwindet, leer ist."* Und: *„Die Ausdrucksweise: „die Menge A existiert nicht", können wir nicht akzeptieren. Sie existiert, aber es existieren keine Elemente von ihr."* [H 1914, S. 3]

(3.3) *Paarmengenaxiom:*

$$\forall x \forall y \exists z \; z = \{x, y\}.$$

(3.4) *Aussonderungsaxiom:* für alle Formeln $\phi(v, y_1, \ldots, y_n)$ der Mengenlehre postuliere:

$$\forall y_1 \ldots \forall y_n \forall a \exists z \; z = \{v \mid v \in a \wedge \phi(v, y_1, \ldots, y_n)\}.$$

Das Aussonderungsaxiom ist der zentrale Beitrag Zermelos, um das widersprüchliche *Grundgesetz der Wertverläufe* von Frege [Fr 1893], das zur Russellschen Antinomie führt, soweit einzuschränken, „daß die bisher bekannten „Antinomien" sämtlich verschwinden" [Ze 1908]. Man beachte, daß es sich bei dem Aussonderungsaxiom um ein unendliches *Schema* von Axiomen handelt.

(3.5) *Potenzmengenaxiom:*

$$\forall x \exists z \; z = \mathcal{P}(x).$$

(3.6) *Vereinigungsmengenaxiom:*

$$\forall x \exists z \; z = \bigcup x.$$

(3.7) *Auswahlaxiom:*

$$\forall x [(\neg 0 \in x \wedge \forall u \forall v((u \in x \wedge v \in x \wedge \neg u = v) \to u \cap v = 0)) \to$$
$$\exists y \forall u \exists v (u \in x \to y \cap u = \{v\})].$$

Die Menge y „wählt" zu jedem $u \in x$ ein eindeutig bestimmtes $v \in u$ vermittels der Eigenschaft $y \cap u = \{v\}$ aus; oder, wie Zermelo [Ze 1908] schreibt: „man sagt, es sei immer möglich, aus jedem Elemente $M, N, R, \ldots$ von T ein einzelnes Element m, n, $r, \ldots$ *auszuwählen* und alle diese Elemente zu einer Menge S_1 zu vereinigen." Hierbei wird x bzw. T als Menge paarweise disjunkter, nichtleerer Mengen vorausgesetzt.

(3.8) *Unendlichkeitsaxiom:*

$$\exists x \; x = \omega.$$

Damit wird die Klasse der natürlichen Zahlen zur Menge erklärt.

Fraenkel [Fl 1922] und Skolem [Sk 1922] bemerkten, daß man im Zermeloschen Axiomensystem (3.1) – (3.8) die Existenz der Kardinalzahl $\aleph_\omega$ nicht zeigen kann. Zur Abhilfe schlägt Fraenkel ein weiteres unendliches Schema von Axiomen vor, das auch von Skolem erwogen wird:

(3.9) *Ersetzungsaxiom:* für alle Formeln $\phi(u, v, z_1, \ldots, z_n)$ der Mengenlehre postuliere:

$$\forall z_1 \ldots \forall z_n (\forall u \forall v \forall v'((\phi(u, v, z_1, \ldots, z_n) \wedge \phi(u, v', z_1, \ldots, z_n)) \to v = v')$$
$$\to \forall x \exists y \; y = \{v \mid \exists u(u \in x \wedge \phi(u, v, z_1, \ldots, z_n))\}).$$

Fraenkel drückt die Mengenbildung mittels Ersetzung so aus: „Ist M eine Menge und wird jedes Element von M durch ein „Ding des Bereiches $\mathcal{B}$" [$\mathcal{B}$ ist bei Zermelo der Bereich aller Objekte, d. Verf.] [...] ersetzt, so geht M wiederum in eine Menge über" [Fl 1922]; die Ersetzung $u \mapsto v$ wird durch die funktionale Formel $\phi(u, v, z_1, \ldots, z_n)$ definiert.

Schließlich nimmt man nach Mirimanoff [Mi 1917] ein Axiom auf, das der Vorstellung entspricht, nach der komplizierte Mengen iterativ aus einfacheren Mengen aufgebaut werden:

(3.10) *Fundierungsaxiom:*

$$\forall x(\neg x = 0 \rightarrow \exists y(y \in x \wedge \neg\exists z(z \in y \wedge z \in x))).$$

Hiernach besitzt jede nicht-leere Menge x ein „$\in$-minimales" Element y, und es ergibt sich die Möglichkeit von Induktionen und Rekursionen entlang der $\in$-Relation.

Das System ZFC der Axiome (3.1) – (3.10) ist die derzeit allgemein akzeptierte formale Grundlage der Mengenlehre. Die Axiome sind vom naiven Mengenverständnis her gut motivierbar und genügen zur Begründung der üblichen mathematischen Begriffsbildungen. Mathematische Einsichten oder Erfordernisse, die zwingend zu einer eindeutig bestimmten Erweiterung des Systems führen müßten, liegen nicht vor.

Die axiomatische Mengenlehre untersucht die logischen Beziehungen zwischen dem Axiomensystem ZFC und weiteren mengentheoretischen Aussagen ϕ; unter ZFC$+\phi$ wollen wir die Erweiterung des Systems ZFC um die Aussage ϕ verstehen. Die Zermelo-Fraenkelschen Axiome werden nicht nur vom naiven Mengenbegriff erfüllt, der gewissermaßen das „Standardmodell" der Theorie darstellt, sondern möglicherweise auch in Modellen der Form (W, E), in denen die zweistellige Relation E auf dem Bereich W das Symbol $\dot\in$ der formalen Sprache interpretiert.

Die Logik der Zermelo-Fraenkelschen Mengenlehre, d.h. ihre Sprache und ihr Modellbegriff, ist die *Prädikatenlogik erster Stufe.* Fundamental für diese Logik sind die *Gödelschen Sätze,* die für die Mengenlehre wichtige Konsequenzen haben. Kurt Gödel reduziert im *Vollständigkeitssatz* [Gö 1930] den Begriff des Beweises für Ausdrücke erster Stufe auf Ableitungen in einem Hilbertschen Formelkalkül, d.h. auf endliche Folgen von Formeln, die aus den Voraussetzungen sukzessiv nach rein formalen Regeln gebildet werden (siehe [HiAc 1928]):

> Die Formel ϕ gilt in jedem Modell von Φ (man sagt dann, Φ *impliziert* ϕ, $\Phi \models \phi$), wenn es eine formale Ableitung von ϕ aus Φ im Kalkül gibt.

Die formale Ableitbarkeit wird durch $\Phi \vdash \phi$ bezeichnet. Ein Axiomensystem Φ ist *konsistent* oder *widerspruchsfrei,* wenn es nicht möglich ist, aus Φ die widerspruchsvolle Formel $\neg x = x$ abzuleiten; wir schreiben dann Kons(Φ). Aus dem *ersten Gödelschen Unvollständigkeitssatz* [Gö 1931] folgt, daß es Aussagen ϕ in der Sprache der Mengenlehre gibt, die vom System ZFC *unabhängig* sind, d.h. Kons(ZFC $+ \phi$) $\leftrightarrow$ Kons(ZFC $+ \neg\phi$). Eine unabhängige Aussage läßt sich nicht in ZFC entscheiden. Die Unvollständigkeit der axiomatisierten Mengenlehre betrifft aber nicht nur gewisse selbstbezügliche Aussagen vom Typ „diese Aussage ist nicht beweisbar", sondern auch konkrete Fragen wie z. B. die Cantorsche Kontinuumshypothese.

Der *zweite Gödelsche Unvollständigkeitssatz* [Gö 1931] zielt direkt auf die Frage der Widerspruchsfreiheit. Da man innerhalb des Systems ZFC die natürlichen Zahlen, endliche Wörter über einem Alphabet, die Aufzählung der Zermelo-Fraenkelschen Axiome selbst und schließlich den Hilbertschen Kalkül formalisieren kann, gibt es eine mengentheoretische Aussage mit der Bedeutung „Kons(ZFC)", die wir auch so bezeichnen wollen. Der Gödelsche Satz sagt nun:

> Wenn die Theorie ZFC widerspruchsfrei ist,
> so ist die Aussage „Kons(ZFC)" nicht in ZFC beweisbar.

Dieser Satz stellt eine unüberwindbare Grenze für Konsistenzuntersuchungen dar. Eine Formalisierung der Grundlagen der Mathematik kann ohne weitere Annahmen nicht als konsistent bewiesen werden. Die axiomatische Mengenlehre kann allenfalls *relative* Konsistenzbeweise durchführen, in denen aus der angenommenen Widerspruchsfreiheit eines Axiomensystems auf die Widerspruchsfreiheit eines zweiten Systems geschlossen wird.

Der zweite Gödelsche Unvollständigkeitssatz läßt sich in der Theorie der großen Kardinalzahlen anwenden. Für eine stark unerreichbare Kardinalzahl κ sei V_κ die kleinste transitive Menge, die gegenüber der Potenzmengenbildung abgeschlossen ist und für die mit $\{x_i \mid i < \gamma\} \subseteq V_\kappa, \gamma < \kappa$, auch $\bigcup_{i<\gamma} x_i \in V_\kappa$ ist. $(V_\kappa, \in)$ ist ein Modell von ZFC. Da man wegen des Gödelschen Unvollständigkeitssatzes innerhalb des Systems ZFC kein Modell von ZFC konstruieren kann, ist die Existenz einer unerreichbaren Zahl nicht beweisbar, und wir erhalten ein relatives Konsistenzresultat:

$$\text{Kons(ZFC)} \iff \text{Kons(ZFC + „es gibt } keine \text{ stark unerreichbare Kardinalzahl")},$$

das die in der Einleitung zitierten Vermutungen Hausdorffs über „exorbitante" Kardinalzahlen unterstützt.

4. Die Unabhängigkeit der Kontinuumshypothese

David Hilbert nahm „Cantors Problem von der Mächtigkeit des Kontinuums" als erstes in seine Auswahl *Mathematischer Probleme* [Hi 1900] auf. Er schreibt:

> *„Die Untersuchungen von Cantor [...] machen einen Satz sehr wahr-*
> *scheinlich, dessen Beweis jedoch trotz eifrigster Bemühungen bisher noch*
> *niemandem gelungen ist; dieser Satz lautet:*

> *Jedes System von unendlich vielen reellen Zahlen, d.h. jede unendliche*
> *Zahlen- (oder Punkt-)menge, ist entweder der Menge der ganzen natürli-*
> *chen Zahlen 1,2,3,... oder der Menge sämtlicher reellen Zahlen und mit-*
> *hin dem Kontinuum, d.h. etwa den Punkten einer Strecke, äquivalent;*
> *im Sinne der Äquivalenz gibt es hiernach nur zwei Zahlenmengen, die*
> *abzählbare Menge und das Kontinuum."*

Für die Kontinuumshypothese spricht, daß man keine Definition einer Zahlenmenge
kennt, deren Mächtigkeit beweisbar zwischen der Mächtigkeit von $\mathbb{N}$ und $\mathbb{R}$ liegt.
Andererseits folgt aus der Kontinuumshypothese die Existenz einer Wohlordnung
von $\mathbb{R}$ im Ordnungstyp $\aleph_1$, die man ebenfalls nicht explizit angeben kann. Die Annahme einer solchen Wohlordnung hätte eine Reihe unanschaulicher Konsequenzen
(siehe [Gö 1947]).

Cantor hat immer wieder vergeblich, teilweise bis zum psychischen Zusammen-
bruch, um einen Beweis seiner Hypothese gerungen [Sch 1927]. Auch Hausdorff wird
die Kontinuumshypothese vor Augen gehabt haben, wenn er in den *Grundzügen
einer Theorie der geordneten Mengen* [H 1908] an einer Klassifikation der Ordnungstypen abzählbarer linearer Ordnungen arbeitet. Es gibt ebensoviele Typen
wie reelle Zahlen, und wenn es möglich wäre, die Typen durch ein endliches System
von Ordinalzahlinvarianten $< \aleph_1$ zu indizieren, so ergäbe dies einen Beweis der Kontinuumshypothese. Hausdorff äußert sich allerdings vorsichtig über die Möglichkeit
einer derartigen Klassifikation: „ob hiermit die Analyse jedes beliebigen Typus bis
zu den genannten Urtypen hinunter gelingen wird, soll noch dahingestellt bleiben"
[H 1908, S. 436]. Hausdorffs Beiträge zur deskriptiven Mengenlehre haben ebenfalls
direkte Bezüge zum Kontinuumsproblem (siehe Kap. 5).

Aus heutiger Sicht erklären sich die Fehlschläge zur Entscheidung der Kontinuumshypothese aus ihrer *Unabhängigkeit* von der Zermelo-Fraenkelschen Axiomatisierung der Mengenlehre. Kurt Gödel [Gö 1938] und Paul J. Cohen [Co 1963] haben
bewiesen:

> das System ZFC+CH ist widerspruchsfrei, gdw. ZFC $+ \neg$CH wider-
> spruchsfrei ist.

Die folgenden Ausführungen sollen eine Vorstellung vermitteln, wie die Unabhängigkeitsbeweise geführt werden können, die das Hilbertsche Problem auf unerwartete
Weise geklärt haben.

Die Unabhängigkeit des Parallelenpostulats in der Geometrie liefert ein Vorbild
für das Vorgehen in der Mengenlehre. Die Konsistenz eines Axiomensystems wird
in der Regel durch die Konstruktion eines Modells nachgewiesen. Wenn aus dem
Axiomensystem die widersprüchliche Aussage $\neg x = x$ folgte, so müßte diese auch
in dem Modell gelten, was unmöglich ist. Ein bekanntes Modell einer (zweidimensionalen) nicht-euklidischen Geometrie ist das Poincarésche *Kreisscheibenmodell* für
die hyperbolische Geometrie [Po 1882], in dem die „Punkte" der Axiome als Punkte
x im Innern der Kreisscheibe und „Geraden" als auf dem Kreis senkrecht stehende
Kreissegmente oder Durchmesser interpretiert werden. „Längen" und „Winkel" lassen sich ebenfalls in dem Modell erklären. In der euklidischen Geometrie kann man

die Bestandteile des Kreisscheibenmodells definieren und ihre Eigenschaften nachweisen. Damit wird die nicht-euklidische Geometrie innerhalb der euklidischen *interpretiert* und wir erhalten als geometrisches relatives Konsistenzresultat:

Kons(Axiome der euklidischen Geometrie) $\Rightarrow$ Kons(Axiome der hyperbolischen Geometrie).

Leitgedanke der relativen Konsistenzbeweise in der Mengenlehre ist ebenfalls die Definition von Modellen, mit denen sich ein Axiomensystem innerhalb eines anderen interpretieren läßt. Eine *Interpretation* von ZFC $+ \phi$ in ZFC wird durch eine syntaktische Transformation

$$\psi \mapsto \psi^*$$

von Formeln der Mengenlehre gegeben, so daß:

(4.1) ZFC $\vdash \psi^*$ für alle Axiome ψ aus ZFC $+ \phi$;

(4.2) Wenn $\psi_1 \wedge \ldots \wedge \psi_n \vdash \psi$, dann ZFC $\vdash (\psi_1^* \wedge \ldots \wedge \psi_n^*) \longrightarrow \psi^*$;

(4.3) ZFC $\vdash \neg(\neg x = x)^*$.

Wenn ZFC $+ \phi$ in ZFC interpretierbar ist, so gilt:

Kons(ZFC) impliziert Kons(ZFC $+ \phi$).

Beweis: Angenommen ZFC $+ \phi$ wäre inkonsistent. Der Beweis des Gödelschen Vollständigkeitssatzes zeigt, daß es dann endlich viele Axiome $\psi_1, \ldots, \psi_n$ aus ZFC $+ \phi$ gibt mit

$$\psi_1 \wedge \ldots \wedge \psi_n \vdash \neg x = x.$$

Da ZFC $+ \phi$ in ZFC durch $\psi \mapsto \psi^*$ interpretiert wird, gilt dann:

$$\text{ZFC} \vdash \psi_1^* \wedge \ldots \wedge \psi_n^*,$$

$$\text{ZFC} \vdash (\psi_1^* \wedge \ldots \wedge \psi_n^*) \to (\neg x = x)^*.$$

Also, nach der Schlußregel *modus ponens* des Ableitungskalküls:

$$\text{ZFC} \vdash (\neg x = x)^*,$$

während andererseits

$$\text{ZFC} \vdash \neg(\neg x = x)^*.$$

Also wäre ZFC inkonsistent.

Die ersten relativen Konsistenzresultate im Rahmen der Mengenlehre finden sich bei Fraenkel [Fl 1922] und Skolem [Sk 1922]. Die Methode der Interpretation ist der mengentheoretischen Situation besonders angemessen, da sie *relative* Konsistenzen liefert; *absolute* Konsistenzresultate von der Gestalt: ZFC $\vdash$ Kons(ZFC $+ \ldots$) sind nach dem zweiten Gödelschen Unvollständigkeitssatz (hoffentlich) ausgeschlossen.

Das Gödelsche Modell der konstruktiblen Mengen

Kurt Gödel zeigte 1938 die relative Konsistenz der Kontinuumshypothese mit Hilfe des Modells L der *konstruktiblen Mengen* [Gö 1938]: Das Modell L entsteht durch eine transfinit iterierte Bildung definierbarer Teilmengen. Eine Teilmenge $y \subseteq x$ ist *definierbar* über $(x, \in)$, wenn es eine Formel $\phi(v, v_1, \ldots, v_n)$ der Mengenlehre und Parameter $z_1, \ldots, z_n \in x$ gibt mit $y = \{v \in x \mid (x, \in) \models \phi(v, z_1, \ldots, z_n)\}$. Dann ist

$$\mathrm{Def}(x) = \{y \subseteq x \mid y \text{ ist definierbar über } (x, \in)\}$$

die Menge der über der Struktur $(x, \in)$ definierbaren Teilmengen von x. Die Hierarchie der konstruktiblen Mengen wird rekursiv definiert:

$$L_0 := 0;$$
$$L_{\alpha+1} := \mathrm{Def}(L_\alpha);$$
$$L_\lambda := \bigcup_{\alpha < \lambda} L_\alpha, \text{ für Limesordinalzahlen } \lambda;$$
$$L := \bigcup_{\alpha \in \mathrm{Ord}} L_\alpha.$$

Das Gödelsche Modell ist das Submodell des Universums V mit der Trägerklasse L. Die *Gödelsche Interpretation*

$$\psi \mapsto \psi^L$$

besteht dementsprechend in der *Beschränkung* der Laufbereiche aller Quantoren auf die Klasse L. Man definiert rekursiv über den Formelaufbau:

$$(x = y)^L := x = y;$$
$$(x \in y)^L := x \in y;$$
$$(\neg\phi)^L := \neg\phi^L;$$
$$(\phi \wedge \psi)^L := \phi^L \wedge \psi^L;$$
$$(\phi \vee \psi)^L := \phi^L \vee \psi^L;$$
$$(\phi \rightarrow \psi)^L := \phi^L \rightarrow \psi^L;$$
$$(\phi \leftrightarrow \psi)^L := \phi^L \leftrightarrow \psi^L;$$
$$(\forall x\psi)^L := \forall x(x \in L \rightarrow \psi^L);$$
$$(\exists x\psi)^L := \exists x(x \in L \wedge \psi^L).$$

Der umfangreiche Beweis, daß dies eine Interpretation von ZFC+CH in ZFC ist, beruht darauf, daß durch die iterierte Anwendung des Def-Operators genügend viele Aussonderungsmengen in L existieren, um die Mengenexistenzaxiome bereits im Untermodell L zu erfüllen. Wir betrachten zwei einfache Fälle.

Für das *Extensionalitätsaxiom* benötigen wir die leicht nachzuweisende Transitivität der Klasse L. Aus dem Extensionalitätsaxiom $\forall x \forall y (\forall z(z \in x \leftrightarrow z \in y) \rightarrow x = y)$ folgt:

$$\forall x \in L \forall y \in L(\forall z(z \in x \leftrightarrow z \in y) \rightarrow x = y),$$

da eine Allaussage bei Einschränkung des Quantors richtig bleibt, wobei wir $\forall x \in L\ldots$ für den auf L eingeschränkten Allquantor $\forall x(x \in L \to \ldots)$ schreiben. Weiter ist

$$\forall x \in L \forall y \in L(\forall z \in L(z \in x \leftrightarrow z \in y) \to x = y);$$

denn für $x, y \in L$ sind alle z, die Elemente von x oder y sind, wegen der Transitivität von L ihrerseits Elemente von L; letzteres ist das

$$(\text{Extensionalitätsaxiom})^L.$$

Paarmengenaxiom: Unter Benutzung der Def-Operation sieht man:

$$\forall x \in L \forall y \in L \exists z \in L \; z = \{x, y\}.$$

Dies ist aber noch nicht ausreichend, denn wir müssen zeigen, daß z auch *innerhalb des Modells* L das ungeordnete Paar von x und y darstellt. Unter Benutzung unserer Vereinbarungen für die Elimination von Klassentermen schließen wir weiter:

$$\forall x \in L \forall y \in L \exists z \in L \; z = \{v \mid v = x \vee v = y\}$$
$$\Rightarrow \forall x \in L \forall y \in L \exists z \in L \forall w(w \in z \leftrightarrow w = x \vee w = y)$$
$$\Rightarrow \forall x \in L \forall y \in L \exists z \in L \forall w \in L(w \in z \leftrightarrow w = x \vee w = y),$$

da die Einschränkung des Quantors $\forall w$ wiederum zu einer schwächeren Aussage führt;

$$\Rightarrow (\text{Paarmengenaxiom})^L.$$

Der Nachweis der Kontinuumshypothese in L beruht auf einem genauen Studium der Mengenbildung in den Nachfolgerschritten der konstruktiblen Hierarchie. Es gilt:

$$x \subseteq \omega \wedge x \in L_{\alpha+1} \setminus L_\alpha \wedge \alpha \geq \omega \longrightarrow \exists f \in L \; f : \omega \to \alpha \text{ surjektiv.}$$

Jede konstruktible Teilmenge von ω erscheint auf einer Stufe der Hierarchie, die aus der Sicht von L abzählbar ist. $\mathcal{P}(\omega) \cap L \subseteq L_\delta$, wobei δ die kleinste überabzählbare Kardinalzahl in L ist. L_δ besitzt innerhalb von L die Kardinalität $\aleph_1$, und damit ergibt sich $(\text{CH})^L$.

Die Interpretationseigenschaft impliziert das relative Konsistenzresultat von Gödel [Gö 1938]:

$$\text{Kons(ZFC)} \Rightarrow \text{Kons(ZFC+CH)}.$$

Das Modell L ist ein ausgezeichnetes Modell der Mengenlehre. Es ist eine transitive echte Klasse, und unter der Interpretation, die durch Einschränkung aller Quantoren auf die Klasse gegeben ist, ergibt sich ein Modell der ZFC-Axiome. Strukturen dieser Art heißen *innere Modelle* der Mengenlehre. Die rekursive Definition der L_α-Hierarchie ist in jedem inneren Modell gleichermaßen durchführbar, und daher ist L das *kleinste* innere Modell bezüglich der Inklusion.

Im Modell L lassen sich neben der Kontinuumshypothese viele weitere kombinatorische Eigenschaften nachweisen. Hausdorffs verallgemeinerte Kontinuumshypothese gilt in L [Gö 1938] und damit ist sie relativ konsistent bezüglich ZFC:

Kons(ZFC) $\Rightarrow$ Kons(ZFC+GCH).

Das detaillierte Studium der Mengenbildung in der L_α-Hierarchie ist besonders von Ronald B. Jensen in der *Feinstrukturtheorie* [Je 1972] weiterentwickelt worden. Jensen hat kombinatorische Eigenschaften in L entdeckt, die die Konstruktion ungewöhnlicher Strukturen in der unendlichen Mathematik erlauben, etwa in der mengentheoretischen Topologie (siehe [KuVa 1984]), in der Theorie unendlicher abelscher Gruppen (siehe [EkMe 1990]) oder im Bereich der Booleschen Algebren (siehe [Mk 1989]).

Die Cohensche Erzwingungsmethode (Forcing)

Paul J. Cohen bewies im Jahr 1963 den zum Gödelschen Resultat komplementären Satz [Co 1963]:

Kons(ZFC) $\Rightarrow$ Kons(ZFC + $\neg$CH).

Damit ist die Unabhängigkeit der Kontinuumshypothese und die prinzipielle Unlösbarkeit des ersten Hilbertschen Problems gezeigt. Cohen entwickelte für sein Ergebnis die *Erzwingungsmethode* („Forcing"), die innerhalb kurzer Zeit eine der wichtigsten Techniken der axiomatischen Mengenlehre wurde. Die Forcingmethode läßt sich gut mit dem von Dana Scott und Robert Solovay entwickelten Zugang über *Boolesche Modelle* der Mengenlehre motivieren (siehe [Be 1977]).

Die gewöhnliche Prädikatenlogik ist zweiwertig: in einem gegebenen Modell ist eine Aussage wahr (1) oder falsch (0), und die Wahrheitswerte bilden die zweielementige Boolesche Algebra $2 = \{0, 1\}$. Mengen lassen sich als 2-wertige charakteristische Funktionen beschreiben; für charakteristische Funktionen $\dot{x}$ und $\dot{y}$, die die Mengen x und y repräsentieren, ist zu fordern:

$$x \in y \Longleftrightarrow \dot{y}(\dot{x}) = 1. \tag{4.4}$$

Die Cohensche Interpretation von ZFC $+ \neg$CH in ZFC beruht auf der Konstruktion eines Boolesch-wertigen Modells V^B der Mengenlehre über einer geeigneten vollständigen Booleschen Algebra $B = (B, 0, 1, \leq)$. Die Algebra B ist *vollständig*, wenn für beliebige Teilmengen $X \subseteq B$ das Supremum $\Sigma_{b \in X} b$ und das Infimum $\Pi_{b \in X} b$ bezüglich der partiellen Ordnung $\leq$ existieren. Die Trägerklasse V^B des Booleschen Modells ist die $\subseteq$-kleinste Klasse X, die gegenüber der Bildung B-wertiger Funktionen abgeschlossen ist, d. h.

$$\forall x \forall a (x : a \to B \wedge a \subseteq X \to x \in X).$$

Formeln $\phi(v_1, \ldots, v_n)$ der Mengenlehre, deren Variablen mit Funktionen $x_1, \ldots, x_n \in V^B$ belegt sind, ordnet man einen „Wahrheitswert"

$$\| \phi(x_1, \ldots, x_n) \|^B \in B$$

zu. Die Zuordnung ist ein Homomorphismus der logischen Operationen in die Booleschen Operationen auf B:

$$\| \phi \wedge \psi \|^B := \| \phi \|^B \cdot \| \psi \|^B;$$
$$\| \phi \vee \psi \|^B := \| \phi \|^B + \| \psi \|^B;$$
$$\| \neg\phi \|^B := - \| \phi \|^B;$$
$$\| \exists v\phi(v) \|^B := \Sigma_{x \in V^B} \| \phi(x) \|^B;$$
$$\| \forall v\phi(v) \|^B := \Pi_{x \in V^B} \| \phi(x) \|^B .$$

Die Definition der Wahrheitswerte für atomare Aussagen $x \in y$ und $x = y$ orientiert sich an 4.4 und an dem Ziel, dem Extensionalitätsaxiom den Booleschen Wert 1 zu geben. Für $x, y \in V^B$, $x : a \to B$, $y : b \to B$ definiere durch simultane transfinite Rekursion:

$$\| x \in y \|^B := \Sigma_{z \in b}(y(z) \cdot \| x = z \|^B) ;$$

$$\| x = y \|^B := \Pi_{z \in a}(-x(z) + \| z \in y \|^B) \cdot \Pi_{z \in b}(-y(z) + \| z \in x \|^B) .$$

Durch aufwendige Rechnungen zeigt man, daß alle Axiome des Systems ZFC den Booleschen Wert 1 besitzen und daß die Abbildung

$$\phi \longmapsto \| \phi \|^B = 1$$

eine Interpretation von ZFC in ZFC ist.

Wir wollen hier nur den Beweis für das Aussonderungsaxiom andeuten. Sei $\varphi(v, y_1, \ldots, y_n)$ eine Formel der Mengenlehre mit $y_1, \ldots, y_n \in V^B$. Sei $x \in V^B$, $x : a \to B$. Das Boolesche Äquivalent der Aussonderungsmenge $\{v | v \in x \wedge \varphi(v, y_1, \ldots, y_n)\}$ ist die Funktion

$$z : a \to B; \quad z(s) = x(s) \cdot \| \varphi(s, y_1, \ldots, y_n) \|^B;$$

für z gilt die Aussonderungseigenschaft:

$$\| \forall v(v \in z \longleftrightarrow (v \in x \wedge \varphi(v, y_1, \ldots, y_n))) \|^B = 1 .$$

Das „Boolesche Modell" wird im Ausgangsuniversum V definiert, aber es kann auch als Erweiterung von V angesehen werden, denn jede Menge $x \in V$ ist in der Booleschen Welt durch eine kanonisch definierte, 0-1-wertige charakteristische Funktion $\check{x}$ vertreten. Falls die Algebra B atomlos ist, existieren im Booleschen Modell noch weitere B-wertige charakteristische Funktionen, die gewissermaßen zum Ausgangsmodell hinzugefügt werden.

Wir wollen nun eine Boolesche Algebra B betrachten, für die es in der Booleschen Erweiterung mindestens $\aleph_2$ Teilmenge von ω gibt; dann ist

$$\| \neg\mathrm{CH} \|^B = 1,$$

und das Cohensche Ergebnis ist gezeigt.

Die Boolesche Algebra wird aus dem folgenden topologischen Raum ausgesondert. Es sei

$$\mathcal{C} = \{f \mid f : \omega \times \aleph_2 \to 2\} = \prod_{\nu \in \omega \times \aleph_2} \{0, 1\}$$

das $\omega \times \aleph_2$-fache kartesische Produkt des 2-elementigen diskreten topologischen Raums, versehen mit der Produkttopologie. Eine Subbasis der Topologie wird durch die Teilmengen

$$b_{n,\alpha,i} = \{f \mid f : \omega \times \aleph_2 \to 2 \wedge f(n,\alpha) = i\},$$

für $n < \omega$, $\alpha < \aleph_2$, $i \in \{0,1\}$ bestimmt.

Eine Menge $X \subseteq \mathcal{C}$ heißt *regulär offen*, wenn sie das Innere ihres Abschlusses ist: $X = \overline{X}^\circ$. Ein Standardtheorem aus der Theorie der Booleschen Algebren (siehe [Ko 1989, S. 25]) besagt, daß

$$B = \{X \subseteq \mathcal{C} \mid X \text{ regulär offen}\}$$

eine vollständige Boolesche Algebra ist mit $0 = \emptyset$, $1 = \mathcal{C}$ und der Relation $X \leq Y$ gdw. $X \subseteq Y$.

Wir definieren nun $\aleph_2$ verschiedene „Booleschen Teilmengen" von ω. Es seien $\breve{0}, \breve{1}, \ldots, \breve{\omega}$ die erwähnten Vertreter von $0, 1, \ldots, \omega$ im Booleschen Universum. Für $\alpha < \aleph_2$ definiere die Funktion x_α durch

$$\breve{n} \mapsto b_{\alpha,n,1} \quad , \text{ für } n < \omega.$$

Für $\alpha < \aleph_2$, $n < \omega$ gilt:

$$\| \breve{n} \in x_\alpha \|^B = b_{\alpha,n,1}$$

und

$$\| x_\alpha \subseteq \breve{\omega} \|^B = 1.$$

Der Wert $\| x_\alpha = x_\beta \|^B$ für $\alpha < \beta < \aleph_2$ berechnet sich folgendermaßen:

$$
\begin{aligned}
&\| x_\alpha = x_\beta \|^B \\
&= \| \forall n < \omega (n \in x_\alpha \leftrightarrow n \in x_\beta) \|^B \\
&= \textstyle\prod_{n<\omega} \| \breve{n} \in x_\alpha \leftrightarrow \breve{n} \in x_\beta \|^B \\
&= \textstyle\prod_{n<\omega} \| (\breve{n} \in x_\alpha \wedge \breve{n} \in x_\beta) \vee (\breve{n} \notin x_\alpha \wedge \breve{n} \notin x_\beta) \|^B \\
&= \textstyle\prod_{n<\omega} ((b_{\alpha,n,1} \cdot b_{\beta,n,1}) + (-b_{\alpha,n,1} \cdot -b_{\beta,n,1})) \\
&= \{f \in \mathcal{C} \mid \forall n < \omega f(n,\alpha) = f(n,\beta)\}^\circ ,
\end{aligned}
$$

denn das unendliche Produkt ergibt sich als Inneres des Abschlusses des mengentheoretischen Schnittes, wobei die Menge $\{f \in \mathcal{C} \mid \forall n < \omega \ f(n,\alpha) = f(n,\beta)\}$ abgeschlossen ist; dieses aber ist

$$= 0,$$

da die Menge $\{f \in \mathcal{C} \mid \forall n < \omega \ f(n,\alpha) = f(n,\beta)\}$ kein Inneres besitzt. Also sind die x_α im Booleschen Sinn paarweise verschiedene Teilmengen der natürlichen Zahlen.

Diese Andeutungen zeigen, wie man mit einer Booleschen Erweiterung $\aleph_2$ Teilmengen von ω zum Ausgangsmodell „adjungieren" kann, um die Kontinuumshypothese zu verletzen. Viele Einzelheiten wären zu ergänzen. Besonders wichtig ist der Nachweis, daß das Boolesche Objekt $\check{\aleph}_2$ auch in der Erweiterung die zweite überabzählbare Kardinalzahl ist, d.h. $\| \check{\aleph}_1 \in \text{Kard} \|^B = 1$ und $\| \check{\aleph}_2 \in \text{Kard} \|^B = 1$.

Die Technik der Booleschen Modelle und die dazu äquivalente Forcingmethode sind in den letzten dreißig Jahren zu flexiblen Werkzeugen der axiomatischen Mengenlehre entwickelt worden. Eine Fülle kombinatorischer Eigenschaften läßt sich durch geeignete Wahl einer Booleschen Algebra in der entsprechenden Booleschen Erweiterung „erzwingen". So kann man z.B. die verallgemeinerte Kontinuumshypothese erzwingen und das Gödelsche Resultat reproduzieren. Andererseits kann man Boolesche Erweiterungen mit bizarren Werteverläufen der Exponentialfunktion konstruieren, wie:

$$2^{\aleph_0} = \aleph_5, \ 2^{\aleph_1} = \aleph_{1868}, \ 2^{\aleph_2} = \aleph_{\aleph_1 + 7}, \ldots$$

Die Kardinalzahlexponentiation für reguläre Kardinalzahlen unterliegt nur einigen einfachen Regeln, die bereits Hausdorff bekannt waren (siehe [H 1914, S. 54 ff.]). Die verallgemeinerte Kontinuumshypothese ist also in hohem Maße von der Zermelo-Fraenkelschen Axiomatik unabhängig.

5. Deskriptive Mengenlehre

Nach der Darstellung der allgemeinen Mengenlehre strukturloser und geordneter Mengen untersucht Hausdorff in der zweiten Hälfte der *Grundzüge der Mengenlehre* speziellere Mengen. Durch sukzessive Verschärfung der Strukturvoraussetzungen gelangt Hausdorff zu topologischen, metrischen und euklidischen Räumen, die unter mengentheoretischen Gesichtspunkten betrachtet werden. Auch in der Forschung Hausdorffs beobachten wir eine Hinwendung zu konkreteren Strukturen. Hauptarbeitsgebiet nach den *Grundzügen* werden die von Hausdorff mitbegründete mengentheoretische Topologie und die deskriptive Mengenlehre, die sich mit „analytisch" definierbaren Mengen reeller Zahlen befaßt.

Hausdorffs Rückzug aus der allgemeinen Mengenlehre wird aus den Ausführungen über die Unvollständigkeiten der mengentheoretischen Axiome verständlich. In der Kardinalzahlarithmetik und der Theorie der Ordnungen stieß Hausdorff mit seinen Ergebnissen bereits an die Grenze dessen, das im System ZFC entscheidbar ist. Ein weiterer Fortschritt war hier mit naiven Methoden nicht zu erzielen.

Die deskriptive Mengenlehre beschränkt ihre Untersuchungen auf Mengen, die einfach definierbar oder von einer einfachen topologischen Gestalt sind, ursprünglich in der Absicht, die Resultate auf allgemeine Mengen auszudehnen. Sie geht zurück auf Cantors Untersuchungen über *lineare Punktmengen*, d.h. Teilmengen des reellen Kontinuums $\mathbb{R}$. Der Satz von Cantor und Ivar Bendixson:

„Eine unendliche abgeschlossene lineare Punktmenge hat entweder die erste Mächtigkeit [d.h. ist abzählbar, d. Verf.] *oder sie hat die Mächtigkeit des Linearkontinuums"* [Ca 1884, S. 222 ff.]

bedeutet, daß die Kontinuumshypothese in der Form (2.1) für abgeschlossene Mengen gilt. Cantor sieht die Einschränkung auf abgeschlossene Mengen als vorübergehende Schwäche des Arguments an und kündigt einen Beweis der vollen Kontinuumshypothese an, „daß das Linearkontinuum die Mächtigkeit der zweiten Zahlenklasse hat."

Im Satz von Cantor und Bendixson wird gezeigt, daß jede überabzählbare abgeschlossene Teilmenge von $\mathbb{R}$ eine *perfekte* Teilmenge umfaßt, d.h. eine nichtleere, abgeschlossene Menge ohne isolierte Punkte. Eine perfekte Menge ist von der Mächtigkeit $2^{\aleph_0}$. Hausdorff [H 1916] und unabhängig Paul Alexandroff [Al 1916] verallgemeinern die Kontinuumshypothese auf Borelmengen:

> Wenn $B \subseteq \mathbb{R}$ eine überabzählbare Borelmenge ist, so besitzt B eine perfekte Teilmenge.

Schließt man weiter die Klasse der Borelmengen unter der Bildung von stetigen Bildern und Komplementen ab, gelangt man zur Klasse der *projektiven Mengen*, der wichtigsten *Punktklasse* für die Analysis und die Maßtheorie. Eine Menge $X \subseteq \mathbb{R}^n$ heißt *analytisch*, oder Σ_1^1, wenn X stetiges Bild einer Borelmenge ist; X ist *co-analytisch*, oder Π_1^1, wenn ihr Komplement $\mathbb{R}^n \setminus X$ analytisch ist.

Mikhail Souslin und Alexandroff können den Satz über die Existenz perfekter Teilmengen auf analytische Mengen ausdehnen, aber schon der co-analytische Fall übersteigt die Beweismöglichkeiten der Zermelo-Fraenkelschen Axiome. Im Modell L der konstruktiblen Mengen definiert Gödel ([Gö 1938], siehe auch [Jh 1980, S. 593]) ein Gegenbeispiel:

> ZFC $\vdash$ (es gibt eine überabzählbare Π_1^1-Menge, die keine perfekte Teilmenge enthält)^{L}.

Ernst Specker [Sp 1957] verbessert das Gödelsche Ergebnis:

> Wenn jede überabzählbare Π_1^1-Menge eine perfekte Teilmenge enthält, so gibt es eine unerreichbare Kardinalzahl im Modell L.

In dieser Situation ist $\aleph_1$, die kleinste überabzählbare Kardinalzahl in V, unerreichbar aus der Sicht des inneren Modells L. Solovay [So 1970] analysiert eine Forcing-Konstruktion von Levy [Le 1963] und zeigt, komplementär zu Speckers Resultat:

> Wenn es eine unerreichbare Kardinalzahl gibt, dann existiert eine vollständige Boolesche Algebra B, so daß für das Boolesche Modell V^B gilt:
> (a) $\|$ jede überabzählbare projektive Menge enthält eine perfekte Teilmenge $\|^B = 1$;
> (b) $\|$ jede projektive Menge ist Lebesgue-meßbar $\|^B = 1$.

Diese Sätze über innere Modelle und Boolesche Erweiterungen führen wie im vorausgehenden Kapitel zu Konsistenzresultaten:

> Kons(ZFC + es gibt eine unerreichbare Kardinalzahl)

$\Longleftrightarrow$ Kons(ZFC + jede überabzählbare Π_1^1-Menge hat eine perfekte Teilmenge)

$\Longleftrightarrow$ Kons(ZFC + jede überabzählbare projektive Menge hat eine perfekte Teilmenge + jede projektive Menge ist Lebesgue-meßbar).

Damit sind, auf „metamathematische" Weise, die exorbitanten Kardinalzahlen der Hausdorffschen Kardinalzahltheorie mit solchen Fragen der deskriptiven Mengenlehre und der Maßtheorie verbunden, über die Hausdorff gearbeitet hat (siehe [H 1914, S. 417 ff.]).

Gödel [Gö 1947] diskutierte die Möglichkeit, daß große Kardinalzahl-Axiome die Unvollständigkeiten des Systems ZFC auf natürliche Art ausgleichen könnten. Genügend starke Annahmen über die Existenz großer Kardinalzahlen scheinen tatsächlich jede sinnvolle Frage über *projektive* Mengen zu entscheiden. Als wichtigstes mengentheoretisches Resultat der letzten Jahre haben Donald Martin und John Steel [MaSt 1989] aus der Existenz unendlich vieler *Woodin-Kardinalzahlen* das Prinzip der *projektiven Determiniertheit* abgeleitet. Eine *Woodin-Kardinalzahl* κ ist durch die Existenz komplizierter Systeme von Ultrafiltern auf konfinal vielen Kardinalzahlen $< \kappa$ charakterisiert; eine Woodin-Kardinalzahl ist unerreichbar und sehr viel größer als die kleinste unerreichbare Zahl.

Die Theorie der *Determiniertheit* betrachtet „Spiele", in denen zwei Spieler I und II abwechselnd die Dezimalstellen $a_0, a_1, a_2, a_3, \ldots$ einer Dezimalzahl $z = 0, a_0 a_1 a_2 a_3 \ldots$ wählen. Ferner ist eine Gewinnmenge $A \subseteq \mathbb{R}$ vorab festgelegt, so daß I die Partie $a_0, a_1, a_2, a_3, \ldots$ genau dann gewinnt, wenn $z \in A$. A heißt *determiniert*, falls einer der beiden Spieler für das Spiel um A eine Gewinnstrategie besitzt.

Ein spieltheoretischer Satz von v. Neumann [vN 1928] über Zwei-Personen-Spiele mit vollständiger Informationen besagt, daß in endlichen Spielen immer Gewinnstrategien existieren. In Verallgemeinerung dieses Minimax-Theorems fordert das *Axiom der projektiven Determiniertheit* (PD), daß jede projektive Menge determiniert ist. Aus der projektiven Determiniertheit folgt eine umfassende Strukturtheorie für projektive Mengen (siehe [Mo 1980]), nach der z.B. jede überabzählbare projektive Menge eine perfekte Teilmenge besitzt und Lebesgue-meßbar ist.

Trotzdem haben große Kardinalzahlen keinen Einfluß auf die Kontinuumshypothese für *allgemeine* Mengen reeller Zahlen, denn die üblichen Forcing-Konstruktionen, mit denen man $2^{\aleph_0} > \aleph_1$ oder $2^{\aleph_0} = \aleph_1$ in einer Booleschen Erweiterung erzwingen kann, spielen sich weit unterhalb der kleinsten unerreichbaren Kardinalzahl ab. Auf die Woodin-Kardinalzahlen bezogen heißt das:

Kons(ZFC + es gibt eine Woodin-Kardinalzahl + $2^{\aleph_0} = \aleph_1$)

$\Longleftrightarrow$ Kons(ZFC + es gibt eine Woodin-Kardinalzahl + $2^{\aleph_0} > \aleph_1$).

6. Mengentheoretischer Relativismus

Die bisher skizzierten Ergebnisse sind repräsentativ für den gegenwärtigen Erkenntnisstand in der Mengenlehre. Um eine Orientierung in der Fülle der Konsistenzresultate zu ermöglichen, wollen wir die Entwicklung noch einmal zusammenfassen und den Begriff der *Konsistenzstärke* als Ordnungsprinzip einführen.

Die Objekte der Mathematik können, wie wir gesehen haben, als Mengen in einem naiven Sinn verstanden werden. Die Zermelo-Fraenkelschen Axiome mit dem Auswahlaxiom (ZFC) sind stark genug, um die gewohnten Eigenschaften für die mengentheoretische Form der Objekte zu implizieren und um die überwiegende Mehrzahl mathematischer Fragen positiv oder negativ zu beantworten. Diese zunächst sehr befriedigende mengentheoretische Grundlegung der Mathematik führt nun selbst zu neuen Fragestellungen, etwa im Bereich der unendlichen Kombinatorik, die aber innerhalb der ZFC-Axiome nicht entscheidbar sind. Die axiomatische Mengenlehre ist gefordert, die Unvollständigkeiten des Systems ZFC zu analysieren und mögliche Erweiterungen der Axiome zu studieren. Mit verschiedenen Techniken gelingt es, Modelle eines Erweiterungssystems $ZFC + A$ in Modelle eines anderen Systems $ZFC + B$ zu überführen und damit relative Konsistenzresultate der Gestalt

$$\mathrm{Kons}(ZFC + A) \implies \mathrm{Kons}(ZFC + B)$$

zu zeigen. In diesem Fall sagt man, daß A von größerer oder gleicher *Konsistenzstärke* als B ist, kurz: $A \geq B$. A und B sind *äquikonsistent*, oder von gleicher Konsistenzstärke, $A \sim B$, falls

$$A \leq B \text{ und } B \leq A.$$

So gesehen untersucht die axiomatische Mengenlehre die partielle Ordnung $\leq$ der Konsistenzstärken, und wir haben bereits einige Einzelfälle der Relation $A \leq B$ kennengelernt.

Eine besondere Rolle spielen in diesem Zusammenhang die großen Kardinalzahlaxiome. Viele mengentheoretische Axiome sind äquikonsistent mit einem großen Kardinalzahlaxiom, und da die großen Kardinalzahlen ihrer Größe und Stärke nach vergleichbar sind, wird man zu der Vermutung geführt, daß die $\leq$-Ordnung für natürliche Axiome linear ist. Dieses Programm ist umfassend in einem Übersichtsartikel von Aki Kanamori und Menachem Magidor [KaMa 1978] dargestellt.

Für die in diesem Aufsatz erwähnten Prinzipien sieht die Konsistenzstärke-Ordnung folgendermaßen aus:

es gibt unendlich viele Woodin-Kardinalzahlen
$\sim$ jede projektive Menge reeller Zahlen ist determiniert

$$\vee$$

es gibt eine Woodin-Kardinalzahl
$\sim$ es gibt eine Woodin-Kardinalzahl + CH
$\sim$ es gibt eine Woodin-Kardinalzahl + $\neg$CH

$$\lor$$

> es gibt eine schwach unerreichbare Kardinalzahl
> $\sim$ es gibt eine stark unerreichbare Kardinalzahl
> $\sim$ jede überabzählbare Π_1^1-Menge besitzt eine perfekte Teilmenge
> $\sim$ jede projektive Menge reeller Zahlen ist Lebesgue-meßbar

$$\lor$$

> $0 = 0 \sim CH \sim \neg CH \sim GCH \sim \dots$

Prinzipien der Kardinalzahlarithmetik ordnen sich ebenso wie Annahmen der deskriptiven Mengenlehre in das lineare Schema ein. Dies weist auf tiefliegende Gemeinsamkeiten zwischen mathematischen Annahmen in entfernten Gebieten hin.

Für die mathematische Grundlagenforschung stellt sich die Frage, wie das große Spektrum der Erweiterungstheorien der Zermelo-Fraenkelschen Mengenlehre zu rechtfertigen und zu interpretieren ist. Die Antworten hierauf unterscheiden sich drastisch nach den jeweiligen philosophischen Standpunkten. Während ein „Platonist" in einem mathematischen Universum arbeitet, in dem alle mengentheoretischen Sätze entweder wahr oder falsch sind, ist für einen „Formalisten" auf Grund der Sätze von Gödel und Cohen die Kontinuumshypothese ebenso akzeptabel wie ihre Negation. Zwischen diesen Extremen findet sich eine Abstufung weiterer Standpunkte, deren ausführliche Darstellung den Rahmen dieses Aufsatzes überschreitet. Ich möchte mich auf einige Anmerkungen beschränken, die man als „mengentheoretischen Relativismus" charakterisieren könnte und die, wie wir sehen werden, durchaus mit Hausdorffs Ansätzen zur Erkenntnistheorie verträglich sind.

Der Abstraktionsprozeß, der schließlich zu den Zermelo-Fraenkelschen Axiomen führt, beginnt mit den direkt begreifbaren endlichen Mengen unserer Erfahrung und wird geleitet von der Intuition einer unendlichen diskreten Folge von Zeitpunkten und eines Kontinuums räumlicher Punkte. Man gelangt so zu den natürlichen Zahlen $0, 1, 2, \dots$ und den reellen Zahlen, wobei in die Bildung der einzelnen Zahlen bereits das Moment der Mengenbildung (nach Hausdorff die „Zusammenfassung von Dingen zu einem neuen Ding") eingeht.

Der Begriff der Menge ist grundlegend für die Mathematik, und die Axiomatisierungen der Mengenlehre beschreiben den Prozeß der Mengenbildung. Dabei sind die einzelnen Axiome weiterhin eng mit dem Endlichen verbunden: im Endlichen können wir Paarmengen, Vereinigungsmengen und Potenzmengen konkret bilden, und diese Eigenschaften werden nun für alle Mengen gefordert. Selbst das Unendlichkeitsaxiom, ohne das die Zermelo-Fraenkelschen Axiome nur so stark wie die Peanoschen Axiome für die Zahlentheorie wären[7], fordert lediglich, daß es *eine*

---

[7]Hier ist an eine Formulierung der Peano-Axiome in der Logik erster Stufe gedacht.

Kardinalität gibt, die direkt auf alle *endlichen* Kardinalzahlen folgt. Die höheren Kardinalitäten ergeben sich erst in der Entfaltung des Axiomensystems.

Die allgemeine Anerkennung der Zermelo-Fraenkelschen Axiome beruht sicher auch darauf, daß nur einige aus der endlichen Kombinatorik vertraute Gesetze zusammen mit der Existenz der Menge der natürlichen Zahlen gefordert werden. Weitere Axiome, die einen rein transfiniten Charakter haben und für die es kein Analogon im Endlichen gibt, z.B. die Kontinuumshypothese, entziehen sich den anschaulichen Entscheidungmöglichkeiten und werden nicht allgemein akzeptiert.

Aus dieser Sicht ist das System ZFC die Beschreibung einer *Oberstruktur* der Bereiche $\mathbb{N}$ und $\mathbb{R}$, der bezüglich der Bildung gewisser „Zusammenfassungen" abgeschlossen ist. Ähnlich wie bei den bekannten Zahlbereichserweiterungen $\mathbb{N} \subseteq \mathbb{Z} \subseteq \mathbb{Q} \subseteq \mathbb{R} \subseteq \mathbb{C}$ führt der Übergang zur Oberstruktur zu Vereinfachungen und Vereinheitlichungen, und tatsächlich gibt es Eigenschaften, die nur über den Umweg einer Oberstruktur beweisbar sind. Es gibt aber keinen Grund, weshalb die mengentheoretische Oberstruktur eindeutig bestimmt sein sollte. Man beachte, daß die Eindeutigkeit der gewöhnlichen Zahlbereiche *in der Mengentheorie* gezeigt wird, ein ähnlicher Schluß ist auf die Mengenlehre selbst nicht anwendbar.

Die verschiedenen Erweiterungssysteme des Systems ZFC entsprechen unterschiedlichen Oberstrukturen für die Mathematik. Dabei kann es für die Betrachtung einer gegebenen Fragestellung vorteilhaft sein, eine spezielle mengentheoretische Oberstruktur zu wählen. Zum Beispiel vereinfachen sich maßtheoretische Überlegungen in Modellen der Mengenlehre, in denen jede projektive Menge reeller Zahlen Lebesgue-meßbar ist.

Besonders interessant sind Eigenschaften, die beim Übergang zu inneren Modellen oder Booleschen Erweiterungen nicht verändert werden und die als *absolut* bezeichnet werden. Diese Eigenschaften lassen sich manchmal mit folgender bemerkenswerten Methode beweisen: Man führt den Beweis in einer geeigneten Booleschen Erweiterung des Universums und verweist dann auf die Absolutheit der Eigenschaft. Die Untersuchung von Modellen der Mengenlehre dient also nicht nur metamathematischen Zwecken, sondern kann, in besonderen Situationen, zum Beweis-Werkzeug werden.

Wie steht es nun mit dem Wahrheitsgehalt der mengentheoretischen Axiome? Gilt die Kontinuumshypothese? Gibt es unerreichbare Kardinalzahlen? Hier ist zunächst der Begriff der „Existenz" zu hinterfragen. Existenz wird durch Sinneseindrücke und Bewußtseinsvorgänge vermittelt und die Existenz abstrakter Entitäten wie die der Menge $\mathbb{N}$ aller natürlichen Zahlen hat eine grundsätzlich andere Qualität als die Existenz eines Bleistifts. Gleichwohl können abstrakte unendliche Existenzen realer erscheinen als manches komplizierte endliche Gebilde. Die Ordinalzahl ω erscheint deutlicher und harmonischer als eine zufällig gewählte Zahl der Größenordnung $10^{10^{10}}$. Wahrscheinlich können wir die Fülle der konkreten, endlichen Existenzen nur einordnen und beherrschen durch Bezug auf idealisierte unendliche Begriffsbildungen.

Die parallele Betrachtung von Systemen wie ZFC + CH und ZFC + ¬CH stellt nunmehr keinen Widerspruch dar. Beide Erweiterungssysteme repräsentieren denkbare Oberstrukturen der gewöhnlichen Mathematik. Indem wir beide Möglichkeiten zulassen, erweitern wir unsere mathematischen Freiheiten.

Diese Überlegungen treffen ebenso auf die großen Kardinalzahl-Axiome zu. Da sie sich kanonisch als Maß von Konsistenzstärken ergeben, kommt den großen Kardinalzahlen ein besonderes „Existenzrecht" zu. Sie verkörpern Konsistenzstärken in einer rein kombinatorischen Form. Die anscheinende Linearität der Ordnung der Konsistenzstärken bedeutet, daß wir mit den großen Kardinalzahlen einen kanonischen Weg zur Behebung von Unvollständigkeiten des Systems ZFC gehen.

Aber auch wenn gewisse große Kardinalzahlen, etwa die Woodinschen Kardinalzahlen, entgegen der vorherrschenden Ansicht inkonsistent wären, so hätte dies durchaus positive Auswirkungen für das System ZFC. Nach Verallgemeinerungen des Jensenschen Überdeckungssatzes [DeJe 1975, Do 1982] gäbe es dann nämlich eine enge Beziehung zwischen dem Mengenuniversum V und einem konstruktiblen inneren Modell. Einige Eigenschaften des konstruktiblen Modells würden sich auf V übertragen, d.h. sie wären in ZFC beweisbar. Auf jeden Fall erscheint es für gewisse Bereiche der unendlichen Mathematik richtig, Oberstrukturen mit großen Kardinalzahlen zuzulassen, zur Bereicherung der Beweismöglichkeiten und zugleich als Test ihrer Konsistenz.

7. Chaos in kosmischer Auslese

Die Ausformung der Mengenlehre zu einer axiomatischen Theorie mit Fragen der Unabhängigkeit und Vollständigkeit von Axiomensystemen begann im Ansatz bereits zur Zeit Hausdorffs. Zermelo [Ze 1904, Ze 1908] formulierte Axiome, die stark genug waren, um den Cantorschen Wohlordnungssatz abzuleiten. Fraenkel und Skolem erkannten, daß das Zermelosche System um das Ersetzungsprinzip erweitert werden mußte, schon um die Existenz der Kardinalzahl $\aleph_\omega$ zeigen zu können. Das Unabhängigkeitsresultat, das der Einführung des Ersetzungsaxioms zugrundeliegt, wurde von Skolem im wesentlichen durch die Angabe eines inneren Modells für die Zermeloschen Axiome gezeigt. Skolem und von Neumann setzen für ihre mengentheoretischen Untersuchungen konsequent die Sprache der formalen Logik ein. Skolem sieht die in der Logik, d.h. in der sprachlichen Beschreibung, begründete Relativität des Mengenbegriffs und schreibt:

> „Weil die Zermelo'schen Axiome den Bereich B nicht eindeutig bestimmen, ist es sehr unwahrscheinlich, dass mit Hilfe dieser Axiome alle Mächtigkeitsprobleme entscheidbar sein sollten. Es ist z. B. sehr wohl möglich, dass das sogenannte Kontinuumsproblem, nämlich ob $2^{Alef_0} >$ oder $= Alef_1$ ist, auf dieser Grundlage überhaupt nicht lösbar ist; es braucht eben nichts darüber entschieden zu sein. Der Sachverhalt kann genau derselbe sein wie im folgenden Falle: Es ist ein unbestimmter Rationalitätsbereich gegeben, und man fragt, ob in diesem Bereiche eine

Grösse x vorhanden ist, sodass $x^2 = 2$ ist. Dies ist eben nicht bestimmt, wegen der Mehrdeutigkeit des Bereiches." [Sk 1922, S. 69]

Ein bedeutendes Unabhängigkeitsresultat, das nicht nur formalen axiomatischen Charakter besitzt, war Fraenkels Nachweis, daß die Negation des Auswahlaxioms mit einer etwas abgeschwächten Version der Zermelo-Fraenkelschen Axiome verträglich ist [Fl 1922]: Die Theorie ZFU beschreibt ein ZF-ähnliches Mengenuniversum, in dem aber nicht nur ein, sondern mehrere leere Objekte nebeneinander zugelassen sind, sogenannte *Urelemente.* Urelemente formalisieren die Vorstellung von Grundobjekten, deren interne Struktur nicht relevant ist und aus denen Mengen durch Zusammenfassungen gebildet werden. Dies entspricht dem üblichen Vorgehen in der Mathematik. Fraenkel konstruiert in der Theorie ZFU ein *Permutationsmodell:* eine Permutation der Menge der Urelemente läßt sich auf das ganze Mengenuniversum kanonisch fortsetzen. Diejenigen Elemente, die gegenüber „fast allen" solchen Permutationen invariant sind, werden in das Fraenkelsche Modell aufgenommen. In dem inneren Modell kann es bei geeigneter Wahl der Menge der Urelemente und des „fast alle"-Filters auf der Menge der Permutationen keine Bijektion zwischen der Menge der Urelemente und einer Ordinalzahl geben, denn eine solche Bijektion wird nur von der identischen Permutation invariant gelassen. In dem Permutationsmodell ist also das Auswahlaxiom falsch.

Schließlich fallen die Gödelschen Vollständigkeits- und Unvollständigkeitssätze, die in besonderer Weise die Problematik des naiven und des formalen Mengenverständnisses aufzeigen, in Hausdorffs aktive Schaffensperiode.

Hausdorff aber hat sich von diesen Entwicklungen nur wenig beeinflussen lassen. In der zweiten, vollständig überarbeiteten Auflage seines Buches, die 1927 unter dem Titel *Mengenlehre* [H 1927] erschienen ist, bespricht Hausdorff die Antinomie, die sich aus der „Menge aller Kardinalzahlen" ergibt und die bereits von Cantor erkannt wurde [Ca 1932, S. 443 ff.]. Hausdorff schreibt:

> *„Daraus entsteht nun die Unsicherheit, ob nicht auch andere, vielleicht alle unendlichen Mengen solche widerspruchsbehafteten Scheinmengen, „Unmengen" sein mögen, und sodann die Aufgabe, diese Unsicherheit wieder zu beseitigen; die Mengenlehre ist auf neuer (axiomatischer) Grundlage so aufzubauen, daß Antinomien ausgeschlossen sind. Wir können auf die dahin zielenden, von E. Zermelo begonnenen und sicheren Erfolg versprechenden Untersuchungen in diesem Buche nicht eingehen und müssen unseren „naiven" Mengenbegriff festhalten."* [H 1927, S. 34]

Diese Äußerung steht im Einklang mit Hausdorffs Bemerkungen in den wesentlich früheren *Grundzügen einer Theorie der geordneten Mengen* [H 1908, S. 436]:

> *„Einem Beobachter, der es auch der Skepsis gegenüber nicht an Skepsis fehlen läßt, dürften die ‚finitistischen' Einwände gegen die Mengenlehre ungefähr in drei Kategorien zerfallen: in solche, die das ernsthafte Bedürfnis nach einer, etwa axiomatischen, Verschärfung des Mengenbegriffs verraten; in diejenigen, die mitsamt der Mengenlehre die*

> *ganze Mathematik treffen würden; endlich in einfache Absurditäten ei-*
> *ner an Worte und Buchstaben sich klammernden Scholastik. Mit der*
> *ersten Gruppe wird man sich heute oder morgen verständigen können,*
> *die zweite darf man getrost auf sich beruhen lassen, die dritte verdient*
> *schärfste und unzweideutigste Ablehnung. In der vorliegenden Arbeit*
> *werden diese drei Reaktionen stillschweigend vollzogen."*

Deutlich ist hier Hausdorffs Haltung zu Grundlagenfragen der Mathematik beschrieben. In seinen Veröffentlichungen, aber auch in seinen erhaltenen Vorlesungen, Aufzeichnungen und Briefen beschäftigt sich Hausdorff niemals tiefer mit der mathematischen Logik oder der Axiomatik der Mengen. Ungeachtet aller formalen Einwände sieht Hausdorff im Mengenbegriff und in der Mengenbildung einen „primitiven, allen Menschen vertrauten Denkakt, der einer Auflösung in noch ursprünglichere Akte vielleicht weder fähig noch bedürftig ist" [H 1927, S. 11]. Der Erfolg der Hausdorffschen Bücher, die ein wesentlicher Impuls für die moderne Mathematik der Strukturen waren, beruht auch auf der Einfachheit, die sich mit der Beschränkung auf den unmittelbar verstandenen naiven Mengenbegriff ergibt.

Dennoch hat Hausdorff die metamathematischen Entwicklungen in der Mengenlehre wohl eher aus mathematisch-pragmatischen als aus prinzipiellen Gründen unberücksichtigt gelassen. Unter dem Pseudonym Paul Mongré veröffentlichte er 1898 die Schrift *Das Chaos in kosmischer Auslese – ein erkenntnistheoretischer Versuch* [H 1898], deren erkenntnistheoretischer Relativismus erstaunliche Parallelen zum dargestellten mengentheoretischen Relativismus aufweist. Die Hausdorffsche Philosophie soll hier nur soweit skizziert werden, daß ein Vergleich mit der mathematischen Grundlagenproblematik möglich wird. Eine weitergehende Darstellung und Einordnung des Hausdorffschen Ansatzes wäre interessant und wünschenswert.

Paul Mongré – Hausdorff sieht die Welt als „Chaos", das sich einem Bewußtsein in Form von Sinneseindrücken vermittelt. Das Bewußtsein nimmt eine „kosmische Auslese" vor, in welcher es versucht, empirische Fakten mit idealisierten Weltbildern („Kosmen") in Einklang zu bringen. Die Auswahl der als relevant gesehenen Fakten und des Weltbildes beruhen auf psychologischen, ästhetischen oder sozialen Bedingungen, die für verschiedene Bewußtseinsträger unterschiedlich sind. Hausdorff stellt nun anhand mathematischer Beispiele dar, wie unterschiedliche Weltläufe mit einer einzigen Folge von Sinneseindrücken verträglich sein können. Das Bewußtsein könnte, weil es selbst in Raum und Zeit existiert, eine stetige vierdimensionale Raumzeit wahrnehmen, obwohl Raum und Zeit „von außen" gesehen unstetig oder entgegen der üblichen Ordnung durchlaufen werden könnten. Selbst die „wahre" Dimension der Raumzeit ist für das Bewußtsein nicht bestimmbar, denn nach Cantor sind $\mathbb{R}$ und $\mathbb{R} \times \mathbb{R}$ gleichmächtig. Hausdorff folgert, daß eine wirkliche Erklärung der Welt, eine Metaphysik, nicht möglich ist, da wir niemals die Struktur der Welt entscheiden können.

Wenn wir diese Gedanken auf den Bereich der Mengen übertragen, so werden wir zunächst mit einem Chaos konkreter Mengen konfrontiert, das die Mengenlehre als Kosmos sehen möchte. Als Kosmos durchgesetzt hat sich das Cantorsche Mengenbild in Form der Zermelo-Fraenkelschen Axiome. Es verwundert aber vom erkenntnistheoretischen Standpunkt Hausdorffs nicht, daß der Kosmos ZFC keine vollständige Beschreibung des Mengenchaos darstellt. Verschiedene Erweiterungen von ZFC sind mit den üblichen mathematischen Erfahrungen, die die Ausgangsdaten der Mengenlehre sind, verträglich, und es besteht keine Möglichkeit, etwa die Kontinuumshypothese zu entscheiden. Diese Erkenntnissituation ist nach Hausdorff/Mongré kein Fehler unseres Mengenbegriffs oder unserer Methoden. Der Mengenbegriff in seiner vollen Allgemeinheit und Freiheit, der das Anliegen der Cantorschen Mengenlehre ist (siehe [Ca 1932, S. 182]), erschließt sich vielmehr erst in der Vielzahl der konsistenten Erweiterungen der Zermelo-Fraenkelschen Axiome.

Obwohl Hausdorff dieses Programm zu seiner Zeit nicht sehen konnte und er metamathematische Untersuchungen für wenig fruchtbar gehalten haben mag, so sind diese Ergebnisse doch in weitgehendem Einklang mit der erkenntnistheoretischen Position, die Paul Mongré gegen Ende des _Chaos in kosmischer Auslese_ beschreibt:

> _„Werden wir also den_ kosmocentrischen _Aberglauben los wie früher den geocentrischen und anthropocentrischen; erkennen wir, dass in das Chaos eine unzählbare Menge kosmischer Welten eingesponnen ist, deren jede ihren Inhabern als einzige und ausschliesslich reale Welt erscheint und sie verleiten möchte, ihre qualitativen Merkmale und Besonderheiten dem transcendenten Weltkern beizulegen. Aber dieser Weltkern entzieht sich jeder noch so losen Fessel und wahrt sich die Freiheit, auf unendlich vielfache Weise zur kosmischen Erscheinung eingeschränkt zu werden; er gestattet das Nebeneinander aller dieser Erscheinungen, die als specielle Möglichkeiten, als begrifflich irgendwie abgegrenzte Theilmengen in seiner Universalität enthalten sind – ja er ist nichts anderes als eben dieses Nebeneinander und darum transcendent für die einzelne Erscheinung, die in sich selbst ihr eigenes abgeschlossenes Immanenzgebiet hat. "_

Schriften und Bücher von Felix Hausdorff

[H 1898] (unter dem Pseudonym _Paul Mongré_), _Das Chaos in kosmischer Auslese – ein erkenntnisskritischer Versuch_, Verl. C. G. Naumann, Leipzig, 1898.

[H 1904] Der Potenzbegriff in der Mengenlehre, _Jahresber. d. Dtsch. Math.-Ver._ **13** (1904), 569–571.

[H 1906] Untersuchungen über Ordnungstypen, _Sitzungsber. K. Sächs. Ges. Wiss. Leipzig, Math.-Phys. Cl._ **58** (1906), 106–169.

[H 1907] Untersuchungen über Ordnungstypen, *Sitzungsber. K. Sächs. Ges. Wiss. Leipzig, Math. Phys. Cl.* **59** (1907), 84–159.

[H 1907] Über dichte Ordnungstypen I, *Jahresber. d. Dtsch. Math.-Ver.* **16** (1907), 541–546.

[H 1908] Grundzüge einer Theorie der geordneten Mengen, *Math. Ann.* **65** (1908), 435–505.

[H 1914] *Grundzüge der Mengenlehre*, Leipzig, 1914.

[H 1916] Die Mächtigkeit der Borelschen Mengen, *Math. Ann.* **77** (1916), 430–437.

[H 1927] *Mengenlehre*, 2., neubearb. Aufl. v. [H 1914], Berlin, 1927.

Weitere Literatur

[Al 1916] Alexandroff, P., Sur la puissance des ensembles mesurables B, *Comptes Rendus* **162** (1916), 323–325.

[Be 1977] Bell, J. L., *Boolean-Valued Models and Independence Proofs in Set Theory*, Oxford Univ. Press, Oxford, 1977.

[Ca 1874] Cantor, G., Über ein Eigenschaft des Inbegriffs aller reellen algebraischen Zahlen, *Journal f. d. reine und angewandte Math.* **77** (1874), 258–262; zitiert nach [Ca 1932, S. 115–118].

[Ca 1878] Cantor, G. Ein Beitrag zur Mannigfaltigkeitslehre, *Journal f. d. reine und angewandte Math.* **84** (1884), 242–258; zitiert nach [Ca 1932, S. 119–133].

[Ca 1883] Cantor, G., Ueber unendliche, lineare Punktmannichfaltigkeiten, *Math. Ann.* **21** (1883), 51–58 u. 545–591; zitiert nach [Ca 1932, S. 139–204].

[Ca 1884] Cantor, G., Ueber unendliche, lineare Punktmannichfaltigkeiten, *Math. Ann.* **23** (1884), 453–488; zitiert nach [Ca 1932, S. 210–246].

[Ca 1895] Cantor, G., Beiträge zur Begründung der transfiniten Mengenlehre, *Math. Ann.* **46** (1895), 481–512; zitiert nach [Ca 1932, S. 282–351].

[Ca 1932] Cantor, G., *Gesammelte Abhandlungen mathematischen und philosophischen Inhalts*, hrsg. v. E. Zermelo, Springer-Verlag, Berlin, 1932; Nachdruck 1980.

[Co 1963] Cohen, P.J., The independence of the continuum hypothesis, I and II, *Proc. of the Nat. Acad. of Sciences USA* **50** (1963), 1143–1148 und **51** (1964), 105–110.

[DeJe 1975] Devlin, K. J. und Jensen, R. B., Marginalia to a Theorem of Silver, in: *ISILC Logic Conference, Kiel,* hrsg. v. G. Müller u. a., Springer-Verlag, Berlin, 1975.

[Do 1982] Dodd, A. J., *The Core Model,* Lond. Math. Soc. Lect. Note Ser. **61**, Cambridge, 1982.

[Dr 1974] Drake, F. R., *Set Theory. An Introduction to Large Cardinals,* North Holland, Amsterdam, 1974.

[EkMe 1990] Eklof, P. und Mekler, A., *Almost Free Modules, Set-theoretic Methods,* Amsterdam, 1990.

[Fe 1979] *Mengenlehre,* hrsg. v. U. Felgner, Wiss. Buchges., Darmstadt, 1979.

[Fl 1922] Fraenkel, A. A., Zu den Grundlagen der Cantor-Zermeloschen Mengen- lehre, *Math. Ann.* **86** (1922), 230–237; auch in [Fe 1979], 49–56.

[Fr 1893] Frege, F. L. G., *Grundgesetze der Arithmetik,* Band 1, Pohle, Jena, 1893.

[Gö 1930] Gödel, K., Die Vollständigkeit der Axiome des logischen Funktionen- kalküls, *Monatshefte f. Math. u. Phys.* **37** (1930), 349–360.

[Gö 1931] Gödel, K., Über formal unentscheidbare Sätze der Principia Mathe- matica und verwandter Systeme I, *Monatshefte f. Math. u. Phys.* **38** (1931), 173–198.

[Gö 1938] Gödel, K., The consistency of the axiom of choice and of the generalized continuum-hypothesis, *Proc. of the Nat. Acad. of Sciences USA* **24** (1938), 556–557.

[Gö 1947] Gödel, K., What is Cantor's Continuum Problem, *Amer. Math. Monthly* **54** (1947), 515–525.

[Hi 1900] Hilbert, D., Mathematische Probleme, *Nachr. d. Akad. d. Wiss. Göttin- gen, Math.-Phys. Klasse* (1900), 253–297.

[Hi 1922] Hilbert, D., Neubegründung der Mathematik. Erste Mitteilung, *Abh. aus d. Math. Sem. d. Hamb. Univ. Band 1* (1922), 157–177, zitiert nach: Hilbert, D., *Gesammelte Abhandlungen,* Band III, Springer-Verlag (1935), 157–177.

[HiAc 1928] Hilbert, D. und Ackermann, W., *Grundzüge der theoretischen Logik,* Springer-Verlag, Berlin, 1928.

[Je 1972] Jensen, R. B., The fine structure of the constructible hierarchy, *Annals of Math. Logic* 4 (1972), 229–308.

[Jh 1978] Jech, T. J., *Set Theory*, Acad. Press, New York, 1978.

[Ka 1994] Kanamori, A., *The Higher Infinite*, Springer-Verlag, Berlin, 1994.

[KaMa 1978] Kanamori, A. und Magidor, M., The evolution of large cardinals in set theory, in: *Higher Set Theory*, Hrsg. Müller, G. H. und Scott, D. S., Springer-Verlag, 1978.

[Ko 1989] Koppelberg, S., *Handbook of Boolean Algebras*, hrsg. v. Monk, J. D., North-Holland, 1989.

[Ku 1980] Kunen, K., *Set Theory. An Introduction to Independence Proofs*, North-Holland, 1980.

[KuVa 1984] Kunen, K. und Vaughan, J. (Hrsg.), *Handbook of Set-Theoretic Topology*, North-Holland, 1984.

[Le 1963] Levy, A., Independence results in set theory by Cohen's method IV, *Not. Amer. Math. Soc.* **10** (1963), 593.

[MaSt 1989] Martin, D. A. und Steel, J. R., A Proof of Projective Determinacy, *Journal Amer. Math. Soc.* **2** (1989), 71–125.

[Mi 1917] Mirimanoff, D., Les antinomies de Russell et de Burali-Forti et le problème fondamental de la théorie des ensembles, *L'Enseignement Mathématique* **19** (1917), 37–52.

[Mk 1989] Monk, J.D. (Hrsg.), *Handbook of Boolean Algebras*, North-Holland, 1989.

[ML 1983] MacLane, S., The Health of Mathematics, *The Math. Intelligencer* **5** (1983), 53–55.

[Mo 1980] Moschovakis, Y. N., *Descriptive Set Theory*, North-Holland, 1980.

[vN 1923] v. Neumann, J., Zur Einführung der transfiniten Zahlen, *Acta Univ. Szeged, Sect. Math.* **1** (1923), 199–208.

[vN 1928] v. Neumann, J., Zur Theorie der Gesellschaftsspiele, *Math. Ann.* **100** (1928), 295–320.

[Po 1882] Poincaré, H., Théorie des groupes fuchsiens, *Acta Mathematica* **1** (1882), 1–62.

[Ru 1903] Russell, B., *The Principles of Mathematics. Vol. 1*, Cambridge, 1903.

[Sch 1927] Schoenfliess, A., Die Krisis in Cantors mathematischem Schaffen, *Acta Mathematica* **50** (1928), 1–23.

[Sk 1922] Skolem, T., Einige Bemerkungen zur axiomatischen Begründung der Mengenlehre. Wissenschaftliche Vorträge gehalten auf dem fünften Kongress der skandinavischen Mathematiker, 1922, nachgedruckt in [Fe 1979].

[So 1970] Solovay, R. M., A model of set theory in which every set of reals is Lebesgue measurable, *Annals of Math., Ser. 2* **92** (1970), 1–56.

[Sp 1957] Specker, E., Zur Axiomatik der Mengenlehre (Fundierungs- und Auswahlaxiom), *Zeitschrift f. Math. Logik u. Grundl. d. Math.* **3** (1957), 173–210.

[Ze 1904] Zermelo, E., Beweis, dass jede Menge wohlgeordnet werden kann, *Math. Ann.* **59** (1904), 514–516.

[Ze 1908] Zermelo, E., Untersuchungen über die Grundlagen der Mengenlehre I, *Math. Ann.* **65** (1908), 261–281.

Peter Koepke
Mathematisches Institut der
Universität Bonn
Beringstraße 4
53115 Bonn

Logische Ordnungen im Chaos: Hausdorffs
frühe Beiträge zur Mengenlehre

Erhard Scholz

1 Hausdorffs Hinwendung zur Mengenlehre

Im Sommersemster 1901 las Hausdorff an der Universität Leipzig zum erstenmal über die
Cantorsche *Mengenlehre*. Damit war Hausdorff einer der ersten, der diese neue mathematische Theorie in die akademische Lehre einführte. Lediglich Ernst Zermelo hatte im
Semester vorher in Göttingen schon darüber vorgetragen; Cantor selber hatte dagegen nie eigenständige Vorlesungen über Mengenlehre gehalten.[1] Hausdorff hatte zu diesem Zeitpunkt
schon die wichtigste Literatur zur Mengenlehre aufgenommen und verarbeitet, wie die in
Hausdorffs Nachlaß erhaltene Vorlesungsmitschrift aus eigener Hand zeigt (Hausdorff Ms
1901). Er stützte sich namentlich auf Cantors *Grundlagen* (1883), dessen *Beiträge* (1895),
sowie auf Arbeiten von Dedekind, Schoenflies, aber auch Dini, Borel, du Bois-Reymond,
Bolzano, Pringsheim, Thomae und anderen. Hausdorff behandelte die Cantorsche Theorie
der transfiniten Kardinal- und Ordinalzahlen und dessen Konzepte zur topologischen Analyse der Punktmengen im $\mathbf{R}^n$: Häufungspunkte, isolierte Punkte, abgeleitete Mengen P',
in sich dichte ($P \subseteq P'$), abgeschlossene ($P' \subseteq P$), perfekte Punktmengen ($P = P'$) etc.

Freilich war dies nicht Hausdorffs erste Auseinandersetzung mit der Mengenlehre. Sein
Interesse an diesem Gebiet hatte sich schon einige Jahre früher zu entwickeln begonnen.
Allerdings paßte es nicht so gut in den Kontext seiner damaligen, ausschließlich der angewandten Mathematik gewidmeten Arbeit als Mathematiker. Daher finden wir die ersten
Ausführungen Hausdorffs zur Mengenlehre bemerkenswerterweise in seinem unter dem
Pseudonym Paul Mongré publizierten literarisch-philosophischen Werk. Hausdorff-Mongré
bezog in seinem philosophisch-polemischen Essay *Das Chaos in kosmischer Auslese* (1898)
aus Cantors Mengenlehre Sprache und Argumentationsmaterial für die Konstruktion mathematischer Metaphern, in denen er die Haltlosigkeit von Annahmen über bestimmte
Strukturierungen eines einmal hypothetisch angenommenen *Dinges an sich* und speziell von *Raum* und *Zeit an sich* formulierte. Hausdorff verwendete Cantors unstrukturierte

---

[1]Zu Zermelo siehe [Peckhaus 1990, 82]. Purkert/Ilgauds bezeichnen Hausdorffs Vorlesung dagegen noch als
„vermutlich erste“ Vorlesung über Mengenlehre [Purkert/Ilgauds 1987, 145].

transfinite Mengen als Zeichenmaterial für eine begriffliche Darstellung des *transzendenten Chaos*, auf das er die Annahmen des *transzendenten Idealismus* zugespitzt hatte, um die klassische Metaphysik ad absurdum zu führen.[2]

Diese philosophische Einordnung der transfiniten Mengen stand in schärfstem Gegensatz zu Cantors Überzeugung, durch diese gerade den intelligiblen Anteil des aktual Unendlichen einer neoplatonisch gefaßten Wirklichkeit mathematisch formuliert zu haben.[3] Während Cantor also gerade den Aspekt der Strukturierung des aktual Unendlichen durch die Stufungen der transfiniten Kardinalzahlen und die transfiniten Ordungszahlen sehr hervorhob — und diesen dabei in seinen inner- und außermathematischen Kosequenzen sicherlich auch stark überschätzte [4] — erschienen Hausdorff die transfiniten Mengen ganz im Gegenteil als beste mathematische Formulierung für rohes, ordnungsloses Begriffsmaterial. Hausdorff sah daher die Erkundung möglicher, das heißt konsistent denkbarer, Ordnungen in diesem Material als ein innermathematisches Korrelat zur Auslese *kosmischer Ordnungen* der empirischen Welt aus dem transzendenten Weltchaos an.

Dabei wissen wir aus seinem literarischen und philosophischen Werk, daß Hausdorff sich der menschlichen Erkenntnis in großer Breite stellte, und, über die bloß wissenschaftliche Erkenntnisform hinausgehend, sinnliche, ästhetische und ethische Erfahrung einbezog. Die Spannung und die Empfindung eines Schwankens zwischen der Wahrnehmung der Welt als *Chaos* und der Ahnung ihrer Einheit als *Kosmos*, überbrückt durch die immer wieder versuchte Herstellung kulturell produzierter Ordnungen, hatte in diesem Sinne für Hausdorff-Mongré weit über die Erkenntnistheorie hinausgehende Konnotationen. In einer für Mathematiker unüblich freien Weise läßt er uns in seinen philosophischen Aphorismen Blicke auf seine Versuche der rückhaltlosen Freisetzung der produktiven Kraft des sich autonom setzenden Individuums werfen. Und auch dabei übermittelt er uns in verschiedenen Variationen die nunmehr aus der Tiefe des Subjekts geschöpfte Grunderfahrung der Verdoppelung und des Schwankens des Blicks auf die Welt als eines vollständig aufgelösten Zusammenhangs (des *Chaos*) und der entgegengesetzten Ahnung einer umfassenden Ordnung (des *Kosmos*) (Hausdorff 1897, 328f.). Nach der intendierten Auflösung aller tradierten metaphysischen Bindungen erschien Hausdorff-Mongré die logische Konsistenz als letzter Garant einer Vereinbarkeit dieser beiden Blicke. So blieb ihm am Ende des *Chaos in kosmischer Auslese* als einzige Gewißheit, daß das transzendente Chaos *logisch* mit geordneten subjektiven Welten verträglich ist, von denen *einige* auch empirisch realisiert sind. Logische Erkundung alternativer denkmöglicher Ordnungen trat damit für Hausdorff an die Stelle der vermeintlichen Sicherheit der kantischen Deduktionen der transzendentalen Ästhetik.[5]

Bei einer genauen Sicht lassen sich — aus einem zweifellos durch Kenntnis des Späteren geschärften Blick — in Hausdorffs philosophischen Ausflügen in die Mengenlehre schon Spuren der drei Typen logischer Ordnungen im *Chaos* der Cantorschen Mengenlehre finden,

---

[2] Siehe dazu den Beitrag von Herrn Brieskorn in Band 2 dieser Publikation.

[3] Zu Cantor siehe etwa [Purkert/Ilgauds 1987, 106ff.] [Dauben 1979, 1980] und auch in einem überraschenden Bezug zu Schelling [Heuser-Keßler 1991].

[4] Was die innermathematischen Konsequenzen angeht, denke man etwa an Cantors Hoffnung, den Begriff des *Kontinuums* allein durch die Konzepte der transfiniten Mengenlehre in einfacher und eindeutiger Weise aufklären zu können [Purkert/Ilgauds 1987,]; auf außermathematischem Gebiet kann man auf Cantors hochgesteckte Erwartungen hinweisen, die er der Mengenlehre hinsichtlich einer Mathematisierung der biologischen Naturbegriffe beimaß [Heuser-Keßler 1991].

[5] Auch hier mehr im Beitrag von E. Brieskorn in Band 2.

auf deren mathematische Erforschung Hausdorff seine Hauptarbeitskraft in den folgenden zwei Jahrzehnten konzentrierte: die *Ordungsstrukturen*, die er 1898 bei der Diskussion der zeitlichen Sukzession, insbesondere dem Ablauf der empirischen Zeit, betrachtete, *topologische Strukturen in Punktmengen* in der Diskussion möglichst allgemeiner Annahmen über den apriorischen Raum[6] und die *Problematik der Dimension* des Raumes, die er entgegen allen theoretischen Deduktionsversuchen nur als im Sinne eines empirischen „fait accompli" beantwortbar ansah.

Beginnend etwa mit seiner Vorlesung im Sommeresemster 1901 arbeitete Hausdorff bis etwa 1919 fast ausschließlich zu Themen der Mengenlehre. So publizierte er in den Jahren 1901 bis 1909 eine Serie von 8 Artikeln über *Ordnungstypen* und ihre Klassifizierung. In der Zeit bis 1916 hielt er allein vier Vorlesungen über Mengenlehre, die schrittweise thematisch reicher wurden (SS 1901 Leipzig, SS 1910 und SS 1912 Bonn, WS 1915/16 Greifswald). Im Jahre 1914 erschien das epochemachende Buch *Grundzüge der Mengenlehre*, in dem Hausdorff zum erstenmal seine Auffassung der Punktmengentopologie publizierte, die er allerdings in ihren wesentlichen Zügen schon 1912 in seiner Bonner Vorlesung vorgestellt hatte. Und schließlich war die Ausarbeitung der *Grundzüge* auch der Anlaß für Hausdorff, sich mit Fundierungsfragen der *Maßtheorie* zu beschäftigen, die er in zwei grundlegenden Artikeln bis 1919 weiter verfolgte, deren letzter bis heute von großer Wirksamkeit geblieben ist.

In der Zeit nach 1919 wandte sich Hausdorff verstärkt Fragen der Analysis zu, bevor er ab 1924 wieder erneut auf Fragen der Punktmengentopologie zurückkam. Ähnlich nahm er ab Ende der 1920er Jahre im Anschluß an sein zweites Buch zur *Mengenlehre* (1927) auch wieder Probleme der allgemeinen Mengenlehre auf. Diese späteren Arbeiten zur Punktmengentopologie oder der allgemeinen Mengenlehre werden im vorliegenden Beitrag unberücksichtigt bleiben; hier wird es ausschließlich um Hausdorffs erste und wohl auch intensivste Phase des Studiums der Mengenlehre gehen, die mit der 1919 publizierten Arbeit zur Maßtheorie ihren krönenden Abschluß fand.

2 Ordnungstypen und Zeitbegriff

Hausdorffs erste Arbeiten zur Mengenlehre konzentrierten sich auf die Eigenschaften geordneter Mengen. Er baute dabei auf Cantors Untersuchungen auf, strebte aber gleichzeitig auch nach entschiedener Verallgemeinerung. Cantor hatte sich, wie Hausdorff anmerkte, bei der Erforschung der Theorie der *Ordnungstypen* weitgehend auf die *Ordnungszahlen* selber, also die Theorie der Ordnungstypen *wohlgeordneter Mengen* beschränkt. Hausdorff beklagte, daß über die Typen nicht wohlgeordneter Mengen dagegen noch sehr wenig bekannt sei. Er zählte deren Erforschung nun zu dem engeren Problemkreise der Mengenlehre; und erhoffte sich daraus insbesondere Aufschlüsse für die Lösung des Cantorschen *Kontinuumsproblems* (Hausdorff 1901 [9], 460).

---

[6] Hausdorff war dabei insbesondere von Cantors *Semikontinua* (Hausdorffs Bezeichnung), das heißt perfekten, aber nirgends dichten Mengen, fasziniert (Hausdorff 1898,132), die er an anderer Stelle auch ganz plastisch als *schwammartige Räume* bezeichnete. Ein Beispiel dafür ist etwa die klassische Cantormenge in $[0, 1]$ (siehe Abschnitt 5).

Hausdorff dachte bei dieser Argumentation an den

Satz von Cantor-Bernstein:
Das Kontinuum ist den abzählbaren Ordnungstypen, der *ersten Typenklasse,*[7]
gleichmächtig.

Hausdorff hatte diesen Satz selber unabhängig von Bernstein bewiesen. In einer Rand-
notiz zu seinem Vorlesungskript vom Sommersemster 1901 findet sich in roter Tinte an-
gemerkt, daß die Richtung „$\leq$"in der obigen Satzformulierung nach einer mündlichen
Mitteilung von Cantor bewiesen worden sei, die Richtung „$\geq$"hingegen „...von mir selbst
vorgetragen 27. 6. 1901. Dissertation von F. Bernstein empfangen 29. 6. 1901" (Hausdorff
Ms 1901, 38).

Aus Sicht dieses Satzes lag es durchaus nahe, im nächsten Schritt nachprüfen zu wollen,
ob nicht eventuell sogar schon die abzählbaren *Wohlordnungs*typen, in Cantors Terminologie also die *zweite Zahlenklasse*, dem Kontinuum gleichmächtig ist und dieses damit von
der Mächtigkeit $\aleph_1$ oder nicht.

Es gab aber auch noch weitere Gründe für Hausdorff, die Untersuchung von Ordnungsstrukturen an den Anfang seines Studiums der Mengenlehre zu stellen. Zum einen gelang
es ihm, in seiner Verallgemeinerung der Cantorschen Ordinalzahlarithmetik einen Weg in
Richtung eines logisch durchgegliederten Aufbaus einzuschlagen, der aus dem *Chaos* der
strukturlosen Cantorschen Mengen heraus den Blick auf ein facettenreiches, gut durch-
gebildetes Universum der geordneten Mengen eröffneten sollte. Zum anderen erschienen
ihm Ordnungskonzepte auch als fundamentaler innerhalb der Naturerkenntnis, als bisher
allgemein anerkannt. Andeutungen dieser Art enthielt schon seine Antrittsvorlesung als
Extraordinarius in Leipzig über *Raum und Zeit* (Hausdorff 1903 [10]).

Im darauf folgenden Wintersemester 1903/04 hielt Hausdorff eine Vorlesung gleichen
Titels, in der er naturgemäß viel ausführlicher zu diesem Thema und allgemein zur Beziehung zwischen Mathematik und Natur Stellung beziehen konnte. Verständlicherweise
war diese Vorlesung im Vergleich zum *Chaos in kosmischer Auslese* (1898) aus einem eher
mathematisch-naturwissenschaftlichen als aus einem philosophischen Blick formuliert. Sie
war aber breit angelegt und bezog mathematische, philosophische und psychologische
Aspekte mit ein. Glücklicherweise sind große Teile des Hausdorffschen Vorlesungsskriptes
in seinem Nachlaß erhalten (Hausdorff Ms 1903/04). Ohne Zweifel verdient diese Vorlesung genauere Aufmerksamkeit. In unserem Kontext möchte ich aber nur auf einen Punkt,
Hausdorffs Diskussion eines *empirisch-formalen Zeitbegriffs* eingehen. Wir können in dieser Diskussion sehen, wie Hausdorff sich zumindest in grober Skizze die Vorgehensweise
eines *besonnenen Empirismus*[8] vorstellte, die er gegen Ende des *Chaos* schon eingefordert
hatte, um den Aporien sowohl des Apriorismus wie des naiven Empirismus zu entgehen,
ohne dort jedoch ausführen zu können, was er eigentlich genauer darunter verstanden haben
wollte.

Hausdorff begann seine Analyse des Zeitbegriffs mit der empirisch markierbaren und
gedanklich *fixierbaren Teilbarkeit der Zeit.* Zeitteile a und b, die selber wieder keinen

---

[7]Diese enthält natürlich außer den wohlgeordneten Ordnungstypen auch Ordnungstypen abzählbarer Mengen,
die nicht vom Wohlordnungstyp sind

[8]Die Formulierung *besonnener Emprirismus* oder *geläuterter Emprirismus* stammt aus (Hausdorff 1903 [10],
18ff.).

Zeitteil gemeinsam haben, stehen in der Relation des Vorher oder Nachher zueinander: $a \prec b$ oder $b \prec a$. Prinzipiell seien die *teilbaren Zeitteile* von den *Momenten* als den unteilbaren Zeitteilen zu unterscheiden. Da die Teilung von Zeitteilen nie zu Momenten führt, ist über deren Existenz nichts sicheres auszusagen. Aber *logisch voraussetzungsloser* sei es, beide Arten von Zeitteilen (teilbare und unteilbare) zuzulassen. Wirkliche, aktuelle, oder wie Hausdorff auch sagte, *erfüllte Momente* können als *Weltzustände* gedacht werden, allerdings sei deren Definition problematisch, weil jeder Denkakt schon einen zeitlichen Verlauf beinhaltet. Allein um eines logisch möglichst einfachen Aufbaus willen nahm er dennoch an, daß jeder Zeitteil *in letzter Linie* aus Momenten besteht.

> „Ob diese Annahme nothwendig ist, wollen wir nicht entscheiden (sie ist es, bei geeigneter Definition dessen, was man unter „Zeittheil", „bestehen aus" usw. meint); wenn nicht, ist sie jedenfalls zulässig und zweckmässig; indem wir eben den formal(istischen) Standpunkt einnehmen und dem Zeitbegriff, als Gebilde unseres Denkens, beliebige Eigenschaften geben." (Hausdorff Ms 1903/04, 9)

Dies, zusammen mit der Anordnung *exklusiver* Zeitteile, führte ihn schließlich auf das erste Axiom des Zeitbegriffs:

> „Axiom α: *Die Zeit ist eine einfach* (linear, E.S.) *geordnete Menge von Momenten.*" (ebda.)

Weiter forderte er vom Zeitbegriff:

> Axiom β: Die Menge der Momente ist *überall dicht.*[9]

> Axiom γ: Das *Dedekindsche Vollständigkeitsaxiom* gilt.

Nach einer kurzen Einführung der Cantorschen Theorie der Ordnungstypen zeigte Hausdorff anhand einfacher Modelle — etwa anhand des Ordnungtyps des abgeschlossenen Intervalls, in seiner Notation (siehe Abschnitt 3) angegeben als $1 + \lambda + 1$ (mit λ Typus von $\mathbb{R}$) — daß diese Forderungen allein ungeeignet sind, das empirische Zeitkonzept zu präzisieren. Er fügte daher die Forderung der *Homogenität* der Zeit hinzu.

> Axiom δ: Jede Zeitstrecke ist jeder anderen *ähnlich* (d. h. von gleichem Ordnungstyp).

Unter *Zeitstrecke* verstand Hausdorff dabei ein Intervall ohne Ränder. Daß auch diese Forderungen noch nicht ausreichen, zeigte er anhand des Modells $(1 + \lambda + 1)^{\omega^*}$ (siehe Abschnitt 3). Er ergänzte daher nach der Erklärung der *Verbindung* von Strecken AB und BC, bei denen Endpunkt der einen mit Anfangspunkt der zweiten übereinstimmt, als Strecke AC, seine Forderungen durch

> Axiom ϵ: Es gibt ein *Äquivalenzkonzept* von Zeitstrecken $=$, das mit der Verbindung von Strecken verträglich ist; und zu jeder Zeitstrecke AB und jedem Moment P gibt es eine äquivalente mit Anfangsmoment P.

---

[9]Zwischen zwei Momenten $A \prec B$ liegt stets ein dritter C mit $A \prec C \prec B$.

Aufgrund der Axiome α bis ϵ konstruierte er nun *Zeitskalen*, das heißt Ordnungsisomorphismen von der Menge T der Zeitmomente nach **R**, und zeigte, daß für je zwei Skalen t, t' stets $t' = at + b$ gilt.

Interessant erscheint an diesem Zugang zum einen der logisch klare Aufbau des Zeitbegriffs, der die Möglichkeit der Messung durch Zeitskalen in **R** als Folgerung, nicht als axiomatische Forderung enthält.[10] Hausdorff fixierte den Zeitbegriff im Netzwerk axiomatischer Grundbegriffe von Strecke und reellen Zahlen, wie sie von Hilbert in den *Grundlagen der Geometrie* (1899) und dessen Aufsatz zum *Zahlbegriff* (1900) formuliert worden waren. Zum anderen verdient seine Vorgehensweise und Art der Argumentation bei der Einführung der Axiome besondere Aufmerksamkeit. Hausdorff richtete bei der Formulierung des Zeitbegriffs hier wie im weiteren den Blick so weit wie möglich auf empirische Bestimmungsmomente der Gedankenkonstruktion, bemühte sich aber peinlich genau um eine Lokalisierung der Stellen, an denen von der Empirie her gesehen verschiedenene logische Möglichkeiten der Begriffspräzisierung als gleichberechtigt erscheinen. An diesen Stellen diskutierte er kurz die möglichen Gabelungen auf dem eingeschlagenen Weg der logischen Konstruktion des Zeitbegriffs, um dann den seiner Ansicht nach logisch einfachsten Weg weiter zu beschreiten, ohne nach transzendentalen oder ontologischen Rechtfertigungen für die getroffene Auswahl zu suchen.

Die Weiterverfolgung der logischen Verzweigungen der Begriffsbildung ist dann Sache der *reinen Mathematik*. Zum Beispiel enthält eine der frühen Arbeiten von Hausdorff zur Mengenlehre ein Studium der homogenen Ordnungstypen und die Angabe einer Schar der Mächtigkeit $\aleph_1$ verschiedener Ordnungstypen, die die Axiome α bis δ erfüllen (1906 [14], 143)

Hausdorff erhielt so eine Axiomatisierung des Begriffs der *empirischen Zeit*, die ihm zwar nicht als von unmittelbarer Evidenz, aber doch als eine begründete *logische Construction* erschien, die zur *Beschreibung der Wirklichkeit des Zeitverlaufs* ersonnen sei. Auf diese Weise vermied er die Illusion einer lückenlosen Begründbarkeit des Zeitbegriffs aus den empirischen Gegebenheiten oder aus einer Analyse der apriorischen Bedingungen beziehungsweise der phänomenologischen Konstitution der Zeitwahrnehmung, wie auch den Weg einer formalen Konstruktion eines zunächst rein konventionellen Begriffs der Zeit, der sich erst nach einer vollen Theorieentwicklung mit der Empirie vermitteln ließe. Diese Passage zeigt exemplarisch, daß Hausdorffs *besonnener Empirismus* tatsächlich einen eigenen Weg jenseits der zeitgenössischen Epistemologien des Empirismus/Positivismus oder des Neukantianismus (einschließlich der phänomenologischen Variante) einzuschlagen begann, der sich im Rückblick auch vom später formulierten logischen Positivismus absetzt. Hausdorffs Vorgehensweise überschnitt sich mit letzterem nur insoweit, als sie sich bei solchen Passagen der Begriffskonstruktion, die nicht durch kritische Auswertung empirischer oder phänomenologischer Gesichtspunkte determinierbar sind, am Kriterium der formalen, logischen Einfachheit orientierte. An allen anderen Stellen gab Hausdorff einer offenen, kontextsensiblen Auswertung der Empirie schon bei der Konstituierung der begrifflichen Grundbestimmungen den Vorzug. In diesem Vergleich erscheint sein besonnener Empirismus gewissermaßen wie ein Vorschlag, die vom Standpunkt der empirischen beziehungweise phänomenologischen Kritik in der Begriffs- und Theoriebildung nie ganz

---

[10] Dies ist auch ein prägnanter Unterschied zu den Postulaten in Weyls phänomenologisch ausgerichteter Analyse des elementaren Zeitbegriffs zu Beginn von *Raum, Zeit, Materie* (Weyl 1918, 6–9; [5]1923).

zu schließenden Begründungslücken - aber auch nur diese - durch formale Begriffskonstruktion größtmöglicher logischer Eleganz zu überbrücken. An den anderen Stellen kommt logische Eleganz lediglich als orientierendes Kriterium bei der begrifflichen Bearbeitung des vorgefundenen Materials, nicht aber als begriffsbestimmendes Selektionsprinzip zum Tragen. Eigentlich bedauernswert, daß dieser Ansatz so wenig bekannt wurde und bisher keine unmittelbare Nachfolger gefunden hat.

3 Ein Blick auf Hausdorffs Theorie der Ordnungstypen

Seine Arbeiten zur Theorie der geordneten Mengen[11] eröffnete Hausdorff mit dem Studium *gestufter* und *homogener* Ordnungstypen. Während sich *homogene* Ordnungen dadurch auszeichnen, daß jede *Strecke*[12] zu jeder ähnlich (ordnungsisomorph) ist, nannte Hausdorff nahezu konträr dazu eine linear geordnete Menge *gestuft*, falls keine *Anfangsstrecke* $M^a = \{m | m \prec a\}$ zu einer anderen ähnlich ist.

Schon in seiner ersten Arbeit begann er mit der Übertragung und Verallgemeinerung der Cantorschen Arithmetik der Ordinalzahlen auf beliebige Ordnungstypen. Zum Aufbau komplizierter Ordnungstypen aus einfacheren erklärte er wie Cantor *Addition* und *Multiplikation* von Ordnungstypen μ und ν der geordneten Mengen $(M, \prec)$ und $(N, \prec)$ durch

$$\mu + \nu \quad \text{Typus von } M \cup N \quad \text{mit } m \prec n \quad \text{für alle } m \in M \text{ und } n \in N$$

$$m \cdot n \quad \text{Typus von } M \times N \quad \text{mit } (m,n) \prec (m',n') \iff n \prec n' \text{ oder } n = n', m \prec m'$$

und analog auch Mehrfachsummen bis hin zu *transfiniten Summen* $\sum_{a \in \alpha} \mu_a$ von indizierten Typenmengen $(\mu_a)_{a \in \alpha}$.[13]

Schwieriger wurde die Erklärung der *Potenzen* von Ordnungstypen. Cantor hatte diese nur für Ordnungszahlen der ersten und zweiten Zahlenklasse durch transfinite Induktion eingeführt. Hausdorff gelang schon in seiner Arbeit (1904 [11]) die Einführung der Potenz μ^α für eine Basis μ beliebigen Typs und beliebige Ordnungszahlen oder ihre Inversen als Exponent α. Wenig später erreichte er eine weitere Verallgemeinerung auf allgemeine Exponenten, allerdings erst nach der Auszeichnung eines Elementes in der Basis $m \in M$ als *Hauptelement*, von dem die zugehörige Potenzoperation, geschrieben als $\mu_m(a)$, dann abhängt. Die Einführung des Hauptelementes wurde dadurch notwendig, daß in der Menge der Abbildungen M^A der naheliegende Anordnungsversuch durch die *Rangordnung nach ersten Differenzen* für $x, y \in M^A$,

$$x \prec y \iff x_a \prec y_a \quad \text{für} \quad a = min\{b | b \in A, x_b \neq y_b\}$$

---

[11] Hausdorff verstand darunter stets *linear* geordnete Mengen.

[12] Unter *Strecke* in einer linear geordneten Menge $(M, \prec)$ verstand Hausdorf Teilmengen $M_a^b = \{m | a \prec m \prec b\}$ beziehungsweise $M^a = \{m | m \prec a\}$ (*Anfangsstrecke*) oder $M_a = \{m | m \succ a\}$ (*Endstrecke*).

[13] Interpretation der Multiplikation: m wird in jede Stelle von n eingesetzt. m ist in diesem Sinne der Multiplikand zum Multiplikator n. Dies entspricht der Cantorschen Auffassung der 1890er Jahre (Cantor 1895, 302), während dieser die Konvention anfangs anders gewählt hatte. Die spätere Konvention erschien Cantor im Kontext der Potenzen von Ordnungszahlen vorteilhaft, während zu beachten ist, daß nun bezüglich Mehrachaddition nun zum Beispiel gilt: $\omega + \omega = \omega \cdot 2 \neq 2 \cdot \omega$ usw.

nur zum Ziel führt (also eine lineare Ordnung definiert), wenn A wohlgeordnet ist. Die Auszeichnung eines Hauptelementes ermöglichte Hausdorff jedoch ganz allgemein die Erklärung:

> *Potenz erster Klasse*[14] $\mu_m(\alpha)$ für Ordnungstypen μ, α der geordneten Mengen M, A und Hauptelement $m \in M$ sei der Typus von $T_m \subset M^A$ mit $T_m := \{(x_a)_{a \in A} \mid x_a \neq m$ nur für endlich viele $a \in A\}$ bei *Rangordnung nach ersten Differenzen.*

Es gelten nun, wie Hausdorff zeigte, in folgendem Sinne Potenzregeln:

(1) $\mu_m(\alpha + \beta) = \mu_m(\alpha) \cdot \mu_m(\beta)$

(2) $\mu_m(\alpha \cdot \beta) = \nu_n(\beta)$ mit $\nu = \mu_m(\alpha)$ und Hauptelement $n = (m_a)_{a \in A}$, $m_a \equiv m$

Diese Definition enthält in der Tat die Cantorschen Potenzen von Ordinalzahlen der ersten und zweiten Zahlenklasse als Spezialfall und die von Hausdorff in 1904 publizierte erste Verallgemeinerung auf Potenzen mit beliebigen Ordnungszahlen oder ihren Inversen.

Die Potenzen von Ordnungstypen wurden für Hausdorff eines der wichtigsten Hilfsmittel beim Studium der transfiniten Mengenlehre. Schon nach seinem ersten Verallgemeinerungsschritt von 1904 gelang ihm auf dieser Grundlage die Herleitung der nach ihm benannten *Rekursionsformel für transfinite Kardinalzahlen*

$$\aleph_\mu^{\aleph_\alpha} = \aleph_\mu \cdot \aleph_{\mu-1}^{\aleph_\alpha}$$

und damit die Korrektur einer fehlerhaften Formel in F. Bernsteins Dissertation (Hausdorff 1904 [11], 570f.).

Hausdorff erhielt aber mit Hilfe der Potenzen weitere, in seiner Sicht wichtigere, Ergebnisse bei der Klassifikation der Ordnungstypen. In seiner 1906 publizierten Arbeit [14] erzielte er überraschende Teilerfolge auf dem Weg zu einer Klassifikation der homogenen Ordnungstypen der Mächtigkeit $\aleph_1$, von dem er sich sogar einen weiteren Zugang zur Lösung des Kontinuumsproblems erhoffte.

Hausdorff entwickelte in dieser Arbeit eine Reihe von Konzepten zur Unterscheidung verschiedener Ordnungstypen. Zur Analyse des Verhaltens von Ordnungstypen *am Anfang* oder *am Ende* erklärte er zunächst, eine Teilmenge $A \subset M$ heiße

> *koinitial mit* M, falls $M^A := \{m \mid m \prec A\} = \emptyset$,
> *konfinal mit* M, falls $M_A := \{m \mid m \succ A\} = \emptyset$.

Und die Menge M besitze den

> *Lückentyp* (i, j), falls eine Zerlegung $M = A + B$ existiert mit A konfinal zur Ordinalzahl ω_i und B koinitial zu ω_j^* $(i, j \prec \omega_0)$. Dabei geht ω_j^* durch Ordnungsumkehrung aus ω_j hervor.

---

[14] Analog *Potenzen k-ter Klasse* $(k > 1)$ durch Einschränkung auf Mengen $T_m^{(k)} := \{(x_a)_{a \in A} \mid x_a \neq m$ nur für wohlgeordnete Teilmenge der Mächtigkeit $\aleph_{k-2}$ von $A\}$

Hausdorff beobachtete, daß die homogenen Typen der Mächtigkeit $\aleph_1$ mit ω_0 oder ω_1 konfinal sind und mit ω_0^* oder ω_1^* koinitial. Dies lieferte ihm eine erste Einteilung der betrachteten Typen in 4 *Gruppen*. Diese unterteilte er je nach Existenz von ω_1- oder ω_1^*-Folgen in 9 *Gattungen* und untersuchte, welche Lückenarten in jeder dieser Gattungen auftreten können. Nach der Beobachtung, daß hier überhaupt nur die vier ersten Lückenarten $(0,0),(0,1),(1,0),(1,1)$ auftreten können, lieferte ihm der nächste Schritt der Analyse eine Auflistung von 50 *a priori* möglichen Arten (*Species*) homogener Typen der Mächtigkeit $\aleph_1$. Die Frage war nun, welche dieser *a priori* denkbaren Species tatsächlich auftreten können. Zur Beantwortung dieser Frage setzte Hausdorff seine transfiniten Potenzen ein.

Tatsächlich gelang ihm die Erzeugung von Typen zu 32 der 50 Species durch Potenzbildungen, nämlich gerade für diejenigen, bei denen $(0,0)$-Lücken auftreten.[15] In den anderen 18 Fällen kam er aus schwerwiegenden Gründen nicht weiter. Deren Darstellbarkeit hängt nämlich, wie Hausdorff entdeckte, eng mit der *Kontinuumsproblematik* zusammen: Jeder überalldichte Typus ohne $(0,0)$-Lücken enthält das Kontinuum (hier als natürlich samt Ordnungsstruktur verstanden) als Teilmenge. Könnte man die Existenz einer der 18 verbleibenden Typen nachweisen, so wäre das Kontinuum in einer Menge der Mächtigkeit $\aleph_1$ enthalten, also selber von dieser Mächtigkeit (ebda., 156). Im Rückblick erscheint es also kaum als verwunderlich, daß es Hausdorff weder durch seine Potenzbildungen noch durch eventuelle Erweiterungen gelang, Ordnungstypen solcher *a priori* denkbaren Species darzustellen, wäre doch, wie Hausdorff selber anmerkte,

> „... die Auffindung eines solchen Typus von zweiter Mächtigkeit (...) nichts geringeres als (ein) Beweis der Cantorschen (Kontinuums-) Hypothese". (1907a [15], 84f.)

Auf einen weiteren Aspekt der Arbeit von 1906 möchte ich hinweisen. In seinen ersten beiden Arbeiten zur Mengenlehre (1901 [9], 1904 [11]) hatte Hausdorff neue Attribute zur Bearbeitung von Ordnungstypen noch recht sparsam eingeführt, die sich teils direkt dem Blick auf die Ordnungsstruktur verdankten (*homogen, gestuft*), teils die arithmetisch-algebraisierenden Sprache der Cantorschen Theorie der Ordinalzahlen aufnahmen und verallgemeinerten (*Addition, Multiplikation, Potenzen von Ordnungstypen*) oder auch einen vorsichtig topologisierenden Blick (*dicht, Dedekind-vollständig*[16]) zum Ausdruck brachten. Ab (1906 [14]) gab er diese Zurückhaltung auf und erweiterte sein terminologisches Arsenal zur Strukturierung des immer noch recht unübersichtlichen Materials der transfiniten Ordnungstypen merklich. Neben dem Ausbau und der Verfeinerung der unmittelbar auf Ordnungstrukturen zugeschnittenen Sprache (*konfinal, koinital, Lückentypen* u.a.) griff Hausdorff auch ganz bewußt auf den Kunstgriff zurück, die Cantorsche Sprache der Topologie von Punktmengen in leicht veränderter Form in die Theorie der Ordnungstpyen zu übertragen.

---

[15]Zum Beispiel stellte Hausdorff 8 Species durch Potenzen der Form $\mu_i(\omega_0), 1 \le i \le 8$, dar mit $\mu_1 = \omega_0 + \omega_0^*, \mu_2 = \omega_1 + \omega_0^*, \mu_3 = \omega_0 + \omega_1^*, \mu_4 = \omega_1 + \omega_1^*, \mu_5 = \mu_2 + \mu_4, \mu_6 = \mu_3 + \mu_4, \mu_7 = \mu_2 + \mu_3, \mu_8 = \mu_2 + \mu_4 + \mu_3$ mit beliebigem Hauptelement außer dem jeweils ersten oder letzten Element der Basis (Hausdorff 1906 [14], 163).

[16]Dicht heißt dabei ein Ordnungstypus m zur geordneten Menge M, falls für je zwei $a, b \in M$ mit $a \prec b$ stets ein $c \in M$ existiert mit $a \prec c \prec b$, und Dedekind-vollständig (Hausdorff verwendete dafür im übrigen stets die Formulierung *stetig im Dedekindschen Sinne*), falls zu jeder Zerlegung $M = A + B$ entweder A ein maximales oder B ein minimales Element besitzt (siehe auch Abschnitt 2).

Hausdorff bezeichnete nun Teilmengen vom Typus ω_ν oder ω_ν^* mit endlichem Index ν als *Fundamentalfolgen* in der geordneten Menge M und bezeichnete den Limes einer solchen, falls existent, als *Fundamentallimes*[17] und übertrug nun die Cantorschen Definitionen:

> M heiße
> *abgeschlossen*, falls jede Fundamentalfolge in M einen Limes hat,
> *in sich dicht*, falls jedes $m \in M$ Fundamentallimes ist,
> *perfekt*, falls M abgeschlossen und in sich dicht ist,
> *zerstreut*, falls M keine dichte Teilmenge besitzt.

Diese Konzepte setzte er bei seiner Analyse der geordnete Mengen ein, insbesondere auch beim Studium der *Pantachien*, die er in Anlehnung an Studien von du Bois Reymond in (1907a [15]) einführte und in seiner Arbeit (1909 [18]) noch einmal einer detaillierten Untersuchung unterzog. Unter *Pantachien* verstand Hausdorff dabei maximale linear geordnete Teilmengen von (Äquivalenzklassen final gleicher) Folgen monoton steigender Folgen reeller Zahlen.[18] Darauf kann ich hier allerdings nicht weiter eingehen. Stattdessen möchte ich ein weiteres fundamentales Ergebnis für die Klassifikation der geordneten Mengen nennen, in dem beliebige geordnete Mengen aus *zerstreuten* und aus *dichten* Mengen zusammengesetzt werden, nämlich folgenden

> *Satz* (Hausdorff 1908 [17], 458):
> Jede linear geordnete Menge M ist entweder *zerstreut* oder (transfinite) *Summe zerstreuter Mengen* über eine dichten Indexmenge:
>
> $$M = \sum_{a \in A} M_a \qquad \text{mit } A \text{ dicht und } M_a \text{ zerstreut.}$$

Hausdorff untersuchte also nun näher, welche *zerstreuten* und welche *dichten* geordneten Mengen denkbar sind. Dabei erhielt er insbesondere für die zerstreuten Mengen einen überraschenden Aufbau aus einer besonderen Klasse von Ordinalzahlen, den *regulären Anfangszahlen*.

Die Auszeichnung der letzteren wurde Hausdorff durch eine brillante Einführung der *Anfangszahlen* möglich, die ohne die Cantorschen *Erzeugungsprinzipien* der Ordinalzahlen auskam. Hausdorff ging dazu von der Beobachtung aus, daß die Mächtigkeiten transfiniter wohlgeordneter Mengen selber wieder wohlgeordnet sind, also durch Ordnungszahlen α indiziert werden können: $\aleph_\alpha$ Dabei erhält jedes $\aleph$ offensichtlich den Index α mit $\alpha =$ *Typus der Menge der transfiniten Mächtigkeiten wohlgeordneter Mengen kleiner als die zum betrachteten* $\aleph$ *vorliegende wohlgeordnete Menge.* Die transfiniten Ordnungszahlen gruppieren sich dann nach der Mächtigkeit der ihnen zugrunde liegenden Mengen in *Zahlenklassen*: die endlichen Ordnungszahlen gehören zur *1. Zahlenklasse,* die Ordnungszahlen der Mächtigkeit $\aleph_0$ zur *2. Zahlenklasse* usw. Die niedrigste Ordnungszahl der Mächtigkeit

---

[17]Dabei ist der *Limes* einer Teilmenge $A \subset M$ in naheliegender Weise definiert als $\min\{m|m \succ A\} = M_A$ behiehungsweise als $max\{m|m \prec A\} = M^A$.

[18]Zwei Folgen heißen dabei *final gleich*, falls sie ab einem bestimmten Index gliedweise übereinstimmen. Analog heiße (x_i) *final kleiner* als (y_i), falls $x_n < y_n$ ab einem bestimmten n_0. Die maximalen Elemente der halbgordneten Menge der Äquivalenzklassen solcher final geordneter (oder wie Hausdorff auch sagte, *nach dem Endverlauf graduierter*) reeller Zahlenfolgen nannte letzterer *Pantachien*.

$\aleph_\nu$ (also der $\nu + 2$-ten Zahlenklasse) heiße ω_ν; Hausdorff bezeichnete diese als *Anfangszahl zum Index ν*. Für ω_0 steht (wie bei Hausdorff und Cantor) im folgenden manchmal auch einfach ω.[19]

Für die Auszeichnung der *regulären Anfangszahlen* ging Hausdorff nun von der Beobachtung aus, daß eine Anfangszahl ω_α (also das erste Element innerhalb der $(\alpha + 2)$-ten Zahlenklasse) normalerweise nicht zu einer strikt kleineren Ordinalzahl konfinal ist.[20] Dies kann höchstens dann gelten, wenn α selber eine *Limeszahl* ist, das heißt eine Ordinalzahl, deren Vorgängermenge kein maximales Element besitzt (wie die Anfangszahlen selber, aber etwa auch $\omega_0 + \omega_0 = \omega_0 \cdot 2$ usw.).[21] Zum Beispiel ist ω_{ω_0} konfinal zur Folge der Anfangszahlen $\omega_0, \omega_1, \omega_2, \omega_3, \ldots$ und damit zu einer Menge vom Typ ω_0 selber. Hausdorff traf daher die Unterscheidung der *Anfangszahlen* in *reguläre*, die nicht konfinal zu einer kleineren Ordinalzahl sind, und *singuläre*, die konfinal zu einer kleineren Ordinalzahl sind. Zu den *regulären* Anfangszahlen gehören damit auf jeden Fall schon einmal alle „gewöhnlichen" Anfangszahlen, die keinen Limesindex besitzen, während die Limeszahlen „normalerweise" *singuläre* Anfangszahlen sind.

Zum Aufbau der zerstreuten Mengen aus regulären Anfangszahlen verwendete Hausdorff das Konzept eines Typenrings. Dabei bezeichnete er ein System $\mathcal{S}$ von Ordnungstypen als einen Typenring, falls mit $\alpha, \mu \in \mathcal{S}$ stets auch Summe und Produkt aus $\mathcal{S}$ sind, wie auch mit jedem indizierten System μ_a aus $\mathcal{S}$ ($a \in A$ beliebige geordnete Indexmenge) die transfinite Summe über den Erzeuger $A \sum_{a \in A} \mu_a$ wiederum in $\mathcal{S}$ liegt.[22] Damit erhielt Hausdorff den bemerkenswerten

> *Satz* (Hausdorff 1908 [17], 458):
> Die zerstreuten Mengen der Mächtigkeit kleiner $\aleph\alpha$ bilden, falls ω_α regulär ist, einen Typenring, der von allen regulären Anfangszahlen kleiner ω_α (inklusive 1) und deren Inversen erzeugt wird.

Speziell folgt für die abzählbaren zerstreuten Mengen ($\alpha = 1$), daß sie im von $1, \omega, \omega^*$ erzeugten Typenring liegen. Da schon Cantor gezeigt hatte, daß es nur vier dichte abzählbare Typen gibt ($\eta, \eta + 1, 1 + \eta, 1 + \eta + 1$, mit η Typus von $\mathbf{Q}$), sind die abzählbaren Ordnungstypen im Sinne der Hausdorffschen Typenringe endlich erzeugt, nämlich von $1, \omega, \omega^*, \eta$. Das war natürlich ein überraschendes Resultat; aber Hausdorff schränkte die Bedeutung seines Satzes sogleich auf ein realistisches Maß ein, indem er darauf hinwies, daß

> „... von der Mächtigkeit des Kontinuums aufwärts unendlich viele dichte Typen existieren." (ebda. 458)

Dennoch schien ihm die Logik des Aufbaus des Universums der Ordnungstypen als in groben Zügen vorgezeichnet:

---

[19] Diese Hausdorffsche Einführung der *Zahlenklassen* und der *Anfangszahlen* wurde ohne größere Änderungen in die Lehrbuchliteratur aufgenommen (Hinweis von W. Purkert). Siehe auch den Beitrag von Herrn Koepcke in diesem Band.

[20] Dagegen ist eine Ordnungszahl, die keine Anfangszahl ist, stets konfinal zu einer kleineren (Hausdorff 1908 [17], 442). Zum Beispiel ist $\omega_0 + 7$ konfinal zu 7 und $\omega_1^3 + \omega_1\omega_0 + \omega_0^2 + \omega_0$ konfinal zu ω_0 usw.

[21] (Hausdorff 1908 [17], 443).

[22] Dies hat zur Konsequenz, daß Typenringe „ziemlich groß" sind. Zum Beipiel enthält der von ω erzeugte Typenring nicht nur $\omega^2, \omega^3, \omega^4, \ldots \omega^k, \ldots$ sondern auch $\omega^2 + \omega^3 + \omega^4 + \cdots = \omega^\omega$.

"Das Baumaterial (...) kann nicht zweifelhaft sein: es sind die wohlgeordneten Mengen und ihre Inversen, deren Mächtigkeit freilich nicht mehr auf die
Alefs mit endlichem Index eingeschränkt werden darf, und insbesondere sind
die regulären Anfagszahlen mit ihren Inversen als die letzten Bausteine und
Uratome der Typenwelt anzusehen. Aber die aufbauenden Operationen sind
nicht so einfach und naheliegend, wie man es wünschen möchte." (Hausdorff
1908 [17], 435f.)

Es begann sich eine erste Ordnung abzuzeichnen, die von Hausdorff noch durch eine
Analyse der dichten Mengen durch ihre *Charaktere* komplettiert wurde, die ich hier aber
nicht weiter diskutieren kann. Dabei bezeichnete Hausdorff ein Paar von Ordnungszahlen
(α, β) als *Charakter* eines Elementes m der dichten Menge M, falls sich M zerlegen läßt
als $M = A + m + B$, wobei A konfinal zu ω_α und B koinitial zu ω_β ist (ebda. 474ff.).
Hausdorff hatte also im oben genannten präzisen Sinn die regulären Anfangszahlen als
letzte Bausteine und Uratome der Typenwelt identifiziert. Das war Grund genug nachzufor-
schen, ob es außer den „gewöhnlichen" Anfangszahlen, die ja in jedem Falle regulär sind,
eventuell auch reguläre Anfangszahlen unter den Anfangszahlen mit Limesindex gibt oder
ob Anfangszahlen mit Limesindex notwendigerweise singulär sind. Nun ist eine Anfangszahl ω_ζ mit Limesindex ζ letzterem konfinal; für eine reguläre Limeszahl müßte also die
etwas überraschende Beziehung $\omega_\zeta = \zeta$ gelten. Einmal angenommen, es gäbe Anfangszahlen, die dieser Bedingung genügen — Hausdorff taufte sie ζ-*Zahlen* — dann müssen
diese nicht notwendigerweise umgekehrt Anfangszahlen mit Limesindex sein. Sie sind aber
sicherlich wieder wohlgeordnet, also in natürlicher Weise durch Ordinalzahlen indizierbar:

$$\zeta_0 < \zeta_1 < \zeta_2 < \ldots < \zeta_\alpha < \cdots$$

Jede „gewöhnliche" ζ-Zahl (das heißt ohne Limesindex) ist Limes einer α-Folge also mit
α konfinal, und jede ζ-Zahl mit Limesindex ist diesem konfinal. Eine reguläre Anfangszahl
mit Limesindex könnte also nur eine solche ζ-Zahl sein, die ihrem eigenen Index gleich
ist, $\zeta_\eta = \eta$ (Hausdorffs Bezeichnung η-*Zahl*). Um eine Chance zu haben, eine reguläre
Anfangszahl ω_ξ mit Limesindex ξ zu finden, wären also die ζ-Zahlen zu bilden (falls
vorhanden), unter diesen die η-Zahlen zu bestimmen und anzuordnen (falls vorhanden)
usw. Dieses Spiel ließe sich so häufig iterieren bis die entstehende „Spielfolge" selber vom
Ordnungstypus des Index ξ der hypothetischen regulären Anfangszahl ω_ξ mit Limesindex
ist. Dieser von Hausdorff skizzierte Gedankengang ließ einen Blick in bis dahin nie auch
nur annähernd erreichte Tiefen der transfiniten Ordinalzahlen ahnen.
Hausdorff ließ sich von der Fiktionalität des Gedankens nicht abschrecken, obwohl ja
schon unter allen bisher als notierbar angesehen Ordinalzahlen nicht einmal eine ζ-Zahl zu
identifizieren war. Die Klarheit seiner Gedankenführung, die ihn schon im Rahmen seiner
philosophischen Expeditionen bis an die Grenzen des Subjekts hatte gehen lassen, ohne dem
Taumel der Selbstauflösung zu unterliegen, gestattete ihm auch hier einen kompromißlosen
und gleichzeitig sensiblen Vorstoß in unerschlossene Tiefen des von Cantor nur in ersten
Zügen charakterisierten semiotischen Materials des Transfiniten. Wer sonst hätte zu diesem
Zeitpunkt, als die logischen Grundlagen der Mengenlehre noch heiß umstritten waren,
gewagt, der Fiktionalität des selber wieder in sich in hohem Maße transfinit gestuften

Gedankengangs[23] so weit zu folgen und nicht etwa schon bei der Serie der ζ-Zahlen oder spätestens der η-Zahlen abzubrechen? Hausdorff schloß seinen ersten Gedankenausflug ohne das Schwanken existentiellen Zweifels oder der Euphorie des Neuen nüchtern mit der abwägenden Bemerkung:

"Die Existenz einer solchen Zahl ζ erscheint hiernach mindestens problematisch, muß aber in allem Folgenden als Möglichkeit in Betracht gezogen werden." (1908 [17], 444)

Sechs Jahre später kommentierte er in den Grundzügen der Mengenlehre dieselbe Erkundung:

„Wenn es also reguläre Anfangszahlen mit Limesindex gibt (und es ist bisher nicht gelungen, in dieser Annahme einen Widerspruch zu entdecken), so ist die kleinste unter ihnen von einer so exorbitanten Größe, daß sie für die üblichen Zwecke der Mengenlehre kaum jemals in Betracht kommen wird." (Haudorff 1914b, 131)

Dem ist an dieser Stelle nichts hinzuzufügen außer dem Hinweis auf die Darstellung eines Stückes der Fortsetzungsgeschichte der von Hausdorff eröffneten Gedankenexpedition bis in unsere Tage im Beitrag von Herrn Koepke und auf Hausdorffs eigene Wendung zu eher „üblichen Zwecken" der Mengenlehre in den Jahren ab etwa 1910.

Gegen Ende des ersten Dezenniums seiner intensiven Erkundung des erweiterten Cantorschen Universums der transfiniten Ordnungstypen ließ Hausdorffs Interesse an diesem Forschungsgebiet merklich nach. Er hatte ein bewundernswertes Maß an Scharfsinn und Arbeitskraft auf seine Studien der Ordnungstypen verwendet und eine Vielzahl treffender Begriffe geprägt sowie überraschende Ergebnisse erzielt. Doch blieben die Ergebnisse unter dem Gesichtspunkt ihres Bezuges und ihrer Bedeutung für andere, klassischere Teile der Mathematik erstaunlich indifferent. Und bei aller Freude an der Auflösung der kulturell überlieferten Denkformen, also sicherlich auch (in Maßen) der klassischen Mathematik und der Ausarbeitung vielfacher und nuancenreicher, konsistent denkbarer Alternativen wandte sich Hausdorff gegen Ende dieser ersten zehn Jahre des neuen Jahrhunderts nun doch stärker der Analyse der logisch einfachen Formen in klassischen mathematischen Theorien zu, die das 19. Jahrhundert hervorgebracht hatte, namentlich der Analysis. Dabei stand es für ihn außer Frage, daß die logische Analyse von Sprache und Theorie der Mengenlehre geleitet sein sollte. Die Ordnungen, denen er sich in den nun folgenden Jahren zuwenden sollte, entsprangen dementsprechend viel weniger als im ersten Jahrzehnt seines Studiums der Mengenlehre dem ordnenden Blick des sich autonom setzenden Subjekts in das noch nahezu ungeordnete Chaos des Transfiniten. Nun ging es um die Suche nach Ordnungen, die unter der Vielzahl der logisch möglichen auch noch dem Blick auf die Empirie der Mathematik standhalten konnten.

---

[23] Hausdorffs logische Figur verwendet ja drastisch größere Sprünge in den Ordnungen des Transfiniten als etwa die transfinite Induktion, die auch Cantor schon gewagt hatte.

4   Herausbildung der Axiomatik des Hausdorff-Raumes

Schon in seinem *Chaos in kosmischer Auslese* hatte sich Hausdorff sehr an Cantors Topologie der Punktmengen interessiert gezeigt; dort hatte er allerdings lediglich einen philosophisierenden Blick auf die topologischen Aspekte der Problematik der Auffassung des Raumes als *Kontinuum* nehmen können. Im Sommersemester 1901 ergab sich für ihn während seiner ersten Vorlesung über *Mengenlehre* in Leipzig die erste Gelegenheit, mathematisch auf dieses Thema einzugehen. Dabei kam er - anders als im Abschnitt über die Ordnungstypen - nicht über die von Cantor schon publizierten Ergebnisse hinaus. Ganz wie Cantor führte er das Konzept des *Grenzpunktes (Häufungspunktes)* in **R** beziehungsweise **R**^{n} als Grundbegriff ein und entwickelte daraus die Begriffe *isolierter Punkt, erste* oder *höhere Ableitung einer Punktmenge, in sich dicht, abgeschlossen* und *perfekt.*[24] Abschließend diskutierte er die Mächtigkeit von Punktmengen, wohl wissend, daß „... über die Mächtigkeit der Punktmengen (...) noch nicht viel bekannt..." ist (Hausdorff Ms 1901, 59).

Zu Beginn des Abschnitts über *Punktmengen* reflektierte Hausdorff über den von ihm zu diesem Zeitpunkt sichtbaren Unterschied von Ordnungsstrukturen und topologischen Aspekten der Punktmengenlehre:

> „Während im Ordnungstypus nur die Lage der Elemente *gegen einander* in Frage kam, wird jetzt auch ihre Lage gegen die Elemente der *Umgebung* in Betracht gezogen. Schema: P eine Theilmenge von M; das Verhältnis der p untereinander gibt den Typus $\bar{P}$, nun aber betrachten wir auch das Verhältnis der p zu solchen m, die nicht Elemente von P sind. Als M wählen wir das Continuum (neuere Untersuchungen, besonders von Baire, befreien uns von dieser Voraussetzung). und zwar zunächst das eindimensionale Continuum. Also Mengen reeller Zahlen; Theilmengen des Continuums $-\infty < x < \infty$ ...." (Hausdorff Ms 1901, 53)

In dieser noch ziemlich grob formulierten Bemerkung mischen sich zwei Aspekte. Hausdorff begann darüber nachzudenken, wie sich der grundlegende logische Unterschied zwischen Ordnungsstrukturen und topologischen Strukturen formulieren läßt. Dabei zeigte ihm schon sein erster Blick, daß es bei ersteren um eine Relation zwischen den Elementen geht, während bei letzteren eine Relation zwischen Elementen und Teilmengen (*Umgebungen*) ins Spiel kommt. Aber noch richtete sich sein Blick auf eine Einführung der Umgebungen in Punktmengen als von einer Einbettung in einen umgebenden Raum induziert, in dem selber wiederum auf natürliche, wenn auch noch nicht weiter analysierte Weise von Umgebungen zu sprechen ist. Noch schien ihm also das Konzept der *Umgebung* etwas den Punktmengen extrinsisches zu sein, im Gegensatz zu den rein intrinsisch definierten Ordnungsstrukturen. Dieser Blick legte natürlich nahe, die Ordnungsstrukturen als wesentlich fundamentaler als die Punktmengentopologie anzusehen, und ist sicher ein Stück des Hintergrundes, der Hausdorff dazu brachte, sich in seinen Studien so lange fast ausschließlich auf die Ordnungstypen zu konzentrieren.

---

[24] Dabei bezeichnete Hausdorff mit Cantor die Menge aller Häufungspunkte M' als Ableitung der Punktmenge M, entsprechend rekursiv für höhere Ableitungen. M heißt *in sich dicht*, wenn jedes $m \in M$ Häufungspunkt ist ($M \subseteq M'$), abgeschlossen, falls $M' \subseteq M$, und perfekt, falls M abgeschlossen und in sich dicht ist.

Noch in seiner Bonner Vorlesung vom Sommersemester 1910 brachte Hausdorff keine grundlegend neue Sicht zum Ausdruck. Auch hier betrachtete er Punktmengen im $\mathbf{R}^n$ noch ganz im Sinne Cantors, lediglich ergänzt um kleine terminologische Erweiterungen. So traf er hier etwa zum erstenmal die Unterscheidung von $\alpha-,\beta-,\gamma$-Punkten bezüglich einer Punktmenge M, die er — auf Hausdorff-Räume übertragen — auch in seine *Grundzüge der Mengenlehre* aufnahm (Hausdorff 1914b, 219).[25] Eine weitere Analyse der logischen Grundstruktur der punktmengentopologischen Begriffe nahm er nicht vor. Immerhin lenkte die Unterscheidung der $\alpha-,\beta-,\gamma$ — Punkte die von Hausdorff verwendete topologische Begrifflichkeit in eine Richtung, in der Umgebungen begannen, eine größere Rolle zu spielen, als lediglich Baustein für die Einführung des Konvergenzbegriffs für Punktfolgen zu sein. Insofern können wir hier einen ersten Ansatz dazu sehen, den in der elementaren punktmengentopologischen Sprache formulierbaren Bereich zu überschreiten, die Hausdorff etwa 1906 auch in die Theorie der Ordnungstypen eingeführt hatte. Es handelte sich aber wohl nicht um mehr als um erste Andeutungen eines Blickwechsels.

Erst im Lauf der ersten Jahreshälfte 1912 vollzog Hausdorff den entscheidenden Übergang, der ihn endgültig über die elementare Punktmengentopologie im Cantorschen Sinne hinausführen sollte. Sein erster Schritt dazu ergab sich, so weit wir den Dokumenten entnehmen können, aus einer logischen Analyse der Grundbegriffe der komplexen Analysis. In einem datierten nachgelassenen Fragment vom 2. 3. 1912 finden wir vorläufige Überlegungen Hausdorffs, wie *Umgebungen* in einer *Riemannschen Fläche* $\mathcal{F}$ eingeführt werden können, also einer Menge, die selber nicht a priori als in einem *Kontinuum* liegend anzusehen ist (Hausdorff Ms 1912a). Als „vorläufig" möchte ich diese Überlegungen deswegen bezeichnen, weil Hausdorff die Umgebungen durch eine hilfsweise eingeführte Metrisierung beschrieb, die er selber wieder aus einer Metrisierung der Riemannschen Zahlenkugel erhielt. Er definierte nämlich den Abstand zweier Punkte x und y in $\mathcal{F} \longrightarrow P_1 C \approx S^2$ durch das Minimum der Länge von Wegen zwischen x und y, wobei die Weglänge von der in S^2 induziert war.[26] Hausdorff versuchte *in diesem Fragment* also überhaupt noch keine logisch-strukturelle Analyse des Umgebungsbegriffs. Aber es ist klar, daß er im Frühjahr 1912 begann, sich intensiver mit der Frage zu beschäftigen, wie die Umgebungen eines Punktes in einer Menge ungeachtet möglicher Einbettungen zu definieren sind.

Als er im Sommersemester desselben Jahres seine dritte Vorlesung über Mengenlehre hielt, war er ein deutliches Stück weitergekommen. Noch immer führte er in dieser Vorlesung Umgebungen U_x eines Punktes x im Raum $\mathcal{E} = \mathbf{R}^k$ zunächst als *Kugelumgebungen* bezüglich der euklidischen Metrik ein. Aber Hausdorff blieb dabei nun nicht mehr stehen, sondern analysierte die logischen Relationen zwischen Punkten und ihren Umgebungen und stellte sie zu *Fundamentaleigenschaften der Umgebungen* zusammen:

> „Die Umgebungen haben folgende Eigenschaften:
>
> (α) Jedes U_x enthält x und ist in $\mathcal{E}$ enthalten.
>
> (β) Für zwei Umgebungen desselben Punktes ist $U_x \subseteq U'_x$ oder $U_x \supseteq U'_x$

---

[25] Ein Punkt heißt $\alpha-,\beta-$, beziehungsweise γ-Punkt bezüglich der Punktmenge M, falls in jedem einschließenden Intervall (jeder einschließenden Umgebung) mindestens ein, unendlich viele, beziehungsweise überabzählbar viele Punkte von M liegen.

[26] Genauer beschrieben, arbeitete Hausdorff sogar bis kurz vor Schluß des Fragments mit Weglängen, die vom endlichen Teil C in $P_1 C$ induziert werden. Erst im letzten Satz seiner Notiz merkte Hausdorff an: „Der Punkt ∞ verursacht wieder Modificationen. Daher die Sache auf die Kugel zu projicieren." (Hausdorff Ms 1912a)

(γ) Liegt y in U_x, so gibt es auch eine Umgebung U_y, die in U_x enthalten ist ($U_y \subseteq U_x$).

(δ) Ist $x \neq y$, so gibt es zwei Umgebungen U_x, U_y ohne gemeinsamen Punkt ($\partial(U_x, U_y) = 0$).

Die folgenden Betrachtungen stützen sich zunächst nur auf diese Eigenschaften, sie gelten daher allgemein, wenn $\mathcal{E}$ eine Punktmenge $\{x\}$ ist, deren Punkten x Punktmengen U_x zugeordnet sind mit diesen 4 Eigenschaften." (Hausdorff Ms 1912b, §6)

Hausdorff war sich natürlich völlig darüber im klaren, daß die Angabe dieser *Fundamentaleigenschaften* von Umgebungen auf eine axiomatische Charakterisierung der Topologie von Punktmengen hinauslief, bezeichnete diese hier jedoch noch nicht als *Axiome*. Immerhin gab er aber ein Beispiel für ein System logisch zulässiger Nichtstandardumgebungen für Punkte $x = (x_1, x_2)$ von $\mathcal{E} = \mathbf{R}^2$ durch horizontale Intervalle $U_{x,\rho} = \{(y_1, y_2) \mid x_2 = y_2, |x_1 - y_1| < \rho\}$ an, um die Möglichkeit anzudeuten, wie durch seine Fundamentaleigenschaften der klassische Blick der Punktmengentopologie erweitert werden kann. Insofern ist Hausdorffs Charakterisierung der Umgebungen durch die Eigenschaften (α) bis (δ) recht gut vergleichbar zu Dedekinds Herausarbeitung der *Fundamentaleigenschaften von Substitutionsgruppen* in seiner Vorlesung von 1856 als Schritt hin zu einer Axiomatisierung des Gruppenbegriffs (Dedekind 1856/1981, 61-63). Auch dort finden wir die Ausarbeitung logisch grundlegender Eigenschaften, die noch kontextuell gebunden dargestellt wurden, aber doch unabhängig von dieser Anbindung als abstrakte begriffliche Charakterisierung verstehbar sind und von ihrem Autor auch so gemeint waren.

Hausdorff konnte seine Charakterisierung der Umgebungssysteme mit nur zwei geringfügigen Änderungen in seine *Grundzüge der Mengenlehre* von 1914 als Axiomatik der topologischen Räume übernehmen. Die erste war natürlich die explizite Lösung vom Kontext: $\mathcal{E}$ nun als beliebige Punktmenge mit Auszeichnung eines Systems von Mengen $\{U_x\}$, genannt die Umgebungen von x, zu jedem Punkt $x \in \mathcal{E}$. Die zweite war die Abschwächung der zweiten Forderung (β) zu: Zu U_x und U_x' gibt es eine Umgebung V_x, so daß $V_x \subset U_x \cap U_x'$ (Hausdorff 1914b, 213).[27]

Darüber hinaus deutete Hausdorff in den *Grundzügen* an, daß es verschiedene, alternative Wege zur Einführung der Topologie auf Punktmengen gibt: über *Metrisierung*, über *Umgebungen* und über die Einführung eines *Limeskonzepts*, wobei der letztgenannte Zugang sofort eine Beziehung zum Abzählbaren (zu Elementfolgen) mit sich bringe.

> „...Welchen der drei oben genannten Grundbegriffe Entfernung, Limes, Umgebung man zur Basis der Betrachtung wählen will, ist bis zu einem gewissen Grade Geschmacksache." (Hausdorff 1914b, 211).

Dabei ist die *Geschmacksache* wörtlich zu lesen, also als Sache des intellektuellen Geschmacks und des Taktes, und sollte keinesfalls im Sinne von *beliebig/willkürlich* vergröbert werden.

---

[27] In der Tat wies Hausdorff in einer Anmerkung auf die enge Beziehung zwischen den nunmehr zum erstenmal publizierten Axiomen und den Fundamentaleingeschaften in seiner Bonner Vorlesung hin: „Die Grundzüge der hier entwickelten Umgebungstheorie habe ich im Sommersemester 1912 in einer Vorlesung über Mengenlehre an der Universität Bonn vorgetragen." (Hausdorff 1914b, 456f.)

Bis 1914 hatte sich Hausdorff schon so weit auf "klassischere" Teile der (modernen) Mathematik eingelassen, daß er die Beziehung zwischen Ordnungsstrukturen und Topologie, die vorher für ihn eine große Rolle gespielt hatte, nicht mehr so deutlich hervorheben wollte. In einem Briefwechsel im Sommer 1918 über begriffliche und terminologische Fragen der Punktmengentopologie schlug L. Vietoris Hausdorff unter anderem vor, die enge Verwandtschaft zwischen den Konzepten des *Zusammenhangs* in topologischen Räumen und der *Dedekind-Stetigkeit* in geordneten Mengen auch terminologisch zu dokumentieren. Hausdorff erklärte sich in der Intention mit Vietoris einig und räumte ein, eine viel größere Nähe von Punktmengentopologie und Ordnungsstrukturen zu sehen, als er in seinem Buch zum Ausdruck gebracht hatte, um unnötigen Abweichungen von dem seit Cantor eingebürgerten Sprachgebrauch aus dem Weg zu gehen.[28]

Natürlich nützte Hausdorff die Ausarbeitung in den *Grundzügen* zu einer Weiterführung der Analyse, darunter etwa der Diskussion *äquivalenter Umgebungsssysteme* und der *Abzählbarkeitsaxiome* für Umgebungsbasen (ebda, 261ff.). Nachdem in den 1920er Jahren durch Kuratowski, Frechet und Alexandrov der *Hüllenoperator* als fundamentaler Grundbegriff der Punktmengentopologie eingeführt und weit verbreitet worden war,[29] erweiterte Hausdorff später in den 1930er Jahren selber noch einmal das Spektrum der möglichen Zugänge zur topologischen Struktur auf Punktmengen durch die Betrachtung von Systemen abgeschlossener oder offener Mengen (Hausdorff 1935 [38]). Diese weitere Entwicklung gehört aber hier nicht zum Thema. Es bleibt jedoch noch die Frage zu diskutieren, welche Beziehungen zwischen Hausdorffs Ausarbeitung der Umgebungsaxiomatik und Hilberts Ansätzen zur Formulierung von Umgebungsaxiomen im Rahmen der Arbeiten zu den Grundlagen der Geometrie (1902) und zu Weyls Charakterisierung der Riemannschen Fläche (1913) bestanden haben mögen.

Hilbert hatte im Jahre 1902 in einer Notiz zu den Grundlagen der Geometrie in den *Göttinger Nachrichten* ein dem Hausdorffschen System sehr ähnlich aufgebautes Axiomensystem für Umgebungen der Ebene eingeführt, das im selben Jahr gekürzt auch in den *Mathematischen Annalen* erschien und im folgenden Jahr in Originalfassung als Anhang IV zur zweiten Auflage der *Grundlagen der Geometrie* abgedruckt wurde (Hilbert 1902, 234f.). Das Axiom (α) trat darin sinngleich (wenn auch kontextuell anders gebunden) auf, für (β) findet sich Hausdorffs endgültige Fassung von 1914. Statt (γ) gibt es die etwas stärkere Formulierung:

Für $y \in U_x$ ist U_x auch Umgebung von y.

---

[28] "Der Zusammenhangs- oder Stetigkeitsbegriff hat gleich drei von einander unabhängige Entdecker gehabt: Sie, mich und *N. J. Lennes* (Am. J. of Math *33* (1911), S. 303), auf welches mich ein Citat bei A. Rosenthal aufmerksam machte. Dass er der Dedekindschen Stetigkeit bei geordneten Mengen. entspricht, ist ganz richtig. Dass die Theorie der geordneten Mengen und die der Punktmengen überhaupt einheitlicher verarbeitet werden könnten, namentlich in der Bezeichnungsweise, ist mir nicht entgangen; ich fand in meinem Buche nur nicht den Muth, an der eingebürgerten Terminologie etwas zu ändern. Aber ihre Benennung 'stetig', neben der man das Cantorsche 'zusammenhängend' beibehalten kann, ist zweifellos gut." (Hausdorff an Vietoris, 6. 7. 1918 — Briefwechsel in persönlichem Besitz von L. Vietoris, Kopien bei E. Brieskorn, dem ich den Hinweis auf diese Korrespondenz verdanke).

[29] So zum Beispiel auch in (Alexandrov/Hopf 1935).

Und anstelle der Hausdorff-Trennung (δ) steht ein Postulat der Verbindung:

> Zu allen $x, y \in \mathcal{E}$ gibt es ein $U \subset \mathcal{E}$, das sowohl Umgebung von x als auch Umgebung von y ist.

Weyl hatte dagegen in seiner *Idee der Riemannschen Fläche* Umgebungen und *Koordinatenabbildungen* in zwei Postulaten miteinander verbunden. Er ging dabei von der Auszeichnung eines Umgebungssystems auf der Fläche $\mathcal{F}$ und zugehöriger Koordinatenabbildungen in die Einheitskreisscheibe aus, derart daß — aus späterer Sicht analysiert — die Stetigkeit der Koordinatenabbildungen sichergestellt ist und sich obendrein die Hausdorffschen Postulate als erfüllt erweisen. Weyl machte aber keinen Versuch einer intrinsischen Charakterisierung der Umgebungssysteme, sondern verquickte in seinen Postulaten Umgebungen und Koordinatenabbildungen so innig, daß zwar im Vergleich zu Hilbert eine Reduktion der Anzahl der Postulate möglich wurde, aber dafür eine Schmälerung der logischen Durchsichtigkeit in Kauf zu nehmen war.[30]

Auffällig ist, daß Hausdorff in den Anmerkungen zu den *Grundzügen* anläßlich der Formulierung seiner Umgebungsaxiome wohl auf (Weyl 1913) verwies, nicht aber auf Hilbert, obwohl Hilbert in seiner Formulierung der Umgebungsaxiome der Ebene sehr viel näher an Hausdorffs Charakterisierung herangekommen war als Weyl (der sich selber im übrigen wieder auf Hilbert berief). Ich möchte das so interpretieren, daß Hausdorff bei der Ausarbeitung seiner *Grundzüge* den Weylschen Text vorliegen hatte und sicherlich auch die geistige Nähe dieses Textes zu seinen eigenen Versuchen vom Frühjahr 1912 bei der Ausarbeitung des Umgebungsbegriffs in Riemannschen Flächen registrierte. Dagegen können wir nach den vorliegenden Dokumenten aus dem Jahre 1912 kaum von einem Einfluß Weyls auf Hausdorff ausgehen. Denn aus dem zunächst einmal recht erstaunlichen zeitlichen Zusammentreffen zwischen Hausdorffs Beschäftigung mit den Riemannschen Flächen und Weyls Vorlesung über die *Idee der Riemannschen Fläche* im Wintersemester 1911/1912 läßt sich allein kein unmittelbarer Querbezug zwischen den beiden Arbeiten erschließen, außer vielleicht dem eines eventuellen, allgemein gehaltenen Hinweises auf Weyls Vorlesung, den Hausdorff erhalten haben könnte. Das Buchmanuskript zu Weyls Vorlesung wurde erst im April 1913 fertiggestellt, also lange nach Hausdorffs erster Formulierung seiner Umgebungsaxiome. Und Weyls Postulate waren, wie wir gesehen haben, selber zu verwickelt und kontextuell gebunden abgefaßt, als daß wir in ihnen einen entscheidenden Beitrag zur Klärung von Hausdorffs Ideen im Frühjahr oder Frühsommer 1912 vermuten könnten.[31]

Was nun Hilberts Axiome von 1902 angeht, so können wir mit einiger Berechtigung davon ausgehen, daß Hausdorff diese kurz nach ihrer Abfassung gelesen hat. Hausdorff war selber an den Grundlagen der Geometrie stark interessiert. Er machte Hilbert in einem Briefwechsel nach dem Erscheinen der ersten Auflage der *Grundlagen der Geometrie* auf

---

[30] Weyl forderte auf einer Fläche $\mathcal{F}$ die Auszeichnung von Umgebungen $\{U_x\}$ zu jedem $x \in \mathcal{F}$, so daß gilt:
(I) Zu jedem U_x gibt es eine Bijektion φ_x auf die offene Einheitskreisscheibe, die x auf 0 abbildet, derart daß für $y \in U_x$ und jedes $U_y \subset U_x$ das Bild $\varphi_x(y)$ im Inneren von $\varphi_x(U_y)$ liegt.
(II) Für eine im Einheitskreis enthaltene Kreisscheibe K mit Zentrum $\varphi_x(y)$ gibt es eine Umgebung U_y von y mit $U_y \subset U_x$ und $\varphi_x(U_y) \subset K$. (Weyl 1913, 17f.)
Postulat (I) enthält eine etwas verwickelte Fomulierung zur Sicherstellung der Stetigkeit der Koordinatenabbildungen, Postulat (II) gewährleistet die Existenz von „genügend vielen" Umgebungen, um etwa die Gültigkeit Hausdorffaxiome sicherzustellen.

[31] Das gilt selbst dann, falls Hausdorff auf indirektem Weg doch schon im Frühjahr oder Frühsommer 1912 etwas von den Inhalten der Weylschen Vorlesung erfahren haben sollte.

zwei Ungereimtheiten aufmerksam.[32] Hinzu trat, daß Hausdorff sich selber um das Jahr 1903 herum mit der Begründungsproblematik von *Raum und Zeit* beschäftigte. Er hatte also sicherlich genügend Gründe, die im Jahre 1903 erscheinende zweite Auflage von Hilberts *Grundlagen* zu lesen und so auf Anhang IV zu stoßen, wenn er nicht sowieso schon die entsprechenden Artikel in den *Göttinger Nachrichten* oder den *Mathematischen Annalen* gelesen hatte. Andererseits spricht nichts dafür, daß sich Hausdorff *zu dieser Zeit* der grundlegenden Bedeutung der Axiome bewußt werden konnte. Wir sahen ja aus seinen Vorlesungsaufzeichnungen, wie stark er zwischen 1901 und 1910 in Sachen Punktmengentopologie an Cantor orientiert blieb, während er seine logische Klärungsarbeit ganz auf die Ordnungstypen konzentrierte. Und es gibt keinen Grund anzunehmen, daß Hausdorff während des entscheidenden Jahres 1912 oder bis zur Ausarbeitung der *Grundzüge* im Jahre 1914 wieder auf Hilberts Beitrag von 1902 gestoßen wäre. Wäre dies nämlich der Fall gewesen, dann hätte Hausdorff sicherlich in den Anmerkungen zu seinen Umgebungsaxiomen auf diesen Artikel hingewiesen, da ja dessen intrinsische Chrakterisierung der Umgebungssysteme wesentlich klarer war als bei Weyl.

Die uns zugänglichen Quellen sprechen also zwar dafür, daß Hausdorff Hilberts Ansatz zur Formulierung der Umgebungsaxiome der Ebene um 1902/1903 zur Kenntnis nahm, allerdings ohne sich ihrer grundsätzlichen Bedeutung bewußt zu werden. Im Jahre 1912 durchlief Hausdorff eine schnelle Entwicklung der logischen Klärung der Grundbegriffe der Punktmengentopologie im Sinne der Umgebungsaxiome. Dazu gab ihm die Beschäftigung mit Riemannschen Flächen einen wichtigen Anstoß. Diese könnte eventuell durch einen Hinweis auf Weyls Göttinger Vorlesung im Wintersemester 1911/12 mit angeregt worden sein; aber Hausdorffs Ausarbeitung der Umgebungsaxiome wurde wohl kaum durch Weyl beeinflußt. Eher könnte schon die logische Grundstruktur der Hilbertschen Axiome der Ebene eine unbewußte katalysatorische oder orientierende Funktion gehabt haben. Dies aber berührt Fragen der Psychologie der Entstehung des Neuen, die in einen Bereich des quellenmäßig Undokumentierten hineinführen und die ich hier nicht weiter diskutieren kann. .

5 Hausdorffs Beitrag zur Maß- und Dimensionstheorie

Anders als im Fall der Ordnungstypen und der Punktmengentopologie befaßte sich Hausdorff in seinen Vorlesungen bis einschließlich der vom Sommersemester 1912 nicht mit Maßtheorie. Erst die Arbeit an seinem Buchprojekt, den *Grundzügen der Mengenlehre*, gab ihm während des Zeitraumes 1913/14 die Gelegenheit, sich auch eingehender mit Fragen dieses Gebietes zu beschäftigen (Hausdorf 1914a [20], 1914b, Kap. 10). Dabei trug er durch Analyse zweier Zerlegungsphänomene an Kreis und Kugel zur Klärung der axiomatischen

---

[32] Hausdorffs erster Kritikpunkt richtete sich auf Hilberts Formulierung des Axioms I_2: *Irgend zwei von einander verschiedene Punkte einer Geraden bestimmen diese Gerade, d.h. wenn $AB = a$ und $AC = a$ und $B \neq C$, so ist auch $BC = a$.* Hausdorff merkte an, daß die *das-heißt-Klausel* zwar aus dem ersten Halbsatz folgt, nicht aber umgekehrt, wie er an einem einfachen Modell zeigen konnte. Der zweite Punkt war eine Kritik an Hilberts Formulierung des Unabhängigkeitsbeweises für die Axiome der Gruppe I im Vorlesungsskript *Euklidische Geometrie* vom WS 1898/99. (Hausdorff an Hilbert 12. 10. 1900). Dem ersten Kritikpunkt trug Hilbert in einer Umformulierung des bemängelten Axioms in der zweiten Auflage Rechnung.

Grundlagen der Maßtheorie bei. Fünf Jahre später kam er wieder auf das Thema zurück, nun aufbauend auf einen Beitrag Carathéodorys aus dem Jahre 1914 zur Axiomatisierung des Maßbegriffes, und führte zu einer besseren Beschreibung komplizierter Punktmengen die Konzepte des später nach ihm benannten *Hausdorffmaßes* und der *Hausdorff-Dimension* ein (Hausdorff 1919 [22]).[33]

Lesbesgue hatte in seinem Zugang zur Maßtheorie (1902) die Grundzüge einer axiomatischen Klärung des Maßbegriffs vorgestellt, dabei aber auch eine Reihe von Fragen angerissen, die 1914 noch immer unbeantwortet waren. Er war von der Postulierung einer positiven Mengenfunktion f auf den beschränkten Mengen des $\mathbf{R}^n$ ausgegangen, die euklidisch invariant, additiv, normiert ($f([0,1]^n) = 1$) und σ-additiv ist. Zwar mußte er offenlassen, ob eine solche Funktion tatsächlich existiert, stellte aber fest, daß eine darauf aufbauende Maßtheorie auf jeden Fall die Borelsche Maßtheorie enthalten würde. Daher erweiterte er die Klasse der im Borelschen Sinne *meßbaren Mengen* durch die Einführung des *äußeren* und des *inneren Maßes* und die bekannte Gleichheitsforderung für inneres und äußeres Maß. Den bald folgenden Angaben von *nichtmeßbaren Mengen* (Vitali 1904, van Vleek 1908) stand Lesbesgue skeptisch bis ablehnend gegenüber, weil er wohl noch hoffte, seinen Ansatz durch Ablehnung des Auswahlaxioms retten zu können. Selbst wenn man die von Lesbesgue vertretene Ablehnung des Auswahlaxioms - wie etwa Hausdorff - nicht teilte, blieb aber noch offen, ob das ursprüngliche Lesbesguesche Postulatensystem für die Mengenfunktion f nicht eventuell auf andere Weise zu erfüllen ist.[34]

Hausdorff beantwortete die Frage nun gleich doppelt, mit einem einfachen und einem verschärften *Nein*, allerdings auch wieder unter Verwendung des Auswahlaxioms.

Für die Aufklärung der Existenzfrage einer auf allen beschränkten Mengen des $\mathbf{R}^n$ definierten, σ-additiven, euklidisch invarianten Mengenfunktion, wie von Lesbesgue angenommenen, beobachtete Hausdorff zunächst, daß die Existenz einer solchen Funktion auf dem $\mathbf{R}^n$ eine auf dem $\mathbf{R}^{n-1}$ nach sich zieht, und die auf dem $\mathbf{R}$ eine drehinvariante σ-additive Mengenfunktion auf S^1. Daß dies nicht sein kann, zeigte Hausdorff (1914a [20], 428f.) durch Betrachtung der von einer Drehung δ mit irrationalem Winkel erzeugten Untergruppe $G \cong \mathbf{Z}$ der Isometriegruppe der S^1. Er wählte dazu einen Schnitt im Orbitraum $\tilde{S} = S^1/G$, also genau einen Repräsentanten x_α jedes Orbits $\alpha \in \tilde{S}$ (was die Anwendung des Auswahlaxioms voraussetzt). Ist A die Gesamtheit dieser ausgezeichneten Repräsentanten x_α, so wird S^1 als eine abzählbare disjunkte Vereinigung der kongruenten Mengen $A_m = \delta^m A$ ($m \in \mathbf{Z}$) dargestellt, da ja G auf den einzelnen Orbits einfach transitiv operiert. Daraus erhielt Hausdorff nun leicht einen offensichtlichen Widerspruch zur Forderung der vollen σ-Additivität:

$$f(A) = 0 \Longrightarrow f(S^1) = 0,$$

$$f(A) > 0 \Longrightarrow f(S^1) = \infty,$$

Hausdorff verschärfte seine negative Antwort auf Lesbesgues ursprüngliche Frage noch durch eine weitere Zuspitzung. Er zeigte nämlich, daß selbst bei Abschwächung des Additionspostulats auf endliche Additivität (bei Beibehaltung der sonstigen Postulate) eine für alle beschränkten Mengen definierte Mengenfunktion nicht existieren kann. Dazu zerlegte

---

[33] Siehe dazu auch den Beitrag von Herrn Steffen in diesem Band.
[34] Zur Lesbesgueschen Maßtheorie siehe [Hawkins 1970, 1980].

er die Sphäre $S^2 \subset \mathbf{R}^3$ bis auf abzählbar viele Ausnahmepunkte in drei untereinander kongruente Teilmengen $A \cong B \cong C$, für die aber auch gilt $A \cong B \cup C$. Hausdorff spitzte den Nachweis der Denkbarkeit einer solchen Zerlegung auf die paradoxe Formulierung zu, daß eine *Kugelhälfte* ($A \cong B \cup C$) mit einem *Kugeldrittel* ($A \cong B \cong C$) *kongruent* sein könne (*Hausdorffs Sphären-Paradoxon*) (1914a [20], 30). Auch hier arbeitete er wieder mit der Zerlegung der Sphäre in Orbits - diesmal nach einer von zwei Drehungen erzeugten, abzählbar unendlichen Untergruppe von $SO(3, \mathbf{R})$ - und einem Schnitt im Orbitraum (Auswahlaxiom!). Aus einer geeigneten Sortierung der Gruppenelemente in drei Klassen erhielt er die Zerlegung der Späre in drei Teilmengen, die die genannten Kongruenzrelationen erfüllen (Hausdorff 1914a [20], 430-433; 1914b, 469-472).[35]

Damit hatte Hausdorff klargestellt, daß die ursprünglichen Lesbesgueschen Postulate für eine konsistente Axiomatisierung der Maßtheorie ungeeignet waren, ohne allerdings anzudeuten, in welche Richtung hin eine Abänderung der Forderungen erfolgversprechend erschien. Diese Frage wurde wenige Monate nach der Fertigstellung von Hausdorffs Note (1914a [20]) durch C. Carathéodory in seiner Arbeit *Über das lineare Maß von Punktmengen - eine Verallgemeinerung des Längenbegriffs* beantwortet.[36] Carathéodory zeichnete darin unter den positiven monotonen σ-subadditiven Mengenfunktionen auf der gesamten Potenzmenge des $\mathbf{R}^n$ *äußere Maße* μ^* aus und gewann daraus durch Einschränkung auf die meßbaren Mengen das zugehöriges *Maß* μ und eine zugehörige Maßtheorie.[37]

Speziell führte Carathéodory in dieser Arbeit durch Infimumsbildungen der Summen der Durchmesser überdeckender Mengen ein *lineares (äußeres) Maß* μ_1^* ein, das auf einer stetigen doppelpunktfreien Kurve im $\mathbf{R}^n$ mit dem Supremum der Längen einbeschriebener Polygonzüge übereinstimmt. Er zeigte, daß für eine Menge A endlichen linearen Maßes das Lesbesgue-Maß λ_n den Wert Null annimmt ($\mu_1^*(A) > 0 \implies \lambda_n(A) = 0$). Im letzten Abschnitt seiner Arbeit deutete Carathéodory schließlich noch an, wie allgemeiner *p-dimensionale Maße* μ_p^* im $\mathbf{R}^n$ erklärt werden können, die analoge Eigenschaften für höherdimensionale Mengen des $\mathbf{R}^n$ besitzen ($p = 1, 2, \ldots, n$). Dazu betrachtete er wieder Überdeckungen der Menge A durch Mengen, denen er durch Projektion auf p-dimensionale lineare Unterräume einen *p-dimensionalen Durchmesser* zuordnen konnte.[38]

Gerade diese letzte Verallgemeinerung weckte offenbar das besondere Interesse Hausdorffs, der sich schon im Rahmen des *Chaos in kosmischer Auslese* und in seiner Vorlesung über *Raum und Zeit* mit der Frage beschäftigt hatte, wie die Dimension des Raumes bestimmbar sei. Er hatte dort festgestellt, daß es durchaus sinnvoll sein könnte, den *Raum* als eine vom *Kontinuum* verschiedene Punktmenge anzusehen; dabei stellte sich dann al-

---

[35]Hausdorff betrachtete dazu zwei Drehungen φ, ψ, die den einzigen Relationen $\varphi^2 = 1, \psi^3 = 1$ genügen, und die von diesen erzeugte Gruppe G. Er nahm aus der Sphäre alle Fixpunkte von Elementen von G heraus und zerlegte G disjunkt in $A \cup B \cup C$, wobei von drei Elementen der Form $\rho, \psi\rho, \psi^2\rho$ je eines zu A, B beziehungsweise C gehört und von je zwei Drehungen der Form $\rho, \varphi\rho$ eine zu A, die andere zu $B \cup C$. Wegen $\psi A = B, \psi^2 A = C$, aber $\varphi A = B \cup C$ folgt nun die Behauptung für die nach Wahl des Schnittes im Orbitraum induzierte Zerlegung der Sphäre ohne die Fixpunkte. Siehe Beitrag von Herrn Steffen, dieser Band.

[36]Hausdorff zeichnete seinen Artikel (1914a [20]) mit Datum vom 27. 2. 1914, Carathéordorys Arbeit wurde der Göttinger Gesellschaft der Wissenschaften von F. Klein in der Sitzung vom 24. 10. 1914 vorgelegt.

[37]Die zusätzlich zu erfüllenden Bedingungen für ein äußeres Maß waren dabei: Additivität für Mengen positiven Abstands und obere Approximation durch meßbare Mengen ($\mu^*(A) = inf(\mu^*(B))$) über alle meßbaren Mengen $B \supset A$). Dabei heißt B meßbar, falls für alle $W \subset \mathbf{R}^n$ die Zerlegungsadditivität $\mu^*(W) = \mu^*(W \cap B) + \mu^*(W \setminus B \cap W)$ gilt.

[38]Siehe dazu mehr im Detail den Beitrag Steffen.

lerdings die Dimensionsproblematik völlig neu und allgemeiner als im Rahmen der Frage nach der Invarianz der Dimension von Kontinua unter umkehrbar stetigen Abbildungen.[39] Er nahm daher die Anregung von Carathéodory auf und vertiefte dessen Ansatz zu einer *maßtheoretischen Dimensionstheorie* von Punktmengen, die er in seinem im März 1918 fertiggestellten Aufsatz *Dimension und äußeres Maß* (Hausdorff 1919 [22]) vorstellte.

Hausdorff modifizierte und verallgemeinerte Carathéodorys Einführung der *p-dimensionalen* äußeren Maße durch Betrachtung abzählbarer Kugelüberdeckungen einer Menge $A \subset \mathbf{R}^n$, $A \subset \bigcup_{i \in \mathbf{N}} K_i$ mit Durchmesser $d(K_i) =: d_i < \rho$. Er betrachtete für eine beliebige stetige, monotonte Funktion $\lambda : \bar{\mathbf{R}}_+ \longrightarrow \bar{\mathbf{R}}_+$ mit $\lambda(0) = 0$ den Wert

$$L(A) = \lim_{\rho \to 0} \inf \sum_{i \in \mathbf{N}} \lambda(d_i)$$

und zeigte, daß so ein äußeres Maß im Sinne Carathéodorys definiert wird (*Hausdorffmaß bezüglich* λ). Von speziellem Interesse erschienen ihm dabei

$$\lambda(x) = x^p, \quad p \in \mathbf{R}_+, \text{Maß der } \textit{Ordnung } p \in \mathbf{R}_+,$$
$$\lambda(x) = (\log(\tfrac{1}{x}))^{-q}, \quad q \in \mathbf{R}_+, \text{Maß der } \textit{logarithmischen Ordnung } q$$

oder ganz allgemein

$$\lambda(x) = x^{p_0} (\log(\tfrac{1}{x}))^{-p_1} (\log\log(\tfrac{1}{x}))^{-p_2} \ldots,$$
erstes nichtverschwindendes $p_i \in \mathbf{R}_+$, Maß der *logarithmischen Skala* $(p_0, p_1, p_2, \ldots)$

Für die Hausdorffmaße spielt lediglich das Verhalten von λ in der Nähe von 0, genauer die *Ordnung des Nullwerdens*, eine Rolle. In diesem Sinne ist die logarithmische Ordnung q *unendlich klein* im Vergleich zur gebrochenen oder irrationalen Ordnung p und die Ordnung der logarithmischen Skala $(0, 0, \ldots, 0, p_i, \ldots)$ mit $p_i > 0$ ist unendlich klein im Vergleich zur Ordnung der logarithmischen Skala mit erstem nichtverschwindenden Exponenten p_{i-1} (Hausdorff 1919 [22], 166f.). Aber natürlich lassen sich nicht alle Funktionen λ bezüglich der Ordnung ihres Nullwerdens miteinander vergleichen. Hausdorff analysierte daher die Bedingungen, unter denen Carathéodory-Maße miteinander vergleichbar sind, und kam zur

Definition (Hausdorff 1919 [22], 158):
a) Zwei äußere Maße M, L im Sinne Carathéodorys heißen von gleicher Ordnung, falls $c, c' > 0$ existieren, so daß für alle $A \subset \mathbf{R}^n$
$$cL(A) \leq M(A) \leq c'L(A).$$

b) L heißt von *kleinerer Ordnung* als M, falls gilt
$$L(A) < \infty \implies M(A) = 0.$$

Dies lieferte ihm eine *Partialordnung* in den Äquivalenzklassen der Maße gleicher Ordnung mit der direkt aus der Definition folgenden bemerkenswerten Eigenschaft

Für vergleichbare Maße L, M mit $L < M$ gilt
$$0 \leq L(A) < \infty \implies M(A) = 0$$
$$0 < M(A) \leq \infty \implies L(A) = \infty.$$

---

[39]Zur Dimensionsinvarianz der Kontinua siehe [Johnson 1979/1981].

Das hat natürlich zur Konsequenz, daß bei Einschränkung auf eine linear geordnete Schar von (Äquivalenzklassen von) Maßen für jedes $A \subset \mathbf{R}^n$ höchstens für eine Maß L der Schar $0 < L(A) < \infty$ gelten kann. Hausdorff nützte diesen Sachverhalt nun zur Einführung seiner

Definition (Hausdorff 1919 [22], 166):

a) Nimmt das Hausdorffmaß L zur Funktion λ auf einer Menge $A \subset \mathbf{R}^n$ einen endlichen von Null verschiedenen Wert an ($0 < L(A) < \infty$), so heißt A von der *(Hausdorff-)Dimension* $[\lambda(x)]$

b) Für Hausdorffmaße L, M zu den Funktionen λ, μ heißen die zugehörigen Dimensionen

gleich, $[\lambda] = [\mu]$, falls L, M von derselben Ordnung sind,
vergleichbar und $[\lambda] < [\mu]$, falls L von kleinerer Ordnung als M ist.

Hausdorff notierte insbesondere die Dimension $[x^p]$ kurz als (p) und in naheliegender Weise die Dimension $[\lambda]$ zu einer Funktion der logarithmischen Skala als $(p_0, p_1, p_2 \ldots)$. Das führte ihn auf eine Skalierung der Hausdorff-Dimension durch reelle Zahlen beziehungsweise n-tupel reeller Zahlen und die Beobachtung

$$(0, 0, p_2) \ll (0, p_1) \ll (p_0), \quad p_0, p_1, p_2 > 0,$$

wobei jede der hier aufgelisteten Dimensionen als *unendlich klein* gegen die jeweils folgende zu betrachten ist (ebda., 166f.). Nachdem er einmal die maßtheoretische Beschreibung des Dimensionsbegriffs für Punktmengen formuliert hatte, war diese Ausdehnung des Dimensionsbegriffs über die positiven reellen Zahlen hinaus für Hausdorff auf dem Hintergrund seiner intimen Kennntnisse der linearen Ordnungstypen natürlich sehr naheliegend. Auch lag ihm der Blick auf die Einführung einer maximalen linear geordneten Skala maßtheoretischer Dimensionen von Punktmengen in Parallelität zum Studium der *Pantachien* nahe; aber er verfolgte diese Frage in seinem 1918 geschriebenen Aufsatz nicht weiter ins Detail.

Wichtiger erschien ihm aus naheliegenden Gründen der Nachweis, daß er nicht nur ein leeres logisches Begriffsspiel vorstellte. Der zweite Teil seines Aufsatzes richtet sich daher auf die Konstruktion von Mengen vorgegebener Hausdorff-Dimension $[\lambda]$, insbesondere für den Fall $[\lambda] < [1]$. Für diesen Fall modifizierte Hausdorff Cantors klassische Konstruktion einer linearen Cantormenge, also einer perfekten nirgends dichten Menge im Einheitsintervall, durch sukzessive Herausnahme der mittleren Drittel von Teilintervallen. Anstatt im i-ten Schritt jeweils $3i - 1$ Teilintervallen der Länge $\xi_i = (\frac{1}{3})^i$ herauszunehmen, wie es Cantor getan hatte, wählte Hausdorff dem vorgegebenen λ angepaßte Längen der Intervalle gemäß der Bedingung $\lambda(\xi_i) = 2^{-i}$.[40]

Die so konstruierte Restmenge $A \subset [0, 1]$ ist für $n = 0, 1, 2, \ldots$ von jeweils $2n$ Intervallen der Länge ξ_n überdeckbar. Also gilt für das Hausdorffmaß L zu λ:

$$L(A) \leq 2^n \lambda(\xi_n) = 1$$

Umgekehrt zeigte Hausdorff, daß $L(A) \geq 1$ (1919 [22], 169-172). Die konstruierte Menge hat also tatsächlich die Hausdorff-Dimension $[\lambda]$.

---

[40] Siehe Beitrag Steffen.

Speziell für $\lambda(x) = x^p$ folgt $\xi_n = (\frac{1}{2})^{\frac{n}{p}} = \zeta^n$ mit $\zeta = (\frac{1}{2})^{\frac{1}{p}}$. Für jedes ζ mit $0 < \zeta < \frac{1}{2}$ erhielt Hausdorff also eine Cantormenge mit fester Konstruktionsvorschrift $\xi_n = \zeta^n$. Die Dimension ergibt sich daher aus dem Faktor ζ der geometrischen Folge, mit der die „Löcher" der Cantormenge konstruiert werden, wegen $\zeta = (\frac{1}{2})^{\frac{1}{p}}$ als $p = \frac{\log 2}{\log \frac{1}{\zeta}}$. Diese von Hausdorff explizit angebene Formel (1919, [22] 172) war das erste Beispiel der Berechnung der Hausdorff-Dimension einer *fraktalen Menge*. Tatsächlich lieferte ja Hausdorffs Konstruktion in diesem Fall einer geometrische Folge für die ξ_n eine selbstähnliche Menge mit Aufteilbarkeit in 2 Teile und Ähnlichkeitsfaktor $\frac{1}{\zeta}$.

Hausdorff interessierte sich aber nicht weiter für diesen Gesichtspunkt, sondern ging direkt nach Bestimmung der Hausdorff-Dimension der klassischen Cantormenge ($\zeta = \frac{1}{3}, p = \frac{\log 2}{\log 3} \approx 0,63093\ldots$) zu der Diskussion der Konstruktion von Punktmengen *unendlich kleiner Dimension* mit einem λ der logarithmischen Skala über. Einige Bemerkungen zur Problematik der Konstruktion von Punktmengen der Hausdorff-Dimension größer als 1 rundeten diesen Artikel ab, in dem Hausdorff in prägnanter Kürze einschneidende Neuerungen mit Langzeitwirkungwirkung[41] für Maß- und Dimensionstheorie formulierte.

6 Einige abschließende Bemerkungen

Ich denke, schon aus diesem ersten Blick auf die vorgestellten Arbeiten zur Mengenlehre im Zeitraum 1901 bis 1918/19 wird sichtbar, in welchem Sinne sich Hausdorff bemühte, zur Klärung möglicher *logischer Ordnungen* im Material der von Cantor erschlossenen transfiniten Mengenelehre beizutragen. Dabei richtete sich sein Blick bei der Erstellung logischer Ordnungen in eine ganz andere Richtung als wir sie etwa bei Hilbert zu Beginn des Jahrhunderts und in den 1920er Jahren vorfinden. Für Hausdorff standen immer Fragen der schöpferischen Neubildung begrifflicher Ordnungen im Zentrum seiner Untersuchungen. Die für Hilbert im Vordergrund stehenden Fundierungsfragen mathematischer Theorien und letztlich der Mathematik als Wissenssystem insgesamt, schienen Hausdorff von nicht wesentlich größerem Interesse als ein Übungsfeld für das Spiel logischen Scharfsinns zu sein.

Diese Haltung findet sich in seinen Randbemerkungen zu den Grundlagenfragen der Mengenlehre wieder, deren Diskussion er sich mit leichter, aber scharfer Feder entzog,[42] so etwa in den Vorbemerkungen zu seiner großen Arbeit von 1908 [17] :

> „Daß eine Untersuchung wie diese, die den positiven Bestand der noch so jungen Mengenlehre im Sinne ihres Schöpfers um einen, wenn auch nur bescheidenen, Zuwachs zu vermehren trachtet, sich nicht prae limine damit aufhalten kann, in die Diskussion um die Prinzipien der Mengenlehre einzutreten, wird vielleicht an den Stellen Anstoß erregen, wo gegenwärtig ein etwas deplaciertes Maß von Scharfsinn an diese Diskussion verschwendet wird. Einem Beobachter, der es auch der Skepsis gegenüber nicht an Skepsis fehlen läßt, dürften die „finitistischen" Einwände gegen die Mengenlehre ungefähr in drei Kategorien

---

[41] Siehe Beitrag Steffen.
[42] Siehe dazu auch [Moore 1982]

zerfallen: in solche, die das ernsthafte Bedürfnis nach einer, etwa axiomatischen, Verschärfung der Mengenlehre verraten; in diejenigen, die mitsamt der Mengenlehre die ganze Mathematik treffen würden; endlich in einfache Absurditäten einer an Worte und Buchstaben sich klammernden Scholastik. Mit der ersten Gruppe wird man sich heute oder morgen verständigen können, die zweite darf man getrost auf sich beruhen lassen, die dritte verdient schärfste und unzweideutigste Ablehnung. In der vorliegenden Arbeit werden diese drei Reaktionen stillschweigend vollzogen." (ebda. 436)

Hausdorff stimmte also mit der von Hilbert und dessen Schule (um 1908 was die Mengenlehre angeht insbesondere E. Zermelo) der logischen Fundierung der Mathematik zugeordneten Rolle keineswegs überein, ohne sie aber deswegen gleich von Grund auf abzulehnen (*wird man sich heute oder morgen verständigen können*). Er teilte nicht die von Hilbert um diese Zeit schon in Ansätzen und in der Debatte der 1920er Jahre schließlich in aller Vehemenz vertretene Überzeugung, das gedanklichen Paradies der transfiniten Mengenlehre und mit ihm die Mathematik und die Rationalitätsstruktur der Moderne überhaupt durch primär logische Fundierungsarbeit gegen zutiefst als kulturpesssimistisch empfundene Zweifel und Angriffe verteidigen zu müssen *und* zu können. Für Hausdorff war kulturelle Produktion ständige Neu- und Umbildung, die sich durch ihre innere Dynamik vor der bloßen Abrißarbeit eines prinzipiellen Skeptizismus zu schützen weiß, nicht aber durch die Errichtung von Festungsmauern aus vermeintlich ehernen Prinzipien.

Ähnlich wie er schon im *Chaos in kosmischer Auslese* die logische Erkundung denkmöglicher Alternativen an die Stelle der kantischen Sicherheiten zu setzen gewußt hatte, setzte Hausdorff nun die produktive Kraft begrifflicher Ordnungen gegen die Überzeugung, das mathematische Wissen durch formallogische Analyse ein für allemal absichern zu können. Ebensofern lag ihm der Gedanke, die Sicherheit der Mathematik in der Kultur durch eine durchgängige semantische Rückbindung wieder zurückholen zu können.[43]

Die Annahme prinzipieller Offenheit und Formbarkeit der Beziehung zwischen logischen und empirischen Ordnungen brachte Hausdorffs wissenschaftliches Denken in größte Nähe zur ästhetischen Erfahrung der zeitgenössischenLiteratur, der bildenden Kunst und der Musik. Für Hausdorff stellte die mathematische Tätigkeit deutlich mehr dar als ein bloß funktionales Teilstück der wissenschaftlichen Welterkenntnis. Sie wurde ihm — insbesondere in der Bildung mathematischer Ordnung in Cantors Universum der transfiniten Mengen — zu einem kulturellen Paradigma schöpferischer Tätigkeit der Menschen.

Hausdorff, der Mathematiker, und Mongré, der Philosoph und Poet, erwiesen sich gerade durch die Vertiefung des Blickes des Mathematikers in die möglichen Ordnungen im Material der transfiniten Mengen als ein und dieselbe Person. Hausdorff-Mongré folgte in seinem literarisch-philosophischen Werk und in seiner Mathematik einer durchgängigen und einheitlichen Sicht, gemäß der Individuum und Kultur ohne vorgegebene Sicherheiten ihre Ordnungen bilden und dadurch den Kosmos aus dem Chaos auslesen — autonom, doch gleichzeitig voller Sensibilität für die Beziehungen, in denen sich die eigene Tätigkeit als Teil des umgebenden Verlaufs der Ereignisse vollzieht. In der Welt wie in der Mathematik.

---

[43] Das wurde in etwa der Standpunkt des „reifen" Weyl in seinen Kommentaren zur Grundlagenproblematik der Mathematik etwa ab Mitte der 1920er Jahre.

Literatur

Aleksandrov, Pavel S. (Alexandroff, Paul); Hopf, Heinz 1935. *Topologie*, Bd. 1. Berlin: Springer. Nachdruck New York: Chelsea 1972.

Cantor, Georg 1879–1884. Über unendliche lineare Punktmannigfaltigkeiten, 6 Teile. *Mathematische Annalen* **15** (1879), 1–7; **17** (1880) 355–358; **20** (1882), 113–121; **21** (1883), 51–58, 545–586; **23** (1884), 453–488. *GA* 139–246.

Cantor, Georg 1883. Grundlagen einer allgemeinen Mannigfaltigkeitslehre. Teil 5 von (Cantor 1879–1883). *Mathematische Annalen* **21** 545– 586. *GA* 165–209.

Cantor, Georg 1895–1897. Beiträge zur Begründung der transfiniten Mengenlehre. *Mathematische Annalen* **46** (1895), 481–512; **49** (1897), 207–246. *GA* 282–356.

Cantor, Georg GA. *Gesammelte Abhandlungen mathematischen und philosophischen Inhalts.* Berlin: Springer 1932. Nachdruck Berlin – Heidelberg – New York (Springer) 1980.

Carathéodory, Constantin 1914. Über das lineare Maß von Punktmengen – eine Verallgemeinerung des Längenbegriffs. *Nachrichten Göttinger Gesellschaft der Wissenschaften*, 404–426.

Dauben, Joseph 1979. *Georg Cantor.* His Mathematics and Philosophy of the Infinite. Cambridge, Mass – London: Harvard UP.

Dauben, Joseph 1980. The development of Cantorian set theory. In: Grattan-Guinness, Ivor (ed.): *From the Calculus to Set Theory, 1630–1910.* London: Duckworth, 181–219.

Dedekind, Richard 1856/1981. Vorlesungen zur Algebra, Göttingen 1856/57. In: W. Scharlau (Hrsg.). *Richard Dedekind, 1830 – 1980.* Braunschweig: Vieweg 1981, 59–100.

Hausdorff an Hilbert 12. 10. 1900. Universitätsbibliothek Göttingen, Codex Ms Hilbert, **136.**

Hausdorff, Felix Ms 1901. Mengenlehre, Vorlesungsaufzeichnungen SS 1901. *Nachlaß* Kapsel **3**, Faszikel 12.

Hausdorff, Felix Ms 1903/1904. Zeit und Raum. Vorlesungsaufzeichnungen WS 1903/04 (Fragment). *Nachlaß* Kapsel **24**.

Hausdorff, Felix Ms 1910. Einführung in die Mengenlehre. Vorlesungsaufzeichnungen SS 1910. *Nachlaß* Kapsel **7**, Faszikel 29.

Hausdorff, Felix Ms 1912a. Riemannsche Flächen. Datiertes Fragment, 2. 3. 1912. *Nachlaß* Kapsel **31**, 1. Faszikel *Studien und Referate 1910–1914*, „Analysis Situs".

Hausdorff, Felix Ms 1912b. Einführung in die Mengenlehre. Vorlesungsaufzeichnungen SS 1912 (Bonn), WS 1915/16 (Greifswald). *Nachlaß* Kapsel **9**, Faszikel 34.

Hausdorff, Felix *Nachlaß.* Universitätsbibliothek Bonn, Codex Ms Hausdorff, 61 Kapseln.

Hausdorff, Felix (Mongré, Paul) 1897. *Sant' Ilario.* Gedanken aus der Landschaft Zarathustras. Leipzig: Naumann.

Hausdorff, Felix (Mongré, Paul) 1898. *Das Chaos in kosmischer Auslese.* Leipzig: C.G. Naumann. Neudruck unter F. Hausdorff (Hrsg. M. Bense): *Zwischen Chaos und Kosmos oder Vom Ende der Metaphysik.* Baden-Baden: Agis 1976.

Hausdorff, Felix 1901. Über eine gewisse Art geordneter Mengen. *Berichte Sächsische Akademie der Wissenschaften, Math.-Phys. Kl.* **53**, 460–475 [9].

Hausdorff, Felix 1903. Das Raumproblem. *Annalen der Naturphilosophie* **3**, 1–23. [10]

Hausdorff, Felix 1904. Der Potenzbegriff in der Mengenlehre. *Jahresberichte DMV* **13**, 569–571 [11].

Hausdorff, Felix 1906. Untersuchungen über Ordnungstypen. *Berichte Sächsische Akademie der Wissenschaften, Math.-Phys. Kl.* **58**, 106–169 [14].

Hausdorff, Felix 1907a. Untersuchungen über Ordnungstypen. *Berichte Sächsische Akademie der Wissenschaften, Math.-Phys. Kl* **59**, 84–159 [15].

Hausdorff, Felix 1907b. Über dichte Ordnungstypen. *Jahresberichte DMV* **16**, 541–546 [16].

Hausdorff, Felix 1908. Grundzüge einer geordneten Theorie der Mengen. *Mathematische Annalen* **65**, 435–505 [17].

Hausdorff, Felix 1909. Die Graduierung nach dem Endverlauf. *Abhandlungen Sächsische Akademie der Wissenschaften, Math.-Phys. Kl.* **31**, 297–334 [18].

Hausdorff, Felix 1914a. Bemerkung über den Inhalt von Punktmengen. *Mathematische Annalen* **75**, 428–433 [20].

Hausdorff, Felix 1914b. *Grundzüge der Mengenlehre.* Leipzig: Veit.

Hausdorff, Felix 1919. Dimension und äußeres Maß. *Mathematische Annalen* **79**, 157–179. [22]

Hausdorff, Felix 1927. *Mengenlehre.* Berlin – Leipzig: de Gruyter.

Hausdorff, Felix 1935. Gestufte Räume. *Fundamentae Mathematicae* **25**, 486–502 [38].

Hawkins, Thomas 1970. *Lesbesgue's Theory of Integration.* Its Origins and and Development. Madison, Wisconsin. Reprint New York: Chelsea 1975, 1979.

Hawkins, Thomas 1980. The origin of modern theories of integration. In Grattan- Guinness, Ivor (ed.): *From the Calculus to Set Theory, 1630 – 1910.* London: Duckworth, 1980, 149–180].

Heuser-Keßler, Marie-Luise 1991. Georg Cantors transfinite Zahlen und Giordano Brunos Unendlichkeitsidee. *Selbstorganisation* **2**, 221–244.

Hilbert, David 1899. *Grundlagen der Geometrie.* Leipzig: Teubner. [2]1903. etc [7]1930.

Hilbert, David 1900. Über den Zahlbegriff. *Jahresberichte DMV* **8**, 180–184.

Hilbert, David 1902. Über die Grundlagen der Geometrie. *Nachrichten Gesellschaft der Wissenschaften Göttingen*, 233-241. Gekürzte Fassung in *Mathematische Annalen* **56**, 233–241. Vollständiger Nachdruck als *Anhang IV* zu *Grundlagen der Geometrie* [2]1903, 121ff.; [7]1930, 178–230.

Johnson, Dale 1979/1981. The problem of the invariance of dimension in the growth of modern topology, I, II. *Archive for History of Exact Sciences* **20** (1979), 97–188, **25** (1981), 85–267.

Lesbesgue, Henri 1902. Intégrale longeur, aire. *Annali di Mathematica pura e aplicata* (3) **7**, 231–359. *Oeuvres* **3**, 103–180.

Moore, Gregory 1982. *Zermelo's Axiom of Choice. Its Origins, Development, and Influence.* Studies in the History of Mathematics and Physical Sciences **8**. New York etc.: Springer.

Peckhaus, Volker 1990. *Hilbertprogramm und kritische Philosophie.* Das Göttinger Modell interdisziplinärer Zusammenarbeit zwischen Mathematik und Philosophie. Göttingen: Vandenhoek und Ruprec ht.

Purkert, Walter; Ilgauds, Hans Joachim 1987. *Georg Cantor, 1845 – 1918.* Basel – Boston – Stuttgart: Birkhäuser.

van Vleek, E. B. 1908. On non-measurable sets of points with an example. *Transactions AMS* **9**, 237–244.

Vitali, Giuseppe 1904. Sui gruppi di punti. *Rendiconti del Circolo Matematico di Palermo* **18**, 116–126.

Weyl, Hermann 1913. *Die Idee der Riemannschen Fläche.* Leipzig – Berlin: B. G. Teubner. [2]1923. Neudruck New York (Chelsea) 1951. [3]1955 (überarbeitet) Stuttgart: Teubner.

Weyl, Hermann 1918. *Raum, Zeit, Materie.* Vorlesungen über allgemeine Relativitätstheorie. Berlin usw.: Springer 1918. [2]1919. Veränderte Auflagen [3]1919, [4]1920, [5]1923. Nachdruck Berlin etc.: Springer als [6]1970, [7]1988.

Erhard Scholz
Fachbereich 7 Mathematik
Bergische Universität Gesamthochschule Wuppertal
Gaußstr. 20
42119 Wuppertal

Felix Hausdorffs paradoxe Kugelzerlegung im Kontext der Entwicklung von Mengenlehre, Maßtheorie und Grundlagen der Mathematik

Peter Schreiber

1 Einleitung

Im Vorwort seiner 1914 erschienenen „Grundzüge der Mengenlehre" schrieb Hausdorff:
„. . . aber in einem Gebiet, wo schlechthin nichts selbstverständlich und das Richtige häufig
paradox, das Plausible falsch ist, gibt es außer der lückenlosen Deduktion kaum ein Mittel,
sich und den Leser vor Täuschungen zu bewahren." Ein besonders eindrucksvolles Beispiel
für das paradoxe Richtige ist Hausdorffs paradoxe Zerlegung einer Kugel K^1 in drei
paarweise disjunkte und paarweise kongruente Teilmengen A, B, C, und einen Rest Q vom
Maße Null, so daß auch A kongruent zu $B \cup C$ ist, so daß also (nach Hausdorffs eigenen
Worten) „eine Kugelhälfte und ein Kugeldrittel kongruent sein können" ([15], p. 469).

Zur Einordnung des Hausdorffschen Resultats in einen größeren Problemzusammenhang
bezeichnen wir nach Natanson [23][2] im folgenden als schweres Maßproblem für den
$\mathbb{R}^n$ die Frage: Gibt es eine für alle beschränkten Teilmengen $A, B, \ldots$ des $\mathbb{R}^n$ definierte
Inhaltsfunktion f mit reellen nichtnegativen Werten, die folgende Postulate erfüllt:

(α) Bewegungsinvarianz: Ist A kongruent B (kurz $A \cong B$), so ist $f(A) = f(B)$.

(β) Normiertheit: Für den n-dimensionalen Einheitswürfel E ist $f(E) = 1$.

---

[1] Das Wort Kugel hat hier eine Doppelbedeutung. Einerseits bezieht sich das folgende Resultat auf die Oberfläche der Kugel, und dann ist die Restmenge Q nur abzählbar unendlich. Andererseits bezieht es sich auf eine entsprechende Zerlegung der Vollkugel in Sektoren. Dann besteht die der Menge Q der Oberfläche entsprechende Restmenge Q aus abzählbar unendlich vielen Radien, ist also nicht mehr abzählbar, aber vom Maße Null.

[2] Natanson selbst nennt diese Bezeichnungen „durchaus nicht glücklich" ([23], 2. Aufl., Fußnote p. 87). - Er ist übrigens nicht der erste Erfinder einer derartigen Bezeichnung. Banach schreibt schon 1923: „Dans son livre 'Grundzüge der Mengenlehre' (Leipzig 1914), p. 469 ss., M. Hausdorff s'occupe du problème suivant, qu'on peut appeler *problème large de la mesure*" (Fund. Math. IV, p. 8).

(γ) Totaladditivität: Sind die Mengen $A_i(i = 0, 1, 2, \ldots)$ paarweise disjunkt und ist

$$A = \bigcup_{i=0}^{\infty} A_i$$

beschränkt, so ist

$$f(A) = \sum_{i=0}^{\infty} f(A_i).$$

1.1 Bemerkungen

1. Aus der hier von uns gewählten Formulierung der Totaladditivität folgt ohne Schwierigkeit $f(\emptyset) = 0$ und die endliche Additivität

(δ) Ist $A \cap B = \emptyset$, so ist $f(A \cup B) = f(A) + f(B)$.

Man fülle nämlich A, B durch abzählbar unendlich viele Exemplare der leeren Menge $\emptyset$ zu einer Mengenfolge mit paarweise disjunkten Gliedern und der beschränkten Vereinigung $A \cup B$ auf.

Dann ist nach (γ)

$$f(A \cup B) = f(A) + f(B) + f(\emptyset) + f(\emptyset) + \ldots$$

Daraus folgt wegen (α) $f(\emptyset) = 0$ und weiter (δ). In der älteren maßtheoretischen Literatur, insbesondere bei Hausdorff selbst ([15], p. 401), wird häufig (γ) *und* (δ) gefordert, die dann in umgekehrter Reihenfolge genannt und bezeichnet werden.

2. Aus (δ) und der Nichtnegativität von f folgt die Monotonie

(ϵ) Ist $A \subseteq B$, so ist $f(A) \leqslant f(B)$.

3. Das leichte Maßproblem für den $\mathbb{R}^n$ entsteht aus dem schweren Maßproblem, indem man (γ) durch das schwächere Postulat (δ) ersetzt. Übrigens ist es üblich, Funktionen f, die nur die Postulate (α), (β), (δ) erfüllen, als Inhaltsfunktionen zu bezeichnen, während die Bezeichnung „Maß" solchen Inhaltsfunktionen vorbehalten ist, die sogar totaladditiv sind.

4. Zwei Mengen A, B heißen endlich (bzw. abzählbar) zerlegungsgleich, wenn es paarweise disjunkte Mengen A_i und paarweise disjunkte Mengen $B_i(i = 0, 1, 2, \ldots, n$ bzw. $i = 0, 1, 2, \ldots)$ gibt, so daß $A = \bigcup_i A_i, B = \bigcup_i B_i$ und $A_i \cong B_i$ für alle in Frage kommenden Indizes i gilt. Aus (α) und (γ) folgt $f(A) = f(B)$ für endlich oder abzählbar zerlegungsgleiche Mengen A, B. Aus (α) und (δ) folgt, daß dies wenigstens für endlich zerlegungsgleiche Mengen gilt.

5. Ist f_{n+1} eine Lösung des schweren bzw. des leichten Maßproblems für den $\mathbb{R}^{n+1}$, so
   sei für beschränkte Mengen B des $\mathbb{R}^n$

$$Bz = \{(x_1, \ldots, x_n, y)/(x_1, \ldots, x_1) \in B \text{ und } 0 \leqslant y \leqslant 1\}$$

der „n-dimensionale Zylinder" mit der Basis B und der Höhe 1. Dann ist durch
$f_n(B) = f_{n+1}(Bz)$ eine Lösung des schweren bzw. des leichten Maßproblems für
den $\mathbb{R}^n$ gegeben.[3] Ist daher eines dieser beiden Probleme für eine gewisse Dimension
n lösbar, so auch für alle kleineren Dimensionen. Ist es für eine gewisse Dimension
unlösbar, so auch für alle höheren Dimensionen.

Das leichte und das schwere Maßproblem gehören zu jenen seltenen mathematischen Fragen, deren Sinn und Bedeutung praktisch ohne Vorkenntnisse verständlich ist, deren Lösung aber geniale Ideen und beträchtliche Hilfsmittel erfordert. Hausdorffs eingangs formuliertes Resultat über die Möglichkeit der paradoxen Kugelzerlegung bedeutet offenbar, daß das leichte Maßproblem für $n = 3$ (und folglich nach obiger Bemerkung 5. auch für $n > 3$) nicht lösbar ist. Im folgenden soll dieses Ergebnis in die historische Entwicklung der Maßtheorie, insbesondere aber der des schweren und des leichten Maßproblems eingeordnet werden. Dabei wird sich zeigen, daß Hausdorffs Beitrag eine gewisse Schlüsselstellung zwischen vorangehenden und nachfolgenden Beiträgen zur Gesamtlösung des Fragenkomplexes einnimmt. Im mathematischen Gesamtwerk Hausdorffs ist die paradoxe Kugelzerlegung wohl nicht seine folgenreichste oder bedeutendste Leistung, aber sie ist vielleicht diejenige, die Nichtmathematikern am leichtesten nahegebracht werden kann.

2 Vorgeschichte

Obwohl die Bestimmung von Maßzahlen bzw. Inhalten für ein-, zwei- und dreidimensionale Mengen im euklidischen Raum zu den ältesten Aufgaben und Themen der Mathematik gehört und seit der Antike viele bedeutende Fortschritte sowohl hinsichtlich der Methoden als auch hinsichtlich der Lösung von Einzelproblemen erzielt wurden, setzte eine systematische Hinterfragung des Inhalts- bzw. Maß*begriffes* erst nach der Mitte des 19. Jahrhunderts ein. Voraussetzungen für eine solche kritische Hinterfragung der Begriffe waren

1. die Bekanntschaft mit komplizierteren konkreten Punktmengen, wie sie etwa seit
   Beginn des 19. Jahrhunderts z. B. als Singularitätenmengen von durch trigonometrische Reihen dargestellten Funktionen auftraten, für deren Inhaltsbestimmung die
   klassischen Methoden der Elementargeometrie und der Integralrechnung nicht mehr
   ausreichten,

2. die Entstehung des expliziten Mengenbegriffes, wobei wir davon ausgehen, daß
   dieser Prägung durch G. Cantor ein jahrtausendelanges instinktives Operieren mit
   mengenartigen Objekten voranging,

---

[3] Vgl. auch Hausdorffs Fußnote auf p. 401 von [15].

3. ein gereiftes mathematisches Problembewußtsein, welches auch in anderen Zusammenhängen erstmals nach der Definition bzw. Definierbarkeit von bis dahin naiv
benutzten Begriffen, nach der Tragweite und den Grenzen von lange geübten Methoden und nach dem expliziten Unmöglichkeitsbeweis für bis dahin nicht gelöste
Aufgaben fragte.

Nachdem schon Cauchy in seinem „Cours d'Analyse" (1821) das bestimmte Integral als
Grenzwert endlicher Summen definiert und 1823 dessen Existenz für stetige Funktionen
bewiesen hatte, präzisierte 1854 Riemann in seiner Habilitationsschrift [26] sozusagen im
Vorübergehen und ohne besonderes Gewicht darauf zu legen[4] den Begriff des seither nach
ihm benannten Integrals.

1887 präzisierte Peano als erster, jedoch ungefähr gleichzeitig mit C. Jordan, die „zugehörigen" Begriffe des inneren und äußeren Inhalts, der Quadrierbarkeit und des später
nach Jordan benannten endlich additiven Inhalts. Damit hatten beide im nachhinein auf
eine saubere logische Grundlage gestellt, was schon seit der Antike und insbesondere
von Archimedes gehandhabt worden war, beide jedoch in dem klaren Bewußtsein, daß die
Bedürfnisse der Analysis zu dieser Zeit bereits einen über den Riemann-Peano-Jordanschen
Inhaltsbegriff hinausgehenden Maßbegriff erforderten. Erste Versuche, auch für nicht qua-
drierbare Mengen ein Maß, insbesondere Mengen vom Maße Null, zu definieren, gehen
auf A. Harnack (1881), O. Stolz (1884), G. Cantor (1884) und E. Borel (1894) zurück. Für
die Einzelheiten dieser Entwicklung und die entsprechenden Quellen verweise ich auf [10],
Kap. 6.3 und 6.9.

1902 fanden diese Bestrebungen einen vorläufigen Abschluß mit der Schaffung des
Lebesgueschen Maß- und Integralbegriffes in Lebesgues' Dissertation. Lebesgue war es
anscheinend auch, der in seinen „Leçons sur l'integration" (1905) als erster die weitergehende Frage stellte, ob ein totaladditives Maß für alle beschränkten Teilmengen des $\mathbb{R}^n$ definiert
werden kann.[5] Lebesgue ist demnach der Urheber zumindest des schweren Maßproblems.
Überhaupt ist die bei Lebesgue erstmals durchscheinende axiomatische Betrachtungswei-
se der Maßproblematik von großer Ausstrahlungskraft gewesen. Hausdorff ([15], p. 400),
Banach 1923 ([4], p. 7) und auch G. Vitali [33] beziehen sich ausdrücklich darauf. Vitali
gab 1905 die erste Teilantwort [33], indem er unter Benutzung des Auswahlaxioms eine
beschränkte Menge M von reellen Zahlen „konstruierte", so daß die Vereinigung V von
abzählbar unendlich vielen paarweise disjunkten und zu M kongruenten Mengen einerseits
ein gewisses beschränktes Intervall lückenlos überdeckt, also M bei einer beliebigen total-
additiven Maßfunktion f nicht das Maß Null haben kann, V andererseits in einem etwas
größeren beschränkten Intervall enthalten ist, woraus folgt, daß $f(M)+f(M)+f(M)+\ldots$
endlich, also $f(M) = 0$ sein muß, falls $f(M)$ definiert ist. Letzteres ist also unmöglich. Die
aus heutiger Sicht sehr einfache Konstruktion von Vitali wird (im Gegensatz zu Hausdorffs
paradoxer Kugelzerlegung) auch in neueren Lehrbüchern gelegentlich reproduziert (z. B. in
[3],[23]) und braucht daher hier nicht in Einzelheiten vorgestellt zu werden. Bemerkenswert
erscheint mir jedoch, daß Vitali anscheinend nicht bemerkt hat, daß er damit die Unlösbarkeit des schweren Maßproblems (das ja damals noch nicht so explizit formuliert worden

---

[4] Der kurze Abschnitt mit der Überschrift *Über den Begriff eines bestimmten Integrals und den Umfang seiner Gültigkeit* (loc. cit., p. 225 f), auf Grund dessen wir alle seit langer Zeit vom Riemannschen Integral sprechen, ist wirklich bemerkenswert lapidar und beiläufig.

[5] Darauf bezieht sich Hausdorff in [15], p. 401.

war) für $n = 1$ und folglich auch für alle höheren Dimensionen bewiesen hatte. Er gab nur
an, die Existenz einer nicht im Lebesgueschen Sinne meßbaren Menge nachgewiesen zu
haben [33].

Parallel zur Maßtheorie entwickelte sich im 19. Jahrhundert die Begriffs- und Problem-
welt der Zerlegungs- und Ergänzungsgleichheit geometrischer Figuren, wovon hier nur
der Satz von W. v. Bolyai (1832 in seinem „Tentamen") und P. Gerwin [13] über die Zerlegungsgleichheit inhaltsgleicher ebener (und nach Gerwin auch sphärischer) Polygone,[6]
das daraus erwachsende 3. Hilbertsche Problem, ob auch im Raum inhaltsgleiche Polyeder
stets zerlegungsgleich sind (vgl. [1], p. 40 und 114 ff.) und dessen negative Lösung durch
M. Dehn (1900/1902)[7] genannt werden sollen.

Die Resultate von Vitali, Hausdorff und andere noch zu besprechende Zerlegungsparadoxa setzen neben der allgemeinen Durchsetzung mengentheoretischer Begriffe und Denk-
weisen speziell die Vertrautheit mit dem Auswahlaxiom und zum Teil mit dem Bernstein-
schen (bzw. Cantor-Bernsteinschen oder auch Schröder-Bernsteinschen) Äquivalenzsatz
voraus: Ist M einer Teilmenge von N und N einer Teilmenge von M gleichmächtig, so
sind M und N gleichmächtig. Diesen für ein fruchtbares Handhaben des Mächtigkeitsbe-
griffs unverzichtbaren Sachverhalt hatte Cantor selbst zunächst nur unter der Voraussetzung
beweisen können, daß die Mengen M und N beide wohlgeordnet werden können, aber stets
bedenkenlos benutzt. 1897 gelang seinem Schüler Felix Bernstein noch während des Studiums ein Beweis ohne Auswahlaxiom oder eine dazu äquivalente Voraussetzung. Etwa zur
gleichen Zeit fand auch E. Schröder einen solchen Beweis, der allerdings später als feh-
lerhaft erkannt wurde. Den vermutlich ältesten (1887) Auswahlaxiom-freien Beweis des
Äquivalenzsatzes hat man im Nachlaß von Dedekind gefunden. Weitere Beweisvarianten
stammen u. a. von Peano, J. König und Zermelo.[8]

Das Auswahlaxiom (der Name stammt von E. Zermelo) war erstmals 1890 von Peano
bewußt und ausdrücklich formuliert und von ihm beim Beweis eines Existenzsatzes für
Lösungen von Differentialgleichungssystemen angewendet worden. Peano hatte jedoch
keinen Zweifel daran gelassen, daß er derartige Beweise nicht als vollwertig ansah. 1904
hatte Zermelo mittels des Auswahlaxioms bewiesen, daß jede Menge wohlgeordnet werden
kann, und 1908 hatte er das Auswahlaxiom durch Aufnahme in das Axiomensystem der
Mengenlehre, das er als erster vorschlug, in gewisser Weise legitimiert. Jedoch schon seit
etwa 1905 gab es heftige Polemiken gegen das Auswahlaxiom, besonders von Poincaré,
Borel und anderen französischen Mathematikern. Man kann sogar sagen, daß Borel gerade durch seine frühkonstruktivistische Position daran gehindert worden ist, den letzten
Schritt zur Konstituierung des Lebesgueschen Maß- und Integralbegriffs selbst zu gehen.
Der Streit um die Zulassung oder Verwerfung des Auswahlaxioms und die ausdrückliche
Hervorhebung seiner Verwendung in solchen Fällen, in denen dies unumgänglich schien,
spielten seit den Anfangsjahren unseres Jahrhunderts eine wichtige Rolle in der mathema-

---

[6]Banach bezieht sich in einer Fußnote zu [6] (p. 264) auf die zweite der beiden fast unbeachtet gebliebenen
Arbeiten [13] des preußischen Offiziers und Amateurmathematikers P. Gerwin.

[7]Zur Lösung des 3. Hilbertschen Problems durch Dehn findet man in der Literatur widersprüchliche Jahreszah-
len. Nach der Erstveröffentlichung [8], die noch Beweislücken enthielt, habilitierte sich Dehn 1901 in Münster mit
seinen Untersuchungen zum 3. Hilbertschen Problem. Die Habilitationsschrift erschien 1902 als [9]. Später haben
u. a. Boltjanski, Kagan und Hadwiger sowohl weitergehende Resultate als auch wesentliche Vereinfachungen des
Dehnschen Beweises gefunden.

[8]Zu Einzelheiten dieser Geschichte siehe [10], p. 829 und [28], pp. 34-39.

tischen Literatur. (Vgl. hierzu [10], pp. 832 ff.) 1907 setzte mit der Habilitationsschrift von Brouwer der eigentliche Intuitionismus ein, der die von den Mathematikern durchgeführten gedanklichen Konstruktionen einer noch schärferen Kritik unterwarf als die oben genannten französischen „Präkonstruktivisten".

Eine Skizze der Situation am Vorabend von Hausdorffs paradoxer Kugelzerlegung wäre unvollständig ohne die wenigstens flüchtige Erwähnung der Reifung der Gruppentheorie. Als relevante Marksteine seien hier genannt: C. Jordans „Traité des substitutions" 1870, Kleins „Erlanger Programm" 1871 und die Verwendung des Bewegungsbegriffs als undefinierter Grundbegriff der Geometrie statt des Kongruenzbegriffs in F. Schurs „Grundlagen der Geometrie" 1909. Für Details der Entwicklung verweise ich hier auf [34]. Man beachte übrigens, daß Lebesgue ein Schüler und Verehrer von C. Jordan war und daß auf diesem Wege gruppentheoretisches Denken einen leichten Eingang in die Maßtheorie gefunden hat. Auch Hausdorff, der in Leipzig bei F. Engel Vorlesungen über die Liesche Theorie der Berührungstransformationen gehört hatte, war mit dem damaligen Stand der Gruppentheorie völlig vertraut.

3 Hausdorffs Kugelparadoxon von 1914

Das 10. (letzte) Kapitel von Hausdorffs „Grundzüge der Mengenlehre" ist überschrieben: „Inhalte von Punktmengen". Es beginnt mit §1: „Das Problem der Inhaltsbestimmung". Hier stellt Hausdorff das Problem, für möglichst umfassende Klassen von beschränkten Punktmengen beliebiger Dimension totaladditive oder wenigstens endlich additive Inhaltsfunktionen anzugeben, mit Verweis auf die Vorgänger Cantor, Hankel, Peano, Jordan und Lebesgue dar und präsentiert dann seinen eigenen Beweis dafür, daß das schwere Maßproblem schon im eindimensionalen Fall nicht lösbar ist. Zu diesem Zweck denkt er sich die reelle Zahlengerade zu einem Kreis vom Umfang 1 aufgewickelt, wählt eine feste irrationale Zahl α und bildet für jeden Punkt x der Kreisperiperie die Äquivalenzklasse P_n aller Punkte, die aus x durch Drehung um ein positives oder negatives ganzzahliges Vielfaches n von α entstehen. Sie „bildet gewissermaßen die Menge der Ecken eines dem Kreise eingeschriebenen regulären Polygons, das aber unendlich viele Seiten hat und sich nicht schließt." (a.a.O. p. 402) Ist nun A_0 eine Auswahlmenge für die Menge dieser Äquivalenzklassen, so sind die aus A_0 durch Drehungen um ein ganzzahliges Vielfaches von α entstehenden abzählbar unendlich vielen Mengen paarweise disjunkt und paarweise kongruent, so daß die Länge 1 der Kreisperiperie die abzählbar unendliche Summe der paarweise gleichen Inhalte dieser Mengen sein müßte, wenn diese Inhalte für irgendeine totaladditive Maßfunktion definiert wären. Offenbar hat dieser Beweis eine außerordentliche Ähnlichkeit mit der aus heutigen Lehrbüchern wohlbekannten Konstruktion von Vitali, den Hausdorff jedoch in diesem Zusammenhang überhaupt nicht erwähnt. Da Vitalis Arbeit in italienischer Sprache als Separatveröffentlichung erschienen und schon damals (erst recht heute) nicht ganz leicht zugänglich war, könnte man vermuten, daß er sie vielleicht zu dieser Zeit gar nicht gekannt hat. Sogar v. Neumann erwähnt Vitali in seiner ersten Arbeit [24] 1928 zur Maßproblematik noch nicht, obwohl sie in besonders engem inhaltlichem Zusammenhang zu Vitalis Beitrag steht. Andererseits ist Hausdorffs Beweisvariante (ebenso wie die von

Vitali) schon in dem 1913 erschienenen Buch [28] von Schoenflies vorveröffentlicht worden, wo Schoenflies p. 377 in einer Fußnote mitteilt, er verdanke sie einer persönlichen Mitteilung von Hausdorff. Umgekehrt verweist Hausdorff in seiner Separatnote [16], über die noch zu reden sein wird, auf diese Vorveröfentlichung seines Beweises für die Unlösbarkeit des schweren Maßproblems. Der kurze Abschnitt über das schwere Maßproblem in den „Grundzügen" schließt mit dem vielleicht erst bei der Korrektur eingeschobenen Satz: „Merkwürdigerweise ist selbst ohne die Forderung (δ) [womit bei Hausdorff die Totaladdititvität bezeichnet ist, Schr.] eine Lösung des Inhaltsproblems für alle beschränkten Mengen unmöglich, wenigstens im drei- oder mehrdimensionalen Raum (vgl. Anhang)." ([15], p. 402)

Im Anhang der „Grundzüge", der im übrigen meist aus Literatur- und Quellenangaben besteht, wird dann unter der Überschrift „Die Unlösbarkeit des Inhaltsproblems" auf knapp vier Druckseiten das Kugelparadoxon vorgestellt. Es sei nun zunächst vermerkt, daß Hausdorff dieses Paradoxon in einer fast gleichlautenden Note [16] von 6 Druckseiten in Band 75 (1914) der Mathematischen Annalen veröffentlichte. Diese Note ist datiert: Greifswald, 27. Februar 1914. Das nach der Korrektur zu den „Grundzügen" verfaßte Vorwort dieses Buches ist datiert: 13. März 1914. Daher kann man vermuten, daß Hausdorff die negative Lösung des leichten Maßproblems für $n > 2$ in Gestalt seines Kugelparadoxons erst nach Abgabe des Manuskripts der „Grundzüge", etwa Anfang 1914 gefunden hat und zu dieser Zeit nicht wußte, ob es ihm noch möglich sein würde, dieses Resultat in das Lehrbuch einzufügen.

Es soll nun die Konstruktionsidee des Kugelparadoxons skizziert werden. Sei K eine beliebige Kugel im $\mathbb{R}^3$, φ eine Drehung um ihren Mittelpunkt um 180 Grad, ψ eine Drehung um ihren Mittelpunkt um 120 Grad. Hausdorff zeigt zunächst, und dies ist „der Nerv der ganzen Betrachtung" (a.a.O., p. 470), daß man den Winkel zwischen den beiden zugehörigen Drehachsen so wählen kann, daß die von φ und ψ erzeugte Gruppe G das freie Produkt einer zyklischen Gruppe der Ordnung 2 und einer zyklischen Gruppe der Ordnung 3 ist, d. h. daß zwischen φ und ψ keine Relationen außer denjenigen bestehen, die aus $\varphi^2 = \psi^3 = \iota$ folgen. Anschließend werden die von φ und ψ erzeugten Bewegungen $\varrho \in G$ durch eine einfache (bzgl. der Anzahl der Faktoren φ, ψ von ϱ) rekursive Vorschrift so in drei Klassen $\bar{A}, \bar{B}, \bar{C}$ eingeteilt, daß gilt $\varrho \in \bar{A} \to \varrho\varphi \in \bar{B}, \varrho \in \bar{B} \cup \bar{C} \to \varrho\varphi \in \bar{A}, \varrho \in \bar{A} \to \varrho\psi \in \bar{B}, \varrho \in \bar{B} \to \varrho\psi \in \bar{C}, \varrho \in \bar{C} \to \varrho\psi \in \bar{A}.^9$

Ist schließlich Q die abzählbare Menge der Fixpunkte (auf der Kugeloberfläche K) der von der identischen Abbildung verschiedenen Abbildungen ϱ aus G, so wird die verbleibende Menge $P = K \setminus Q$ nun wieder nach der Grundidee von Vitali so in abzählbar unendlich viele Äquivalenzklassen zerlegt, daß zwei Punkte genau dann äquivalent sind, wenn sie durch eine Abbildung $\varrho \in G$ ineinander überführt werden können, d. h. die Äquivalenzklassen sind die Orbits bezüglich der Gruppe G. Ist dann M eine (aus Mächtigkeitsgründen überabzählbare) Auswahlmenge aus dem System der Orbits, so sei A die Menge derjenigen Punkte von P, die aus M durch eine Abbildung aus $\bar{A}$ erreichbar sind, B die Menge derjenigen, die durch eine Abbildung aus $\bar{B}$ erreichbar sind, C die Menge derjenigen, die durch eine Abbildung aus $\bar{C}$ erreichbar sind. Dann ist nach Konstruktion $\psi(A) = B, \psi(B) = C, \psi(C) = A, \varphi(A) = B \cup C.$

---

^{9}Bei Hausdorff, dem wir hier folgen, bezeichnet für Abbildungen $\alpha\beta$ die durch $(\alpha\beta)(\chi) = \beta(\alpha(\chi))$ definierte Abbildung.

Die der Möglichkeit einer Lösung des leichten Maßproblems im $\mathbb{R}^3$ widersprechenden räumlichen Mengen A^3, B^3, C^3 werden nun gebildet, indem man die oben konstruierten Teile A, B, C der Oberfläche von K punktweise mit dem Mittelpunkt von K verbindet. Dabei bleibt eine störende Restmenge Q^3 in Gestalt der Vereinigung der abzählbar unendlich vielen Strecken vom Mittelpunkt von K zu einem Punkt aus Q übrig. Stünde die Unmöglichkeit einer Lösung des schweren Maßproblems zur Debatte, so könnte man aus der dann vorauszusetzenden Totaladditivität und der Tatsache, daß das räumliche Maß einer Strecke notwendig Null sein muß, unmittelbar auf $f(Q^3)$ schließen. Für den hier vorliegenden Fall der endlichen Additivität muß der Schluß anders durchgeführt werden: „... denn wählt man eine Drehungsachse, die durch keinen Punkt von Q geht, und einen Drehungswinkel, der keiner der geographischen Längendifferenzen zweier Punkte von Q gleich ist, so erhält man eine Drehung, die Q in eine Teilmenge von $P = K \setminus Q$ überführt, und durch Wiederholung dieses Verfahrens erkennt man, daß K beliebig viele, paarweise fremde, mit Q kongruente Teilmengen hat, also $f(Q) \leqslant \frac{1}{n} f(K)$ für $n = 1, 2, 3, \ldots$ und demnach $f(Q) = 0$ ist." ([15], p. 469)

4 Nachgeschichte

Völlig unabhängig von den zum Hausdorffschen Zerlegungsparadoxon führenden Entwicklungen gaben Mazurkiewicz und Sierpiński ohne Benutzung des Auswahlaxioms 1914 eine abzählbar unendliche ebene unbeschränkte Menge an, die in zwei disjunkte zu ihr kongruente Teilmengen zerlegbar ist [20]. Hier beginnt sich eine letztlich bis auf Galilei und auf Bolzanos „Paradoxien des Unendlichen" zurückgehende andere Entwicklungslinie abzuzeichnen, die bald in der auf Hausdorffs Paradoxon aufbauenden Arbeit [6] von Banach und Tarski fruchtbar werden wird, nämlich die Idee, daß Paradoxien des Unendlichen wie z. B. die Zerlegbarkeit einer abzählbar unendlichen Menge in zwei disjunkte zu ihr gleichmächtige Mengen bestehen bleiben können, wenn man die benutzten eineindeutigen Abbildungen gewissen zusätzlichen Forderungen unterwirft. 1917 erschien die Arbeit [29] von Sierpiński und Lusin, in der, anknüpfend an Vitali, eine Zerlegung eines reellen Intervalls in überabzählbar viele nicht meßbare Mengen angegeben wurde. 1921 verschärfte Ruziewicz, ein Schüler von Sierpiński, in naheliegender Verschmelzung der Konstruktion von Mazurkiewicz und Sierpiński von 1914 mit der charakteristischen Weise, in der Vitali und Hausdorff bei ihren Konstruktionen das Auswahlaxiom benutzt hatten (jedoch ohne eine dieser beiden Arbeiten zu erwähnen), die Konstruktion von Mazurkiewicz und Sierpiński zu einer Zerlegung der gesamten Ebene in eine abzählbar unendliche Menge Q und Mengen C, D, so daß C, D und $C \cup D$ paarweise kongruent sind [27]. Übrigens sind die Arbeiten [20] und [27] auf die komplexe Zahlenebene bezogen, was aber nur technischen Charakter hat, da die betrachteten Mengen und Bewegungen sich dort besonders elegant beschreiben lassen. Natürlich leisten beide Arbeiten keinerlei Beitrag zur Maßproblematik, da es sich um unbeschränkte Mengen handelt. R. Duda hat kürzlich [11] ausgeführt, daß die nach kurzer Zeit so überaus erfolgreiche polnische Mathematikerschule sich in den ersten beiden Jahrzehnten unseres Jahrhunderts unter der Einschränkung entwickeln mußte, kaum Zugang zur europäischen mathematischen Literatur zu haben, und ebendeshalb ganz bewußt auf neu entstehende Gebiete wie Logik, Mengenlehre und Topologie konzentrierte, in denen man damals in relativer Abgeschnittenheit von der älteren Fachliteratur zu bemerkenswerten Ergebnissen kommen konnte. Vielleicht erklärt dies, wieso die oben skizzierte polnische Traditionslinie der sozusagen nicht maßtheoretisch orientierten Zerlegungsparadoxa sich erst durch die fundamentale Arbeit [6] von Banach und Tarski von 1924 mit der italienisch-französisch-deutschen maßtheoretischen Tradition vereinigte.

In der oben skizzierten Tradition der Verschärfung mengentheoretischer Phänomene zeigte Banach 1924 in der Arbeit [5], daß der Bernsteinsche Äquivalenzsatz auch für solche eineindeutigen Abbildungen erhalten bleibt, wie sie durch Kongruenz und Zerlegungsgleichheit euklidischer Punktmengen erzeugt werden. Im gleichen Band 6 der „Fundamenta Mathematicae" zieht er gemeinsam mit Tarski in der bereits erwähnten Arbeit [6] bis an die Grenzen des Möglichen die Folgerungen aus diesem Resultat und den Ergebnissen von Vitali und Hausdorff:

- In euklidischen Räumen der Dimension ≥ 3 sind je zwei beschränkte Mengen, die beide innere Punkte besitzen, endlich zerlegungsgleich.

- In euklidischen Räumen jeder Dimension sind je zwei Mengen, die innere Punkte besitzen, abzählbar zerlegungsgleich.

Andererseits hatte Banach bereits ein Jahr zuvor in [4], ebenfalls unter Benutzung des Auswahlaxioms, aber in einem gänzlich anderen Ideenkreis (Satz von Hahn-Banach, Erweiterung linearer Funktionale) gezeigt, daß das leichte Maßproblem für $n = 1$ und 2 lösbar ist, daß allerdings keine konstruktiv angebbare oder irgendwie ausgezeichnete Lösung existiert, sondern eine überabzählbare Vielfalt von folglich uninteressanten Erweiterungen der Jordanschen Inhaltsfunktion.[10] Die erst 1920 gegründete polnische Zeitschrift „Fundamenta Mathematicae" entwickelte sich in den ersten Jahren ihres Bestehens geradezu zu einer Spezialzeitschrift für alle weiteren, an die bisher besprochenen Resultate anknüpfenden Untersuchungen.[11] 1929 veröffentlichte J. v. Neumann hier seine Arbeit „Zur allgemeinen Theorie des Maßes" ([25]). Darin zeigte er zunächst, daß eine bezüglich einer Transformationsgruppe G einer Grundmenge M invariante endlich additive Inhaltsfunktion auf den Teilmengen dieser Grundmenge M genau dann existiert, wenn auf G selbst so eine Inhaltsfunktion (von ihm als Maß bezeichnet) existiert. Weiter bewies er, daß Meßbarkeit von Gruppen nur in folgenden Fällen vorliegt:

1. (trivialerweise) für alle endlichen Gruppen,

2. für auflösbare Gruppen,

---

[10]Banach gibt als einen Anlaß für seine positive Lösung des leichten Maßproblems in den Fällen $n = 1, 2$ an (loc. cit.,p. 8), Ruziewicz habe ihm die Frage gestellt, ob eine für alle Lebesgue-meßbaren Mengen definierte nur endlich additive Maßfunktion existiere, die vom Lebesgueschen Maß verschieden ist, d. h. wenigstens einer Lebesgue-meßbaren Menge ein anderes als das Lebesguesche Maß zuordnet. Diese Frage wurde durch Banachs Arbeit sozusagen nebenbei im positiven Sinne beantwortet, aber die Tatsache, daß Banachs Untersuchung gar nicht konsequent vom leichten Maßproblem ausging, zeigt meines Erachtens ein weiteres Mal, wie nützlich die Begriffe (wenn schon nicht die Terminologie) „schweres" und „leichtes Maßproblem" für eine klare Formulierung der Probleme sind.

[11]Hier hat übrigens auch Hausdorff rund die Hälfte seiner späteren Arbeiten veröffentlicht.

3. für Gruppen, die als Vereinigung einer unendlichen Kette (d. h. durch Inklusion totalgeordneten Menge) von meßbaren Gruppen darstellbar sind.

Da die Gruppe der euklidischen Bewegungen im ein- und zweidimensionalen Fall auflösbar ist, in den höheren Dimensionen jedoch nicht mehr, war damit der tiefere Grund für das unterschiedliche Lösungsverhalten des leichten Maßproblems in den Dimensionen 2 und 3 aufgeklärt.

Alle bisher genannten Autoren, von Vitali bis v. Neumann, hatten in ihren Arbeiten die Anwendung des Auswahlaxioms und dessen anscheinende Unvermeidlichkeit betont. Angesichts der nach 1918 immer heftiger werdenden Kritik aus intuitionistischer bzw. konstruktivistischer Sicht an der klassischen Mathematik, ihrem Mengenbegriff und dem Kontinuum ist es verwunderlich, daß eine explizite Ausbeutung der paradoxen Konsequenzen, die Hausdorff, Banach und Tarski aus dem Auswahlaxiom gezogen hatten, durch Intuitionisten oder Konstruktivisten anscheinend nicht erfolgt ist. Jedenfalls habe ich trotz intensiven Suchens in der einschlägigen Literatur jener Jahre keine Stelle finden können, wo etwa Hausdorffs Kugelparadoxon direkt als Argument gegen das Auswahlaxiom verwendet worden wäre.[12] Andererseits zeigte sich, beginnend mit der Arbeit [12] von Fraenkel im Jahre 1922, daß das Auswahlaxiom unabhängig von den üblicherweise nicht in Frage gestellten Axiomen der Mengenlehre, also in gewissem Sinne tatsächlich nicht denknotwendig ist. Es ist aber auch relativ widerspruchsfrei zu den „nicht in Frage gestellten" Axiomen, wie Gödel 1938 gezeigt hat [14]. Man darf also, wenn man sich zu den üblichen Grundsätzen der Mengenlehre bekennt, annehmen, daß es solche Zerlegungen, wie Hausdorff sie angegeben hat, wirklich gibt, und wenn man darüber hinaus überzeugt ist, daß das reelle Kontinuum die Struktur des physikalischen Raumes zumindest näherungsweise gut widerspiegelt, müßte man über die „quasiphysikalische Interpretation" des Hausdorffschen Paradoxons oder gar der von Banach und Tarski daraus gezogenen Folgerungen ins Staunen geraten oder sich eben doch von der Vorstellung verabschieden, daß das von der Standardmathematik beschriebene reelle Kontinuum physikalische Realität gut widerspiegelt. Insofern hat Hausdorffs Paradoxon eine über die eigentliche Mathematik hinausgehende, philosophische Bedeutung.

Die oben genannten rein metamathematischen Resultate von Fraenkel, Gödel (und weiteren, hier nicht Genannten) über die relative Widerspruchsfreiheit und die Unabhängigkeit des Auswahlaxioms im Rahmen der axiomatischen Mengenlehre lassen die Möglichkeit offen, daß man eventuell auch ohne Auswahlaxiom zu maßtheoretischen Paradoxa kommen könnte. Jedoch hat Solovay 1964 (erst 1970 veröffentlicht, vgl. dazu das Referat [31] seiner Arbeit [30]) mit der damals ganz neuen Methode der Konstruktion mengentheoretischer Modelle mittels *forcing* (P. J. Cohen 1963) ein Modell der Mengenlehre ohne Auswahlaxiom konstruiert, in dem alle beschränkten Mengen von reellen Zahlen Lebesgue-meßbar sind, d. h. zumindest die Unlösbarkeit des schweren Maßproblems für $n = 1$ ist ohne Auswahlaxiom nicht beweisbar. In diesem Solovayschen Modell gilt sogar eine 1948 von

---

[12]Zum Beispiel gibt es in dem stark intuitionistisch orientierten Buch „Die mathematische Methode" von O. Hölder (Springer 1924) einen zweiten Anhang über Paradoxien und Antinomien, in dem aber kein maßtheoretisches Paradoxon, geschweige denn das Hausdorffsche erwähnt wird. Auch H. Weyl in „Das Kontinuum" (1918) und W. Dieck „Die Paradoxien der Mengenlehre" (Annalen der Philosophie 5, pp. 43-46) schweigen sich darüber aus.

Tarski [32] herauspräparierte, heute meist als *principle of dependent choices* (kurz DC) bezeichnete schwache Form des Auswahlaxioms, die für die Bedürfnisse der Lebesgueschen Maßtheorie ausreicht:

DC Ist R eine beliebige binäre Relation, so daß zu jedem x aus dem Vorbereich von R wenigstens ein y aus dem Vorbereich von R mit $(x, y) \in R$ existiert, so gibt es eine auf der Menge der natürlichen Zahlen definierte Funktion f, so daß für alle n gilt: $(f(n), f(n + 1)) \in R$,

d. h. es wird die Existenz einer Auswahlfunktion f gefordert, die beginnend mit einem beliebigen $f(0)$ aus dem Vorbereich von f zu jedem bereits aus dem Vorbereich von R gewählten $f(n)$ aus der als nichtleer vorausgesetzten Menge $\{y/(f(n), y) \in R$ und $y \in$ Vorber. $R\}$ ein $f(n + 1)$ auswählt.

Das Resultat von Solovay beantwortet nicht die Fragen, ob auch in höheren Dimensionen die Lösbarkeit des schweren Maßproblems mit einer Mengenlehre ohne volles Auswahlaxiom verträglich ist und wie es mit der Lösbarkeit des leichten Maßproblems für $n > 2$ steht, wenn man auf das volle Auswahlaxiom verzichtet. Weitere Arbeiten in dieser Richtung sind mir jedoch nicht bekannt.

In Anbetracht der prinzipiellen Bedeutung des schweren und leichten Maßproblems und der Möglichkeit, auch Hausdorffs Kugelparadoxon auf wenigen Druckseiten darzustellen, ist es zu beklagen, daß die meisten modernen Lehrbücher der Maß- und Integrationstheorie (z. B. [2],[7]) diese Fragen entweder überhaupt nicht berühren oder höchstens (wie z. B. [3]) die Unlösbarkeit des schweren Maßproblems nach Vitali demonstrieren. In der ersten Auflage des Buches [23] von Natanson, dem ich selbst die erste Bekanntschaft mit dem Kugelparadoxon verdanke, wurde es noch behandelt, in der 2. Auflage 1961 war es gestrichen. Aus der verunglückten Erwähnung der Resultate von Hausdorff, Banach und Tarski in [21], p. 248, muß man entnehmen, daß Hausdorff anscheinend nach Banach und Tarski einen Spezialfall ihres Ergebnisses gefunden hat. Hausdorff, der selbst unter den wirtschaftlichen Zwängen der Zeit vom Verlag de Gruyter gezwungen wurde, die zweite Auflage [18] seiner Mengenlehre wesentlich zu kürzen, mußte das gesamte Kapitel über die Maß- und Integrationstheorie streichen, weil hierfür, wie er im Vorwort schrieb, „es ja an sonstigen Darstellungen nicht mangelt". Gerade bezüglich des schönen Kugelparadoxons ist die Literatursituation dadurch recht unbefriedigend geworden. So wenig also Hausdorffs Name in Vergessenheit geraten ist, so sehr besteht diese Gefahr für seinen Beitrag zur Maßproblematik.

In dem „Mathematischen Wörterbuch" [22] von Naas/Schmid (Aufl. 1979, Bd. II, p. 301) steht schlicht und falsch: Paradoxie $\rightarrow$ Antinomie. Für solche, die den Unterschied zwischen Paradoxien und Antinomien nicht kennen, wäre die Kenntnis von Hausdorffs paradoxer Kugelzerlegung sicher hilfreich gewesen, denn eine Antinomie ist sie nicht, da mit dem Gödelschen Resultat von 1938 über die relative Widerspruchsfreiheit einer Mengenlehre mit Auswahlaxiom zugleich auch alle Konsequenzen aus dem Auswahlaxiom als in gewissen Modellen der Mengenlehre erfüllbar nachgewiesen sind. Sie ist eben nur paradox, d. h. im Widerspruch zu unserer Anschauung und unseren Vorurteilen. Der Nachweis, daß nicht alles so ist, wie es bei oberflächlicher Betrachtung zu sein scheint, gehört aber nach meiner Auffassung zu den wesentlichsten Bildungsinhalten der Mathematik. Auch in diesem Sinne verdient es Hausdorffs großartige Leistung, vor dem Vergessen bewahrt zu werden.[13]

5   Zusatz im Juni 1995

Bei der erst jetzt durch W. Purkert erfolgten Katalogisierung des umfangreichen Nachlasses von Hausdorff wurden noch zwei Manuskripte zum Thema Kugelparadoxon gefunden. Das ältere (Kapsel 48, Fasz. 1028), datiert 19.6.1924 mit einer Fortsetzung am 25.6.1924, erweist sich als Adaption der 1924 von Banach und Tarski publizierten Arbeit [6], das jüngere (Kapsel 35, Fasz. 386), datiert 19.2.1930, enthält eine Variante von Hausdorff's ursprünglicher Konstruktion: Mittels dreier geeigneter gewählter Drehungen um je 180 Grad wird wieder eine freie Bewegungsgruppe G erzeugt und diesmal die Kugeloberfläche in *vier* paarweise disjunkte und paarweise kongruente Mengen E, A, B, C und einen abzählbaren Rest R (die Durchstoßungspunkte der Drehachsen der Drehungen aus G) zerlegt, so daß auch A kongruent $E \cup B \cup C$ ist. Der Beweis gewinnt dadurch an Symmetrie, Durchsichtigkeit und ästhetischem Reiz, bietet aber nichts prinzipiell Neues. Es ist jedoch historisch interessant, daß Hausdorff sich noch bis 1930 mit dem Problemkreis beschäftigt hat. Ich danke meinem Freund Walter Purkert für den Hinweis auf diese Manuskripte und die Überlassung von Kopien.

Literaturverzeichnis

[1] Alexandroff, P. S. (Ed.): Die Hilbertschen Probleme (Ostwalds Klassiker, Bd. 252). Leipzig: Akademische Verlagsgesellschaft 1971.

[2] Ash, R. B.: Measure, Integration, and Functional Analysis. New York, London: Academic Press 1972.

[3] Aumann, G.: Reelle Funktionen (Grundlehren, Bd. 68). Berlin, Göttingen, Heidelberg: Springer 1954.

[4] Banach, S.: Sur le problème de mesure. Fund. Math. 4 (1923), 7-33.

[5] Banach, S.: Un théorème sur les transformations biunivoques. Fund. Math. 6 (1924), 236-239.

[6] Banach, S. und A. Tarski: Sur la decomposition des ensembles de points en parties respective-ment congruents. Fund. Math. 6 (1924), 244-277.

[7] Brehmer, S.: Einführung in die Maßtheorie. Berlin: Akademie-Verlag 1975.

---

[13] Bei diesem Beitrag handelt es sich um die überarbeitete Fassung eines Vortrages, den ich anläßlich des 50. Todestages von F. Hausdorff am 28.1.1992 in Greifswald gehalten habe.

[8] Dehn, M.: Über raumgleiche Polyeder. Göttinger Nachrichten 1900, 345-354.

[9] Dehn, M.: Über den Rauminhalt. Math. Ann. 5 (1902), 465-478.

[10] Dieudonné, J. (Ed.): Geschichte der Mathematik 1700-1900. Berlin: Deutscher Verlag der Wissenschaften 1985.

[11] Duda, R.: The (re)construction of Polish mathematics in the interwar years. To appear in the Acts of the Colloquium Myths and Realities of European Mathematics, Paris 1992.

[12] Fraenkel, A. A.: Über den Begriff „definit" und die Unabhängigkeit des Auswahlaxioms. Sitzungsbericht Akademie Berlin 1922, Phys.-Math. Klasse, 253-257.

[13] Gerwin, P.: Zerschneidung jeder beliebigen Anzahl von gleichen geradlinigen Figuren in dieselben Stücke. Zerschneidung jeder beliebigen Menge verschieden gestalteter Figuren von gleichem Inhalt auf der Kugeloberfläche in dieselben Stücke. Journ. f. Math. 10 (1833), 228-234. 235-240.

[14] Gödel, K.: The consistency of the axiom of choice and the generalized continuum hypothesis. Proc. Nat. Acad. Sci. USA 24 (1938), 256-257, s.auch ebenda 25 (1939), 220-224.

[15] Hausdorff, F.: Grundzüge der Mengenlehre. Leipzig: Veit & Comp. 1914 (Reprints 1949, 1965).

[16] Hausdorff, F.: Bemerkung über den Inhalt von Punktmengen. Math. Ann. 5 (1914), 428-433.

[17] Besprechung von [15] und [16] durch E. Lampe in Jahrbuch über die Fortschritte der Mathematik, Bd. 45 für 1914/15 (erschienen 1922), p. 123 u. pp. 128 ff.

[18] Hausdorff, F.: Mengenlehre. Zweite, neubearb. Auflage von [15]. Göschens Lehrbücherei. Berlin u. Leipzig: de Gruyter 1927.

[19] Lorentz, G. G.: Das mathematische Werk von Felix Hausdorff. Jahresberichte DMV 69 (1967), 54-62.

[20] Mazurkiewicz, S. u. W. Sierpiński: Sur un ensemble superposable avec chacun de ses deux parties. Comptes Rendus Acad. Paris 158 (1914), 618-619.

[21] Molodshi, W. N.: Studien zu philosophischen Problemen der Mathematik. Berlin: Deutscher Verlag der Wissenschaften 1977.

[22] Naas/Schmid (Hrsg.): Mathematisches Wörterbuch (2 Bde.). Berlin: Akademie-Verlag u. Stuttgart: Teubner 1961 ff.

[23] Natanson, I. P.: Theorie der Funktionen einer reellen Veränderlichen. Berlin: Akademie-Verlag 1954, ²1961.

[24] Neumann, J. v.: Die Zerlegung eines Intervalles in abzählbar viele kongruente Teilmengen. Fund. Math. 11 (1928), 230-238.

[25] Neumann, J. v.: Zur allgemeinen Theorie des Maßes. Fund. Math. 13 (1929), 73-116.

[26] Riemann, B.: Über die Darstellbarkeit einer Funktion durch eine trigonometrische Reihe. Habil.schrift 1854, abgedruckt: Ges. math. Werke u. wiss. Nachlass, hrsg. unter Mitwirk. von R. Dedekind von H. Weber. Leipzig: Teubner 1876, ²1892.

[27] Ruziewicz, S.: Sur un ensemble non dénombrable de points, superposable avec les moitiés de sa partie aliquote. Fund. Math. 2 (1921), 4-7.

[28] Schoenflies, A.: Entwickelung der Mengenlehre und ihrer Anwendungen. Leipzig u. Berlin: Teubner 1913.

[29] Sierpiński, W. u. N. N. Lusin: Une decomposition d'un intervalle en un infinité non denombrable d'ensembles non mesurables. Comptes Rendus Acad. Paris 165 (1917).

[30] Solovay, R. M.: A model of set-theory in which every set of reals is Lebesgue measurable. Ann. of Math., II. ser. 92 (1970), 1-56.

[31] Review von [30] durch T. Jech in Zbl. Math. 207 (1971), 9.

[32] Tarski, A.: Axiomatic and algebraic aspects of two theorems on sums of cardinals. Fund. Math. 35 (1948), 79-104.

[33] Vitali, G.: Sul problema della mesura dei gruppi di punti di una retta. Bologna 1905.

[34] Wußing, H.: Die Genesis des abstrakten Gruppenbegriffes. Berlin: Deutscher Verlag der Wissenschaften 1969.

Peter Schreiber
Fachrichtungen Mathematik/Informatik
Ernst-Moritz-Arndt-Universität
Jahnstr. 15A
17489 Greifswald

Die Wirkungen von Hausdorffs Arbeit über Dimension und äußeres Maß

Christoph Bandt und Hermann Haase

Die Liste der wissenschaftlichen Veröffentlichungen von Felix Hausdorff ist relativ kurz. Er verfaßte nicht mehr als ein oder zwei Arbeiten im Jahr. Diese waren dafür von solider Qualität. Seine frühen Publikationen behandelten die verschiedensten Gebiete: Optik, Wahrscheinlichkeitsrechnung, Geometrie und Analysis. Hausdorffs Buch über Mengenlehre [39] hat eine Epoche der Mathematik geprägt, und nahezu jeder seiner späten Artikel ist bis in die heutige Zeit hinein wirksam geblieben, hat neue Entwicklungen angeregt und eine Vielzahl von Nachfolgearbeiten initiiert.

Was macht die Stärke der Hausdorffschen Arbeiten aus? In erster Linie natürlich die originellen Ideen und das phantastische Gespür für das Wesentliche, das in der Mathematik Bestand haben wird. Aber auch die klare Gedankenführung ist zu nennen, die es dem Leser leicht macht, ein zuweilen fast literarischer Stil. Hausdorff hat seine Arbeiten bis ins Letzte ausgefeilt. Es sind Kunstwerke — und so lohnt es sich, sie anzuschauen, gerade in unserer Zeit der Textverarbeitungssysteme und der Massenproduktion wissenschaftlicher Ergebnisse.

Wir wollen uns hier mit der bahnbrechenden Arbeit aus dem Jahre 1918 befassen, in der Hausdorff-Maße und die Hausdorff-Dimension eingeführt werden, zwei Begriffe, die gerade in jüngster Zeit durch die Diskussionen um Chaos und Fraktale auch über die Grenzen der Mathematik hinaus bekannt worden sind. Die zahlreichen populären Erörterungen über „gebrochene Dimensionen" werden zwar von vielen Mathematikern mehr oder weniger skeptisch betrachtet (vgl. den Beitrag von K. Steffen in diesem Band). Tatsache ist jedoch, daß das öffentliche Interesse an Fraktalen einerseits den Bedarf der Naturwissenschaften an neuen mathematischen Modellen zum Ausdruck bringt — der allein durch die Berechnung fraktaler Dimensionen sicher nicht befriedigt werden kann — und andererseits auch einen innermathematischen Trend widerspiegelt. Die Hausdorffsche Methode hat sich als universelles Mittel zum Größenvergleich von komplizierten Mengen in endlich-dimensionalen Räumen durchgesetzt. Nicht umsonst sah sich die Amerikanische Mathematische Gesellschaft 1991 veranlaßt, das Thema „Hausdorff-Maße" als eigenständiges Teilgebiet 28A78 der Maßtheorie in ihre Klassifikation neu aufzunehmen. Vorher war in dieser

Klassifikation die Hausdorff-Dimension nur als Werkzeug innerhalb der Zahlentheorie ausgewiesen, obwohl sie auch im Zusammenhang mit reellen und komplexen Funktionen, konvexen Mengen, dynamischen Systemen, stochastischen Prozessen und auf vielen anderen Gebieten Verwendung fand.

Die Hausdorffsche Arbeit hat für die Autoren dieses Beitrags auch eine persönliche Bedeutung, nicht nur, weil sie an der Universität Greifswald geschrieben wurde. 1978 begannen wir gemeinsam mit Uwe Feiste Forschungen in einer neuen Richtung, die im Laufe der Jahre zu drei Habilitationen geführt haben. Die ersten Fragen wurden dabei tatsächlich durch das Studium von Hausdorffs Artikel aufgeworfen [7].

Im ersten Kapitel werden wir nun auf diese Arbeit und einige verwandte Maß- und Dimensionsbegriffe in metrischen Räumen eingehen. Der zweite Teil behandelt die Anwendungen der Hausdorff-Dimension in den verschiedensten mathematischen Gebieten und schließt mit einer Diskussion über Fraktale.

0.1   Hausdorffs Arbeit als ein Grundstein der Maßtheorie

Historische Einordnung der Arbeit

Seit dem Altertum ist die Flächen- und Volumenberechnung ein wichtiges Teilgebiet der Mathematik, das entscheidende Impulse für die Entwicklung unserer Wissenschaft geliefert hat. Am Ende des 19. Jahrhunderts entstand das Bedürfnis, auch unstetige Funktionen zu integrieren und Mengen ohne glatten Rand zu vermessen. Die von Lebesgue, Borel, Jordan und Baire mit Hilfe der gerade entstandenen Mengenlehre um die Jahrhundertwende begründete Maßtheorie war zunächst auf die Vervollständigung des klassischen Volumenbegriffs im n-dimensionalen Raum, auf die Erweiterung des Riemann-Integrals gerichtet. Bald aber entwickelte sich dieses Gebiet durch die Arbeiten von Denjoy (1912), Radon (1913), Frechet (1915) und anderen zur abstrakten Maß- und Integrationstheorie. Diese stand in engster Beziehung zur aufstrebenden Funktionalanalysis und wurde dann zur exakten Grundlage für die Wahrscheinlichkeitsrechnung und insbesondere für die Theorie der stochastischen Prozesse, die sich nur wenig später herausbildete. Der Einfluß der mathematischen Physik auf diese Entwicklung sollte nicht unterschätzt werden.

Der Beitrag von Caratheodory [20] aus dem Jahre 1914 bestand in der Begründung des k-dimensionalen Maßes für meßbare Teilmengen des n-dimensionalen Raumes. Die dafür geschaffene, technisch brillante Definition der meßbaren Mengen ist als Grundbegriff in die abstrakte Maßtheorie eingegangen. Caratheodory prägte aber auch den Begriff des metrisch äußeren Maßes, der eine einfache Konstruktion von Borelmaßen auf metrischen Räumen ermöglicht. Dieser Begriff wurde von Hausdorff aufgegriffen und genutzt. Später wurde er zur Grundlage für die geometrische Maßtheorie, die sich als jüngere Schwester der abstrakten Maßtheorie seit den dreißiger Jahren entwickelte und in der Monographie von Federer [34] erstmals zusammenfassend dokumentiert wurde. Grob gesprochen, befaßt sich die geometrische Maßtheorie vor allem mit der allgemeinen Behandlung der k-dimensionalen

Volumenfunktion im R^n, mit der Verallgemeinerung von klassischen Problemen der Analysis, wie etwa Randwertaufgaben, auf Funktionen und Gebiete bzw. Mannigfaltigkeiten mit vielen Singularitäten. Zum Beispiel werden statt differenzierbaren Abbildungen Lipschitz-Abbildungen untersucht.

Hausdorffs Arbeit ist ohne Frage ein wesentlicher Grundstein für die geometrische Maßtheorie. Etwa zur gleichen Zeit erschienen zwei postume Arbeiten von Gross, die von Radon herausgegeben wurden und ein lineares und ein Flächenmaß behandelten [37, 38]. Eine Bemerkung von Kolmogoroff [54] weist darauf hin, daß Urysohn 1921 unabhängig von Hausdorff auf die Definition der gebrochenen Hausdorff-Maße kam, diese Idee jedoch nicht weiterführte und veröffentlichte. Die Entwicklung auf diesem Gebiet setzte sich erst in der zweiten Hälfte der zwanziger Jahre mit den Arbeiten von Besicovitch fort. In der bekannten Arbeit [14] von 1928 über das lineare Maß findet sich dabei noch kein Hinweis auf Hausdorff, wohl aber auf Caratheodory und Gross.

Ein Jahr später untersucht Besicovitch dann Dichten bezüglich „gebrochener" Hausdorff-Maße und würdigt Hausdorff gewissermaßen als Erfinder der Fraktale:

"Lebesgue's theory of measure gives the notion of linear measure of sets on a straight line ... of three dimensional measure of sets in three dimensional space and so on. But ... the notion of linear measure can be extended to the sets of points in the space of any number of dimensions. This problem has been solved by Carathéodory, who gave a definition of the s-dimensional measure of a set in q-dimensional space, where s and $q \geq s$ are any positive integers. But there are sets which from the point of view of the compactness of their points represent something intermediate between sets of finite positive measure of two consecutive numbers of dimensions, *e.g.* between sets of finite linear measure and of finite plane measure. *These are Hausdorff's fractional dimensional sets.*" ([15], S. 161, der letzte Satz ist im Original hervorgehoben).

Durch die zahlreichen, um nicht zu sagen zahllosen, weiteren Arbeiten von Besicovitch wurden die Ergebnisse von Hausdorff schließlich unter Mathematikern bekannt, im wesentlichen wohl erst in den fünfziger Jahren. Mandelbrot schlug deshalb den Begriff „Hausdorff-Besicovitch-Dimension" vor: "While Hausdorff is the father of nonstandard dimension, Besicovitch made himself its mother" ([57], 39.5). Dieser Vorschlag hat sich nicht durchgesetzt. Trotzdem ist anzunehmen, daß die Hausdorffsche Arbeit weit weniger Leser hatte als sie wirklich verdient, da nach dem zweiten Weltkrieg alte Artikel in deutscher Sprache weniger beachtet wurden.

Daß Hausdorff erst mehr als zehn Jahre nach der Veröffentlichung seiner Arbeit erstmalig zitiert wurde und sich schließlich doch durchsetzte, zeigt wohl deutlich, wie weit er seiner Zeit voraus war. Der Vorteil seiner Methode gegenüber den Konstruktionen von Caratheodory, Gross und vielen anderen (s. [34]), der den Übergang zu „gebrochenen Dimensionen" so leicht macht, ist die Reduktion auf die allgemeinsten und zugleich einfachsten Voraussetzungen.

Hausdorff war Mengentheoretiker und Topologe, und er entwickelte die Theorie des Hausdorff-Maßes im allgemeinen Kontext der metrischen Räume. Er geht zwar vom Lebesgue-Maß aus und zeigt, daß es sich als Spezialfall seiner Konstruktion ergibt. Dann aber stellt er fest, daß er tatsächlich nichts weiter braucht als eine Metrik. In den Arbeiten von Besicovitch, Federer und anderen Vertretern der geometrischen Maßtheorie hingegen werden oft spezielle Eigenschaften der Euklidischen Geometrie, Konvexitätsargumente und auch Ideen der Differentialgeometrie genutzt. Der allgemeine topologische Zugang, der die Spezifik der Hausdorffschen Methode ausmacht, findet sich ansatzweise in klassischen Arbeiten wie [54] und dann erst wieder in dem Buch „Hausdorff Measures" von C.A. Rogers, das 1970 erschien. Es scheint uns, daß der Zugang über die Metrik noch unentdeckte Möglichkeiten birgt, und daß das aktuelle Interesse an Fraktalen solche topologischen Untersuchungen auch verlangt.

Hausdorff im Wortlaut

"Herr Carathéodory hat eine hervorragend einfache und allgemeine, die Lebesguesche als Spezialfall enthaltende Maßtheorie entwickelt und damit insbesondere das p-dimensionale Maß einer Punktmenge im q-dimensionalen Raume definiert. Hierzu geben wir im folgenden einen kleinen Beitrag. Nach einleitenden Betrachtungen, die das Carathéodorysche Längenmaß in naheliegender Weise verallgemeinern und einen Überblick über die reiche Fülle analoger Maßbegriffe gestatten, stellen wir eine Erklärung des p-dimensionalen Maßes auf, die sich unmittelbar auf nicht ganzzahlige Werte von p ausdehnen und Mengen *gebrochener Dimension* als möglich erscheinen läßt, ja sogar solche, deren Dimensionen die Skala der positiven Zahlen zu einer verfeinerten, etwa logarithmischen Skala ausfüllen. Die Dimension wird so zu einem Graduierungsmerkmal wie die „Ordnung" des Nullwerdens, die „Stärke" der Konvergenz und verwandte Begriffe." ([41], S. 157)

So klar, konzentriert und doch fast plaudernd beginnt Hausdorffs Arbeit.

"**1.** Die Voraussetzungen der Carathéodoryschen Maßtheorie sind:

I. Jeder Punktmenge A eines q-dimensionalen euklidischen Raumes ist eine Zahl $L(A)$ eindeutig zugeordnet, die entweder Null oder positiv oder unendlich ist $(O \leq L(A) \leq \infty)$.

II. Für eine Teilmenge B von A ist $L(B) \leq L(A)$.

III. Ist A die Summe von endlich oder abzählbar vielen Mengen $A_1, A_2, \ldots$, so ist $L(A) \leq L(A_1) + L(A_2) + \ldots$.

IV. Sind A und B zwei Mengen, deren Entfernung positiv ist, so ist

$$L(A + B) = L(A) + L(B)."$$

Eine Mengenfunktion L auf einem metrischen Raum mit diesen Eigenschaften heißt heute *metrisches äußeres Maß* und ist, auf die Borelmengen eingeschränkt, nach Carathéodory ein Borelmaß. Hausdorff betont dann, daß er keine abstrakte, sondern geometrische Maßtheorie betreibt: "Wir werden uns naturgemäß auf äußere Maße beschränken, die für kongruente Mengen gleich ausfallen. Wenn überdies $L(B) =$

$m^p L(A)$ ist, sobald B zu A im Verhältnis $m : 1$ ähnlich ist, so nennen wir L ein äußeres Maß *von der Dimension p.*"

"**2.** Es sei $\mathcal{U}$ ein System beschränkter Punktmengen U des q-dimensionalen Raumes von der Art, daß man jede beliebige Menge A dieses Raumes in endlich oder abzählbar viele Mengen U *mit beliebig kleinen Durchmessern d(U)* einschließen kann; jeder Menge U sei eine endliche, nicht negative Zahl $l(U)$ zugeordnet. Schließen wir, bei gegebenem positivem ρ, A in $\bigcup U_n$ ein mit $d(U_n) < \rho$; die untere Grenze der bei allen solchen Mengenfolgen auftretenden Summen $\sum l(U_n)$ heiße $L_\rho(A)$; sie kann Null, positiv oder unendlich sein. Nimmt ρ ab, so verschärfen sich die Bedingungen, $L_\rho(A)$ nimmt nicht ab und hat einen endlichen oder unendlichen Grenzwert

$$L(A) = \lim_{\rho \to 0} L_\rho(A) = \liminf_{\rho \to 0} \sum l(U_n) \geq L_\rho(A).$$

Diese Mengenfunktion erfüllt, ohne weitere Einschränkung über l(U), die vier ersten Carathéodoryschen Bedingungen und, wenn die U Borelsche Mengen sind, auch die fünfte."

Hausdorff vergleicht dann verschiedene so gewonnene Maße und stellt fest, daß man sich bei monotonen stetigen Funktionen $l(U)$ auf beliebige oder auf offene Mengen U beschränken kann. Als Beispiele für solche Funktionen $l(U)$ nennt er unter anderem "die obere Grenze Δ der Fläche eines Dreiecks $u_0 u_1 u_2$, dessen Ecken auf U liegen", wobei die Funktion $l(U) = \Delta^{\frac{1}{3}}$ "nach einer Bemerkung von Herrn Blaschke für konvexe Kurvenbögen auf die „Affinlänge" $\int k^{\frac{1}{3}} ds$ (k Krümmung, s Bogenlänge) führt." ([41], S. 162).

Ein anderes Beispiel ist "die obere Grenze des p-dimensionalen Volumens der senkrechten Projektion von [der konvexen Hülle] U_c auf eine p-dimensionale Ebene; dies nennt Carathéodory den p-dimensionalen Durchmesser von U." Jedoch scheint Hausdorff hier "eine Vereinfachung erwünscht. Wenn man z.B. statt der Mengen U speziell Kugeln setzt, erhält man ein — im Sinne von Nr. 1 jedenfalls p-dimensionales — äußeres Maß L_p durch die Vorschrift:

Definition 1. Man schließe A in endlich oder abzählbar viele Kugeln K_n von Durchmessern $d_n < \rho$ ein und bilde

$$L_p(A) = \liminf_{\rho \to 0} c_p \sum d_n^p,$$

wobei $\qquad c_p = \pi^{\frac{p}{2}} : 2^p \Pi(\frac{p}{2})$

das Volumen einer p-dimensionalen Kugel vom Durchmesser 1 ist.

Übrigens kann man nun den p-dimensionalen Durchmesser ganz beiseite lassen, denn L_p ist nach Nr. 2 sicherlich ein äußeres Maß, da die Kugeln Borelsche Mengen sind, und würde, da $d(U)^p$ eine stetige Mengenfunktion ist, auch eins bleiben, wenn man sie durch beliebige beschränkte Mengen ersetzt. Man könnte ferner die Definition durch Benutzung von Würfeln, Quadern, Simplexen an Stelle der Kugeln modifizieren, mit eventueller Änderung des Faktors c_p: da $d(U)^p$ auch monoton ist, kommt es nicht darauf an, ob diese Mengen als abgeschlossen oder offen gedacht werden."

Nun zeigt Hausdorff, daß Definition 1 "in den Fällen $p = 1$, $p = 2$, $p = q$ wenigstens bei den einfachsten Mengen die üblichen Ausdrücke für Länge, Fläche, Volumen liefert." Deshalb der Faktor c_p ! Aber er sieht weiter ([41], S. 165):

"8. Nachdem die Definition 1 so ihre Existenzberechtigung wenigstens in gewissem Umfange erwiesen hat, ist es ein naheliegender Gedanke (der bei der Carathéodoryschen Definition ausgeschlossen wäre), sie auch auf *nicht ganzzahlige* positive Zahlen p auszudehnen. Es ist nur die Frage, ob dies nicht vielleicht in dem Sinne zu einer Trivialität führt, daß dann alle Mengen das äußere Maß 0 oder ∞ bekommen, d.h. es erwächst die Aufgabe, Mengen A zu konstruieren, für die $0 < L_p(A) < \infty$ und die in diesem Sinne genau von der Dimension p sind. Dies Problem läßt sich noch erweitern. Bei der Definition von L_p hat, vom Zahlenfaktor c_p abgesehen, die p^{te} Potenz des Durchmessers d die Rolle der Mengenfunktion l gespielt: kann man dafür auch etwa eine Funktion wie $d^p \log \frac{1}{d}$ setzen, die für $d \to 0$ schwächer als d^p, aber stärker als jede niedrigere Potenz Null wird, und in diesem Sinne Mengen bilden, deren Dimension in die Zwischenstufen der Skala der positiven Zahlen fällt? Wir werden also von der in Nr. 6 hervorgehobenen Freiheit Gebrauch machen und jeder *positiven, stetigen, mit x wachsenden und zugleich mit x nach 0 konvergierenden Funktion* $\lambda(x)$ ein äußeres Maß zuordnen nach folgender Vorschrift:

Definition 2. Man schließe A in endlich oder abzählbar viele Kugeln K_n ein, deren Durchmesser $d_n < \rho$ sind, und bilde

$$L(A) = \lim_{\rho \to 0} L_\rho(A),$$

wo $L_\rho(A)$ die untere Grenze der Summen $\sum \lambda(d_n)$ ist."

Der Rest der Arbeit bringt den Nachweis von Teilmengen A der reellen Geraden mit positivem endlichen $L(A)$ bei beliebig vorgegebenem λ mit $\frac{\lambda(x)}{x} \to \infty$ für $x \to 0$. Statt auf diesen recht schwierigen Teil einzugehen, schließen wir die Besprechung von Hausdorffs Arbeit mit einigen Bemerkungen. Die durch Definition 1 und 2 gegebenen Maße heißen heute sphärische Maße, und wenn Kugeln durch beliebige Mengen ersetzt werden, Hausdorff-Maße [34]. Die Gültigkeit von Definition 2 auf metrischen Räumen muß Hausdorff zumindest geahnt haben: "Einer Funktion wie $e^{-\frac{1}{x}}$, die stärker Null wird als jedes x^p, entspricht eine unendlich große Dimension, die von keiner euklidischen Punktmenge erreicht wird ..." ([41], S. 166).

"Wenn $0 < L(A) < \infty$, so sagen wir, A sei von der Dimension $[\lambda(x)]$. Die Dimension $[x^p]$ bezeichnen wir auch mit (p)..." Hausdorff sieht aber auch den weitergehenden Dimensionsbegriff. "Wenn $M(A)$ stets Null wird, sobald $L(A)$ endlich ausfällt (oder $L(A)$ stets ∞, sobald $M(A)$ von Null verschieden ist), so heiße L *von niederer, M von höherer Ordnung* ..." ([41], S. 158). "Sind $\lambda(x), \mu(x)$ zwei Funktionen, denen die äußeren Maße $L(A), M(A)$ entsprechen, und ... ist M von höherer Ordnung als L, so nennen wir auch $[\mu]$ die höhere, $[\lambda]$ die niedere Dimension; eine Menge von bestimmter Dimension hat für jede höhere Dimension das Maß 0, für jede niedere das Maß ∞. Natürlich brauchen zwei Dimensionen nicht in diesem Sinne vergleichbar zu sein." ([41], S. 166) Wir kommen darauf noch zurück.

Eigenschaften der Hausdorff-Maße

Die Überlegungen des vorigen Abschnitts bleiben gültig, wenn wir $\mathbf{R}^q$ jetzt durch einen metrischen Raum (X, d) ersetzen. Aus Definition 2 folgt, daß das p-dimensionale Hausdorff-Maß in Hausdorffs Sinne ein Maß von der Dimension p ist: für eine Ähnlichkeitsabbildung f mit dem Faktor t und jede Menge A im Definitionsbereich von f gilt $L_p(f(A)) = t^p L_p(A)$. Es ist interessant zu bemerken, daß dies unter anderem auch für die in [41] betrachteten Funktionen der logarithmischen Skala

$$\lambda(x) = x^p (l\frac{1}{x})^{-p_1} (l_2\frac{1}{x})^{-p_2} ... (l_k\frac{1}{x})^{-p_k}$$

gilt, wo l_k die k-malige Anwendung des Logarithmus bezeichnet (s. [62]).

Es gibt auch eine Invarianz gegenüber Lipschitzabbildungen. Ist $d(f(x), f(y)) \leq cd(x, y)$, so gilt $L_p(f(A)) \leq c^p L_p(A)$. Für $c = 1$ ergibt sich der Invarianzbegriff für Maße von Kolmogoroff [54]. Die Lipschitz-Invarianz der Hausdorff-Maße besagt außerdem, daß sich Hausdorff-Maße bei differenzierbaren Transformationen mit Funktionaldeterminante zwischen a und b, $0 < a < b < \infty$, höchstens um einen Faktor zwischen diesen Schranken ändern.

Das ausgeartete Hausdorff-Maß zur Funktion $\lambda(x) = x^0 = 1$ zählt die Punkte der Menge A. Echte Hausdorff-Maße sind jedoch atomlos, jeder Punkt besitzt das Maß Null. Hausdorff-Maße sind straff, das heißt, Mengen können von innen durch kompakte Teilmengen dem Maß nach approximiert werden. Sie sind auch G_δ-regulär: jede Menge ist in einer G_δ-Menge gleichen Maßes enthalten. Offene Mengen kann man hier nicht verwenden, da sie, wie beim 1-dimensionalen Maß im $\mathbf{R}^2$, alle das Maß ∞ haben können.

Die konkrete Bestimmung des exakten Hausdorff-Maßes einer Menge ist im allgemeinen recht schwierig. Hier zeigt sich deutlich, daß Hausdorff-Maße mehr ein theoretisches Konzept als eine praktische Meßmethode darstellen. Verhältnismäßig einfach findet man zumeist obere Schranken. Nach Definition 2 braucht man dazu nur bestimmte Überdeckungen mit beliebig kleinen Mengen zu finden, für die $\sum \lambda(d_n) < \epsilon$ ist.

Untere Schranken zu finden, ist ein Problem, da man die Gesamtheit aller möglichen Überdeckungen nicht überschaut. Oft hilft ein Vergleichsmaß μ, das auf der zu messenden Menge A konzentriert ist. Gibt es Konstanten $c, \delta > 0$ mit

$$\mu(U) \leq cd(U)^p \text{ für alle Mengen } U \text{ mit } d(U) \leq \delta \text{ , so ist } L_p(A) \geq \mu(A)/c.$$

Dieses „Massenverteilungsprinzip" ([33], 4.2), das auf Frostman 1935 und Besicovitch zurückgeht, ist die Grundlage für kompliziertere Integralkriterien.

Welche Maße werden nun konkret durch Hausdorffs Prozedur erfaßt? Wenn man die allgemeinste Version betrachtet, sind es viele: "Bedenkt man nun noch, daß jede ... Funktion $\lambda(t)$ ... aus einer ... Mengenfunktion $l(U)$ eine ebensolche $\lambda(l(U))$ hervorgehen läst, daß man auch mehrere Mengenfunktionen in analoger Weise verknüpfen kann und daß endlich noch die Wahl des Systems $\mathcal{U}$ freisteht, so ergibt sich ein weiter Spielraum von Möglichkeiten, äußere Maße im Sinne Carathéodorys zu definieren." ([41], S. 162) In der Tat hat Maude [61] gezeigt, daß bei festem $\lambda(t)$ und recht milden Bedingungen an den Raum (X, d) jedes atomlose Borelmaß $\mu \geq L_\lambda$ allein durch Auswahl eines Systems $\mathcal{U}$ konstruiert werden kann.

Wenn man sich auf die durch Definition 2 gegebenen Hausdorff-Maße beschränkt, aber den Übergang zu einer topologisch äquivalenten Metrik erlaubt, bekommt man ein erstaunliches Ergebnis: alle atomlosen, lokal endlichen Borelmaße auf einem separablen metrischen Raum sind Hausdorff-Maße bezüglich einer geeigneten Metrik, wobei auch die Funktion λ aus einer bestimmten Klasse von Funktionen noch fest vorgegeben werden kann ([3], vgl. [7, 8] zu ähnlichen Fragen).

Meist möchte man aber nicht die Metrik ändern, sondern ein ganz konkretes, der metrischen Struktur angepaßtes, lokal endliches Maß als Hausdorff-Maß bezüglich eines gewissen λ darstellen. Das Hausdorff-Maß geeigneter Dimension soll die Rolle einer „natürlichen Volumenfunktion" spielen, wie es sein Entdecker wohl auch konzipiert hat. Sowohl für die Existenz als auch für die Eindeutigkeit einer solchen Volumenfunktion muß man gewisse Homogenitätseigenschaften des zugrunde liegenden metrischen Raumes fordern [6, 8].

Eine topologische Gruppe mit einer Metrik, die bezüglich Verschiebungen (von rechts) invariant ist, stellt zum Beispiel einen besonders homogenen Raum dar. Das Haar-Maß kann hier als ein modifiziertes Hausdorff-Maß dargestellt werden, bei dem auch „mehrfache Überdeckungen" berücksichtigt werden [4]. Eine entsprechende Haar-Maß-Konstruktion gibt es auch auf metrischen Räumen, bei denen genügend kleine Umgebungen je zweier Punkte kompakt und zueinander kongruent sind [6]. In letzter Zeit sind auch kompakte Teilmengen des $\mathbf{R}^q$ untersucht worden, bei denen kleine Umgebungen von Punkten einander durch konforme Abbildungen entsprechen (wobei aber die Mittelpunkte der Umgebungen nicht ineinander überführt werden). Hier konnte in einigen Fällen das natürliche Volumen — das sogenannte konforme Maß — als Integral bezüglich eines Hausdorff-Maßes betrachtet werden [80, 28], wie wir im Abschnitt über dynamische Systeme noch ausführen.

Hausdorff-Dimension

Ist $q > p$, und ist $L_p(A) < \infty$, so ist $L_q(A) = 0$. Mit anderen Worten: $L_q(A) > 0$ impliziert $L_p(A) = \infty$. Die p-dimensionalen Hausdorff-Maße von A sind also alle 0 oder ∞, mit Ausnahme höchstens eines Werts. Die positive reelle Zahl, bei der der Sprung von ∞ auf 0 erfolgt, heißt die Hausdorff-Dimension dim A.

$$\dim A = \sup\{p|\ L_p(A) = \infty\} = \inf\{q|\ L_q(A) = 0\}.$$

Sie gibt an, wie groß, fett oder verzweigt die Menge A ist. Hausdorff hat, wie schon bemerkt, Mengen jeder Dimension zwischen 0 und 3 im $\mathbf{R}^3$ konstruiert.

Die Hausdorff-Dimension hängt stark von der metrischen Struktur der Menge A ab. Sie ist mindestens so groß wie die topologische Dimension von A, weil Mengen der topologischen Dimension q positives q-dimensionales Hausdorff haben. Szpilrajn bewies 1937, daß die topologische Dimension das Infimum der Hausdorff-

Abbildung 1: Mengen unterschiedlicher Hausdorff-Dimension

Dimensionen von (A, ρ) ist, wobei ρ die zur gegebenen Metrik d topologisch äquivalenten Metriken durchläuft [49].

Der Vergleich zwischen topologischer und Hausdorff-Dimension ist interessant im Hinblick auf den Begriff der Fraktale. Die durch Mandelbrot [57] verbreitete „Definition" besagt: Fraktal ist, was nichtganzzahlige bzw. von der topologischen Dimension verschiedene Dimension hat. Es ist nicht so bekannt, daß Mandelbrot diese Definition schon 1983 wieder verworfen hat. Ein Grund ist, daß bestimmte Fraktale, wie etwa die Pfade der Brownschen Bewegung, durch diese Begriffsbestimmung nicht erfaßt werden.

Der wesentliche Fehler ist aber wohl, daß praktisch alle Mengen außer den üblichen, glatten Figuren unter diese Definition fallen. Was man sich auch unter Fraktalen vorstellen mag — *eine mathematisch behandelbare Klasse von Figuren erhält man nur durch Erfassen von positiven Eigenschaften oder Regelmäßigkeiten, nicht durch die bloße Betonung des Ungewöhnlichen.* Taylor's verbesserte Definition mit Hilfe der Packungsdimension werden wir noch besprechen.

Wir wollen nun mit Hausdorff „jeder stetigen, mit x wachsenden und zugleich mit x nach 0 konvergierenden Funktion" $h(x)$ ein äußeres Maß L_h zuordnen. Im Raum H aller dieser Funktionen sei $g \prec h$ wenn $\lim_{x \to 0} h(x)/g(x) = 0$. Wir sagen „$h$ fällt stärker als g" . Offensichtlich ist $\prec$ eine teilweise Ordnung auf H. Wenn $L_g(A)$ endlich ist oder A sich als abzählbare Vereinigung von Mengen endlichen Maßes schreiben läßt (σ-endlich), so ist $L_h(A) = 0$ für jedes $h \succ g$ (s. [75]).

Wenn es ein $h \in H$ gibt, so daß $L_g(A) = \infty$ für alle $g \prec h$ und $L_g(A) = 0$ für alle $g \succ h$ gilt, soll h Dimensionsfunktion von A heißen. Die Bedingung, daß L_h positiv und σ-endlich auf A ist, ist hinreichend dafür, daß h Dimensionsfunktion für A wird. Diese Bedingung ist aber auch notwendig (s. Rogers [75], Theorem 42, und Haase [45], Theorem).

Leider ist eine Dimensionsfunktion nicht eindeutig bestimmt, und es gibt auch einfache Beispiele für Mengen A ohne Dimensionsfunktion. Man nehme etwa die Vereinigung von Cantormengen A_n mit der Dimension $1-\frac{1}{n}$ im Intervall $[0,1]$. Wegmann [85] hat die verallgemeinerte Dimension der Menge A als $\{h \in H \mid L_h(A) > 0\}$ definiert, d.h. als Dedekindschen Schnitt in H. In diesem Sinne existiert die verallgemeinerte Dimension immer und ist eindeutig bestimmt, wenn auch ziemlich abstrakt. Die Frage nach dem Schnittelement führt wieder auf die Dimensionsfunktion. Diese Schwierigkeiten hat Hausdorff wohl geahnt und geschickt umgangen, indem er sich auf die logarithmische Skala beschränkte.

Geometrische Maßtheorie

Besondere Bedeutung haben die Hausdorff-Maße für die geometrische Maßtheorie gewonnen, und zwar nicht nur für „gebrochene" oder verallgemeinerte Dimensionsfunktionen, sondern gerade auch für ganzzahlige Exponenten. Man benötigt dort m-dimensionale Maße zur Untersuchung von Teilmengen des $\mathbf{R}^n$, wobei $m < n$ gilt. Im Gegensatz zum n-dimensionalen Lebesgueschen Maß, das als Borelmaß durch die Translationsinvarianz und das Maß 1 für den Einheitswürfel bereits eindeutig festgelegt ist, gibt es für $m < n$ sehr viele solcher m-dimensionalen Maße. Zahlreiche Formeln in Federers Monographie [34] belegen, daß sich das Hausdorffmaß für die meisten Zwecke durchgesetzt hat. Die systematische Untersuchung der Hausdorff-Maße im $\mathbf{R}^n$ begann mit A.S. Besicovitch.

Im Dezember des Jahres 1926 legte er eine Arbeit [14] zu fundamentalen geometrischen Eigenschaften linear meßbarer Mengen vor, in der der Name Hausdorff noch keine Rolle spielt. Besicovitch führte die Begriffe untere und obere Dichte eines Punktes bezüglich des linearen Carathéodoryschen Maßes als zentralen Begriff ein:

$$\limsup_{r \to 0} \frac{L(A \cap B(x,r))}{2r} = D^*(x,A) \quad \text{und} \quad \liminf_{r \to 0} \frac{L(A \cap B(x,r))}{2r} = d_*(x,A).$$

Dabei soll $L = L_1$ das lineare Carathéodorysche Maß bezeichnen, das mit dem eindimensionalen Hausdorffmaß übereinstimmt. x ist ein beliebiger Punkt in der betrachteten meßbaren Menge A und $B(x,r)$ eine abgeschlossene Kreisscheibe mit dem Radius r. Besicovitch unterscheidet nun zwischen regulären und irregulären Punkten der Menge A. Die regulären Punkte besitzen eine eindeutige Dichte, d.h. der obere und der untere Grenzwert in obigen Formeln ist gleich. Alle übrigen Punkte heißen irregulär. Jede Menge A zerfällt somit in einen regulären und in einen irregulären Teil. Beide Mengenanteile besitzen grundsätzlich auseinander klaffende geometrische Eigenschaften. Besicovitch zeigt, daß für fast alle regulären Punkte eine Tangente an die Menge existiert, aber für fast keinen irregulären Punkt kann man eine solche finden.

Noch sind nicht alle mit dieser Arbeit angerissenen Probleme gelöst. So vermutete Besicovitch bereits, daß die untere Dichte eines irregulären Punktes höchstens $\frac{1}{2}$ sein könnte. Später fand er einen Beweis, der eine Schranke kurz unter 1 nachweist. Im Buch von Falconer [32] wird die Methode von Besicovitch, das sogenannte Doppelkreispaar, effektiver ausgenutzt, um $\frac{3}{4}$ als eine solche Schranke nachzuweisen. Bis in dieses Jahr hinein beschäftigen sich Mathematiker mit dem berühmten $\frac{1}{2}$-Problem von Besicovitch. So haben David Preiss und Jaroslav Tišer [71] gezeigt, daß für eine irreguläre Menge A eines beliebigen metrischen Raumes (!)

$$d_*(x,A) \leq \frac{2 + \sqrt{46}}{12} \approx 0,73186$$

gilt. Damit kommt man also unter $\frac{3}{4}$.

Besicovitch hat, mit dieser Arbeit [14] beginnend, etwa 40 Arbeiten den geometrischen Eigenschaften meßbarer Mengen gewidmet, in denen Hausdorffmaß und gebrochene Dimension ständig verwendet werden. Die Theorie der regulären und irregulären Mengen im p-dimensionalen Fall wurde von Marstrand, Federer und anderen vorangetrieben. Es wurde gezeigt, daß Mengen mit positivem und endlichen Hausdorff-Maß $L_p(A)$ bei nichtganzzahligem p stets irregulär sind in dem Sinne, daß sich die obere und untere p-dimensionale Dichte für L_p-fast alle Punkte aus A unterscheiden.

Bei ganzzahligem p erhält man dagegen reguläre Maße, wenn man L_p auf die abzählbare Vereinigung von p-dimensionalen Mannigfaltigkeiten im $\mathbf{R}^n$ einschränkt. Man kann auch das Integral einer integrierbaren Funktion bezüglich des so eingeschränkten L_p als neues Maß nehmen. Solche Maße heißen rektifizierbar. Erst vor wenigen Jahren hat D. Preiss [70] nun gezeigt, daß auch umgekehrt bei ganzzahligem p ein Maß μ, dessen p-dimensionale Dichte für μ-fast alle x existiert, auf der Vereinigung einer Folge von differenzierbaren p-dimensionalen Mannigfaltigkeiten konzentriert sein muß. Kurz gesagt, Regularität und Rektifizierbarkeit von Maßen stimmen überein.

Weitere Informationen zur geometrischen Maßtheorie findet man im Beitrag von K. Steffen in diesem Band [79] sowie in den Büchern von Falconer [32, 33], die an Besicovitch anknüpfen, indem sie von zum Teil intuitiv zu formulierenden Problemen ausgehen. Die umfangreiche Monographie von Federer [34] aus dem Jahre 1969 ist eine ausgezeichnete Literaturquelle für Spezialisten. Als Einführung wird das neue Buch von Mattila [90] empfohlen. Wir werden im folgenden nur zwei zur Hausdorff-Dimension verwandte Konstruktionen besprechen.

Überdeckungszahlen und metrische Dimension

Es ist ein naheliegender Gedanke, statt der beim sphärischen Maß verwendeten Überdeckungen durch Kugeln unterschiedlichen Durchmessers nur Überdeckungen durch gleich große Kugeln zuzulassen. Dies ist zwar nur für beschränkte Mengen A im $\mathbf{R}^n$ möglich, führt dafür aber zu einem vereinfachten Dimensionsbegriff. Mit $N_t(A)$ bezeichnen wir die kleinste Anzahl von Mengen des Durchmessers $\leq t$, die zur Überdeckung der Menge A erforderlich sind. Wenn $1/N_t(A)$ für $t \to 0$ so schnell fällt wie t^p, sagen wir, A hat die metrische Dimension p. Genauer gesagt, ist

$$\dim_B A = \lim_{t \to 0} \frac{\log N_t(A)}{-\log t}$$

die metrische Dimension von A. Wenn der Grenzwert nicht existiert, bezeichnet man den liminf und limsup als untere und obere metrische Dimension $\underline{\dim}_B$ und $\overline{\dim}_B$.

Nun ist leicht zu sehen, daß man sich bei dieser Definition statt auf Kugeln auf beliebige Mengen des Durchmessers $\leq t$ oder auch auf Würfel der Kantenlänge t beziehen kann. Zustzlich kann man noch verlangen, daß $t = 2^{-k}$ mit ganzem k, und daß die Würfel durch k-malige Halbierung aus dem ganzzahligen Würfelgitter entstehen. All diese Modifikationen ändern die Größe $N_t(A)$ nur um eine Konstante, die das Grenzverhalten nicht beeinflußt. Die Überdeckung durch dyadische Würfel ist leicht praktisch zu realisieren, wenn man kariertes Papier oder einen Computer verwendet. Aus diesem Grunde hat sich auch die Bezeichnung Box-Dimension eingebürgert.

Offensichtlich ist die metrische Dimension für beliebige kompakte metrische Räume A definiert. Sie wird wohl erstmals in einem kurzen Artikel von Pontrjagin und Schnirelman im Jahre 1932 erwähnt [69]. Dort wird gezeigt, daß das Infimum von $\dim_B A$ über alle mit der Topologie verträglichen Metriken auf A gerade die topologische Dimension von A ist – ein Analogon zum etwas später bewiesenen Satz von Szpilrajn über die Hausdorff-Dimension. Es ist auch möglich, die metrische Dimension durch Verwendung von Funktionen $h(x)$ zu verfeinern. Das ist zwar für Mengen im $\mathbf{R}^n$ kaum gemacht worden, aber statt dessen für Teilmengen unendlicher

Banachräume und für Funktionen $h(x)$, die schneller gegen 0 fallen als jedes Polynom. Die bahnbrechende Arbeit von Kolmogoroff und Tichomirov aus dem Jahre 1959 [55] hat zum Aufbau einer ganzen Theorie geführt, die bis zur Abschätzung von Eigenwerten von Operatoren durch Überdeckungszahlen $N_t(A)$ geht.

Für Mengen im euklidischen $\mathbf{R}^n$ ist die metrische Dimension auch mit der Minkowski-Dimension [65] identisch, die sich aus der Skalierung des n-dimensionalen Lebesgue-Maßes einer ϵ-Umgebung $U_\epsilon(A)$ ergibt. Für eine glatte Kurve A im $\mathbf{R}^3$ ist diese Umgebung ein Zylinder mit dem Volumen $\approx C\epsilon^2$, für eine Fläche A handelt es sich um eine Scheibe des Volumens $\approx C\epsilon$. Wenn die Box-Dimension von A existiert, erhält man ([33], 3.2)

$$\dim_B A = n - \lim_{\epsilon \to 0} \frac{\log L_n(U_\epsilon(A))}{\log \epsilon}.$$

Aus der Definition folgt, daß die Hausdorff-Dimension nicht größer ist als die metrische: $\dim A \leq \dim_B A$. Auch ein Nachteil der Box-Dimension soll nicht unerwähnt bleiben: sie ist nicht invariant unter differenzierbaren Abbildungen. So ist $\dim_B\{2^{-n}|n=0,1,2,...\} = 0$ und $\dim_B\{\frac{1}{n}|n=0,1,2,...\} = \frac{1}{2}$. Die Hausdorff-Dimension ist für jede abzählbare Menge natürlich Null. Im Gegensatz zu diesem Beispiel gibt es viele Räume, für die dim und $\dim_B$ wie auch der im nächsten Abschnitt eingeführte Dimensionsbegriff übereinstimmen.

Packungsmaße und Packungsdimension

So wie in der abstrakten Maßtheorie dem Begriff des äußeren Maßes der „duale" Begriff des inneren Maßes gegenübersteht, gibt es in der geometrischen Maßtheorie auch eine zum Hausdorffmaß „duale" Konstruktion, das Packungsmaß. Statt die gegebene Menge möglichst knapp durch Kugeln zu überdecken, versucht man sie von innen möglichst umfassend durch Kugeln auszuschöpfen.

Dies ist technisch etwas aufwendig, weshalb Packungsmaße erst seit 1980 betrachtet wurden. Anwendungen auf die Brownsche Bewegung, Grenzmengen Kleinscher Gruppen und Julia-Mengen ([82, 80, 28], s. Teil 2) haben aber gezeigt, daß Packungsmaße als Ergänzung und Gegenstück zu den Hausdorffmaßen notwendig sind. Es besteht auch ein Bezug zum letzten Abschnitt der Hausdorffschen Arbeit ([41], S. 177), der folgendermaßen beginnt: „Die Konstruktion ebener Mengen vorgeschriebener Dimension ist nicht ohne Schwierigkeit." Die Hausdorff-Dimension des Produktes zweier Mengen ist nämlich im allgemeinen kleiner als die Summe der Hausdorff-Dimensionen beider Mengen. Hier hilft die Packungsdimension, wie wir sehen werden.

Wie das Hausdorff-Maß setzt auch das Packungsmaß nur einen metrischen Raum voraus. Seine Konstruktion nach Tricot [83] erfolgt in zwei Stufen. Den Überdeckungen mit Mengen von beliebig kleinem Durchmesser beim Hausdorffmaß entsprechen Kugelpackungen. Darunter versteht man Familien von abgeschlossenen, paarweise disjunkten Kugeln, deren Mittelpunkte sich vollständig in der zu "packenden" Menge E befinden. (Es wird nicht verlangt, daß die Kugeln ganz in E liegen, da E im allgemeinen nicht offen ist. Die Bedingung, daß die Kugeln E schneiden, wäre aber zu schwach, wie ein Beispiel in [82] zeigt.) Bezeichnen wir jetzt mit $\mathcal{P}$ eine solche Kugelpackung, und ist $r(B)$ der Radius einer Kugel $B \in \mathcal{P}$, so wird die Mengenfunktion P_h für eine Hausdorff-Funktion h wie folgt definiert.

$$P_h(E) = \inf_{\varepsilon>0} \sup\{ \sum_{B \in \mathcal{P}} h(r(B))|\, \mathcal{P} \text{ Kugelpackung für } E \text{ mit } r(B) \leq \varepsilon \text{ für } B \in \mathcal{P}\}.$$

Abgesehen davon, daß statt Überdeckungen mit Mengen beliebig kleinen Durchmessers Kugelpackungen Verwendung finden, wird verglichen mit der Formel für das Hausdorffmaß nur die Reihenfolge von sup und inf vertauscht. Leider ist P_h noch kein metrisch äußeres Maß. P_h ist im allgemeinen nicht σ-subadditiv. Einpunktige Mengen bekommen den Wert 0 zugewiesen, abzählbare dichte Mengen der reellen Achse besitzen einen positiven P_h-Wert für $h(q) = q$. Diesen Mangel kann man aber ausgleichen. Dazu wendet man die Maßkonstruktion vom Typ I an (siehe [75]) und setzt für $E \subseteq X$

$$p_h(E) = \inf\{\sum P_h(E_n)|\, E \subseteq \cup_n E_n\}.$$

Das Packungsmaß p_h ist ein metrisches äußeres Maß. Es besitzt leider nicht die Eleganz des Hausdorffmaßes, obwohl es sich auch als Maß vom Typ II [75], wie das Hausdorff-Maß eben, schreiben läßt [43]:

$$p_h(E) = \sup_{\varepsilon>0} \inf\{\sum_n P_h(E_n)|\, E \subseteq \cup_n E_n, \text{ und } d(E_n) \leq \varepsilon \text{ für alle } n\}.$$

Nun wollen wir einige vergleichende Betrachtungen zum Hausdorff- und Packungsmaß anstellen. Unterliegt die gemeinsame Hausdorff-Funktion h beider Maße einer Dämpfungsbedingung der Art $h(2q) \leq ch(q)$ für alle $q \geq 0$ mit einer nur von h abhängenden Konstanten c — was man in endlich-dimensionalen Räumen voraussetzen kann — so ist das Packungsmaß einer Menge nie kleiner als ihr Hausdorffmaß. Packungsmaße sind wie die Hausdorff-Maße atomlos, straff und im Sinne von Kolmogoroff metrisch invariant. Sie sind aber im allgemeinen keine G_δ-regulären Maße im oben beschriebenen Sinne [42] und können somit nicht als Hausdorffmaße dargestellt werden. Ein von Rogers [75] für Hausdorffmaße formuliertes Problem ließ sich für Packungsmaße positiv beantworten [42]: jede analytische Menge von nicht σ-endlichem Maß enthält mindestens $2^{\aleph_0}$ paarweise disjunkte kompakte Mengen mit nicht σ-endlichen Maß.

Unter der Packungsdimension Dim E einer Teilmenge E eines metrischen Raumes versteht man die Zahl

$$\text{Dim } E = \inf\{\alpha > 0|\, p_\alpha(E) < +\infty\}.$$

Diese Definition ist ganz analog zur Hausdorff-Dimension dim E. Für beliebige Mengen gilt

$$\dim E \leq \text{Dim } E \leq \overline{\dim}_B E,$$

wobei noch einige andere Dimensionskonzepte zwischen Hausdorff- und Packungsdimension fallen ([33], S. 48).

S.J. Taylor hat vorgeschlagen, nur solche Mengen als Fraktale zu bezeichnen, für die Hausdorff- und Packungsdimension übereinstimmen. "We ... suggest that the term fractal should be reserved for those sets with sufficient regularity to force all methods of calculating dimension to give the same value." ([81], S. 384) Damit werden allzu unregelmäßige Objekte ausgeschlossen, und die fraktale Dimension wird eine von der Meßmethode unabhängige universelle Größe. Die üblichen Beispiele für selbstähnliche Mengen, Julia-Mengen und zufällige Fraktale ordnen sich dieser Vorstellung unter, wie wir sehen werden.

Nach den für beliebige metrische Räume gültigen Bemerkungen wenden wir uns nun wieder dem Grundraum $\mathbf{R}^n$ zu. In [74] betrachten Raymond und Tricot Hausdorff-Maße L_h, Packungsmaße p_h und sogenannte zentrierte Überdeckungsmaße c_h für gedämpfte Hausdorff-Funktionen h. c_h unterscheidet sich von L_h durch die Verwendung von abgeschlossenen Kugeln mit dem Mittelpunkt in den zu überdeckenden Mengen. c_h ist ein zu L_h äquivalentes Maß ähnlich wie das sphärische Hausdorffmaß. Ist μ ein beschränktes Borelmaß auf $\mathbf{R}^n$, so läßt sich nach Einführung der Begriffe untere und obere Dichte von μ in einem Punkt ein gemeinsamer Dichtesatz zeigen. Man definiert dazu

$$\underline{d}(\mu, h)(x) = \liminf_{r \to 0} \frac{\mu(B(x,r))}{h(2r)} \quad \text{und} \quad \overline{d}(\mu, h)(x) = \limsup_{r \to 0} \frac{\mu(B(x,r))}{h(2r)}$$

für Punkte $x \in \mathbf{R}^n$, wobei $B(x, r)$ die abgeschlossene Kugel mit dem Radius r und dem Mittelpunkt r ist. Für Borelmengen E mit endlichem c_h-Maß bzw. p_h-Maß gelten dann

$$c_h(E) \inf_E \overline{d}(\mu, h) \leq \mu(E) \leq c_h(E) \sup_E \overline{d}(\mu, h)$$

bzw.

$$p_h(E) \inf_E \underline{d}(\mu, h) \leq \mu(E) \leq p_h(E) \sup_E \underline{d}(\mu, h).$$

Wenn das α-dimensionale Hausdorff- und Packungsmaß auf der Borelmenge E übereinstimmt und $0 < p_h(E) < \infty$ ist, so ist α eine ganze Zahl, und die Einschränkung von p_h auf E ist rektifizierbar.

Zum Schluß dieses Abschnittes gehen wir noch auf das von Hausdorff aufgeworfene Problem der Dimension von Produktmengen ein. In [83] wird von Tricot für Teilmengen E, F des Euklidischen Raumes $\mathbf{R}^n$ bewiesen, daß

$$\dim E + \dim F \leq \dim E \times F \leq \dim E + \operatorname{Dim} F \leq$$
$$\leq \operatorname{Dim} E \times F \leq \operatorname{Dim} E + \operatorname{Dim} F.$$

Vorausgegangen waren Beiträge von Besicovitch und Moran [17], Eggleston [31], Marstrand [60], Larman [56] und Wegmann [85]. Bei den von Hausdorff gefundenen selbstähnlichen Cantormengen in $\mathbf{R}$ stimmen Hausdorff- und Packungsdimension überein. Mit Hilfe der obigen Formel läßt sich nun Hausdorffs Ansatz, Produktmengen beliebiger Hausdorff-Dimension im $\mathbf{R}^n$ zu konstruieren, leicht verwirklichen.

0.2   Die Hausdorff-Dimension als Größenmaßstab

Größenvergleich in der Mathematik

Die Mathematik verwendet die unterschiedlichsten Methoden zur Bestimmung der Größe, Ausdehnung, Kompliziertheit von Objekten. Wir wollen die wichtigsten Konzepte hier Revue passieren lassen. Jede Methode hat ihren speziellen Anwendungsbereich und ermöglicht spezifische Aussagen. Wir werden sehen, daß die Hausdorffsche Methode für Mengen in endlich-dimensionalen Räumen das genaueste und oft das geeignetste Verfahren ist.

Der Begriff der *Mächtigkeit* oder *Kardinalzahl* ist für beliebige Mengen definiert. Kardinalzahlvergleiche sind bei der theoretischen Untersuchung riesiger Mengenfamilien nützlich, zum Beispiel um die Existenz Lebesgue-meßbarer Mengen zu zeigen, die keine Borel-Mengen sind. Für den Größenvergleich der üblicherweise auftretenden unendlichen Mengen, wie etwa Teilmengen der Ebene, ist dieser Begriff ungeeignet. Schon die Existenz von überabzählbaren Kardinalzahlen unterhalb des Kontinuums ist ja mit diversen mengentheoretischen Hypothesen verknüpft. Allerdings hat Hausdorff 1916 nachgewiesen, daß solche Mächtigkeiten bei Borelmengen nicht auftreten können [40].

Ein Größenmaß für Teilmengen topologischer Räume ist die *topologische Dimension*. Für abgeschlossene Mengen im Euklidischen Raum stimmt sie mit der intuitiven Vorstellung überein. Kurven ohne Doppelpunkte sind eindimensional, egal wie stark sie oszillieren. Flächenstücke haben die Dimension zwei usw. Die Theorie der topologischen Dimension ist im Verhältnis zur Intuition relativ kompliziert, und bei nicht abgeschlossenen Mengen gibt es Überraschungen: nicht nur die rationalen, sondern auch die irrationalen Zahlen bilden eine nulldimensionale Menge. (Letztere sind ja homöomorph zum Baireschen Nullraum $\mathbf{N}^{\mathbf{N}}$.) Die topologische Dimension kann sich also durch Weglassen einer abzählbaren Menge verringern. Außerdem kann sie nur ganzzahlige Werte annehmen, stellt also eine recht grobe Meßmethode dar.

Eine andere topologische Bestimmung der Größenordnung ergibt sich aus dem Baireschen Kategoriesatz. Der Durchschnitt einer Folge von dichten, offenen Mengen in einem vollständig metrisierbaren Raum X — oder eine Menge, die solch einen Durchschnitt enthält — heißt *Residualmenge* oder *Menge zweiter Kategorie*. Der Satz von Baire besagt, daß eine Residualmenge nicht leer ist und daß es demzufolge keine zwei disjunkten Residualmengen in X geben kann (selbst der Durchschnitt einer Folge von Residualmengen ist nach Definition wieder eine Residualmenge). In topologischer Hinsicht sind Residualmengen also groß und verkörpern "die meisten Elemente des Raumes X". Die Kategoriemethode erlaubt Aussagen wie: die meisten Dezimalzahlen enthalten beliebig lange endliche Folgen aus Einsen; die meisten stetigen Funktionen auf einem Intervall sind nirgends differenzierbar; die meisten kompakten, zusammenhängenden Teilmengen des Einheitsquadrates enthalten keine stetige Kurve [64] etc. Viele dieser Aussagen stehen der Intuition entgegen. Gegen die Kategoriemethode ist vor allem einzuwenden, daß sie nur eine "entweder-oder-Entscheidung" erlaubt.

Der Leser wird sich fragen, warum nehmen wir nicht das klassische Flächen- bzw. Volumenmaß zur Größenbestimmung? Dieser Einwand ist berechtigt. Natürlich ist das n-dimensionale Lebesguesche Maß für alle Mengen im $\mathbf{R}^n$, die positives und endliches Maß besitzen, die vernünftigste Größenangabe. Hieraus leiten sich auch die geometrischen Wahrscheinlichkeiten ab, und überhaupt basiert die ganze Wahrscheinlichkeitsrechnung auf der Annahme, daß wir ein endliches Maß haben, das für die interessanten Teilmengen des Raumes positive Werte annimmt.

In der Analysis hat man es aber oft mit Mengen zu tun, die entweder das Maß Null oder das volle Maß des Raumes besitzen. Dies führt wieder zu "entweder-oder-Entscheidungen", die die bekannten Klauseln "fast überall" oder "mit Wahrscheinlichkeit 1" enthalten. Z.B. ist eine monotone Funktion fast überall differenzierbar, und fast alle reellen Zahlen sind normal in dem Sinne, daß die Häufigkeit jeder Ziffer der Dezimalbruchdarstellung im Grenzwert gegen $\frac{1}{10}$ strebt. Auch diese Aussagen stehen zuweilen der Erfahrung entgegen, die eher die Ausnahmen als den Regelfall des Satzes kennt.

Wenn wir nun genauer wissen wollen, wieviel Ausnahmen es gibt, müssen wir die Hausdorffsche Methode, die metrische Dimension, die Packungsdimension oder die Theorie der analytischen Kapazität in Anspruch nehmen. Die metrische Dimension wird insbesondere bei unendlich-dimensionalen Räumen bevorzugt [55]. Auch für die Abschätzung der Eigenfrequenzen einer Membran mit fraktalem Rand hat sich die Minkowski-Dimension des Randes als die geeignete Größe erwiesen [18]. Kapazitätsmethoden kommen vor allem in der Funktionentheorie zur Anwendung [35, 21]. In vielen Fällen liefern die Verfahren im Groben die gleiche Dimension [33]. Die Hausdorff-Dimension erlaubt im $\mathbf{R}^n$ aber meist die genauesten Aussagen.

Alle diese Methoden sind nicht einfach und verlangen exakte Kenntnis des zu vermessenden Objekts. Für Existenzbeweise, wie sie mit der Kategoriemethode oder dem Lebesgueschen Maß geführt werden, sind Dimensionsberechnungen nicht geeignet. Wir möchten nun in aller Kürze einige der wichtigsten Anwendungen der Hausdorff-Dimension vorstellen.

Zahlentheorie

Jarníks Arbeit "Über die simultanen diophantischen Approximationen" aus dem Jahre 1931 enthält die erste Anwendung der Hausdorff-Dimension außerhalb der Maßtheorie. Lassen wir ihn selbst zu Wort kommen ([51], S. 505 ff.):

"Wir führen zunächst folgende Ausdrucksweise ein: Es sei s ganz, $s \geq 1$; $\omega(x)$ sei eine für $x \geq 1$ definierte und positive Funktion. Es sei $(\theta_1, \theta_2, ..., \theta_s)$ ein System von s reellen Zahlen; man kann dieses System auch als einen Punkt P ... in einem s-dimensionalen Raume $\mathbf{R}^s$ deuten. Wir wollen sagen, daß das System ... die Approximation $\omega(x)$ zuläßt, wenn es zu jedem $c > 0$ ein System von $s + 1$ ganzen Zahlen $p_1, p_2, ..., p_s, q$ mit $q > c$ gibt, welches den folgenden s Ungleichungen genügt:

$$|\theta_i - \frac{p_i}{q}| < \omega(q) \qquad (i = 1, 2, ..., s).$$

Bekanntlich läßt jedes System $(\theta_1, \theta_2, ..., \theta_s)$ die Approximation $x^{-1-\frac{1}{s}}$ zu ... Es drängt sich also folgende Frage auf: Es sei ... eine positive Funktion $\omega(x)$ gegeben, die kleiner als $x^{-1-\frac{1}{s}}$ ist; wie „groß" ist dann die Menge derjenigen Punkte des Raumes $\mathbf{R}^s$, welche die Approximation $\omega(x)$ zulassen? Dabei muß man freilich den Ausdruck „wie groß" noch präzisieren ..." Jarnik bezeichnet dann mit $M(\omega(x); s)$ die Menge der approximierbaren Punkte, mit L das s-dimensionale Lebesguesche Maß, und fährt fort:

"Und wir fragen: Wie groß ist $L(M(\omega(x); s))$? Diese Frage wurde von Herrn A. Khintchine folgendermaßen beantwortet: ... sei $\omega(x)$ ... stetig ... $\omega^s(x)x^{s+1}$ sei für $x \geq 1$ abnehmend, $\omega^s(x)x^{s+1} \to 0$ für $x \to \infty$. Dann ist $L(M(\omega(x); s))$ gleich Null oder gleich Eins, je nachdem das Integral $\int_1^\infty \omega^s(x)x^s dx$ konvergiert oder divergiert.

Dieses schöne Ergebnis gibt also eine sehr vollständige Antwort auf unsere Frage; bei einer näheren Betrachtung bieten sich jedoch Fragen dar, die durch den Khintchineschen Satz nicht beantwortet werden. Es sei z.B. $s = 2$; dann ist $L(M(x^{-\alpha}; 2)) = 0$ für $\alpha > \frac{3}{2}$; man wird aber trotzdem vermuten, daß z.B. die Menge $M(x^{-\frac{7}{4}}; 2)$ wesentlich „größer" ist als $M(x^{-2}; 2)$. Weil hier das Lebesguesche Maß versagt, muß man zu einem anderen Maßbegriff greifen, der insbesondere die Mengen vom Lebesgueschen Maß Null noch weiter zu klassifizieren gestattet. Und zwar eignet sich zu diesem Zweck ein von Herrn F. Hausdorff eingeführter Maßbegriff. ... Dieser ... erlaubt uns in der Tat, die Vermutung, daß einer „schwächeren" Approximation $\omega(x)$ eine „größere" Menge $M(\omega(x); s)$ entspricht als einer „schärferen" Approximation, genau zu formulieren und in ziemlich allgemeinen Fällen zu beweisen ..."

Jarník definiert Hausdorff-Maße $L(A, f(x))$ mittels Würfeln, da es ihm nur auf die Dimension ankommt. Er verwendet dabei erstmalig den heute üblichen Dimensionsbegriff: "Man könnte – ähnlich, aber nicht genau so wie Herr Hausdorff – sagen, daß eine Menge A aus $\mathbf{R}^s$ die Dimension σ besitzt, wenn σ die untere Grenze derjenigen Zahlen $\gamma > 0$ ist, für welche $L(A, x^\gamma) = 0$." Als leichtverständliche Folgerung aus allgemeineren Integralkriterien gibt er folgenden Satz an:

$$\text{Für } \alpha > 1 + \frac{1}{s} \quad \text{ist} \quad \dim M(x^{-\alpha}; s) = \frac{s+1}{\alpha}.$$

Der Beweis ist recht umfangreich, Falconer ([33], 10.3) gibt einen einfacheren Zugang für den eindimensionalen Fall. Eine neue Verallgemeinerung von Jarníks Sätzen wurde erst kürzlich von Dodson [29] gefunden.

Es gibt eine Reihe ähnlicher Untersuchungen im Zusammenhang mit Kettenbrüchen und mit der asymptotischen Häufigkeit der einzelnen Ziffern bei der Darstellung von Zahlen im Dezimalsystem oder, allgemeiner, im System mit m Ziffern $0, 1, ..., m-1$. Im letzteren Fall erhält man folgende Verfeinerung des schon zitierten Satzes über normale Zahlen. Die Menge $A = A(p_0, ..., p_{m-1})$ aller Zahlen in $[0,1]$, für die die relative Häufigkeit der Ziffer i gegen den Grenzwert p_i konvergiert, hat die Hausdorff-Dimension

$$\dim A = \frac{-1}{\log m} \sum_{i=0}^{m-1} p_i \log p_i.$$

Den Beweis und weitere Literaturhinweise findet man bei Falconer [33].

Selbstähnliche Mengen

Die selbstähnlichen Mengen sind in den letzten Jahren als einfachste Beispiele für mathematische Fraktale bekannt geworden. Barnsley prägte den Ausdruck „iterated function systems", der auf ihre Computererzeugung durch Ähnlichkeitsabbildungen anspielt. In die Mathematik eingeführt wurden sie jedoch schon um die Jahrhundertwende von Cantor, Hilbert, Sierpiński, von Koch und anderen Autoren als einzelne Beispiele exotischer topologischer Räume. Moran [66] hat sie 1946 erstmals als allgemeine Konstruktion behandelt, und zwar als eine Klasse von Mengen im $\mathbf{R}^q$, für die sich Hausdorff-Maße besonders einfach bestimmen lassen. "... For example, we can prove the following theorem on a generalization of Cantor's ternary set.

Theorem II. If E is a closed bounded set and $E = E_1 + ... + E_n$, where the E_n are closed non-overlapping sets similar geometrically to E but reduced in the ratios t_i, then the dimension of E is p_0 and $0 < p_0\text{-}mE < \infty$, where p_0 is the root of the equation $t_1^p + ... + t_n^p = 1$.

In particular, if $t_1 = ... = t_n = t$, we have $p_0 = \log n / \log \frac{1}{t}$ in agreement with known results. Theorem II can be proved simply from Theorem I, but it is better to regard it as a special case of the following stronger theorem.

Theorem III. Suppose E is a closed bounded set, defined in the following way. Let O_1 be an open bounded set and O_2^i $(i = 1, ..., n)$ be n non-overlapping open sets contained in O_1 and similar to it, but reduced in the ratios t_i. Similarly, let O_3^{ij} $(i, j = 1, ..., n)$ be n^2 sets bearing the same relations to the O_2^i as the latter do to O_1. Let the sequence be prolonged indefinitely and let $P_1, P_2, P_3, ...$ be the closures of the sets $O_1, \sum O_2^i, \sum O_3^{ij}, ...$, etc. Now let E be the common part of $P_1, P_2, P_3, ...$ Then

$$0 < p_0\text{-}mE < \infty .$$

The interest of this result is that it establishes the dimension of all sets constructed in a manner similar to Cantor's ternary set, whether they are in a line, plane or space of q dimensions, and whether or not the intervals or domains used to construct them have common boundaries." ([66], S. 19-20).

Die Gleichung

$$t_1^p + ... + t_n^p = 1$$

ergibt sich übrigens sofort aus der Ähnlichkeitsinvarianz des p-dimensionalen Hausdorff-Maßes, wenn wir voraussetzen, daß dies Maß positiv und endlich ist und die „einzelnen Teile" der Menge E sich nur in Nullmengen schneiden. Man braucht nur die Maße der Teile zu addieren und durch $L_p(E)$ zu teilen.

Der Beweis des Satzes von Moran findet sich heute in verschiedenen Lehrbüchern über Fraktale [10, 32, 33]. Dabei wird meist Hutchinson [50] zitiert. Seine Konstruktion ist zwar in mancher Hinsicht spezieller. (So erfaßt Morans Satz auch „zufällige Koch-Kurven" wie in [33], 15.3, wenn O_1 richtig definiert wird.) Hutchinsons Definition mittels Abbildungen war jedoch das geeignete Mittel, um die entstehenden Figuren der mathematischen Behandlung wie auch der Computererzeugung zugänglich zu machen. Sind $f_1, ..., f_m$ kontraktive Ähnlichkeitsabbildungen im $\mathbf{R}^q$, so heißt eine nichtleere kompakte Menge E die *zugehörige selbstähnliche Menge* wenn

$$E = f_1(E) \cup ... \cup f_m(E).$$

Abbildung 1 zeigt einige Beispiele. Es ist eine einfache aber wichtige Erkenntnis, daß bei beliebiger Wahl der f_i stets genau eine solche Menge existiert. Die Voraussetzungen des Satzes von Moran sind allerdings nur dann gegeben, wenn es eine offene Menge O gibt, die die Mengen $f_i(O)$ als disjunkte Teilmengen enthält. Dann ist $O_1 = O$, $O_2^i = f_i(O)$, $O_3^{ij} = f_i f_j(O)$ usw., und die „einzelnen Teile der Menge E überlappen sich nicht — sie berühren sich höchstens in Randpunkten."

Diese Bedingung, die Hutchinson "open set condition" nannte, garantiert also, daß die selbstähnliche Menge E positives p_0-dimensionales Hausdorff-Maß hat. Es kann gezeigt werden, daß das p_0-dimensionale Packungsmaß sich in diesem Fall nur um einen konstanten Faktor vom Hausdorff-Maß unterscheidet. Die selbstähnlichen Mengen mit open set condition sind also Fraktale im Sinne von Taylor. Weiterhin läßt sich zeigen, daß die obere und untere p_0-dimensionale Dichte des auf E eingeschränkten Hausdorff-Maßes an fast allen Punkten von E konstant ist [78].

Erst in diesem Jahr hat Schief [76] mit Hilfe von Ergebnissen von Bandt und Graf [9] gezeigt, daß die Umkehrung gilt: ist das p_0-dimensionale Hausdorff-Maß von E endlich, so gibt es auch eine offene Menge O. Bis heute ist nicht geklärt, wann genau dim $E = p_0$ gilt und ob es bei den überlappenden Konstruktionen ein anderes natürliches Hausdorff-Maß für E gibt.

Die angegebenen Ergebnisse übertragen sich unschwer von selbstähnlichen Mengen auf den allgemeineren Fall von „gemischt-selbstähnlichen Mengen" oder „graphengerichteten Konstruktionen" , die durch ein Gleichungssystem der Form

$$E_j = \bigcup_{i \in I_j} f_{ij}(E_i) \quad , \qquad j = 1, ..., n$$

gegeben sind und von verschiedenen Autoren untersucht wurden [5, 78]. Bedeutend schwieriger wird die Verallgemeinerung für selbstaffine Mengen (s. [33], 9.12) und die Grenzmengen bzw. Juliamengen, die wir im nächsten Abschnitt behandeln.

Dynamische Systeme

Grob gesprochen, besteht ein dynamisches System aus einer Menge X und einer Abbildung $f : X \to X$ oder mehreren solchen Abbildungen f_i. Meist hat man noch eine metrische oder analytische Struktur auf X, die von den Abbildungen respektiert wird. Man fragt sich dann, wohin sich die Punkte x aus X bei fortgesetzter Anwendung der Abbildung f oder der verschiedenen f_i hinbewegen. Ein *Attraktor* von f ist eine kompakte invariante Teilmenge A von X, die man für viele Punkte x als Grenzmenge der Bahn $\{f^k(x) | k = 0, 1, 2, ...\}$ erhält. Ein Attraktor ist bezüglich f invariant: $f(A) \subseteq A$.

Um ein durchschaubares Beispiel vor Augen zu haben, sehen wir uns an, wie die selbstähnlichen Mengen in Abbildung 1 durch Iteration der zugehörigen Ähnlichkeitsabbildungen $f_1, ..., f_m$ erzeugt werden. Man wählt einen beliebigen Anfangspunkt x_0 und bildet dann $x_n = f_{i_n}(x_{n-1})$, $n = 1, 2, ...$, wobei der Index i_n in jedem

Schritt zufällig aus $\{1, ..., m\}$ mit Wahrscheinlichkeiten $p_1, ..., p_m \neq 0$ ausgewählt werden. Aufgrund der Kontraktivität der f_i zeigt es sich, daß der Attraktor für alle Anfangspunkte die selbstähnliche Menge E wird. In der oben beschriebenen Situation wählt man übrigens $p_i = t_i^\alpha$, wobei t_i der Ähnlichkeitsfaktor von f_i und $t_1^\alpha + ... + t_m^\alpha = 1$ ist. So erreicht man, daß die Punkte x_n dem Hausdorff-Maß L_α auf E entsprechend verteilt werden.

Der Leser wird sicher einwenden, daß die Iteration der f_i durch den Zufall gesteuert wird und es sich somit eigentlich nicht um ein dynamisches System handelt. Jedoch ist die Situation für einfache nichtlineare Abbildungen oft bedeutend komplizierter als in unserem Beispiel. Die Existenz unendlicher Attraktoren bei reellen quadratischen Abbildungen der Ebene auf sich vom Hénon-Typ wurde erst vor kurzem durch Benedicks und Carleson [13] nachgewiesen, und für die von Hénon untersuchte konkrete Abbildung bleibt sie wohl auch weiter ungeklärt, obwohl zahllose Computersimulationen Attraktoren zeigen.

Man interessiert sich für die geometrische Struktur der Attraktoren, um das Grenzverhalten des dynamischen Systems beschreiben zu können. Diese Struktur ist jedoch, wie gesagt, oft unüberschaubar. Abschätzungen der Hausdorff-Dimension werden unternommen, um verschiedene Attraktoren vergleichen zu können. In vielen Fällen bleibt nur die numerische Berechnung der Box-Dimension.

Neben Attraktoren gibt es auch abstoßende kompakte invariante Mengen, sogenannte *Repeller*, die man als Grenzmengen der Bahn eines Punktes bei Rückwärtsiteration erhält: $x_{-1} \in f^{-1}(x_0)$, $x_{-2} \in f^{-1}(x_{-1})$ etc. Bei gleichzeitiger Existenz mehrerer Attraktoren in einem dynamischen System bilden Repeller die gemeinsamen *Grenzen der Anziehungsbereiche* dieser Attraktoren. Es kann passieren, daß ein Punkt, der eigentlich zum ersten Attraktor wandern sollte, durch Rundung oder Meßfehler über die Grenze in einen anderen Anziehungsbereich gelangt und dann zum zweiten Attraktor wandert. Je größer die Dimension der Grenze ist, desto häufiger sind solche Irrtümer zu erwarten. Pelikan [68] hat gezeigt, daß die Box-Dimension eines solchen Repellers direkt mit der Wahrscheinlichkeit einer falschen Voraussage für das Grenzverhalten des dynamischen Systems zusammenhängt.

Es gibt zwei Gruppen von Grenzmengen, für die die Hausdorff-Dimension mit strengen mathematischen Methoden ermittelt worden ist. Zum einen sind dies die Grenzmengen von bestimmten Kleinschen Gruppen Γ — diskreten Untergruppen aller linearen gebrochenen Transformationen $z \to (az + b)/(cz + d)$ der Riemannschen Zahlenkugel. Die Limesmenge Λ_Γ ist wie oben die selbstähnlichen Mengen als Attraktor definiert, als Menge der Häufungspunkte der Bahn eines beliebigen Punktes z_0. Sullivan [80] hat, an Ergebnisse von Patterson anschließend, die Hausdorff-Dimension α von Λ_Γ als kritischen Exponenten für die Konvergenz einer Reihe ermittelt. In bestimmten Fällen ergibt sich aus der Hausdorff-Dimension der Grenzmenge sofort der kleinste Eigenwert des Laplace-Operators auf der zu Γ gehörigen hyperbolischen Mannigfaltigkeit.

Nach Patterson und Sullivan gibt es nun ein eindeutig bestimmtes endliches Borelmaß μ auf Λ_Γ , so daß für jede Borelmenge E und jedes $\gamma \in \Gamma$ gilt

$$\mu(\gamma(E)) = \int_E |\gamma'|^\alpha d\mu.$$

Dieses α-konforme Maß läßt sich in vielen Fällen als α-dimensionales Hausdorff-maß oder α-dimensionales Packungsmaß charakterisieren. Interessant ist Sullivans Betrachtung zum Fall $\alpha < 1$, wo das Hausdorffmaß verschwindet und μ mit dem Packungsmaß übereinstimmt. Allerdings verwendet er eine von unserer obigen Definition abweichende Variante von Packungsmaßen.

Ähnliche Ergebnisse gelten für Juliamengen, die als eindeutig bestimmte Repel-ler J_T einer rationalen Funktion T auf der Zahlenkugel definiert sind. Das Buch von Peitgen und Richter [67] gibt eine verständliche Einführung in dieses Gebiet. Zur Bestimmung der Hausdorff-Dimension von J_T wird der von Bowen und Ruelle entwickelte thermodynamische Formalismus angewandt [59]. Er stellt eine sehr ab-strakte und weitreichende Verallgemeinerung der Dimensionsformel $\sum t_i^\alpha = 1$ für selbstähnliche Mengen dar.

Wir können das nur andeuten. Man stelle sich vor, daß $J = \cup f_i(J)$ eine selbstähn-liche Cantormenge ist und T auf jedem $f_i(J)$ die Inverse der Abbildung f_i ist. Nun ist T eine konforme Abbildung, und $t(z) = 1/|T'(z)|$ ist der vom Ort abhängige Kontraktionsfaktor der Inversen von T. Zu jedem α gibt es ein eindeutig bestimm-tes Wahrscheinlichkeitsmaß μ_α auf J, das sogenannte Gleichgewichtsmaß, für das

$$h_\mu(T) + \int_J \log t^\alpha d\mu$$

maximal wird. Dabei bezeichnet $h_\mu(T)$ die Entropie der Abbildung T, und der zweite Term sorgt dafür, daß die im metrischen Sinne großen Teile von J auch mit großem Maß belegt werden. Dieser zweite Term ist negativ, wenn der Kontraktionsfaktor t auf J überwiegend < 1 ist. Die Hausdorff-Dimension von J ist nun gerade dasjenige α, für das die beiden Terme sich ausgleichen und der obige Ausdruck für μ_α gleich Null wird. Zusätzlich kann das Gleichgewichtsmaß $\mu\alpha$ noch als Vergleichsmaß für L_α herangezogen werden, womit gezeigt wird, daß die Juliamenge positives und endliches α-dimensionales Hausdorff-Maß hat.

Diese Überlegung gilt, wenn T auf J expandierend ist: es gibt ein $c > 1$ und eine ganze Zahl $k \geq 1$, so daß der Betrag der Ableitung von T^k überall auf J größer als c ist. Unlängst haben Denker und Urbański [28] die Formel für die Hausdorff-Dimension α auch für parabolische rationale Abbildungen T nachgewiesen, deren Juliamengen eine sehr komplizierte Struktur aufweisen (s. [67]). Es gibt dort genau ein α-konformes Wahrscheinlichkeitsmaß für T. Dieses μ auf $J(T)$ stimmt bis auf eine Konstante mit dem α-dimensionalen Hausdorffmaß überein, falls $\alpha \geq 1$. Der interessante Fall, bei dem eine Analogie zu den Grenzmengen Kleinscher Gruppen zutagetritt, ist $\alpha < 1$. In diesem Fall ist $L_\alpha(J) = 0$ und das konforme Maß μ stimmt auf J bis auf eine Konstante mit dem α-dimensionalen Packungsmaß überein.

Es sollte erwähnt werden, daß es noch quadratische Funktionen $T(z) = z^2 + c$ gibt, von deren Juliamenge wir weder die Hausdorff-Dimension noch andere grundlegende geometrische Eigenschaften kennen. Selbst für die oben genannten Fälle ergeben die Überlegungen zum konformen Maß noch keine konkrete Berechnungsmethode für die Hausdorff-Dimension. Auch die Vermutung, daß der Rand der Mandelbrotmenge („Apfelmännchen") die Hausdorff-Dimension 2 hat, ist noch ungeklärt.

Dimension von Maßen

Wie sich im letzten Abschnitt schon angedeutet hat, spielen Maße beim Studium dynamischer Systeme eine immer größere Rolle. Die durch Iteration erzeugten Attraktoren und Juliamengen weisen schon rein optisch oft so große Unregelmäßigkeiten auf, daß sie nicht als Mengen, sondern nur als Maße interpretiert werden können [30, 10, 67, 12]. Dazu kommt, daß Maße in vieler Hinsicht mathematisch einfacher behandelt werden können als Mengen, weil sie einen linearen Raum bilden. Weitere Anregungen zum geometrischen Studium von Maßen kommen aus der Physik, z.B. vom Studium turbulenter Strömungen.

Um ein einfaches Beispiel zu geben, haben wir ein Rechteck als selbstähnliche Menge dargestellt, aber die im vorigen Abschnitt erwähnten p_i nicht so gewählt, daß die Verteilung der Punkte dem Flächenmaß entspricht. Die Abweichung in Abbildung 2a ist größer als bei 2b. Es läßt sich zeigen, daß beide Maße das ganze Rechteck als Träger haben, obwohl manche Stellen außerordentlich geringes Maß haben. Beide Maße sind zueinander und zum Lebesguemaß orthogonal (singulär).

Schon Hutchinson hat gezeigt, daß bei beliebiger Wahl der p_i der Iterationsprozess mit kontraktiven Abbildungen im Raum der Maße gegen einen „Attraktor" konvergiert [50, 10]. Neuere Untersuchungen haben gezeigt, daß die Kontraktivität der Abbildungen durch schwächere, maßtheoretische Bedingungen ersetzt werden kann [12, 11], wobei das Grenzmaß nicht notwendig kompakten Träger haben muß. Diese Konstruktionen lassen sich mit Mengen nicht mehr definieren.

Wie soll man die Dimension eines endlichen Maßes μ im Grundraum X definieren? Die Dimension des Trägers — der kleinsten abgeschlossenen Menge mit vollem Maß — sagt wenig, wie Abbildung 2 zeigt, sie ist meist zu groß. Zwei bessere Vorschläge sind

$$\dim \mu = \inf\{\ \dim E | \mu(X \setminus E) = 0\} \qquad \text{und}$$

$$\dim' \mu = \inf\{\ \dim E | \mu(E) > 0\}.$$

Wenn diese beiden Zahlen übereinstimmen, kann man mit U. Zähle [88, 89] von der *tragenden Dimension* des Maßes μ sprechen.

Die *lokale Dimension* eines Maßes μ in einem Punkt x eines metrischen Raumes (X, d) wird definiert durch

$$d_\mu(x) = \lim_{r \to 0} \frac{\log \mu(B(x, r))}{\log r},$$

wobei $B(x, r)$ die abgeschlossene Kugel um x mit dem Radius r bezeichnet. Diese Größe ist als „Massenexponent" leicht zu interpretieren. Allerdings braucht der

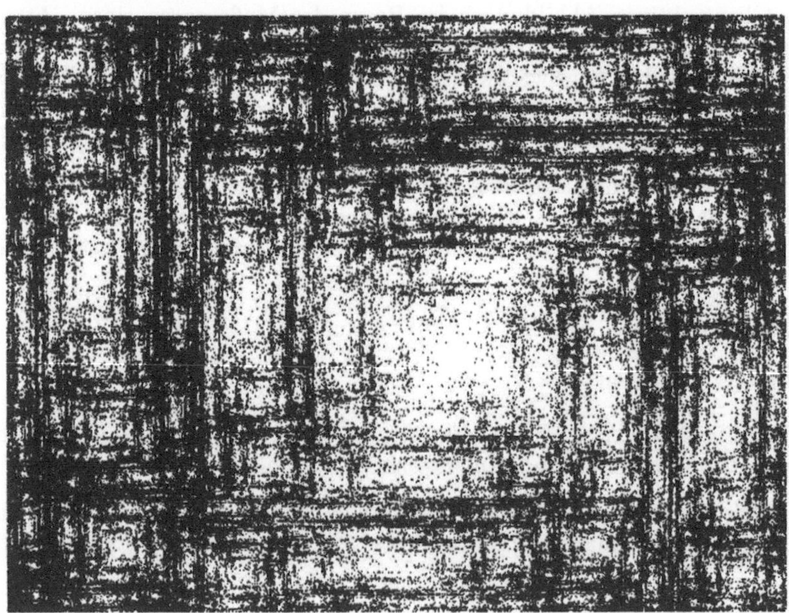

Abbildung 2: Zwei selbstähnliche Maße auf einem Rechteck

Grenzwert nicht zu existieren, so daß man zuweilen mit limsup und liminf zur oberen und unteren lokalen Dimension $\overline{d}_\mu(x)$ bzw. $\underline{d}_\mu(x)$ übergehen muß. Selbst wenn der Grenzwert existiert, kann die lokale Dimension in Abhängigkeit vom Punkt x stark schwanken. Dies wird der Gegenstand weiterer Erörterung sein.

Wir bemerken noch, daß als Gegenstück zur Box-Dimension ein ganzes Spektrum von *Rényi-Dimensionen* $D_q(\mu)$ für Maße μ verwendet wird. Für eine Zerlegung $X = E_1 \cup E_2 \cup ...$ des Grundraums ist die Shannon-Entropie $H^1 = \sum_i \mu(E_i)\mathrm{ld}\,\mu(E_i)$ und für $q \neq 1$ die Rényi-Information q-ter Ordnung $H^q = \frac{1}{1-q}\mathrm{ld}\sum_i \mu(E_i)^q$ definiert. Man schreibt dann $h_t^q(\mu)$ für das Infimum von H^q über alle Zerlegungen des Raumes mit Mengen des Durchmesser $\leq t$ (die meisten Autoren begnügen sich allerdings mit einer Zerlegung des $\mathbf{R}^n$ in Würfel von der Seitenlänge t) und nennt

$$R^q(\mu) = \lim_{t \to 0} \frac{h_t^q(\mu)}{\mathrm{ld}\,t}$$

die Rényi-Dimension q-ter Ordnung (ld steht für $\log_2$).

Youngs Arbeit [87] ist wohl die erste, in der diese verschiedenen Begriffe verglichen wurden. Sie zeigte, daß die tragende Dimension, die eindimensionale Renyi-Dimension und verschiedene andere Dimensionskonzepte übereinstimmen, wenn die lokale Dimension in μ-fast allen Punkten x konstant ist. Dies ist insbesondere dann der Fall, wenn μ ergodisches invariantes Maß bezüglich einer stetig differenzierbaren Transformation T ist. Cutler [24] hat noch etwas schwächere Bedingungen für die Transformation gefunden, die für jeden metrischen Raum definiert sind. Sie nennt μ *exakt-dimensional*, wenn die lokale Dimension μ-fast überall denselben Wert c annimmt. Die Dimension des Maßes im Sinne der Hausdorff- und Packungsdimension stimmt für solche Maße mit c überein [48]. Unterscheiden sich beide lokalen Dimensionsfunktionen dem Maße nach, so gibt es unter recht allgemeinen Bedingungen immer Mengen positiven Maßes mit unterschiedlicher Hausdorff und Packungsdimension.

Es gibt Maße, die sich sehr unregelmäßig verhalten. Kahane und Katznelson [52] fanden ein Maß, dessen Träger eine Cantormenge in $[0,1]$ ist, so daß für jedes α höchstens zwei x mit $d_\mu(x) = \alpha$ existieren. Cutler definierte für beliebige Maße die Verteilungsfunktionen für die untere und obere lokale Dimension:

$$\underline{F}(\alpha) = \mu\{x|\underline{d}_\mu(x) \leq \alpha\} \qquad \text{und} \qquad \overline{F}(\alpha) = \mu\{x|\overline{d}_\mu(x) \leq \alpha\}.$$

Sie wies nach, daß

$$\underline{F}(\alpha) = \sup\{\mu(E); E \subseteq X \text{ Borelmenge, dim } E \leq \alpha\} \qquad \text{und}$$

$$\overline{F}(\alpha) = \sup\{\mu(E); E \subseteq X \text{ Borelmenge, Dim } E \leq \alpha\},$$

wobei Dim wieder für die Packungsdimension steht [24, 25].

Selbst für die exakt-dimensionalen Maße kann eine feinere Dimensionsbestimmung vorgenommen werden. Die Anregung dazu kam interessanterweise aus der

Physik. Wenn wir bedenken, daß die beiden in Abbildung 2 skizzierten Maße exaktdimensional sind, dann ist das Bemühen der Physiker zu verstehen, die Ungleichmäßigkeit solcher Maße zu erfassen. Mitte der achtziger Jahre setzte sich der Gedanke durch, die lokale Dimension nicht im Sinne des Maßes μ, sondern im Sinne der Hausdorff-Dimension aufzugliedern. Das führte zum Begriff des $f(\alpha)$-Spektrums des Maßes μ :

$$f(\alpha) = \dim\{x | d_\mu(x) = \alpha\},\ 0 \le \alpha \le \infty.$$

Eine reelle Funktion kann ein Maß natürlich besser charakterisieren als ein einzelner Dimensionswert. Der typische Verlauf des „multifraktalen Spektrums " $f(\alpha)$ ist eine nach unten geöffnete, parabelförmige Kurve, die den minimalen und maximalen Wert von $d_\mu(x)$ miteinander verbindet. Während die Physiker schon Spektren aus diversen experimentellen Untersuchungen ermittelten, sind mathematisch exakte Bestimmungen nur für gewisse Maße auf Cantormengen in der reellen Geraden, die sich als Attraktoren differenzierbarer Abbildungen ergeben [23, 73], sowie für selbstähnliche Maße mit "open set condition" [22] durchgeführt worden.

Für diese Fälle konnte auch die Behauptung der Physiker bewiesen werden, daß die sogenannte Legendre-Transformation das $f(\alpha)$-Spektrum und das Spektrum der Renyi-Dimensionen ineinander überführt. Insbesondere haben Cawley und Mauldin auch gezeigt, daß die Menge der Punkte, für die die lokale Dimension nicht existiert, vernachlässigbar klein ist. Die Parabelform ergibt sich aus Gleichungen mit Funktionen der Form $\sum t_i \log t_i$ (vgl. auch [86, 33]). Lediglich die selbstähnlichen Maße, die gerade das Hausdorff-Maß von der Dimension des Trägers darstellen, sind vollkommen exaktdimensional in dem Sinne, daß nur für diesen einen Wert $f(\alpha) \ne 0$ ist.

Auf diesem Gebiet wird zur Zeit intensiv gearbeitet. Es ist nicht zu erwarten, daß die Definition von $f(\alpha)$ auf beliebige Maße anwendbar sind, aber sogar für manche diskreten Maße läßt sich mit entsprechender Modifikation der Definition noch ein Spektrum angeben [2]. Welche Struktur zeichnet die Maße mit multifraktalem Spektrum aus? Andere Untersuchungen übertragen Aussagen von Mengen auf Maße [46]. Vor kurzem fanden Cutler und Olsen [26] ein Variationsprinzip, das besagt, daß bei übereinstimmender Hausdorff und Packungsdimension einer Menge E diese gemeinsame Dimensionszahl das Supremum der oberen bzw. unteren Rényi-Dimensionen erster Ordnung aller von E getragenen Maße μ ist. Die Geometrie und insbesondere die Dimension von „multifraktalen" Maßen steht als Forschungsgebiet noch am Anfang.

Stochastische Prozesse

Besonders auf diesem Gebiet zeigt sich die Weitsicht von Felix Hausdorff, auch Funktionen der logarithmischen Skala für Dimensionsbestimmungen zu verwenden. Wir werden Hausdorffs Abkürzung $l_2(t) = \log\log(t)$ und entsprechend l_3 verwenden. Vor allem von S.J. Taylor sind traumhaft genaue Ergebnisse erzielt worden, von denen wir nur die wichtigsten für die Brownsche Bewegung kurz zitieren. Taylors schöner Übersichtsartikel [81] gibt genauere Information.

Ein stochastischer Prozeß im $\mathbf{R}^n$ mit stetiger Zeit kann aufgefaßt werden als eine Familie von Kurven $B_\omega(t)$, $t \geq 0$, die durch den Zufallsparameter $\omega \in \Omega$ parametrisiert sind. $(\Omega, \mathcal{F}, P)$ bezeichnet dabei einen Wahrscheinlichkeitsraum. „Fast sicher" bedeutet im folgenden, daß P-fast alle Kurven die entsprechende Eigenschaft haben.

An sich ist schon die Tatsache bemerkenswert, daß die Pfade der Brownschen Bewegung mit dem Startpunkt 0, als Mengen im $\mathbf{R}^n$ aufgefaßt, für jedes $n \geq 2$ die Dimension 2 haben. Taylor wies im Zusammenwirken mit Lévy, Ciesielski und Tricot [82] nach, daß es für $n \geq 3$ Konstanten c_n, d_n gibt, so daß fast sicher für alle $T \geq 0$ gilt

$$L_h(B_\omega([0,T])) = Tc_n \text{ für das Hausdorff-Maß mit } h(x) = x^2 l_2(\frac{1}{x}) \qquad \text{und}$$

$$p_g(B_\omega([0,T])) = Td_n \text{ für das Packungsmaß mit } g(x) = x^2/l_2(\frac{1}{x}).$$

Für $n = 2$ füllt jeder Pfad der Brownschen Bewegung nahezu die Ebene aus, was die Abschätzung erschwert. Für das Hausdorff-Maß ergibt sich $h(x) = x^2 \log(\frac{1}{x}) l_3(\frac{1}{x})$ als exakte Dimensionsfunktion, für Packungsmaße scheint es keine zu geben [81].

Man kann die Brownsche Bewegung aber auch als Graph der Funktion $B_\omega(t)$ im Raum-Zeit-Koordinatensystem darstellen. Hier gibt es schon für $n = 1$ ein interessantes Resultat. Es gibt eine Konstante c, so daß fast sicher für alle $T \geq 0$ der Graph der Brownschen Bewegung über $[0, T]$ folgendes Hausdorff-Maß besitzt:

$$L_h(G([0,T])) = Tc \text{ für } h(x) = x^{\frac{3}{2}}(l_2(\frac{1}{x}))^{\frac{1}{2}}.$$

Wenn man nun nach der Dimension der Nullstellenmenge dieses Graphen fragt, erhält man wieder ein genaues Resultat für das Hausdorff-Maß, das genau eine Dimension kleiner ist, d.h. man hat den Exponenten 3/2 bei x auf 1/2 zu senken (auch das c ändert sich wohl).

Es gibt eine ganze Reihe ähnlicher Ergebnisse in [81]. Taylor bemerkt "that randomness helps considerably in the problems we have considered". Für ganz konkrete deterministische Fraktale wie die Weierstraß-Funktion sind ähnliche Fragen noch ungeklärt ([81], S. 394).

Für die Konstruktion selbstähnlicher Mengen im $\mathbf{R}^n$ ist von Falconer, von Graf und von Mauldin und Williams eine zufällige Version entwickelt worden, bei der für jede kleine Kopie der Menge die anzuwendenden kontraktiven Ähnlichkeitsabbildungen unabhängig von den anderen aus einer fest vorgegebenen Wahrscheinlichkeitsverteilung für Abbildungen gezogen werden. Die Gleichung für die Dimensionszahl α der entstehenden Figur ist bei Gültigkeit der open set condition $\mathbf{E}(\sum_i t_i^\alpha) = 1$. Es handelt sich also um eine direkte Verallgemeinerung vom deterministischen Fall, man hat nur den Erwartungswert über die gegebene Verteilung zu nehmen. Das α-dimensionale Hausdorff-Maß wird aber Null. Graf, Mauldin und Williams [36] ist

es dann gelungen, die Dimensionfunktion mit positivem endlichen Hausdorff-Maß
für fast alle entstehenden Figuren zu bestimmen:

$$h(x) = x^\alpha l_2(\frac{1}{x})^{1-\frac{\alpha}{n}}$$

Für in gleicher Weise rekursiv erzeugte Maße wurde die tragende Dimension von
Arbeiter [1] bestimmt, der eine bedeutend schwächere Bedingung als die Existenz
von Morans offenen Mengen verwendete. Ein sehr allgemeiner axiomatischer Zugang
zu selbstähnlichen zufälligen Mengen wurde von U. Zähle entwickelt [88]. Die tragenden Dimensionen von vielen für den unterliegenden Prozess charakteristischen
Maßen lassen sich mit diesem Ansatz bestimmen [89].

Zum Abschluß sei noch auf ein Thema verwiesen, daß auch in die Funktionentheorie eingeordnet werden könnte: das harmonische Maß. Hat man einen Punkt x_0 im
Innern einer geschlossenen Jordankurve J in der Ebene und läßt dort eine Brownsche Bewegung starten, die bei der ersten Ankunft in J gestoppt wird, so kann man
sich nach der Wahrscheinlichkeitsverteilung des Endpunktes auf J fragen. Dies ist
das harmonische Maß μ, das als Bild des eindimensionalen Maßes auf der Kreislinie S_1 bei der konformen Abbildung g vom Einheitskreis auf das Innere von J mit
$g(0) = x_0$ entsteht. Die (tragende) Dimensionsfunktion dieses Maßes hängt nicht
vom Punkt x_0 ab und ist für glatte Kurven natürlich $h(t) = t$. Für selbstähnliche
Kurven oder Juliamengen, die fraktale Jordankurven darstellen, fanden Przytycki,
Urbański und Zdunik [72] an Makarov [58] anknüpfend, daß für

$$h(t) = t \exp(c\sqrt{\log \frac{1}{t} l_3(\frac{1}{t})})$$

bei $c \le c(\mu)$ das Hausdorff-Maß L_h singulär zu μ und bei $c > c(\mu)$ das harmonische
Maß absolut stetig bezüglich L_h ist. Hiermit wollen wir unsere kleine Übersicht über
exakte Dimensionsfunktionen abschließen.

Fraktale

Nachdem wir gezeigt haben, wie die Hausdorff-Dimension in den verschiedensten
Gebieten der Mathematik Verwendung findet, soll abschließend ganz kurz auf die
Berechnung fraktaler *Dimensionen von realen Objekten* eingegangen werden. Das
Buch von Mandelbrot [57] hat eine unübersehbare Fülle von naturwissenschaftlichen
Arbeiten angeregt. Bestimmt wurde die Hausdorff-Dimension von Küstenlinien und
Gebirgen, von elektrischen Entladungen und Katalysatoren, von Wolkenfeldern und
Bruchlinien in spröden Materialien, von Makromolekülen in Aerosolen und den Ab-
lagerungen an den Polen einer Batterie.

Meist handelt es sich dabei, streng genommen, gar nicht um die Hausdorff-
Dimension, sondern um die Box-Dimension, oder allgemeiner um Exponenten für
bestimmte physikalische Potenzgesetze [77]. Auch die Berechnungsmethoden halten
strengen mathematischen Kriterien selten stand. Wird hier der Name Hausdorffs
für profane Zwecke mißbraucht, wie manche Mathematiker meinen?

Wir denken, daß dem nicht so ist. Die Arbeit von Hausdorff hat das Konzept der gebrochenen Dimension auf strenger Grundlage entwickelt und gezeigt, daß ein Volumenbegriff mit gebrochenem Exponenten mathematisch exakt begründet werden kann. Dies war sicher nicht die einzige, aber doch eine wesentliche Voraussetzung dafür, daß viele Physiker heute die gebrochenen Hausdorff-Maße als prinzipiell gleichwertige Modelle zum intuitiven Flächen- und Volumenbegriff betrachten. Hausdorff hat uns den Blick geweitet für neue Analogien und Modelle zum Verständnis der uns umgebenden Welt. Aus dieser Sicht scheint der außermathematische Gebrauch des Begriffs Hausdorff-Dimension durchaus gerechtfertigt.

Leider hat die Entwicklung der mathematischen Theorie nicht Schritt gehalten mit den Anforderungen und Erwartungen der Naturwissenschaftler. Wie man die Hausdorff-Dimension einer Figur aus Projektionen oder niederdimensionalen Schnitten bekommt, klärt die geometrische Maßtheorie. Bei der Ermittlung der Dimension anhand von Fourierspektren, die Beugungsexperimenten entsprechen, wird es schon schwieriger. Wie sieht es mit der Wärmeleitung in fraktalen Medien aus, welche Eigenschwingungen hat eine fraktale Figur, kurz und gut, kann man Teile der klassischen Analysis auf solche Mengen ausdehnen?

Zwei Beispiele wollen wir ein wenig näher erläutern. Das erste ist die sogenannte *Perkolation*, die durch Phasenübergänge in der Physik motiviert wird. Ein Gemisch aus vielen kleinen Metall- und Kunststoffpartikeln wird bei einem ganz bestimmten Metallanteil leitfähig. Bei der Kristallisation einer Flüssigkeit oder beim Gelieren erfolgt zu einem gewissen Zeitpunkt ein Umschwung im Aggregatzustand, wobei sich ziemlich plötzlich aus kleinen Klümpchen weitausgedehnte Klumpen bilden. Auch für die Verbreitung von Epidemien gibt es eine kritische Dichte.

Das Standardmodell der Perkolation benutzt die Kanten des quadratischen Gitters im $\mathbf{R}^n$. Jede Kante wird unabhängig von allen anderen mit der Wahrscheinlichkeit $1 - p$ herausgenommen. Der verbleibende, zufällige unendliche Graph hat bestimmte von p abhängige Charakteristiken. Variiert man p, so erhält man eine kritische Wahrscheinlichkeit p_c, so daß für $p > p_c$ in fast allen Graphen eine unendliche Komponente vorkommt und für $p < p_c$ in fast allen Graphen nicht.

Die Erwartungen und Vermutungen der Physiker auf diesem Gebiet sind der exakten Theorie weit voraus [19, 53]. Es wurde eine selbstähnliche Struktur bei p_c „entdeckt" und ihre fraktalen Exponenten ermittelt, die nur von der Dimension n des Grundraumes, aber nicht von den speziellen Eigenschaften des Gitters abhängen sollen. Es gibt dagegen trotz vieler Ansätze (s. [33], Kap. 15, [19], Kap. 2) noch keine wirklich befriedigende kontinuierliche mathematische Theorie der Perkolation. Auch im Diskreten scheint die Untersuchung der topologischen Struktur der zufälligen Cluster schwierig zu sein.

Das zweite Beispiel, das wir hier erwähnen wollen, ist die *Auswertung experimenteller Zeitreihen* durch die Bestimmung fraktaler Dimensionen. Nachdem die Existenz von „seltsamen" Attraktoren bei durch Differenzen- und Differentialgleichungen gegebenen dynamischen Systemen nachgewiesen war, hat man versucht, auch durch Messung ermittelten Zeitreihen $(x_1, ..., x_N)$ solche Attraktoren zuzuordnen. Der Gedanke ist einfach: man gibt sich eine Einbettungsdimension n vor und betrachtet die Folge der Vektoren $(x_i, ..., x_{i+n-1})$, $i = 1, ..., N - n$. Diese Punkte im n-dimensionalen Raum können noch in ihrer Reihenfolge linear verbunden oder interpoliert werden, um eine Art stetige Trajektorie zu gewinnen. Für $n = 2$ und $n = 3$ kann man dann durch Anschauung entscheiden, ob ein periodischer, quasiperiodischer oder seltsamer Attraktor vorliegt. Für größere n kann man Projektionen verwenden, und es gibt eine Reihe von Algorithmen zur Berechnung von Dimensionen und Entropien und zur Entscheidung über die Existenz und den Typ des Attraktors.

Für dynamische Systeme mit differenzierbaren Abbildungen und wirklich vorhandenen Attraktoren ist die Methode durch Sätze von Takens und anderen mathematisch begründet. Die darauf aufbauenden Verfahren sind aber zumeist recht subjektiv und heuristisch, insbesondere, wenn es sich um reale Zeitreihen handelt. Mit Recht wird der Vorwurf erhoben, daß man solchen Zeitreihen nicht ohne weiteres eine Dynamik wie bei den Modellsystemen unterschieben kann, ganz zu schweigen von seltsamen Attraktoren. In der Tat ist es um die Dimensionsmethoden bei Zeitreihen nach anfänglichem Enthusiasmus (siehe etwa [63]) verhältnismäßig still geworden. Die berechneten Kennziffern sind sehr empfindlich gegen Rauschen, das bei realen Zeitreihen immer vorhanden ist, selbst wenn ein Prozess zugrundeliegt, der durch Differentialgleichungen beschrieben wird.

Andererseits ist die Darstellung von Zeitreihen als geordnete Punktwolke im n-dimensionalen Raum eine sehr fruchtbare Idee. Die Betrachtung einer Funktion als Überlagerung von periodischen Schwingungen, die zur Fourieranalyse und zu den Spektralmethoden der Zeitreihenanalyse geführt hat, war ein solch fruchtbringender Gedanke, obwohl er für reale Zeitreihen selten ganz zutrifft. Auch die Vorstellung eines linearen verrauschten Systems, die die heute vorherrschende Theorie der ARMA-Modelle begründet hat, ist in der Praxis selten erfüllt. Mit der neuen Modellvorstellung wird der Schwerpunkt auf mehrdimensionale Verteilungen von stationären stochastischen Prozessen gelegt. Damit kommen Mengen und Maße im $\mathbf{R}^n$ ins Blickfeld, die einen fraktalen Charakter haben und für deren Untersuchung man Hausdorffs Methoden weiterentwickeln muß.

Wie wir sehen, gibt es auf diesem Feld viele Fragen von Seiten der Naturwissenschaftler. Als Mathematiker sind wir aufgefordert, zur Beantwortung dieser Fragen in Hausdorffs Sinne beizutragen durch Schaffung einer solide begründeten und anwendungsfähigen Theorie.

Literaturverzeichnis

[1] M. Arbeiter, Random recursive construction of self-similar fractal measures. The noncompact case, *Probab. Th. Rel. Fields* 88 (1991), 497-520

[2] V. Aversa and C. Bandt, The Multifractal Spectrum of Discrete Measures, *Acta Univ. Carolinae Math. Phys.* 31 (1990), 5-8

[3] C. Bandt, Many measures are Hausdorff measures, *Bull. Pol. Acad. Sci.* 31 (1983), 115-120

[4] C. Bandt, Metric invariance of Haar measure, *Proc. Amer. Math. Soc.* 87 (1983), 65-69

[5] C. Bandt, Self-similar sets 3. Constructions with sofic systems, *Monatshefte Math.* 108 (1989), 89-102

[6] C. Bandt und G. Baraki, Metrically invariant measures on locally homogeneous spaces and hyperspaces, *Pacific J. Math.* 121 (1986), 13-28

[7] C. Bandt und U. Feiste, Some remarks and examples concerning Hausdorff measures, *Math. Nachr.* 104 (1981), 171-182

[8] C. Bandt und U. Feiste, Which measures are Hausdorff measures, Wissenschaftliche Beiträge der E.-M.-Arndt Universität Greifswald, Proc. Conf. Topology and Measure IV, Greifswald 1984, Part 1, 32-43

[9] C. Bandt und S. Graf, Self-similar sets 7. A characterization of self-similar fractals with positive Hausdorff measure, *Proc. Amer. Math. Soc.* 114 (1992), 995-1001

[10] M. Barnsley, *Fractals Everywhere*, Academic Press 1988

[11] M. Barnsley, S. Demko, J. Elton and J. Geronimo, Invariant measures for Markov processes arising from iterated function systems with place-dependent probabilities, *Ann. Inst. H. Poincaré Prob. Statist.* 24 (1988), 367-394

[12] M. Barnsley and J. Elton, A new class of Markov Processes for Image Encoding, *J. Appl. Probab.* 20 (1988), 14-32

[13] M. Benedicks und L. Carleson, The dynamics of the Hénon map, *Annals Math.* 133 (1991), 73-169

[14] A.S. Besicovitch, On the fundamental geometrical properties of linearly measurable plane sets of points, *Math. Annalen* 98 (1928), 422-464

[15] A.S. Besicovitch, On linear sets of points of fractional dimension, *Math. Annalen* 101 (1929), 161-193

[16] A.S. Besicovitch, On the existence of subsets of finite measure of sets of infinite measure, *Indagationes Mathematicae* 14 (1952), 339-344

[17] A.S. Besicovitch and P.A.P. Moran, The measure of product and cylinder sets, *J. London Math. Soc.* 20 (1945), 110-120

[18] J. Brossard und R. Carmona, Can one hear the dimension of a fractal? *Commun. Math. Phys.* 104 (1986), 103-122

[19] A. Bunde und S. Havlin, *Fractals and Disordered Systems*, Springer 1991

[20] C. Carathéodory, Über das lineare Maß von Punktmengen-eine Verallgemeinerung des Längenbegriffs, *Gött. Nachr.* 1914, 404-426

[21] L. Carleson, *Selected problems on exceptional sets,* van Nostrand, Princeton 1967

[22] R. Cawley und R.D. Mauldin, Multifractal decompositions of Moran fractals, *Advances in Math.* 92 (1992), 196-236

[23] P. Collet, J.L. Lebowitz und A. Porzio, The dimension spectrum of some dynamical systems, *J. Statist. Phys.* 47 (1987), 609-644

[24] C.D. Cutler, Connecting ergodicity and dimension in dynamical systems, *Ergodic Th. Dynam. Sys.* 10 (1990), 451-462

[25] C.D. Cutler, Measure disintegrations with respect to σ-stable monotone indices and the pointwise representation of packing dimension, *Proc. Measure Theory Conf. Oberwolfach, Suppl. Rend. Circ. Math. Palermo,* Ser. II, 28 (1992)

[26] C.D. Cutler und L. Olsen, A Variational Principle for the Hausdorff Dimension of Fractal sets, Preprint, Waterloo 1992

[27] R.O. Davies und C.A. Rogers, The problem of subsets of finite positive measure, *Bull. London Math. Soc.* 1 (1969), 47-54

[28] M. Denker und M. Urbański, Geometric measures for parabolic rational maps, *Ergodic Th. Dynam. Sys.* 12 (1992), 53-66

[29] M.M. Dodson, Hausdorff dimension, lower order and Khintchine's theorem in metric Diophantine approximation, *J. Reine Angew. Math.* 432 (1992), 69-76

[30] J.-P. Eckmann und D. Ruelle, Ergodic theory of chaos and strange attractors, *Reviews Mod. Phys.* 57 (1985), 619-656

[31] H.G. Eggleston, A correction to a paper on the dimension of cartesian product sets, *Proc. Camb. Phil. Soc.* 49 (1953), 437-440

[32] K.J. Falconer, *The geometry of fractal sets,* Cambridge University Press 1985

[33] K.J. Falconer, *Fractal Geometry,* Wiley 1990

[34] G. Federer, *Geometric Measure Theory,* Springer 1969

[35] J. Garnett, *Analytic Capacity and Measure,* Lecture Notes in Math. 297, Springer 1972

[36] S. Graf, R.D. Mauldin und S.C. Williams, Exact Hausdorff dimension in random recursive constructions, *Memoirs Amer. Math. Soc.* 381 (1987)

[37] W. Gross, Über das Flächenmaß von Punktmengen, *Monatshefte Math. Phys.* 29 (1918), 145-176

[38] W. Gross, Über das lineare Maß von Punktmengen, *Monatshefte Math. Phys.* 29 (1918), 177-193

[39] F. Hausdorff, *Grundzüge der Mengenlehre*, Leipzig 1914

[40] F. Hausdorff, Die Mächtigkeit der Borelschen Mengen, *Math. Ann.* 77 (1916), 430-437

[41] F. Hausdorff, Dimension und äußeres Maß, *Math. Ann.* 79 (1919), 157-179

[42] H. Haase, Non-σ-finite sets for packing measure, *Mathematika* 33 (1986), 129-136

[43] H. Haase, Metric outer measures of type I in the general setting, *Math. Nachr.* 135 (1988), 35-40

[44] H. Haase, A survey on packing measures, Proc. Conf. Topology and Measure V, Wiss. Beiträge der E.-M.-Arndt-Universität, Greifswald 1988, 41-48

[45] H. Haase, Dimension functions, *Math. Nachr.* 141 (1989), 101-107

[46] H. Haase, On the dimension of product measures, *Mathematika* 37 (1990), 316-323

[47] H. Haase, Dimension of Measures, *Acta Univ. Carolinae Math. Phys.* 31 (1990), 29-34

[48] H. Haase, A survey on the dimension of measures, in: Topology, Measures, and Fractals, (Hrsg. C. Bandt, H. Haase und J. Flachsmeyer), Akademie-Verlag Berlin 1992, 66-75

[49] W. Hurewicz und H. Wallman, *Dimension Theory*, Princeton University Press 1941

[50] J.E. Hutchinson, Fractals and self-similarity, *Indiana Univ. Math. J.* 30 (1981), 713-747

[51] V. Jarník, Über die simultanen diophantischen Approximationen, *Math. Zeitschrift* 33 (1931), 505-543

[52] J.-P. Kahane and Y. Katznelson, Décomposition des mesures selon la dimension, *Coll. Math.* 63 (1990), 269-279

[53] H. Kesten, *Percolation Theory for Mathematicians*, Birkhäuser, Basel 1982

[54] A. Kolmogoroff, Beiträge zur Maßtheorie, *Math. Ann.* 107 (1933), 351-366

[55] A.N. Kolmogoroff und V.M. Tichomirov, Epsilon-Entropie und Epsilon-Kapazität von Mengen in Funktionenräumen, *Uspechi Mat. Nauk* 14 (1959), 3-86 (russisch, dt. Übers. in Arbeiten zur Informationstheorie, Band III, Deutscher Verlag der Wissenschaften, Berlin 1962).

[56] D.G. Larman, On Hausdorff measure in finite dimensional compact metric spaces, *Proc. London Math. Soc.* 17 (1967), 193-206

[57] B.B. Mandelbrot, *The Fractal Geometry of Nature,* Freeman, San Francisco 1982 ; deutsche Übersetzung: *Die fraktale Geometrie der Natur,* Birkhäuser, Basel, 1987

[58] N.G. Makarov, On the distortion of boundary sets under conformal mappings, *Proc. London Math. Soc.* 51 (1985), 369-384

[59] R. Mañé, The Hausdorff dimension of invariant probabilities of rational maps, Dynamical Systems Valparaiso 1986 (R. Bamón, R. Labarca, J. Palis Jr., Hrsg.), *Lecture Notes in Math.* 1331, 86-117, Springer 1988

[60] J.M. Marstrand, The dimension of the cartesian product set, *Proc. Camb. Phil. Soc.* 50 (1954), 198-202

[61] R. Maude, The recognition of certain Hausdorff like measures, *Mathematika* 29 (1982), 260-263

[62] R.D. Mauldin und S.C. Williams, Scaling Hausdorff measures, *Mathematika* 36 (1989), 325-333

[63] G. Mayer-Kress (Hrsg.), *Dimension and entropies in chaotic systems,* Springer Series in Synergetics 32, Springer 1986

[64] S. Mazurkiewicz, Sur les continus absolument indécomposables, *Fund. Math.* 16 (1930), 151-159

[65] H. Minkowski, Über die Begriffe Länge, Oberfläche und Volumen, *Jahresbericht Dt. Math. Verein.* 9 (1901), 115-121

[66] P.A.P. Moran, Additive functions of intervals and Hausdorff measure, *Proc. Camb. Phil. Soc.* 42 (1946), 15-23

[67] H.-O. Peitgen und P.H. Richter, *The Beauty of Fractals,* Springer 1986

[68] S. Pelikan, A dynamical meaning of fractal dimension, *Trans. Amer. Math. Soc.* 292 (1985), 695-703

[69] L. Pontrjagin und L. Schnirelman, Sur une proprieté métrique de la dimension, *Annals Math.* 33 (1932), 156-162

[70] D. Preiss, Geometry of measures in $\mathbf{R}^n$: distribution, rectifiability, and densities, *Annals Math.* 125 (1987), 537-643

[71] D. Preiss und J. Tišer, On Besicovitch's $\frac{1}{2}$-problem, *J. London Math. Soc.* 45 (1992), 279-287

[72] F. Przytycki, M. Urbański und A. Zdunik, Harmonic, Gibbs and Hausdorff measures on repellers for holomorphic maps I, *Annals Math.* 130 (1989), 1-40

[73] D.A. Rand, The singularity spectrum $f(\alpha)$ for cookie-cutters, *Ergodic Th. Dynam. Syst.* 9 (1989), 527-541

[74] X.S. Raymond und C. Tricot, Packing regularity in n-space, *Math. Proc. Camb. Phil. Soc.* 103 (1988), 133-145

[75] C.A. Rogers, *Hausdorff measures*, Cambridge University Press 1970

[76] A. Schief, Separation properties for self-similar sets, *Proc. Amer. Math. Soc.* 122 (1994), 111-115

[77] M.R. Schroeder, *Fractals, Chaos, Power Laws*, Freeman, New York 1991

[78] D.W. Spear, Measures and Self Similarity, *Advances in Math.* 91 (1992), 143-157

[79] K. Steffen, Hausdorff-Dimension, reguläre Mengen und total irreguläre Mengen, in diesem Band

[80] D. Sullivan, Entropy, Hausdorff measures old and new, and limit sets of geometrically finite Kleinian groups, *Acta Math.* 153 (1984), 259-277

[81] S.J. Taylor, The measure theory of random fractals, *Math. Proc. Cambridge Phil. Soc.* 100 (1986), 383-406

[82] S.J. Taylor und C. Tricot, Packing measure and its evalution for a Brownian path, *Trans. Amer. Math. Soc.* 288 (1985), 679-699

[83] C. Tricot, Two definitions of fractional dimension, *Math. Proc. Camb. Phil. Soc.* 91 (1982), 57-74

[84] P. Walters, *An Introduction to Ergodic Theory*, Springer 1981

[85] H. Wegmann, Die Hausdorff-Dimension von kartesischen Produktmengen in metrischen Räumen, *J. Reine Angew. Math.* 234 (1969), 163-171

[86] W.D. Withers, Analysis of invariant measures in dynamical systems by Hausdorff measures, *Pacific J. Math.* 124 (1987), 385-400

[87] L.S. Young, Dimension, entropy and Lyapunov exponents, *Ergodic Th. Dyn. Syst.* 2 (1982), 109-124

[88] U. Zähle, Self-similar random measures I, Notion, carrying Hausdorff dimension, and hyperbolic distribution, *Probab. Th. Rel. Fields* 80 (1988), 79-100

[89] U. Zähle, Self-similar random measures. III – Self-similar random processes, *Math. Nachr.* 151 (1991), 121-148

[90] P. Mattila, *Geometry of Sets and Measures in Euclidean Spaces*, Cambridge University Press 1995

FB Mathematik und Informatik
E.-M.-Arndt-Universität
D-17487 Greifswald

Hausdorff-Dimension, reguläre Mengen und total irreguläre Mengen

Klaus Steffen

1. Hausdorffs Arbeit über Dimension und äußeres Maß

Im Jahre 1918 erschien in den Mathematischen Annalen Band 79 ein Artikel von Felix Hausdorff, den er im März desselben Jahres in Greifswald vollendet hatte ([Ha]). Der Titel lautet „Dimension und äußeres Maß". In dieser Arbeit werden die nach Hausdorff benannten, von einem nichtnegativen reellen Dimensionsparameter abhängigen Maße explizit eingeführt, und implizit findet sich dort auch das darauf gegründete Konzept einer Dimensionsfunktion, die beliebige nichtnegative reelle Werte annehmen kann und heute den Namen „Hausdorff-Dimension" trägt. Es handelt sich hier um Hausdorffs letzte Untersuchung mit Bezug zur Maßtheorie und gleichzeitig um seine einzige, die maßtheoretischen Fragen im engeren Sinne gewidmet ist und nicht wie frühere seiner Arbeiten in erster Linie Grundlagenprobleme im Bereich der Maßtheorie anspricht.

Hausdorff-Maße und Hausdorff-Dimension gehören seit vielen Jahrzehnten zum grundlegenden Instrumentarium der geometrischen Maßtheorie und der höheren Analysis. In jüngster Zeit fanden sie das Interesse einer breiteren mathematischen und auch außermathematischen Öffentlichkeit im Zusammenhang mit Fraktalen, weil den solchermaßen angesprochenen Mengen – Teilmengen eines Euklidischen Raumes zumeist – in vielen Fällen eine nichtganze positive reelle Zahl als Dimension zugeschrieben wird, zum Beispiel ihre Hausdorff-Dimension. Unkenntnis der inhaltlichen und historischen Zusammenhänge hat dabei zu verbreiteten irrigen Auffassungen geführt, daß etwa die Entdeckung von Mengen gebrochener (d.h. nichtganzer) Dimension der in den letzten 25 Jahren entwickelten sogenannten Theorie der Fraktale zuzuschreiben sei oder daß grundsätzlich jede fraktale Menge eine gebrochene Dimension habe. Insbesondere diese beiden Vorstellungen sind bei weniger Fachkundigen sehr häufig anzutreffen, dabei zeigt schon ein kurzer Blick in Hausdorffs Artikel über Dimension und äußeres Maß von 1918, daß es sich um grobe

Irrtümer handelt. Deshalb sollen hier zunächst einmal einige wesentliche Inhalte dieser Arbeit wiedergegeben werden.

Ausgangspunkt für Hausdorff ist eine **Konstruktion von Carathéodory** [Ca]. Um Inhalte k-dimensionaler Flächen A im N-dimensionalen Euklidischen Raum $\mathbb{R}^N$ zu messen – handele es sich um Flächen im klassischen differentialgeometrischen Sinne oder in einer verallgemeinerten Form –, erklärt Carathéodory ein äußeres Maß auf $\mathbb{R}^N$ wie folgt: Man spezifiziert

$\mathcal{B}$, ein System von Borel-Mengen $B \subset \mathbb{R}^N$, derart daß

$\inf\{\operatorname{diam} B : x \in B \in \mathcal{B}\} = 0$ gilt für alle $x \in \mathbb{R}^N$

(wobei $\operatorname{diam} B$ den Durchmesser der Menge B bezeichnet), und

eine „elementare Größenfunktion" $\zeta : \mathcal{B} \to [0, \infty]$.

Mit der elementaren Größenfunktion ζ wird jedem Mitglied B des Mengensystems $\mathcal{B}$ eine „Größe" $\zeta(B)$ zugeordnet, wobei man sich für den Fall, daß k-dimensionale Flächen $A \subset \mathbb{R}^N$ gemessen werden sollen, vorzustellen hat, daß $\zeta(B)$ durch das k-dimensionale Lebesgue-Maß gewisser Mengen berechnet wird, die aus B zum Beispiel durch Schnittbildung mit k-dimensionalen affinen Unterräumen oder durch Projektion auf solche Unterräume hervorgehen. Carathéodory betrachtet sodann für die gegebene Teilmenge A von $\mathbb{R}^N$ alle möglichen Überdeckungen durch Folgen $(B_i)_{i \in \mathbb{N}}$ von Mengen $B_i \in \mathcal{B}$ und ordnet jeder solchen Überdeckung die Maßzahl

$$\sum_{i=1}^{\infty} \zeta(B_i) \in [0, \infty] \qquad (B_i \in \mathcal{B},\ A \subset \bigcup_{i=1}^{\infty} B_i)$$

zu, die als Approximation für den zu definierenden k-dimensionalen Inhalt von A aufgefaßt wird. Die überdeckenden Mengen B_i können sich nun überlappen, die Maßzahl der Überdeckung ist dann zu groß, also bildet man das Infimum der Maßzahlen aller Überdeckungen von A durch Folgen von Mengen aus dem System $\mathcal{B}$.

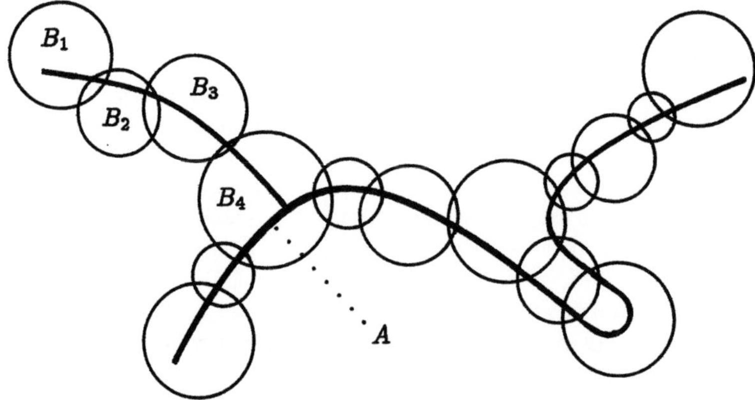

Wenn andererseits Mengen von großem Durchmesser zur Überdeckung von A zugelassen sind, so ist denkbar, daß für einige der überdeckenden Mengen B_i der

Summand $\zeta(B_i)$ wesentlich kleiner ist als der von B_i überdeckte Teil des Inhalts von A. Daher läßt man zur Überdeckung letztlich nur noch Mengen beliebig kleinen Durchmessers in $\mathcal{B}$ zu, d. h. man bildet den (in $[0,\infty]$ offensichtlich vorhandenen) Limes

$$\mu(A) := \lim_{\delta \downarrow 0} \inf \left\{ \sum_{i=1}^{\infty} \zeta(B_i) : B_i \in \mathcal{B}, \ A \subset \bigcup_{i=1}^{\infty} B_i, \ \operatorname{diam} B_i \leq \delta \right\}.$$

Damit ist nun ein Borel-reguläres äußeres Maß μ auf $\mathbb{R}^N$ im Sinne von Carathéodory definiert, was bedeutet, daß jeder Teilmenge $A \subset \mathbb{R}^N$ eine Zahl $\mu(A) \in [0,\infty]$ zugeordnet ist, derart daß abzählbare Subadditivität $\mu(\bigcup_{i=1}^{\infty} A_i) \leq \sum_{i=1}^{\infty} \mu(A_i)$ besteht mit Gleichheit im Fall paarweise disjunkter Borel-Mengen A_i und daß jede Teilmenge A von $\mathbb{R}^N$ eine Borelsche Obermenge $\tilde{A}$ mit $\mu(\tilde{A}) = \mu(A)$ besitzt. (Um nicht in Meßbarkeitsfragen verwickelt zu werden, wollen wir überhaupt nur Borelsche Teilmengen des $\mathbb{R}^N$ betrachten, also solche, die man aus den offenen Mengen durch „fortgesetzte Bildung" von Vereinigungen und Durchschnitten abzählbarer Mengensysteme erzeugen kann. Das Attribut „Borelsch" wird ab jetzt nicht mehr ausdrücklich hinzugefügt. Es geht im folgenden nirgends um nichtmeßbare Mengen, sondern die bemerkenswerten – und merkwürdigen – Mengen, die wir vorstellen, werden allesamt innerhalb der Klasse der Borel-Mengen konstruiert.)

Wenn die elementare Größenfunktion ζ geeignete Bedingungen erfüllt, so daß insbesondere für k-dimensionale affine Unterräume T von $\mathbb{R}^N$ und $A \subset \mathbb{R}^N$ das nach Carathéodory konstruierte Maß $\mu(A \cap T)$ mit dem (von $\mathbb{R}^k$ auf T mittels einer Isometrie übertragenen) k-dimensionalen Lebesgue-Maß $\mathcal{L}^k(A \cap T)$ übereinstimmt, so wird man mit einigem Recht die Zahl $\mu(A)$ als k-dimensionalen Inhalt der Menge $A \subset \mathbb{R}^N$ ansehen können. Carathéodory selbst verwendete in seiner Konstruktion das System $\mathcal{B}$ aller offenen konvexen Teilmengen des $\mathbb{R}^N$ und (explizit im Fall $k=1$, angedeutet auch für ganze $k \geq 2$) die elementare Größenfunktion

$$\zeta(B) := \sup \left\{ \mathcal{L}^k(PB) : P \text{ orthogonale Projektion } \mathbb{R}^N \to \mathbb{R}^k \right\},$$

die man anschaulich als Flächeninhalt des größtmöglichen Schattens interpretieren kann, den die konvexe Menge $B \subset \mathbb{R}^N$ bei Parallelprojektion auf einen k-dimensionalen Unterraum werfen kann. Das zugehörige Maß μ heißt das k-dimensionale **Carathéodory-Maß** $\mathcal{C}^k$ auf $\mathbb{R}^N$.

Eine andere Möglichkeit für die Wahl der elementaren Größenfunktion ζ ist die Bildung des Mittelwertes $\zeta(B)$ der Lebesgue-Maße $\mathcal{L}^k(PB)$ aller „Schatten" von B in k-dimensionalen Unterräumen, wobei die Mittelbildung auf das natürliche unter der Aktion der orthogonalen Gruppe $\mathbf{O}(N)$ invariante und auf Gesamtmasse 1 normierte Maß auf der Graßmann-Mannigfaltigkeit der k-dimensionalen Unterräume (bzw. der orthogonalen Projektoren P vom Rang k) in $\mathbb{R}^N$ bezogen ist. Dabei können statt des gewöhnlichen arithmetischen Mittels ($t=1$) auch Integralmittel mit einem Exponenten $t \in]1,\infty[$ bzw. das wesentliche Supremum ($t=\infty$) herangezogen werden. Die zugehörigen durch die Carathéodory-Konstruktion und etwa Wahl von $\mathcal{B}$ als System aller Borel-Mengen in $\mathbb{R}^N$ erklärten Maße wurden von Favard [Fav] im Fall $t=1$, von Mickle [Mi] und von Nemitz [Ne] im Fall $t=\infty$

sowie von Federer [Fe] für $1 < t < \infty$ eingeführt, sie heißen **integralgeometrische Maße** $\mathcal{J}_t^k$ zur Dimension $k \in \{0, 1, 2, \ldots\}$ und zum Exponenten $t \in [1, \infty]$. Verschiedene sinnvolle Wahlen der elementaren Größenfunktion ζ und der Klasse $\mathcal{B}$ von zur Überdeckung zugelassenen Mengen führen bei Durchführung der Carathéodory-Konstruktion im allgemeinen zu verschiedenen Maßen μ, die zwar auf glatten oder stückweise glatten k-dimensionalen Flächen in $\mathbb{R}^N$ übereinstimmen und dafür den in der Analysis durch Flächenintegrale definierten klassischen k-dimensionalen Inhalt angeben, die aber auf allgemeineren (Borel-)Mengen keineswegs stets denselben Wert liefern, ja sogar nicht einmal dieselben Nullmengen zu haben brauchen. Zum Beispiel gibt es $\mathcal{J}_t^k$-Nullmengen, die nicht $\mathcal{C}^k$-Nullmengen sind (und auch nicht Nullmengen für das gleich zu besprechende Hausdorff-Maß $\mathcal{H}^k$). Andere Wahlen der elementaren Größenfunktion ζ und die Eigenschaften der Maße, die aus der Carathéodory-Konstruktion entstehen, werden ausführlich dargestellt in §2.10 von Federer's Lehrbuch „Geometric Measure Theory" [Fe]. Man gerät sehr schnell in schwierige, bis heute ungeklärte Fragen; zum Beispiel ist nicht bekannt, ob $\mathcal{J}_\infty^k = \mathcal{J}_t^k$ ist für alle $t \in [1, \infty[$ ([Fe, 2.10.6]).

Soweit die Beschreibung der Carathéodory-Konstruktion, die in dieser Ausführlichkeit hier nur erfolgte, um Hausdorffs Beitrag in seiner Arbeit „Dimension und äußeres Maß" richtig einordnen zu können. Im ersten Teil dieser Untersuchung analysiert Hausdorff die Konstruktion von Carathéodory sehr genau. Er untersucht insbesondere, welche Wahlen des Mengensystems $\mathcal{B}$ und welche Bedingungen an die elementaren Größenfunktionen ζ zu gleichen Maßen führen oder zu Maßen mit wechselseitig beschränkten Quotienten oder auch zu Maßen, von denen eines dem anderen im Sinne eines gewissen Größenvergleichs untergeordnet ist. Dieser sehr allgemein gehaltene erste Teil der Arbeit ist allerdings von geringerem Interesse als ein zweiter Teil, in dem Hausdorff zur Vereinfachung der Carathéodoryschen Inhaltsdefinition, deren Handhabung einige Kenntnisse aus der Theorie der konvexen Mengen erfordert, folgende Wahlen für $\mathcal{B}$ und ζ vorschlägt:

$$
\begin{aligned}
\mathcal{B} \;\; &:= \;\; \text{Menge aller Kugeln } B \text{ in } \mathbb{R}^N, \\
\zeta(B) \;\; &:= \;\; \alpha(k)(\tfrac{1}{2}\,\mathrm{diam}\,B)^k,
\end{aligned}
$$

wobei $\alpha(k) := \mathcal{L}^k\{x \in \mathbb{R}^k : |x| \leq 1\}$ das Volumen der Einheitskugel in $\mathbb{R}^k$ bezeichnet, so daß $\zeta(B)$ den elementaren Inhalt einer k-dimensionalen Äquatorebene der Kugel B angibt. Das durch diese Wahlen von $\mathcal{B}, \zeta$ und die Konstruktion von Carathéodory erzeugte Maß wird heute **k-dimensionales Hausdorff-Maß auf $\mathbb{R}^N$** genannt und $\mathcal{H}^k$ bezeichnet. (In der Terminologie von [Fe] allerdings haben wir das k-dimensionale *sphärische Maß* $\mathcal{S}^k$ definiert, während dort $\mathcal{H}^k$ durch die Wahl von $\mathcal{B}$ als System aller Borel-Mengen in $\mathbb{R}^N$ und ζ wie zuvor erklärt wird. Das ist für das folgende unerheblich, ebenso auch, ob wir unter Kugeln B in $\mathbb{R}^N$ offene oder abgeschlossene Kugeln verstehen wollen. Der Normierungsfaktor $\alpha(k)$ läßt sich übrigens durch die Gamma-Funktion in der Form $\alpha(k) = \Gamma(1/2)^k / \Gamma(1 + k/2)$ ausdrücken; bei Hausdorff steht das in der Gestalt $c_p = \pi^{p/2} / \Pi(p/2)$ mit $p \in \{1, 2, \ldots\}$ an Stelle von k und mit der Bezeichnung $\Pi(x)$ für $\Gamma(x+1) = x!$, die auf Gauß zurückgeht und heute nicht mehr gebräuchlich ist. Statt $\mathcal{H}^k$ schreibt Hausdorff im übrigen L_p.)

Zur Rechtfertigung der von ihm vorgeschlagenen Inhaltsdefinition zeigt Hausdorff sodann, daß $\mathcal{H}^k(A)$ in wichtigen Fällen tatsächlich den klassisch definierten Inhalt der Menge A angibt. Zunächst ist aus der Definition unmittelbar ersichtlich, daß

$\mathcal{H}^0$ das Zählmaß

auf $\mathbb{R}^N$ ist, das jeder Menge $A \subset \mathbb{R}^N$ die Zahl ihrer Elemente (wenn endlich) bzw. ∞ (sonst) zuordnet. Etwas schwieriger schon, und damit beginnt Hausdorff die Diskussion, ist einzusehen, daß im Fall $k = N$

$\mathcal{H}^N = \mathcal{L}^N$ das Lebesgue-Maß auf $\mathbb{R}^N$

ist. Hier ist die Ungleichung $\mathcal{H}^N(A) \geq \mathcal{L}^N(A)$ eine einfache Konsequenz der Definition des Normierungsfaktors $\alpha(N)$, so daß $\alpha(N)(\frac{1}{2} \operatorname{diam} B)^N = \mathcal{L}^N(B)$ ist für Kugeln B in $\mathbb{R}^N$, und der abzählbaren Subadditivität von $\mathcal{L}^N$. Dagegen muß man für den Beweis von $\mathcal{H}^N(A) \leq \mathcal{L}^N(A)$ schon – wie auch Hausdorff – etwas anspruchsvollere Überdeckungssätze von Vitali oder Lebesgue heranziehen, wonach jede Menge in $\mathbb{R}^N$ durch beliebig kleine Kugeln so überdeckt werden kann, daß die Summe der $\mathcal{L}^N$-Maße der Kugeln das $\mathcal{L}^N$-Maß der überdeckten Menge beliebig wenig übersteigt. (Dazu genügt es, zu jeder beschränkten offenen Menge ein System von paarweise disjunkten Kugeln zu konstruieren, welche diese Menge bis auf eine Lebesgue-Nullmenge ausfüllen. Das geht aber *nicht*, indem man sukzessive die jeweils größtmögliche Kugel herausnimmt, sondern vielmehr durch eine Abfolge von Schritten, bei denen jeweils durch Herausnahme endlich vieler Kugeln mindestens ein bestimmter positiver Prozentsatz des Maßes der nach dem vorangehenden Schritt verbliebenen Restmenge entfernt wird. Dies kann man in jedem Einzelschritt durch Unterteilung der verbliebenen Restmenge in Würfel und Herausnahme von Inkugeln zu genügend vielen Teilwürfeln erreichen.) Übrigens gilt $\mathcal{H}^N = \mathcal{L}^N$ auch, wenn man die oben erwähnte modifizierte Version des Hausdorff-Maßes $\mathcal{H}^N$ zugrunde legt, wo $\mathcal{B}$ das System aller Borel-Mengen in $\mathbb{R}^N$ ist. Jedoch ist dann der Beweis der Ungleichung $\mathcal{H}^N \geq \mathcal{L}^N$ schwieriger, er benötigt die *isodiametrische Ungleichung*, wonach unter allen Mengen in $\mathbb{R}^N$ eines gegebenen Durchmessers die Kugeln kleinstes Volumen besitzen (siehe [Fe, 2.10.33]).

Als nächstes verifiziert Hausdorff im Fall $k = 1$

$\mathcal{H}^1(C) = $ Länge $\mathrm{L}(C)$

für rektifizierbare Jordan-Kurven C in $\mathbb{R}^N$, was verhältnismäßig elementar ist und im Prinzip schon bei Carathéodory [Ca] steht. Für $\mathcal{H}^1(C) \leq \mathrm{L}(C)$ kann man heranziehen, daß eine Parametrisierung von C nach der Bogenlänge nichtexpandierend ist, so daß jeder Teilbogen der Länge $\leq \delta$ von C enthalten ist in einer Kugel vom Durchmesser δ. Für $\mathcal{H}^1(C) \geq L(C)$ braucht man nur zu bemerken, daß die Projektion des $\mathbb{R}^N$ auf eine Strecke in $\mathbb{R}^N$ (durch Zuordnung des nächsten Punktes in der Strecke) nichtexpansiv und damit offenbar $\mathcal{H}^1$-verkleinernd ist, und weil für Strecken das $\mathcal{H}^1$-Maß die elementare Länge ist (z. B. wegen $\mathcal{H}^1 = \mathcal{L}^1$ auf $\mathbb{R}$), folgt sofort, daß $\mathcal{H}^1(C)$ die Länge jedes C einbeschriebenen Streckenzugs nicht unterschreitet. Für parametrisierte nicht (notwendig) injektive rektifizierbare Kurven in

$\mathbb{R}^N$ ist allgemeiner die Länge gleich dem Integral bzgl. des Maßes $\mathcal{H}^1$ der zur Kurve gehörenden Vielfachheitenfunktion (= Anzahl der Urbilder im Parameterintervall) über die Spur der Kurve (siehe [Fe, 2.10.13]).

Schließlich deutet Hausdorff noch an, daß für $2 \leq k < N$ und glatte k-dimensionale Flächenstücke $S \subset \mathbb{R}^N$

$$\mathcal{H}^k(S) = \text{Flächenintegral A}(S)$$

gilt. Hausdorff beschränkt sich zwar dabei auf den Fall $k = 2, N = 3$, jedoch sind die angegebenen Argumente ganz allgemein gültig. Sie beruhen im wesentlichen auf der angesichts der Definition des Hausdorff-Maßes oben evidenten Ungleichung

$$\mathcal{H}^k(FA) \leq (\text{Lip } F)^k \mathcal{H}^k(A),$$

die für Lipschitz-Abbildungen F mit optimaler Lipschitz-Konstante Lip F und beliebige Mengen A im Definitionsbereich von F gilt, und auf einem Verfahren, das nach genügend feiner Einteilung der Fläche S die einzelnen Flächenstücke auf einen ihrer k-dimensionalen Tangentialräume projiziert durch eine Bi-Lipschitz-Abbildung mit Bi-Lipschitz-Konstante beliebig nahe bei 1, so daß sich das $\mathcal{H}^k$-Maß der einzelnen Flächenstücke von dem ihrer Projektion nur durch einen Faktor nahe 1 unterscheidet. Aufsummieren über alle Flächenstücke nebst Grenzübergang, wobei die Feinheit der Zerlegung gegen Null geht, gibt dann eine Gleichung mit $\mathcal{H}^k(S)$ auf der einen und dem in der klassischen Analysis definierten Flächenintegral von S auf der anderen Seite. Weitgehende Verallgemeinerungen dieser Schlußweise, die für allgemeine k-rektifizierbare Mengen S in $\mathbb{R}^N$ Gültigkeit haben, wozu alle stückweise glatten k-dimensionalen Flächen, k-dimensionale Flächen mit niederdimensionalen Singularitäten und noch sehr viel kompliziertere Objekte zählen, findet man bei Federer in Gestalt der *Flächenformel* [Fe, 3.2.5, 3.2.20].

Hausdorffs Vorschlag zur Definition des k-dimensionalen Inhalts hat gegenüber der von Carathéodory zuvor angegebenen Definition eine Reihe von offensichtlichen Vorteilen. So ist z. B. die Definition der Hausdorff-Maße in beliebigen metrischen Räumen statt des Euklidischen Raums $\mathbb{R}^N$ sinnvoll, aber diese Richtung der Verallgemeinerung ist für uns im folgenden ohne Belang. Ein anderer naheliegender Gedanke ist, wie Hausdorff bemerkt mit dem ausdrücklichen Zusatz, daß dieser Gedanke bei der Carathéodoryschen Definition ausgeschlossen wäre, die Definition der Hausdorff-Maße auf *nicht ganzzahlige Exponenten* $s > 0$ statt der bisher betrachteten ganzen Exponenten $k \geq 0$ auszudehnen. Dazu verwendet man als elementare Größenfunktion in der Konstruktion von Carathéodory einfach

$$\zeta(B) := \alpha(s)(\tfrac{1}{2} \operatorname{diam} B)^s,$$

wobei der Normierungsfaktor $\alpha(s)$ nun etwa durch $\Gamma(1/2)^s/\Gamma(1+s/2)$ erklärt wird, in Übereinstimmung mit der früher für ganze Werte $s = k$ angegebenen Formel. Mit der solchermaßen definierten elementaren Größenfunktion ζ auf dem System $\mathcal{B}$ aller Kugeln in $\mathbb{R}^N$ erhält man dann das s-dimensionale **Hausdorf-Maß** $\mathcal{H}^s$ **für gebrochene Exponenten** s, soll heißen für nichtganze reelle Zahlen $s > 0$.

Hausdorff gibt auch sogleich eine weitere Verallgemeinerung dieser Definition an, wodurch die Skala der Dimensionsparameter gegenüber der Skala der nichtnegativen reellen Zahlen noch weiter verfeinert werden kann. Dazu betrachtet er beliebige Funktionen $\lambda :]0, \infty[\to]0, \infty]$, von denen sinnvollerweise vorausgesetzt werden sollte (aber nicht muß), daß sie nichtfallend sind mit rechtsseitigem Grenzwert 0 an der Stelle 0, und assoziiert mit jeder solchen Funktion λ die vom Radius $\frac{1}{2}$ diam B der überdeckenden Kugeln B abhängige elementare Größenfunktion

$$\zeta(B) := \lambda(\tfrac{1}{2} \operatorname{diam} B).$$

Das hiermit durch die Carathéodory-Konstruktion gegebene äußere Maß auf $\mathbb{R}^N$ sei mit $\mathcal{H}^{(\lambda)}$ bezeichnet, so daß sich im Fall einer Potenzfunktion $\lambda(\rho) = \boldsymbol{\alpha}(s)\rho^s$ gerade $\mathcal{H}^s$ ergibt und für Funktionen λ aus der *logarithmischen Skala*, d. h.

$$\lambda(\rho) = \rho^{s_0} |\ln \rho|^{-s_1} (\ln |\ln \rho|)^{-s_2} \cdot \ldots \cdot (\ln \ldots \ln |\ln \rho|)^{-s_m}$$

mit $s_0, s_1, \ldots, s_m \in \mathbb{R}$ derart, daß der erste nicht verschwindende Exponent positiv ist, eine von Hausdorff ausdrücklich erwähnte Schar von Maßen $\mathcal{H}^{(\lambda)}$, die einer logarithmischen Verfeinerung der Skala $]0, \infty[$ entspricht. (Daß $\lambda(\rho)$ hier nur für hinreichend kleine $\rho > 0$ definiert ist, macht weiter nichts; denn in der Carathéodory-Konstruktion des Maßes $\mathcal{H}^{(\lambda)}$ sind ja nur die Werte $\lambda(\rho)$ für ρ aus beliebig kleinen Intervallen $]0, \delta]$ von Belang.)

An dieser Stelle ist folgendes Zitat aus der Einleitung zu Hausdorffs Artikel „Dimension und äußeres Maß" ganz interessant, worin er seinen Beitrag aus eigener Sicht beschreibt: „Nach einleitenden Betrachtungen, die das Carathéodorysche Längenmaß in naheliegender Weise verallgemeinern und einen Überblick über die reiche Fülle analoger Maßbegriffe gestatten, stellen wir eine Erklärung des p-dimensionalen Maßes auf, die sich unmittelbar auf nicht ganzzahlige Werte von p ausdehnen und Mengen *gebrochener Dimension* als möglich erscheinen läßt, ja sogar solche, deren Dimensionen die Skala der positiven Zahlen zu einer verfeinerten, etwa logarithmischen Skala ausfüllen. Die Dimension wird so zu einem Graduierungsmerkmal wie die ‚Ordnung' des Nullwerdens, die ‚Stärke' der Konvergenz und verwandte Begriffe. In wesentlich anderer Art hat bekanntlich Herr Fréchet Dimensionstypen definiert, die die Reihe der natürlichen Zahlen interpolieren." Hausdorff bezieht sich hier auf die Arbeit [Fr], in der mit Hilfe einer Präordnung zwischen topologischen Räumen, definiert durch Homöomorphie des einen zu einer Teilmenge des anderen, und mit entsprechender Äquivalenzklassenbildung „Dimensionstypen" erklärt werden, die allerdings nicht total geordnet sind. Diese Arbeit ist eher der Ordinalzahlentheorie als der Maß- und Dimensionstheorie zuzuordnen. Die von Hausdorff vorgenommene Hervorhebung bei den „Mengen *gebrochener Dimension*" zeigt, wie wichtig ihm dieser Aspekt seiner Definition des s-dimensionalen Maßes war.

Hausdorffs solide mathematische Arbeit, sein Gespür mathematischer Qualität, zeigt sich nun vor allem in dem Teil der Arbeit, der nach Einführung der Maße $\mathcal{H}^s$ kommt. Dazu die Fortsetzung des Zitats aus der Einleitung: „Nicht so ungezwungen wie unser Dimensionsbegriff ist freilich der Nachweis, daß es Mengen gibt, die genau von vorgeschriebener Dimension sind, d. h. ein entsprechendes Maß besitzen, das weder Null noch unendlich ist; wir beschränken uns in dieser Hinsicht auf die einfachsten Beispiele, nämlich gewisse lineare nirgendsdichte perfekte Mengen (auf welche, für abnormes Verhalten aller Art typische, Mengengattung hier ein neues Licht fällt) und die hieraus durch Multiplikation entstehenden ebenen und räumlichen Mengen."

Mit dem Attribut „p-dimensional" für ein Maß auf $\mathbb{R}^N$ meint Hausdorff zunächst einfach die Homogenität vom Grad p bzgl. Streckungen. Für die Hausdorff-Maße $\mathcal{H}^s$ (wir schreiben wieder s statt p), ist diese Homogenität, also die Gleichung

$$\mathcal{H}^s(rA) = r^s \mathcal{H}^s(A)$$

für alle $r > 0$, $A \subset \mathbb{R}^N$ und $rA := \{rx : x \in A\}$, aus der Definition des Maßes offensichtlich, ebenso auch die Invarianz gegenüber Bewegungen im Euklidischen Raum $\mathbb{R}^N$. Allgemeiner gilt ja, wie schon bemerkt,

$$\mathcal{H}^s(FA) \le (\operatorname{Lip} F)^s \mathcal{H}^s(A)$$

für Teilmengen A von $\mathbb{R}^N$ und Lipschitz-Abbildungen $F : A \to \mathbb{R}^N$. Einer Menge $A \subset \mathbb{R}^N$ schreibt Hausdorff nun die Dimension s zu, wenn sie positives endliches $\mathcal{H}^s$-Maß hat, wenn also gilt

$$0 < \mathcal{H}^s(A) < \infty.$$

Wir sagen dann kurz, daß A eine **s-Menge** in $\mathbb{R}^N$ sei. Hausdorff bemerkt, daß für s-Mengen $A \subset \mathbb{R}^N$ gilt

$$\mathcal{H}^t(A) = \begin{cases} 0, & \text{wenn } t > s, \\ \infty, & \text{wenn } 0 \le t < s. \end{cases}$$

Insbesondere kann eine Teilmenge A von $\mathbb{R}^N$ nur für einen einzigen Parameter $s \ge 0$ eine s-Menge sein, und im Fall ganzer $s = k$ ist jedes glatte k-dimensionale Flächenstück in $\mathbb{R}^N$ mit endlichem k-dimensionalen Flächenintegral eine s-Menge. Dies und die Homogenität des Maßes $\mathcal{H}^s$ vom Grad s rechtfertigen es, einer jeden s-Menge die reelle Zahl s als Dimension zuzuschreiben.

Die heute übliche Definition der Hausdorff-Dimension wird in Hausdorffs Arbeit „Dimension und äußeres Maß" zwar nicht explizit ausgesprochen, ist aber doch implizit darin enthalten. Sie gründet sich auf die Beobachtung, daß ganz allgemein aus $\mathcal{H}^t(A) > 0$ folgt $\mathcal{H}^r(A) = \infty$ für $0 \le r < t$, was aus der Definition der Hausdorff-Maße leicht abzulesen ist. Daher ist folgende Definition der **Hausdorff-Dimension** sinnvoll:

$$\text{H-dim}(A) := \inf \{t \ge 0 : \mathcal{H}^t(A) = 0\},$$

und es gilt auch

$$\text{H-dim}(A) = \sup \{r \ge 0 : \mathcal{H}^r(A) = \infty\}.$$

Diese Definition wird für Teilmengen A eines beliebigen metrischen Raumes getroffen, und H-dim(A) erweist sich als unabhängig von der isometrischen Einbettung der Menge A in einen umgebenden metrischen Raum. Für s-Mengen A ist H-dim$(A) = s$, und Mengen einer Hausdorff-Dimension $r < s$ haben $\mathcal{H}^s$-Maß Null, während für Mengen der Hausdorff-Dimension $t > s$ das $\mathcal{H}^s$-Maß den Wert ∞ annimmt. Im Fall H-dim$(A) = s$ bleibt offen, ob A eine s-Menge ist, also positives endliches $\mathcal{H}^s$-Maß hat, oder ob A eine $\mathcal{H}^s$- Nullmenge bzw. eine Menge mit unendlichem $\mathcal{H}^s$-Maß ist. So hat zum Beispiel die Vereinigung von abzählbar unendlich vielen disjunkten s-Mengen in $\mathbb{R}^N$ das $\mathcal{H}^s$-Maß ∞, aber Hausdorff-Dimension s, und die Vereinigung von abzählbar vielen Mengen $A_n \subset \mathbb{R}^N$ mit $\mathcal{H}^{r_n}(A_n) > 0$ für eine streng wachsende Folge $r_n \uparrow s$ hat $\mathcal{H}^s$-Maß 0 und ebenfalls Hausdorff-Dimension s. Die Hausdorff-Dimension kann gemäß der obigen Definition auf Teilmengen beliebiger metrischer Räume grundsätzlich Werte in $[0, \infty]$ annehmen; für Teilmengen A eines Euklidischen Raumes $\mathbb{R}^N$ ist allerdings stets $0 \leq \text{H-dim}(A) \leq N$, weil $\mathbb{R}^N$ abzählbar endlich bezüglich $\mathcal{H}^N = \mathcal{L}^N$ ist, d. h. Vereinigung von abzählbar vielen Mengen endlichen $\mathcal{L}^N$-Maßes, und demzufolge $\mathcal{H}^t(\mathbb{R}^N) = 0$ für $t > N$.

Mit den zu allgemeinen elementaren Größenfunktionen $\zeta(B) := \lambda(\frac{1}{2}\,\text{diam}\,B)$, die nichtfallend vom Radius der Überdeckungskugeln B abhängen, erklärten Maßen $\mathcal{H}^{(\lambda)}$ definiert Hausdorff noch weitergehend für Mengen $A \subset \mathbb{R}^N$:

$$\dim A = [\lambda] \quad :\Longleftrightarrow \quad 0 < \mathcal{H}^{(\lambda)}(A) < \infty.$$

Dabei ist der sog. **Dimensionstyp** $[\lambda]$ (Hausdorff spricht auch hier von „Dimension") eine Äquivalenzklasse von nichtfallenden Funktionen $\tilde{\lambda}:]0, \infty[\to]0, \infty]$, für welche $\mathcal{H}^{(\tilde{\lambda})}$ dieselben Mengen endlichen positiven Maßes in $\mathbb{R}^N$ hat wie $\mathcal{H}^{(\lambda)}$. Ist λ eine Funktion aus der logarithmischen Skala

$$\lambda(\rho) = \rho^{s_0} |\ln \rho|^{-s_1} (\ln|\ln \rho|)^{-s_2} \cdot \ldots \cdot (\ln \ldots \ln|\ln \rho|)^{-s_m},$$

so schreibt Hausdorff $(s_0, s_1, \ldots, s_m)$ für ihren Dimensionstyp $[\lambda]$ und bemerkt, daß Mengen dieses Typs von der (Hausdorff-)Dimension s_0 sind, wobei aber die Dimensionstypen $(s_0, s_1, \ldots, s_m)$ feiner unterscheiden. Nach Ordnungsvervollständigung der logarithmischen Skala, was auf die Zulassung der Werte $+\infty$, $-\infty$ für $s_1, s_2, \ldots$ bei lexikographischer Anordnung der endlichen Folgen $(s_0, s_1, \ldots, s_m)$ hinausläuft, kann man jeder Teilmenge A von $\mathbb{R}^N$ eindeutig einen Wert auf der vervollständigten logarithmischen Skala als Dimension zuordnen durch eine Definition, die analog zu der oben für die Hausdorff-Dimension angegebenen formiert wird. Dies ist im wesentlichen gemeint, wenn Hausdorff von Mengen spricht, „deren Dimensionen die Skala der positiven Zahlen zu einer verfeinerten, etwa logarithmischen Skala ausfüllen".

Soweit handelt es sich um bloße Definitionen von Dimensionsbegriffen, welche die ganzzahlige geometrische Dimension klassischer differentialgeometrischer Objekte interpolieren. Solche Definitionen können aber nicht Selbstzweck sein, sondern sie müssen durch nichttriviale Beispiele und Anwendungen gerechtfertigt werden, welche die Nützlichkeit der eingeführten Konzepte demonstrieren. Das hat auch Hausdorff so gesehen; denn er verwendet einen vom Umfang her beträchtlichen und den analytisch anspruchsvollsten Teil der hier besprochenen Arbeit auf die *Konstruktion von Mengen vorgeschriebener nichtganzer Dimension* bzw. vorgegebenen Dimensionstyps und sagt ja in seiner Einleitung ausdrücklich, daß dies „nicht ganz so ungezwungen" sei. An anderer Stelle bemerkt er, daß die eigentliche Frage sei, ob „die Definition nicht vielleicht in dem Sinne zu einer Trivialität führt, daß dann alle Mengen das äußere Maß 0 oder ∞ bekommen". Hausdorff bezieht sich hier auf die Maße $\mathcal{H}^s$ für nichtganze reelle $s > 0$, und es ist in der Tat eine nichttriviale Aufgabe, zu einer gegebenen nichtganzen Zahl $s \in {]}0, N{[}$ eine s-Menge in $\mathbb{R}^N$ zu konstruieren. (Legt man statt $\mathbb{R}^N$ einen beliebigen vollständigen metrischen Raum mit Hausdorff-Dimension $> s$ zugrunde, so scheint die Lösbarkeit dieser Aufgabe bisher überhaupt noch nicht bewiesen zu sein; siehe [Fe, 2.10.49].) Die Lösung des Problems bewerkstelligt Hausdorff in mehreren Schritten, die wir nun beschreiben:

Um Mengen einer Dimension echt zwischen 0 und 1 zu konstruieren, betrachtet Hausdorff **Cantor-Mengen**

$$C = \bigcap_{n=0}^{\infty} C_n,$$

wobei $C_0 := [0, 1]$ das Einheitsintervall ist und C_{n+1} aus C_n für $n \geq 0$ entsteht, indem man jede Zusammenhangskomponente von C_n durch Herausnehmen eines offenen Mittelintervalls in zwei disjunkte kompakte Intervalle der Länge ξ_{n+1} verwandelt.

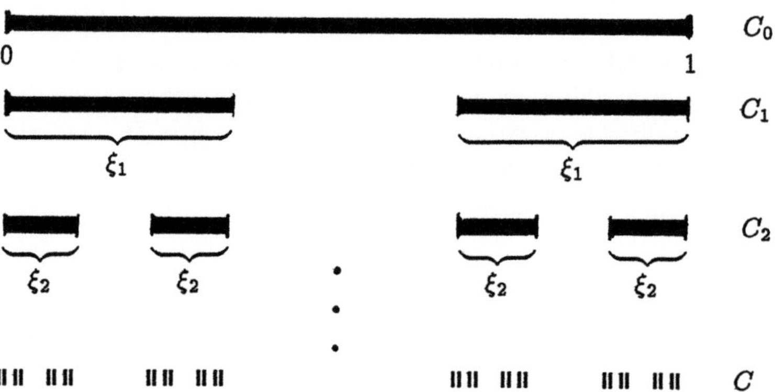

Hierbei ist $\xi_1, \xi_2, \ldots$ eine Folge reeller Zahlen mit $1 > 2\xi_1 > 4\xi_2 > 8\xi_3 > \ldots > 0$. Durch passende Wahl dieser Längenparameter $\xi_1, \xi_2, \ldots$ läßt sich erreichen, daß die resultierende Cantor-Menge C eine gegebene Hausdorff-Dimension $s \in [0, 1]$ hat. Hausdorff zeigt sogar, daß man zu jeder wachsenden, konvexen Funktion $\lambda: {]}0, \infty{[} \to {]}0, \infty{]}$ mit $\lim_{\rho \downarrow 0} \lambda(\rho) = 0$ (d. h. der Dimensionstyp $[\lambda]$ ist „größer als Dimension Null") und $\lim_{\rho \downarrow 0} \rho^{-1} \lambda(\rho) = \infty$ (d.h. der Dimensionstyp ist „kleiner als Dimension Eins") die Zahlen $\xi_1, \xi_2, \ldots$ so wählen kann, daß C den Dimensionstyp $[\lambda]$ hat, also $0 < \mathcal{H}^{(\lambda)}(C) < \infty$ erfüllt.

Bei Cantor-Mengen C bekommt man aus der Konstruktion immer eine Folge von „ökonomischen" Intervallüberdeckungen (durch die Komponenten von C_n), welche eine Abschätzung des Maßes nach oben geben. Für die klassische Cantor-Menge, wobei $\xi_n = 3^{-n}$ ist, hat man zum Beispiel eine Überdeckung durch 2^n Intervalle der Länge 3^{-n}, also folgt

$$\mathcal{H}^s(C) \leq \lim_{n \to \infty} 2^n \alpha(s) \left(\frac{3^{-n}}{2} \right)^s = \lim_{n \to \infty} \frac{\alpha(s)}{2^s} e^{n(\ln 2 - s \ln 3)} < \infty \quad \text{für } s := \frac{\ln 2}{\ln 3}.$$

Allgemeiner definiert man die **speziellen Cantor-Mengen** $C_{(\kappa)}$ durch Wahl der Längenparameter $\xi_n := \kappa^n$ für $0 < \kappa < \frac{1}{2}$, so daß für $\kappa = \frac{1}{3}$ die klassische Cantor-Menge entsteht. Man findet dann $\mathcal{H}^s(C_{(\kappa)}) < \infty$ für $s := |\ln \kappa|^{-1} \ln 2$. Die Vermutung ist naheliegend, daß diese Zahl s die genaue Hausdorff-Dimension der Cantor-Menge $C_{(\kappa)}$ ist. Der Beweis erfordert indes eine Abschätzung des $\mathcal{H}^s$-Maßes nach unten, und dies ist schwieriger, da man ja beliebige Intervallüberdeckungen in Betracht ziehen muß (wobei man sich wegen der Kompaktheit der Cantor-Mengen auf endliche Überdeckungen beschränken kann). Mit Hilfe von recht verwickelten Rechnungen eher kombinatorischer Natur gelingt es Hausdorff aber, zu zeigen, daß für die speziellen Cantor-Mengen $C_{(\kappa)}$ und die Zahl $s = |\ln \kappa|^{-1} \ln 2$ auch $\mathcal{H}^s(C_{(\kappa)}) > 0$ ist, sogar genauer

$$\mathcal{H}^s(C_{(\kappa)}) = \frac{\alpha(s)}{2^s} \quad \text{für } s := \frac{\ln 2}{\ln \frac{1}{\kappa}}.$$

Insbesondere gilt also

$$\text{H-dim}(C_{(\kappa)}) = \frac{\ln 2}{\ln \frac{1}{\kappa}} \quad \text{für } 0 < \kappa < \tfrac{1}{2},$$

und die klassische Cantor-Menge hat Hausdorff-Dimension $|\ln 3|^{-1} \ln 2$. Wählt man zu allgemeinem λ wie oben die Längenparameter ξ_n so, daß $2^n \lambda(\xi_n) = 1$ ist, so gilt für die entsprechende Cantor-Menge C allgemeiner $\mathcal{H}^{(\lambda)}(C) = 1$, wie Hausdorff nachweist. Damit sind nun Mengen jeden Dimensionstyps $[\lambda]$ zwischen 0 und 1 konstruiert, die perfekt und nirgends dicht im Einheitsintervall liegen wie die klassische Cantor-Menge. Insbesondere gibt es eine Cantor-Menge der Hausdorff-Dimension s zu jeder gegebenen Zahl $s \in {]}0, 1{[}$, aber auch solche der Hausdorff-Dimension 0 (etwa $\lambda(\rho) := |\ln \rho|^{-1}$ wählen) und solche der Hausdorff-Dimension 1 (etwa $\lambda(\rho) := \rho |\ln \rho|$).

Um Mengen gebrochener Dimension > 1 zu erhalten, betrachtet Hausdorff in einem nächsten Schritt **Produkte von Cantor-Mengen** $C \times \tilde{C}$. Nun verhält sich die Hausdorff-Dimension gegenüber der Bildung Cartesischer Produkte von Mengen im allgemeinen anders als man erwarten würde, d. h. die Hausdorff-Dimension des Cartesischen Produkts ist nicht unbedingt gleich der Summe der Hausdorff-Dimensionen der Faktoren. Allgemein gilt vielmehr nur

$$\mathcal{H}^{s+t}(A \times B) \geq \frac{\alpha(s+t)}{\alpha(s)\alpha(t)} \mathcal{H}^s(A)\mathcal{H}^t(B),$$

also

$$\text{H-dim}(A \times B) \geq \text{H-dim}(A) + \text{H-dim}(B),$$

für $A \subset \mathbb{R}^N$, $B \subset \mathbb{R}^M$ und $s, t \in [0, \infty[$. Gleichheit tritt hier nur in speziellen Fällen ein, zum Beispiel wenn $s = N$ und somit $\mathcal{H}^N$ das Lebesgue-Maß $\mathcal{L}^N$ auf $\mathbb{R}^N$ ist oder wenn $s = k \in \{1, 2, \ldots, N-1\}$ ist und A in einer k-dimensionalen glatten Untermannigfaltigkeit von $\mathbb{R}^N$ liegt (siehe [Fe, 2.10.27, 2.10.29, 2.10.45, 3.2.23] und [Fa, Chap. 7]).

Der Grund ist leicht zu verstehen, wenn man wie hier das Produkt zweier Cantor-Mengen betrachtet. Dann ist die Produktmenge $C \times \tilde{C} \subset \mathbb{R}^2$ mit einer Folge ausgezeichneter Überdeckungen durch *Rechtecke* versehen, deren Seitenverhältnisse von den Längenparametern aus der Konstruktion von C und von $\tilde{C}$ abhängen. Für die Abschätzung von Hausdorff-Maßen des Produkts $C \times \tilde{C}$ müssen jedoch Überdeckungen durch *Kreisscheiben* bzw., was für die Bestimmung der Hausdorff-Dimension gleichwertig ist, durch *Quadrate* betrachtet werden, und es kann passieren, daß $C \times \tilde{C}$ mit Kreisscheiben bzw. Quadraten nur sehr viel „unökonomischer" überdeckt werden kann als mit Rechtecken. Wenn man **verallgemeinerte Cantor-Mengen** $C, \tilde{C}$ betrachtet, bei deren Konstruktion in jedem Schritt aus jedem verbliebenen Intervall nicht ein Mittelstück, sondern mehrere äquidistante und gleichlange Stücke entfernt werden (gleichviele aus jedem der nach dem n-ten Schritt verbliebenen Intervalle, aber evtl. unterschiedlich viele von Schritt zu Schritt), so kann sich dieser Effekt so erheblich auswirken, daß H-dim$(C \times \tilde{C})$ größer ausfällt als H-dim(C) + H-dim$(\tilde{C})$. In [Fe, 2.10.29] wird ein derartiges Beispiel mit H-dim$(C) = s$ und H-dim$(\tilde{C}) = t$ bei beliebig vorgegebenen $s, t \in {]}0, 1{[}$ behandelt, wofür H-dim$(C \times \tilde{C}) = s+1$ ist (statt $s+t$, wie erwartet); weil H-dim$(C \times [0, 1]) \leq$ H-dim$(C) + 1$ allgemein gilt, zeigt hier $C \times \tilde{C}$ die größtmögliche Abweichung der Hausdorff-Dimension von der erwarteten Dimension $s+t$.

Da sich die Hausdorff-Dimension bei Produktbildung nicht so einfach verhält, wie man es sich zunächst vorstellt, ist auch die Konstruktion von Mengen vorgegebener nichtganzer Hausdorff-Dimension > 1 „nicht ohne Schwierigkeit", wie Hausdorff formuliert. Am einfachsten ist es wohl, mit direkten Überdeckungsargumenten für $A \subset \mathbb{R}^N$, $s \geq 0$ und $M \in \mathbb{N}$ nachzuweisen

$$0 < \mathcal{H}^{s+M}(A \times [0, 1]^M) < \infty, \text{ wenn } 0 < \mathcal{H}^s(A) < \infty,$$

so daß $A \times [0, 1]^M$ Hausdorff-Dimension $s+M$ hat (siehe [Fe, 2.10.45], [Fa, Chap. 7]). Aber auch wenn beide Faktoren Cantor-Mengen sind, ist genügend geometrische Regelmäßigkeit (Selbstähnlichkeit) gegeben, um

$$\text{H-dim}(C \times \tilde{C}) = \text{H-dim}(C) + \text{H-dim}(\tilde{C})$$

schließen zu können. Hausdorff zeigt dies mit einigem Aufwand, allgemeiner sogar

$$\dim(C \times \tilde{C}) = [\lambda \tilde{\lambda}],$$

wenn C und $\tilde{C}$ die oben beschriebenen Cantor-Mengen vom Dimensionstyp $[\lambda]$ bzw. $[\tilde{\lambda}]$ sind, definiert durch die Längenparameter $\xi_n, \tilde{\xi}_n$ mit $2^n \lambda(\xi_n) = 1$ bzw. $2^n \tilde{\lambda}(\tilde{\xi}_n) = 1$. Wählt man speziell $\lambda(\rho) := \alpha(s)\rho^s$ und $\tilde{\lambda}(\rho) := \alpha(\tilde{s})\rho^{\tilde{s}}$ mit Exponenten $s, \tilde{s} \in {]}0, 1{[}$, so erhält man

$$\text{H-dim}(C \times \tilde{C}) = s + \tilde{s},$$

womit Mengen beliebiger Hausdorff-Dimension zwischen 0 und 2 als Produkte von Cantor-Mengen aufgezeigt sind. Die von Hausdorff angegebenen Argumente gelten auch für Produkte mit mehr als zwei Faktoren – er deutet dies nur noch für Produkte von drei Cantor-Mengen an – und beweisen

$$\dim(C_1 \times C_2 \times \ldots \times C_N) = [\lambda_1 \lambda_2 \cdot \ldots \cdot \lambda_N]$$

für $N \geq 2$ Cantor-Mengen C_j der Dimensionstypen $[\lambda_j]$, speziell

$$\text{H-dim}(C_1 \times C_2 \times \ldots \times C_N) = s_1 + s_2 + \ldots + s_N,$$

wenn hier die λ_j allesamt aus der Potenzfunktionenskala gewählt werden und $s_j := \text{H-dim}(C_j) \in \,]0, 1[$ ist für $1 \leq j \leq N$.

Damit hat Hausdorff seine Aufgabe vollständig gelöst und für jede Zahl $s \in [0, N]$ eine Menge A in $\mathbb{R}^N$ der Hausdorff-Dimension s konstruiert, sogar als Cartesisches Produkt von Cantor-Mengen. Im Fall $0 < s < N$ erhält man insbesondere eine s-Menge $A = C_{(\kappa)}^N$ als Potenz der speziellen Cantor-Menge $C_{(\kappa)}$ zum Parameter $\kappa := 2^{-N/s}$. Die Konstruktion von Mengen vorgegebener nichtganzer Dimension, sogar von Mengen gegebenen Dimensionstyps, stellt den eigentlichen Kern der Hausdorffschen Arbeit „Dimension und äußeres Maß" dar, gleichzeitig auch den technisch anspruchsvollsten Teil dieser Untersuchung. Später sind zahlreiche mehr oder weniger ähnliche Konstruktionen von s-Mengen in $\mathbb{R}^N$ angegeben worden, wir verweisen hierzu auf das Buch „Fractal Geometry" von K. Falconer [Fa]. Die Reichhaltigkeit der Klasse der s-Mengen in $\mathbb{R}^N$ wird im übrigen demonstriert durch einen Satz von Besicovitch [Be4], demzufolge jede kompakte Menge unendlichen $\mathcal{H}^s$-Maßes in $\mathbb{R}^N$, insbesondere also jede kompakte Menge der Hausdorff-Dimension $> s$ in $\mathbb{R}^N$, eine kompakte Teilmenge von positivem, endlichem $\mathcal{H}^s$-Maß enthält. (Der Beweis ist nicht einfach; vgl. [Fe, 2.10.47, 2.10.49].) Erwähnt sei noch, daß die schon von Hausdorff betrachteten nichtreellen Dimensionstypen, welche noch feinere Abstufungen beim maßtheoretischen Größenvergleich von Teilmengen des $\mathbb{R}^N$ erlauben als die Hausdorff-Dimension, in neuerer Zeit wieder Interesse gefunden haben im Zusammenhang mit der Brownschen Bewegung. So hat ein Brownscher Pfad in $\mathbb{R}^N$ mit Wahrscheinlichkeit 1 den Dimensionstyp $[\lambda]$, der gegeben ist durch

$$\lambda(\rho) := \rho^2 \ln |\ln \rho| \qquad \text{im Fall } N \geq 3,$$
$$\lambda(\rho) := \rho^2 |\ln \rho| \ln \ln |\ln \rho| \qquad \text{im Fall } N = 2.$$

Die Dimension eines „typischen" Brownschen Pfades ist also „logarithmisch kleiner" als 2. (Siehe [Fa, Chap. 16] für nähere Erläuterungen und weiterführende Hinweise hierzu.)

Es gibt mehrere gebräuchliche Dimensionsbegriffe, die beliebige nichtnegative reelle Zahlen oder auch Werte aus anderen total bzw. nur partiell geordneten „Skalen" als Dimensionen liefern. Infolgedessen muß man, wenn immer für eine Menge eine Dimension angegeben wird, sich klar darüber sein, welcher Dimensionsbegriff zugrunde gelegt ist – ein und derselben Menge können durchaus verschiedene Zahlen als Dimensionen zugeordnet sein, wenn mehrere Dimensionskonzepte angewendet werden. Diese Bemerkung ist selbstverständlich, wenn man die Hausdorff-Dimension der topologischen Dimension gegenüberstellt, die nur ganzer Werte fähig ist. Schon Hausdorff zeigt in seiner Arbeit, wie man seine Konstruktion von Mengen einer Dimension s zwischen 1 und 2 in der Ebene so modifizieren kann, daß eine Jordan-Kurve derselben Hausdorff-Dimension s entsteht. Auf analoge Weise erhält man

Jordan-Kurven in $\mathbb{R}^N$ mit beliebig vorgegebener Hausdorff-Dimension $s \in]1, N]$, während die topologische Dimension natürlich gleich 1 ist. Von den Dimensionsbegriffen, die nichtganze Werte der Dimension liefern können, ist die Hausdorff-Dimension der gebräuchlichste. Für eine Diskussion anderer Dimensionskonzepte und ihrer Beziehungen zur Hausdorff-Dimension verweisen wir auf [Fa].

Die speziellen Cantor-Mengen $C_{(\kappa)}$ haben eine Eigenschaft, die in den beiden letzten Jahrzehnten im Zusammenhang mit der sogenannten Theorie der Fraktale großes Interesse gefunden hat, die **Selbstähnlichkeit**. Da bei der Konstruktion von $C_{(\kappa)} = C_0 \cap C_1 \cap C_2 \cdots$ aus den 2^n Intervallkomponenten $I_{n,l}$ von C_n jeweils Mittelstücke im von n, l unabhängigen Längenverhältnis $(1-2\kappa) : 1$ herausgenommen werden, um C_{n+1} zu erhalten, ist $C_{(\kappa)}$ für jedes n disjunkte Vereinigung von 2^n Mengen $I_{n,l} \cap C_{(\kappa)}$, $l = 1 \ldots 2^n$, die jeweils durch Streckung um den Faktor κ^{-n} und durch eine geeignete Translation mit $C_{(\kappa)}$ zur Deckung gebracht werden können. In diesem Sinne ist $C_{(\kappa)}$ selbstähnlich. Viele Konstruktionen von Mengen gebrochener Hausdorff-Dimension in $\mathbb{R}^N$ beruhen auf einem analogen iterativen Prozeß, der zu selbstähnlichen Mengen führt, und es ist die Selbstähnlichkeit, welche den ästhetischen Reiz der Konstruktionen und der resultierenden Mengen ausmacht. Ein recht allgemeines Verfahren dieser Art wollen wir noch angeben, weil sich hierunter mehrere „klassische" selbstähnliche Mengen gebrochener Hausdorff-Dimension einordnen lassen. Die Konstruktion ist in systematischer Weise erstmals von Hutchinson [Hu] analysiert worden, war aber schon zuvor im Prinzip bekannt, insbesondere auch die Formel für die Dimension der resultierenden selbstähnlichen Menge (beispielsweise [Mor]).

Satz (Hutchinson 1981 [Hu]) *Sind $S_1, \ldots, S_m$ kontrahierende Ähnlichkeitstransformationen auf $\mathbb{R}^N$, so gibt es genau eine nichtleere kompakte Menge $A \subset \mathbb{R}^N$, die invariant ist unter der Operation $\mathbb{R}^N \supset B \mapsto S_1(B) \cup \ldots \cup S_m(B) \subset \mathbb{R}^N$ auf Teilmengen B des $\mathbb{R}^N$. Die Hausdorff-Dimension s von A ist bestimmt durch*

$$\kappa_1^s + \ldots \kappa_m^s = 1 \quad \text{für} \quad \kappa_i := \mathrm{Lip}\,(S_i),$$

sofern für $S_1, \ldots, S_m$ eine Nichtüberlappungsbedingung erfüllt ist; dann gilt sogar $0 < \mathcal{H}^s(A) < \infty$.

Einige Erläuterungen zum Verständnis dieses Satzes: Eine kontrahierende Ähnlichkeitstransformation $S : \mathbb{R}^N \to \mathbb{R}^N$ entsteht durch Komposition einer Bewegung des $\mathbb{R}^N$ mit einer Stauchung um einen Faktor $\kappa = \mathrm{Lip}\,(S) \in]0, 1[$. Die technische Nichtüberlappungsbedingung muß sicherstellen, daß A disjunkte Vereinigung oder wenigstens $\mathcal{H}^s$-fast-disjunkte Vereinigung der Mengen $S_1(A), \ldots, S_m(A)$ ist. Sie ist zum Beispiel erfüllt, wenn es eine nichtleere offene Menge $U \subset \mathbb{R}^N$ gibt, derart daß $S_1(U), \ldots, S_m(U)$ disjunkte Teilmengen von U sind. Die Formel für die Dimension der invarianten Menge ist leicht zu verstehen: Hat man $A = S_1(A) \cup \ldots \cup S_m(A)$ mit $\mathcal{H}^s(S_i(A) \cap S_j(A)) = 0$ für $1 \leq i < j \leq m$, so ist $\mathcal{H}^s(A)$ die Summe der Werte $\mathcal{H}^s(S_i(A))$ für $i = 1 \ldots m$, und da $\mathcal{H}^s(S_i(A)) = \kappa_i^s \mathcal{H}^s(A)$ gilt wegen Bewegungsinvarianz und Homogenität vom Grad s des Maßes $\mathcal{H}^s$, kann man schließen

$$\mathcal{H}^s(A) = (\kappa_1^s + \ldots + \kappa_m^s)\mathcal{H}^s(A).$$

Daraus folgt die behauptete Gleichung für s, sofern $0 < \mathcal{H}^s(A) < \infty$ ist.

Die Existenz und Eindeutigkeit der invarianten Menge A sind einfach nachzuweisen; man kann zum Beispiel den Banachschen Fixpunktsatz auf dem durch den Hausdorff-Abstand metrisierten Raum der kompakten Teilmengen des $\mathbb{R}^N$ anwenden. Auch die Endlichkeit von $\mathcal{H}^s(A)$ ist nicht schwer einzusehen; man bedient sich dazu der Überdeckungen von A durch die Kugeln, die man aus einer A umbeschriebenen Kugel B erhält, indem man die Ähnlichkeitskontraktionen S_i in beliebiger Reihenfolge und mit beliebigen Wiederholungen auf B anwendet. Die eigentliche Schwierigkeit des Beweises ist – wie immer in solchen Fällen – die Abschätzung des Maßes $\mathcal{H}^s(A)$ von unten. Dies erfordert kompliziertere Überdeckungsargumente, wobei auch die Nichtüberlappungsbedingung entscheidend eingeht. Wir verweisen auf [Fa, Chap. 9] für einen vollständigen Beweis des oben angegebenen Satzes, für verwandte und weiterführende Resultate und für zahlreiche Beispiele.

Bemerkt sei noch, daß sich die Dimensionsformel für die invariante kompakte Menge A in dem Sonderfall, daß alle Ähnlichkeitstransformationen S_i denselben Kontraktionsfaktor $\kappa \in]0, 1[$ besitzen, auf die Gleichung

$$s = \frac{\ln m}{\ln \frac{1}{\kappa}}$$

reduziert. Diese Zahl wird neuerdings von manchen Autoren die *fraktale Dimension* der selbstähnlichen Menge A genannt. Das ist aber nicht im Sinne eines neuen Dimensionsbegriffs zu verstehen, vielmehr wird als fraktale Dimension von A einfach die aus der Zahl m der Ähnlichkeitskontraktionen S_i und aus ihrer gemeinsamen Kontraktionskonstante κ berechnete Zahl $|\ln\kappa|^{-1}\ln m$ bezeichnet. Dabei ist von vornherein nicht einmal klar, daß diese Zahl nur von der invarianten Menge A und nicht auch von den Daten $m, \kappa, S_1, \ldots, S_m$ der Konstruktion abhängt, und die Übereinstimmung mit der Hausdorff-Dimension ist die eigentliche nichttriviale Aussage des oben angegebenen Satzes.

Wir diskutieren nun einige Beispiele zum Satz von Hutchinson: Die **speziellen Cantor-Mengen** $C_{(\kappa)}$ erhält man mit $N := 1$, $M := 2$ und $S_1(x) := \kappa x$, $S_2(x) := 1 + \kappa(x-1)$. Als Hausdorff-Dimension von $C_{(\kappa)}$ ergibt sich die fraktale Dimension $|\ln\kappa|^{-1}\ln 2$, wie es schon in Hausdorffs Arbeit „Dimension und äußeres Maß" von 1918 zu finden ist. Für selbstähnliche verallgemeinerte Cantor-Mengen, bei denen im $(n+1)$-ten Konstruktionsschritt aus den verbliebenen Intervallen der Länge κ^n jeweils $m-1 \geq 2$ disjunkte offene Intervalle entfernt werden, so daß m äquidistante Intervalle der Länge κ^{n+1} entstehen $(0 < \kappa < \frac{1}{m})$, ergibt der Satz die Hausdorff-Dimension $|\ln\kappa|^{-1}\ln m$. Auch für noch allgemeinere Cantor-Mengen $C = C_0 \cap C_1 \cap C_2 \cap \ldots$, bei denen C_1 Vereinigung von $m \geq 2$ disjunkten kompakten Intervallen in $C_0 = [0, 1]$ ist mit Längen $\kappa_1, \ldots, \kappa_m$ $(0 < \kappa_1 + \ldots + \kappa_m < 1)$ und C_{n+1} aus C_n durch Übertragung des ersten Konstruktionsschritts auf die Komponentenintervalle von C_n mittels einer Ähnlichkeitsabbildung entsteht, gibt der Satz von Hutchinson sofort die Hausdorff-Dimension s als Lösung der Gleichung $\kappa_1^s + \ldots + \kappa_m^s = 1$.

Ein weiteres sehr bekanntes Beispiel ist die **von Koch-Kurve** (H. von Koch 1906), auch *Schneeflockenkurve* genannt. Diese Jordan-Kurve von lokal unendlicher Länge in $\mathbb{R}^2$ setzt sich aus drei Bögen zusammen, welche jeweils als invariante Mengen unter einem System von 4 Ähnlichkeitskontraktionen des $\mathbb{R}^2$ mit gemeinsamer Kontraktionskonstante $\frac{1}{3}$ aufgefaßt werden können. Die Abbildung zeigt die

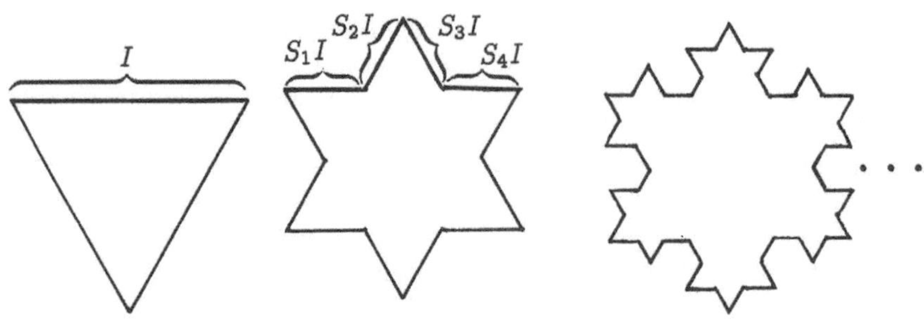

ersten Schritte der Konstruktion und die Wirkung der Ähnlichkeitskontraktionen $S_1,\ldots,S_4$, welche den oberen der drei Bögen definieren. Die von Koch-Kurve ist der Limes (im Sinne des Hausdorff-Abstands, bei passender Parametrisierung auch im Sinne gleichmäßiger Konvergenz) der konstruierten Approximationskurven. Als Hausdorff-Dimension der von Koch-Kurve erhält man gemäß der Formel für die fraktale Dimension $\ln 4 \,/\, \ln 3$, es ergibt sich also eine Jordan-Kurve in $\mathbb{R}^2$ mit Hausdorff-Dimension größer als 1. Durch Variieren der Parameter in der Konstruktion (Anzahl und Kontraktionskonstanten der verwendeten Ähnlichkeitskontraktionen in $\mathbb{R}^2$) kann man Jordan-Kurven jeder gewünschen Hausdorff-Dimension zwischen 1 und 2 in $\mathbb{R}^2$ produzieren.

Wählt man m Ähnlichkeitskontraktionen $S_1,\ldots,S_m$ in $\mathbb{R}^2$, welche das Einheitsquadrat Q auf paarweise disjunkte in Q enthaltene Quadrate $S_1(Q),\ldots,S_m(Q)$ abbilden, so hat man eine Konstruktion in $\mathbb{R}^2$, welche analog zu der für die Cantor-Mengen in $\mathbb{R}$ ist. Dementsprechend wird die zugehörige kompakte invariante Menge A als **Cantor-Staub** bezeichnet.

 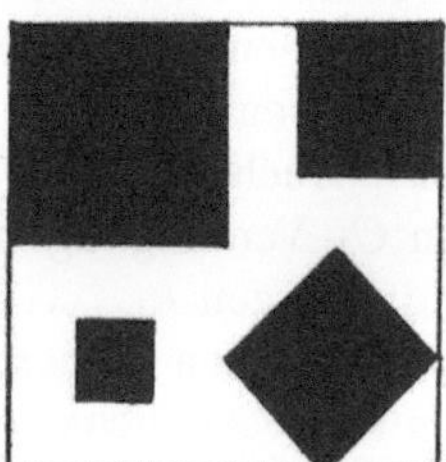 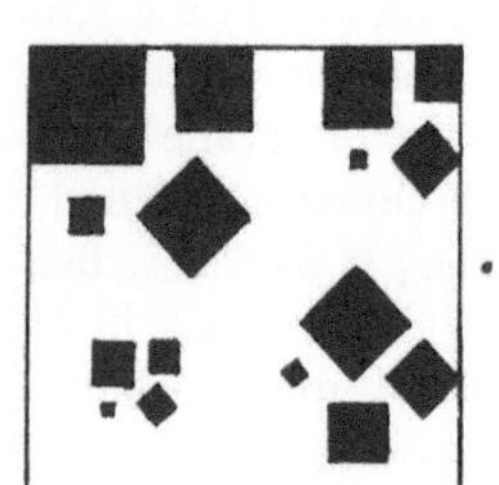

Cartesische Quadrate von speziellen Cantor-Mengen $C_{(\kappa)} \times C_{(\kappa)}$ gehören zu den Cantor-Stäuben, aber auch Mengen komplizierterer Struktur, wobei einige der Ähnlichkeitsabbildungen S_i zum Beispiel nichttriviale Rotationsanteile haben wie in der vorangehenden Abbildung. Die Hausdorff-Dimension s des Cantor-Staubs ergibt sich gemäß der Dimensionsformel des vorigen Satzes aus den Kantenlängen $\kappa_1, \ldots, \kappa_m$ der Quadrate $S_1(Q), \ldots, S_m(Q)$ des ersten Konstruktionsschritts durch die Gleichung

$$\kappa_1^s + \ldots + \kappa_m^s = 1,$$

speziell also $s = |\ln \kappa|^{-1} \ln m$, falls $\kappa_1 = \ldots = \kappa_m$ gewählt ist. Die Konstruktion läßt sich völlig analog in $\mathbb{R}^N$ für beliebige Dimensionen N durchführen, durch passende Wahl der Parameter m und $\kappa_1, \ldots, \kappa_m$ kann man Cantor-Stäube jeder beliebigen Hausdorff-Dimension zwischen 0 und N realisieren, wie es Hausdorff in seiner Arbeit „Dimension und äußeres Maß" mit Potenzen $C_{(\kappa)}^N$ spezieller Cantor-Mengen schon angedeutet hat.

Eine hübsche Variante von Cantor-Staub in $\mathbb{R}^3$ ist der **Menger-Schwamm** (auch Sierpinski-Schwamm genannt). Hierbei zerlegt man den Einheitswürfel W in $\mathbb{R}^3$ in 27 Teilwürfel mit Kantenlänge $\frac{1}{3}$, entfernt die 7 Teilwürfel, welche die Achsen des Würfels treffen, und wählt dann 20 Ähnlichkeitskontraktionen $S_1, \ldots, S_{20}$ in $\mathbb{R}^3$, welche W auf die verbliebenen 20 Teilwürfel abbilden. Auch wenn die Würfel $S_i(W)$ nicht paarweise disjunkt sind, sie überlappen sich nur in Randpunkten, und der Satz von Hutchinson ist anwendbar und liefert eine eindeutige unter $S_1, \ldots, S_{20}$ invariante Menge A mit Hausdorff-Dimension $(\ln 3)^{-1} \ln 20$ zwischen 2 und 3. Die in der Abbildung dargestellten ersten Schritte der Konstruktion erklären den Namen „Schwamm" (eine viel bessere Abbildung findet sich in [BM], [Mo]):

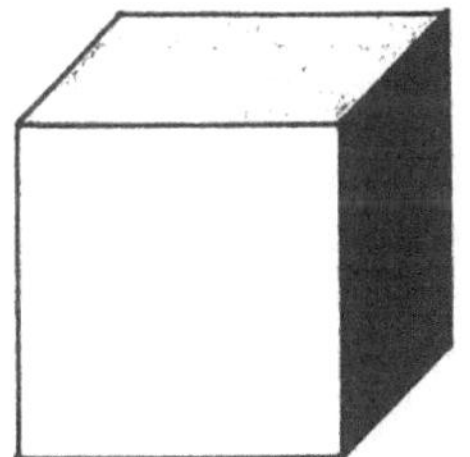 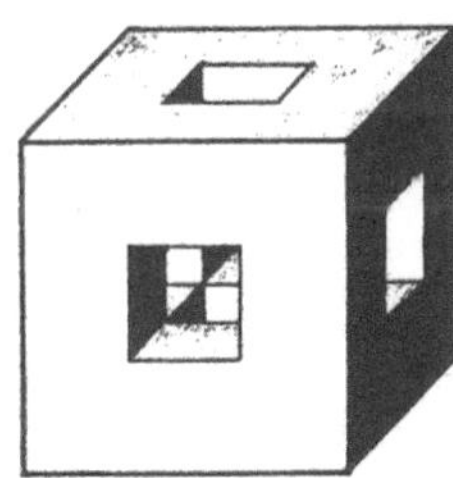 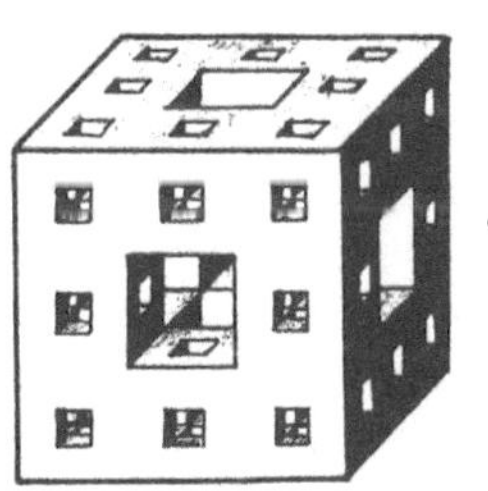

Wir beenden damit die Serie der Beispiele von Teilmengen eines Euklidischen Raumes, die unter einem System von Ähnlichkeitskontraktionen invariant sind. Der für uns wesentliche Aspekt dabei war, daß man die Hausdorff-Dimension solcher invarianten Mengen in einfacher Weise aus den Kontraktionskonstanten der Ähnlichkeitsabbildungen berechnen kann – wenn die Nichtüberlappungsbedingung erfüllt ist – und auf diese Weise recht explizit konstruierte Mengen vorgegebener Hausdorff-Dimension $s \in \,]0, N[$ in $\mathbb{R}^N$ erhält. Es liegt nahe, die Konstruktion zu verallgemeinern, indem man beliebige Kontraktionen statt der kontrahierenden Ähnlichkeitsabbildungen zuläßt. Welche Schwierigkeiten hierbei aber auftreten, zeigt schon das einfache Beispiel der **selbstaffinen Menge** $A_{\lambda,\mu}$ in $\mathbb{R}^2$, die als invariante Menge unter einem System von zwei kontrahierenden Affinitäten des $\mathbb{R}^2$ definiert ist, welche das Einheitsquadrat Q auf zwei achsenparallele Rechtecke der Breite $\frac{1}{2}$ und Höhe $\mu \in {]}0, \frac{1}{2}{[}$ in Q abbilden; eines dieser Rechtecke enthält die linke obere Ecke von Q, während das andere seine linke untere Ecke auf der unteren Kante von Q im Abstand $\lambda \in [0, \frac{1}{2}]$ zur linken unteren Ecke von Q hat. Die Abbildung zeigt die ersten Glieder der Folge der durch diese Iterationskonstruktion definierten Mengen, deren Durchschnitt $A_{\lambda,\mu}$ ist.

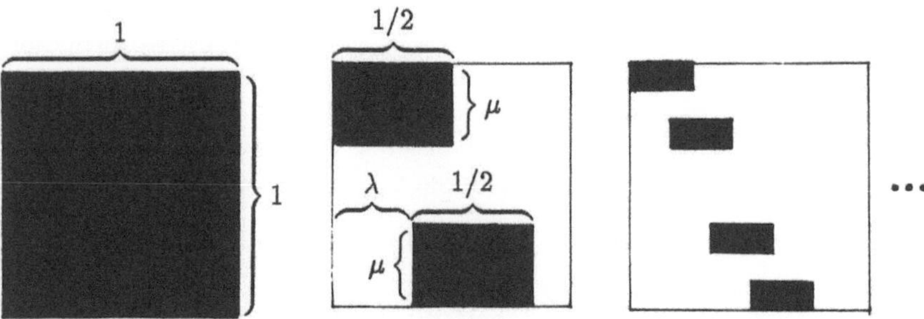

Die Existenz und Eindeutigkeit der nichtleeren invarianten kompakten Menge $A_{\lambda,\mu}$ sieht man wie zuvor leicht ein, jedoch ist die Formel für die Hausdorff-Dimension der invarianten Menge aus dem Satz von Hutchinson hier nicht anwendbar, da $A_{\lambda,\mu}$ nicht unter kontrahierenden Ähnlichkeitstransformationen invariant ist. Vielmehr findet man

$$\text{H-dim}(A_{\lambda,\mu}) \begin{cases} \geq 1 & \text{für } 0 < \lambda \leq \frac{1}{2}, \\ = \dfrac{\ln 2}{\ln 1/\mu} < 1 & \text{für } \lambda = 0. \end{cases}$$

Ersteres gilt, weil im Falle $\lambda > 0$ die Projektion von $A_{\lambda,\mu}$ auf die horizontale Achse ein Intervall positiver Länge überdeckt, letzteres, weil im Fall $\lambda = 0$ offenbar $A_{\lambda,\mu}$ die spezielle Cantor-Menge zum Parameter μ auf der vertikalen Achse ist. Das Interessante hieran ist nun, daß die Hausdorff-Dimension von $A_{\lambda,\mu}$ ersichtlich unstetig vom Parameter λ abhängt. Dies zeigt, daß es für die Hausdorff-Dimension von Mengen, die unter einem System kontrahierender Affinitäten invariant sind, nicht eine so einfache explizite Formel geben kann wie bei Systemen von Ähnlichkeitskontraktionen.

K. Falconer [Fa1] (siehe auch [Fa, Theorem 9.12]) hat die Hausdorff-Dimension von selbstaffinen Mengen untersucht. Er zeigte, daß die invariante Menge eines Systems von m affinen Kontraktionen des $\mathbb{R}^N$ die „erwartete" Hausdorff-Dimension hat, die man durch die mit der Konstruktion verbundenen ausgezeichneten Überdeckungen als obere Abschätzung bekommt, wenn die Translationsanteile der affinen Kontraktionen außerhalb einer gewissen Ausnahmemenge vom Lebesgue-Maß Null in $(\mathbb{R}^N)^m = \mathbb{R}^{Nm}$ liegen. Im allgemeinen gibt es jedoch Ausnahmewerte der Translationsparameter, wie $\lambda = 0$ im vorangehenden Beispiel, für die sich eine kleinere Hausdorff-Dimension der invarianten Menge ergibt als die „erwartete".

2. Fraktale – eine universelle Theorie mit Anwendungen in allen Wissenschaften?

Das Stichwort „Fraktale" ist schon gefallen, und die sogenannte Fraktaltheorie hat in den letzten Jahren enormes Interesse gefunden, innerhalb der Mathematik, vor allem aber auch bei der außermathematischen Öffentlichkeit in einem Maße, wie es wohl bisher noch für keine mathematische Theorie der Fall war (mit Ausnahme der sogenannten Chaostheorie vielleicht, auch einer Entwicklung aus neuerer Zeit). Es ist eine verbreitete irrige Meinung, daß die Entdeckung von Mengen gebrochener Dimension der Theorie der Fraktale zu verdanken sei; der Entdeckerruhm gebührt vielmehr Felix Hausdorff, wie wir im vorangehenden Paragraphen dargelegt haben. Wir nehmen hier die Gelegenheit wahr, diesen und noch einige weitere auf Fraktale bezogene Irrtümer aufzuzeigen und eine – zugegebenermaßen subjektive und gelegentlich überspitzte – Kritik an gewissen Darstellungen der Fraktaltheorie und ihrer angeblichen Erfolge vorzutragen. Dabei haben wir nicht mathematische Veröffentlichungen im Auge, schon garnicht die von der Fraktaltheorie vereinnahmten hochkarätigen mathematischen Untersuchungen aus älterer und jüngerer Zeit, sondern in erster Linie populärwissenschaftliche Publikationen, die das Bild der Öffentlichkeit von der aktuellen Mathematik wesentlich (und verfälschend) beeinflussen. Einige wichtige Entwicklungen der Mathematik im Anschluß an Hausdorffs Arbeit „Dimension und äußeres Maß" bis in neueste Zeit, die in den allgemeinen Medien verständlicherweise nicht angesprochen werden, die aber auch innerhalb der Mathematik trotz enger Beziehungen zu den Fraktalen viel zu wenig bekannt sind, beschreiben wir dann im dritten Paragraphen.

Zunächst gibt es – rundheraus gesagt – eine Theorie der Fraktale überhaupt nicht, jedenfalls nicht im Sinne einer neuen mathematischen Theorie. Unter der Überschrift „Fraktaltheorie" werden vielmehr eine Reihe von Ergebnissen aus verschiedenen, schon lange etablierten Teilgebieten der Mathematik eingeordnet, und in vielen Fällen dürften deren Autoren mit der Klassifikation ihrer Resultate als Beitrag zur Fraktaltheorie garnicht einverstanden sein – aber das ist nur eine Frage der Etikettierung, von der die Qualität dieser mathematischen Arbeiten, unter denen einige von allerhöchstem Rang sind, nicht berührt wird. Stellt man die Geometrische Maßtheorie, etwa die Möglichkeit von Mengen gebrochener Dimension, in den Vordergrund, so beginnt die Theorie der Fraktale mit Hausdorffs Arbeit von 1918, hebt man auf dynamische Systeme ab, bei denen Fraktale als (Ränder der) Einzugsbereiche auftreten können, sind als Geburtstermine für die Fraktaltheorie vielleicht die Erscheinungsjahre der Arbeiten von Julia (1918) und Fatou (1919) über die Iteration von Selbstabbildungen der komplexen Zahlenebene zu nennen, bezüglich des Motivs der Selbstähnlichkeit muß man gar bis Georg Cantor (1884) und der nach ihm benannten Menge zurückgehen. Nicht gerade neue Mathematik also! Neu ist allenfalls das Interesse an dieser Mathematik, und dies ist wohl in erster Linie durch die behaupteten Anwendungen der Fraktaltheorie auf alle möglichen Bereiche der Wissenschaft geweckt worden, Behauptungen, auf deren Fragwürdigkeit wir noch zu sprechen kommen.

Es gibt keine allgemein akzeptierte Definition des Begriffs „Fraktal". B. B. Mandelbrot führte das Wort 1975 ein in einer Vorversion seines 1982 erschienenen Buches „The Fractal Geometry of Nature" [Ma]. Er wählte dieses Wort, um die zerrissene, irreguläre Form der Mengen hervorzuheben, um die es ihm geht. Mandelbrot selbst sieht sich wohl in erster Linie nicht als Mathematiker, sondern als Anreger und Pionier bei der Entwicklung neuer Modelle für Naturvorgänge. Dies geht aus dem Titel seines Buches hervor (siehe auch [Ma1]), und das unkonventionell und außerordentlich spekulativ abgefaßte Buch ist wirklich lesenswert!

Mandelbrots ursprüngliche mathematische **Definition des Begriffs „Fraktal"** war die einer Teilmenge von $\mathbb{R}^N$, deren maßtheoretische (Hausdorff-)Dimension ihre topologische Dimension übertrifft. Allerdings gibt es Mengen, bei denen diese Eigenschaft nicht vorliegt, die aber dennoch mit gutem Grund in die Klasse der „Fraktale" aufgenommen werden sollten, z. B. die in §1 erwähnten Cantor-Mengen der Hausdorff-Dimension Null. Daher hat sich Mandelbrots Definition nicht durchgesetzt. Es verhält sich eben so, wie K. Falconer in der Einleitung zu seinem sehr empfehlenswerten (und bis auf die Einleitung mathematisch streng gehaltenen) Buch „Fractal Geometry" [Fa] feststellt, daß jede exakte mathematische Festlegung des Begriffs „Fraktal" zwangsläufig zum Ausschluß einiger Klassen von Mengen führt, die nach allgemeiner Ansicht der Experten doch zu den Fraktalen gehören. (Auch auf die weiteren Bücher [Ba], [Fed], [PJS] zum Thema sei hingewiesen.) Falconer zieht den Vergleich mit dem Begriff „Leben" in der Biologie, wofür auch gewisse Merkmale als hinreichend gelten, ohne daß ein einziges davon als absolut notwendig erachtet wird. Bei den Fraktalen werden als solche Merkmale genannt „feine Struktur, d. h. Details auf beliebig kleinen Skalen" und „Irregularität, und zwar in einem Maße, daß die klassische Geometrie die Menge nicht beschreiben kann"; „Selbstähnlichkeit" ist ein weiteres, bei Fraktalen ebenfalls häufig vertretenes Merkmal. Mit solchen Umschreibungen kann man sich durchaus abfinden; es genügt, wenn die Begriffe bei der Darstellung konkreter mathematischer Ergebnisse präzisiert werden, eine universelle Definition von „Fraktalen" ist nicht nötig. Schließlich gibt es vergleichbar vage abgefaßte Konzepte an vielen Stellen in der Mathematik; man denke etwa an „glatte" oder „reguläre" Objekte, welche in gewisser Weise das extreme Gegenstück zu den „irregulären" oder „fraktalen" Objekten bilden (was in §3 noch näher erklärt wird). Man kann an der Fraktaltheorie arbeiten, ohne daß der Begriff „Fraktal" genau definiert ist, ganz wie sich Geometrie betreiben läßt, ohne daß der Begriff „Geometrie" mathematisch streng gefaßt sein muß.

Es ist nicht die fehlende exakte Definition der „Fraktale", auch nicht die Streitfrage, ob es eine darauf bezogene eigenständige mathematische Theorie überhaupt gibt oder nicht, welche das Unbehagen an der sogenannten Fraktaltheorie verursachen, sondern ihre Darstellung und Verbreitung außerhalb der Mathematik, in den Naturwissenschaften, insbesondere der Physik, vor allem aber in populärwissenschaftlichen Veröffentlichungen. Das geht von Tageszeitungen über Magazine wie Geo, populärwissenschaftliche Zeischriften wie Bild der Wissenschaft und Physik in unserer Zeit bis hin zum Deutschen Ärzteblatt. Ich verfolge die Veröffentlichungen über Fraktale in der Tagespresse und in Wissenschaftsmagazinen seit einigen Jahren und muß fast immer feststellen, daß der jeweilige Autor keine fundierte Kenntnis der

Sache hat, was er aber vor dem Leser durch Verwendung von eindrucksvollem Fachjargon zu verbergen sucht. Nicht nur in den allgemeinen Medien, sondern auch in wissenschaftlichen Zeitschriften der Physik zum Beispiel sind unschwer Beiträge zu finden, in denen das Modewort „Fraktal" (und noch häufiger „Chaos") in unseriöser Weise eingebracht ist, ohne daß hierdurch mehr Klarheit oder tiefere Erkenntnis geschaffen würde. Man lese hierzu die von S. G. Krantz [Kr] vorgelegte Kritik der Fraktaltheorie, die sich mit unseren Ansichten weitgehend deckt und sie auch beeinflußt hat, aber insgesamt eine mehr innermathematische Stoßrichtung besitzt.

Möglicherweise sind meine Beobachtungen garnicht spezifisch für Publikationen über Fraktale, sondern spiegeln nur eine allgemeine Entwicklung wider, daß nämlich immer mehr Autoren mit immer weniger Sachkenntnis schreiben und daß die Lektoren- und Gutachtertätigkeit beständig abgebaut wird, mit der die Veröffentlichung solcher Schriften verhindert werden kann. Man hat sich daran schon widerspruchslos gewöhnt, scheint mir. Ist es nicht eine Grunderfahrung der meisten Schülerinnen und Schüler heutzutage, daß man das Fehlen von Verständnis und profunden Kenntnissen durch den Gebrauch von einschlägigen Fachworten und wissenschaftlich klingendem Jargon tarnen muß und damit auch Erfolg hat, weil es nicht bemerkt oder nicht beanstandet wird? Derartig eingeübtes Verhalten kann dann später zur Gewohnheit werden!

Lassen wir dies dahingestellt und kommen auf die Beiträge über Fraktaltheorie in diversen Medien zurück in Form einiger konkreter Beispiele von **Inkompetenz der Autoren**. An Erklärungen, was ein Fraktal sei, habe ich unter anderem gefunden: „Fraktale sind irreguläre Gebilde, die sich in verschiedenem Maßstab wiederholen" oder „die Theorie der Fraktale besagt, daß sich größere Strukturen in immer kleinere auflösen lassen", womit der Leser nun sicher Bescheid weiß oder jedenfalls glaubt wissen zu müssen, da er ähnliche „Erklärungen" schon öfter gelesen hat. Mag es sich hier nur um Stilblüten handeln (die allerdings mit wissenschaftlichem Anspruch vorgetragen werden), so sind schlichtweg falsche Definitionen wie die einer „fraktalen Kurve" als nicht differenzierbare Kurve oder die einer „fraktalen Funktion" als unperiodische Funktion schon ärgerlicher. Besonders schlimm finde ich die immer wieder anzutreffende Erklärung des Begriffs „Fraktal" als Menge gebrochener Dimension. Das ist historisch falsch, weil Mandelbrot das Wort nicht mit dieser Bedeutung geprägt hat, und auch inhaltlich, weil Fraktale natürlich „zufällig" auch einmal ganze Hausdorff-Dimensionen haben können, etwa die in den Beispielen am Ende von §1 vorgestellten Cantor-Stäube in $\mathbb{R}^N$, deren Hausdorff-Dimension stetig von Parametern der Konstruktion abhängt und alle Werte zwischen 0 und N annimmt, auch ganze Werte.

Bezeichnenderweise wird Hausdorffs Name in den von mir hier kritisierten Publikationen nie erwähnt, schon garnicht das Entstehungsjahr 1918 seiner bahnbrechenden Arbeit. Schließlich will man dem Leser ja eine brandneue Theorie vorstellen! Als Definition der Dimension geben die Autoren gewöhnlich die „fraktale Dimension" $|\ln \kappa|^{-1} \ln m$ einer unter m Ähnlichkeitskontraktionen mit Kontraktionskonstante κ invarianten Menge an – und dies auch in Situationen, wo überhaupt keine Selbstähnlichkeit vorliegt. Die genaue Definition der Hausdorff-Dimension oder wenigstens eine anschauliche Erklärung davon kann man eben dem Leser nicht zumuten, ganz abgesehen davon, daß gar mancher der über Fraktale schreibenden Autoren damit schon überfordert scheint. Stattdessen wird die Bedeutung der Dimension übertrieben dargestellt, man behauptet, daß Fraktale durch die (fraktale bzw. Hausdorff-) Dimension „charakterisiert" seien, als ob ein einziger reeller Dimensionsparameter schon eine Menge im Euklidischen Raum vollständig bestimmen könne. Auch wird suggeriert, daß jede solche Menge eine einzige, wohlbestimmte Dimension habe, und daß die Mathematiker erst im Rahmen der Fraktaltheorie Mengen nichtganzer Dimension entdeckt hätten. Das stellt die Sache geradezu auf den Kopf: Diese Mengen, vom Typ der Cantor-Mengen etwa, wurden lange zuvor gefunden, und das eigentlich Neue (im Jahre 1918!) war die Entwicklung eines gut begründeten Dimensionsbegriffs durch Hausdorff, bei dem die Dimension beliebige nichtnegative reelle Zahlen als Werte (und sogar Werte auf viel allgemeineren Skalen) annimmt und somit in viel feinerer Weise zwischen Mengen differenziert als die nur ganzer Werte fähige geometrische oder topologische Dimension!

Geradezu haarsträubende Behauptungen werden aufgestellt über die **Anwendungen der Fraktaltheorie** in den Naturwissenschaften und darüber hinaus. Fraktale werden ausgegeben als Schlüssel zum Verständnis der verschiedensten Phänomene. In einem Artikel in einer populärwissenschaftlichen Zeitschrift der *Physik* fand ich zum Beispiel die Behauptung – und das ist kein Einzelfall –, daß sich Cantor-Mengen und Cantor-Staub als hervorragendes Modell für die Beschreibung einer Fülle unterschiedlicher Erscheinungen erwiesen hätten, begonnen mit der Verteilung der Galaxien im Weltraum, fortgesetzt über das Ringsystem des Saturns, über die zeitliche Entwicklung der Gewinn- und Verlustbilanz eines Spielers, über die Häufigkeit und Intensität von Erdbeben usw. bis zur Abfolge der Überflutungen des Nils. Um das Niveau der Argumentation hierbei anzudeuten, erwähne ich nur, was der Spieler mit den Galaxien zu tun hat: Die Nulldurchgänge des Spielers, die Zeitpunkte, zu denen er alles wieder verloren hat, kommen immer in Haufen vor, die durch große Zwischenräume getrennt sind – ganz wie bei den Galaxien! Und beide Phänomene sind, wie auch die andern, natürlich fraktaler Natur. Derartige „Anwendungen" der Fraktaltheorie zu qualifizieren, ist wohl nicht nötig.

Andere Beispiele von angeblichen Anwendungen der Fraktale, die mir begegnet sind, betreffen die *Medizin*: Lunge und Darm sind selbstverständlich nicht glatt, also fraktal (auch die Chaostheorie leuchtet den Ärzten ein, wußten sie doch schon immer, daß kleine Störungen zu großen Problemen führen können, „gerade in der Medizin mit ihren zahlreichen Unschärfen" – so zu lesen im Ärzteblatt); die *Musikwissenschaft*: dort gelang es zwei „Fraktaltheoretikern", in den Proceedings der National Academy of Science 1990 eine Notiz über ihre Untersuchungen der Melodien bei Bach, Mozart und Kinderliedern zu plazieren, in denen sie fraktale Strukturen von ähnlicher Gesetzmäßigkeit wie bei Stärke und Häufigkeit von Naturkatastrophen zu erkennen glaubten (das Projekt soll, so wird uns angedroht, mit Untersuchungen zu Rhythmus und Harmonie fortgesetzt werden; die Bewilligung finanzieller Mittel hierfür steht zu befürchten); und die *Psychologie*: im Programm der Bischöflichen Akademie des Bistums Aachen für eine Tagung mit dem Thema „Die Chaostheorie – Wandel im Weltbild der Naturwissenschaft" wird allen Ernstes (nehme ich an) die Frage gestellt, ob „die Theorie der Fraktale eventuell Raum für ein neues Verständnis der menschlichen Freiheit und Spontaneität" schafft? Zweifellos ein interessanter Gedanke, die uns wirr und unverständlich erscheinenden Aktionen mancher unserer Mitmenschen zu erklären, indem wir sie – die Mitmenschen – als Fraktale betrachten!

Auch in Gebieten, die der Mathematik näher stehen, bin ich auf Behauptungen über Anwendungen der Fraktaltheorie gestoßen, die mir zumindest fragwürdig erscheinen, zum Beispiel hinsichtlich des Problems der *Datenkompression* zur Bildspeicherung. Die Idee dazu ist hübsch und einleuchtend: Kennt man einen einfachen Mechanismus zur Erzeugung eines Bildes, so braucht man nur die wenigen Parameter des Erzeugungsverfahrens abzuspeichern, nicht das Bild selbst. Statt der invarianten Menge eines Systems kontrahierender Ähnlichkeitstransformationen speichert man also nur die Matrizen der Transformationen. Auf diese Weise kann man mit sehr geringem Aufwand Bilder erzeugen, die kompliziert aufgebauten natürlichen Objekten wie Farnen, Gräsern, Gebirgen,... erstaunlich ähnlich sind. Das Problem bei der Datenkompression ist aber umgekehrt, zu einem *gegebenen* Bild einen einfachen Erzeugungsmechanismus zu berechnen, der wenig Speicherplatz benötigt und ein Bild erzeugt, das von dem vorgegebenen nur in akzeptabler Weise abweicht. Dieses Problem ist ungelöst, wohl auch ohne sehr einschränkende Annahmen über die zu verarbeitenden Bilder überhaupt nicht befriedigend lösbar – trotz mehrerer gegenteiliger Meldungen über diesbezügliche Erfolge der Fraktaltheorie.

In extremer Übersteigerung behaupten manche „Fraktalisten", daß das große fachübergreifende Thema „Fraktale" zu einer neuen Symbiose der Mathematik und Naturwissenschaften führe [Sch]. Mandelbrot selbst hat zwar mit seinem Buch „The Fractal Geometry of Nature" [Ma] die Modewelle ausgelöst, die in solchen Übertreibungen gipfelt, äußert sich selbst aber vergleichsweise zurückhaltend [Ma1]. Die Ähnlichkeiten mit der Entwicklung der Katastrophentheorie in den 70er Jahren im Anschluß an R. Thoms Buch [Th], die wegen fragwürdiger Anwendungen und überzogener Ansprüche ebenfalls zur Kritik Anlaß bot (vgl. [Gu]), sind verblüffend. Wie bei der Katastrophentheorie seinerzeit (siehe die Rückseite des Buchs [Th]), schreckte man auch bei der Fraktaltheorie nicht vor der Behauptung zurück, daß es sich um die bedeutendste Idee seit Erfindung der Infinitesimalrechnung handele (so zitiert in [Kr]).

Das kann man nicht ernst nehmen, und auch der weniger fachkundige Leser solcher Übertreibungen wird eher skeptisch reagieren. Damit er das Spiel aber nicht durchschaut, wird fleißig Wissenschaftlichkeit demonstriert, durch den Gebrauch von einschüchterndem Fachjargon, durch kryptische, tautologische oder gänzlich fehlende Erklärungen der Begriffe, durch Andeutung von Ergebnissen, deren Darstellung zu weit führen würde (in Wahrheit aber oftmals nur den Autor überforderte) und durch Dezimalstellenangaben für Dimensionen, auch wenn es sich nur um Schätzwerte von viel geringerer als der vorgeblichen Genauigkeit handelt. Man erfährt beispielsweise, daß die Küstenlinie von England eine fraktale Dimension von etwa 1,2 hat (andere Küstenlinien nicht?), daß Oberflächen von Gebirgslandschaften typischerweise fraktale Dimensionen zwischen 2,2 und 2,3 aufweisen und daß Wolken oft fraktale Dimension 3,3 besitzen (wobei hier Wolken in geeigneter Weise als Teilmengen des 4-dimensionalen Raumes aufgefaßt werden). Derartige Zahlenangaben sollen wohl den Eindruck erwecken, daß man für die betrachteten Objekte mit Hilfe der Fraktaltheorie tatsächlich Dimensionen berechnen könne, und zwar sogar bis auf eine Nachkommastelle genau. In Wirklichkeit handelt es sich aber nur um eine grobe Schätzung auf einer Skala „wenig zerklüftet – zerklüftet – stark zerklüftet" etwa, und für solch grobe Einstufungen eine Dimension mit Dezimalstelle anzugeben ist im besten Falle unseriös, eher aber schon unredlich.

Das Gemeinsame an den hier kritisierten Artikeln ist, daß sie vorspiegeln, die Fraktaltheorie gebe neue Erkenntnisse und Erklärungen für alle möglichen Naturphänomene unterschiedlichster Art, während sich bei genauerer Betrachtung herausstellt, daß die Erkenntnisse allesamt auf Forschungsergebnissen in den behandelten Anwendungsgebieten beruhen, die man kurzerhand mit dem Etikett „Fraktal" versieht, ohne die Forschungsleistungen anderer in angemessener Form zu würdigen. Die Verwendung der Terminologie aus der Fraktaltheorie ist in diesen Fällen mit **keinerlei Erkenntnisgewinn** verbunden, es scheint mir, daß vielmehr die neuen Worte mit neuer Erkenntnis verwechselt werden, sei es unabsichtlich, dann wäre den Autoren mangelnde Kompetenz vorzuwerfen, oder sei es gar absichtlich, dann hätte man Hochstapelei zu konstatieren.

Die Aussage, daß die Verteilung der Galaxien im Weltall fraktal sei, schrumpft zum Beispiel bei genauer Analyse zu der banalen Feststellung, daß Galaxien in Haufen vorkommen, die große Abstände zueinander haben – und dies herausgefunden und in vielfältiger Weise quantifiziert zu haben, ist eine der großen Leistungen der Astronomie, nicht der Fraktaltheorie. Ähnlich verhält es sich bei anderen oben geschilderten „Anwendungen" der Fraktale: Die Mediziner haben sehr viel feinere Beschreibungen von Lungen- oder Darmoberflächen entwickelt als die Fraktalisten, die Geographen wissen weit genauer und differenzierter bei der Topographie von Gebirgen zu unterscheiden, als es eine Dimension zwischen 2,2 und 2,3 tun kann, und die Musikwissenschaftler, ja alle Musikkenner, haben über die Melodien von Bach und Mozart nun wirklich mehr zu sagen, als daß darin Töne in Haufen vorkommen, welche größere Abstände zueinander haben!

S. G. Krantz schreibt in seiner Kritik [Kr] über die „Fraktalisten", wobei er aber die Mathematiker und Geometer, deren schöne und hochrangige Ergebnisse von den Fraktaltheoretikern vereinnahmt werden, ausdrücklich ausnimmt: „Was wir hier haben, ist eine so verwässerte Sprache, daß sie etwas (von beschreibender Art) über fast jeden denkbaren Gegenstand sagen kann. Es wäre dumm, die Fraktal-Geometer zu beschuldigen, sie hätten in andern Gebieten gewildert. Was fraktale Geometrie über andere Gebiete zu sagen hat, ist einfach nicht genug, dies ernsthaft als Möglichkeit in Betracht ziehen zu können." Das ist deutlich, aber vielleicht doch etwas harsch. Klar ist, daß eine vorgebliche Theorie, die über *alles* etwas sagen kann, auch gleichzeitig über alles *nichts* sagt, d. h. keine Information vermittelt; denn schließlich haben eine Menge und ihr Komplement im Universum denselben Informationsgehalt. Hinsichtlich der möglichen Anwendungen von Fraktalen auf die Modellierung von Naturvorgängen halte ich es aber mehr mit dem gemäßigten Standpunkt von Falconer [Fa, Introduction]: Zwar gebe es keine echten Fraktale in der Natur – genausowenig wie echte Geraden oder Kreise –, aber es könne nützlich sein, in einem gewissen Bereich von Skalen Objekte durch Fraktale zu beschreiben. Der Wert der fraktalen Geometrie müsse durch überzeugende Anwendungen, wie beispielsweise die Dimensionsbestimmung für Brownsche Pfade (siehe §1), noch bewiesen werden; die meisten Anwendungen hätten bisher eine Tendenz, eher beschreibend als vorhersagend zu sein.

Die Flut von mehr oder weniger populärwissenschaftlichen Publikationen über die Fraktaltheorie und ihre angeblichen Erfolge bei Anwendungen hat eine enorme **Wirkung auf die Öffentlichkeit**, womit ich die mathematisch- naturwissenschaftlich interessierte Öffentlichkeit außerhalb der Universitäten und Forschungsinstitute meine. Die Wirkung betrifft vor allem das Bild von der zeitgenössischen Mathematik, von der Forschungstätigkeit der Mathematikerinnen und Mathematiker, und sie ist aus meiner Sicht nicht nur positiv zu sehen. Sie ist verursacht durch die Reize von Worten und Computer-generierten Abbildungen, leider nicht durch Inhalte; denn die phantastischen mathematischen Ergebnisse, die Fraktalisten gerne ihrer Theorie zurechnen wollen, werden in den seltensten Fällen erwähnt, geschweige denn für ein größeres Publikum aufbereitet und erklärt.

Was die Reizworte betrifft, so haben wir in erster Linie das kryptische „Fraktal" im Auge und daneben paradox erscheinende Wortkombinationen wie die Verbindung von „gebrochen" mit „Dimension", worunter Laien natürlich die ganze geometrische Dimension $0, 1, 2, 3, \ldots$ von Punkt, Gerade, Ebene, Raum, … verstehen. Würde man statt von „Dimension" von „Maß", „Dichte", „Kapazität" oder ähnlichem sprechen, die „Mengen gebrochener Dimension" könnten dem Publikum kaum noch als Sensation vorgestellt werden. Diese Muster sind bekannt, man kann sie in gleicher Weise bei der „Chaostheorie" finden, auch bei der „Katastrophentheorie" hat sich schon in den 70er Jahren gezeigt, wie werbewirksam geprägte Fachworte die Aufmerksamkeit auf die Mathematik ziehen können.

Ein neues Moment von viel größerer Werbekraft sind aber die durch Fortschritte in der Computer-Graphik möglich gewordenen Abbildungen, die erst die ungeheure Komplexität fraktaler Mengen erfahrbar machen und gleichzeitig eine Quelle von Anregungen für den weiteren Ausbau der mathematischen Theorie bilden. Die phantastischen Bilder von Julia-Mengen und der Mandelbrot-Menge, dem „Apfelmännchen", sind weit verbreitet, sie zieren angeblich schon Vorstandsetagen in der Industrie und Sitzungssäle in Banken ([Ma], [PR], [PS]). Ich würde zwar nicht so weit gehen wie das Deutsche Ärzteblatt, das diesbezüglich von einer sensationellen engen Verbindung der modernen abstrakten Kunst mit der modernen Wissenschaft sprach – die Künstler würden sich gegen derartige Vereinnahmung heftig wehren, denke ich –, aber die Bilder sind ohne Zweifel wunderschön, von hohem ästhetischem Reiz, beeindruckend durch die Fülle der Details und eine enorme Werbung für die Fraktaltheorie, unter deren Dach sie angesiedelt werden (obwohl sie überwiegend die Iteration einfachster rationaler oder polynomialer Abbildungen der komplexen Zahlenebene illustrieren und damit dem Gebiet der dynamischen Systeme zuzuordnen sind).

Worin liegen nun die für die Mathematik negativen Auswirkungen des großen Interesses, das die Fraktaltheorie auf sich gezogen hat? Ist es nicht eher eine für die Mathematik positive Entwicklung, wenn in der Öffentlichkeit der Eindruck entsteht, daß eine neue mathematische Theorie viele bisher unverstandenen Phänomene erklären könne und wichtige Anwendungen in zahlreichen Bereichen außerhalb der Mathematik besitze? So wird doch der Gesellschaft die Unterhaltung der mathematischen Forschungseinrichtungen insgesamt nutzbringend erscheinen und nicht ein kultureller Luxus! Mag sein, aber langfristige negative Konsequenzen für die Mathematik befürchte ich, weil die Mathematik erstens mit der Theorie der Fraktale oft schlichtweg gleichgesetzt wird, weil zweitens die Erzeugung von Computer-Bildern durch einfache Iterationsverfahren mit bedeutenden Fortschritten in der Mathematik verwechselt wird, und weil drittens die Fraktaltheorie überzogene Versprechungen über ihre Nützlichkeit bei Anwendungen nicht einlösen kann.

Eine Illustration zum ersten dieser drei Punkte: Bei den Veranstaltungen für Schüler, die wir am Mathematischen Institut der Heinrich-Heine-Universität Düsseldorf regelmäßig durchführen, stellen wir seit einiger Zeit bei den Teilnehmern verblüfftes Erstaunen fest, wenn wir erläutern, daß die forschenden Mathematikerinnen und Mathematiker nicht in ihrer Mehrheit vor Bildschirmen sitzen und immerzu Julia-Mengen oder Ausschnitte der Mandelbrot-Menge produzieren. Die Schüler denken, daß wir dasselbe tun, was sie in den ihnen zugänglichen Artikeln und in den Informatikkursen der Schule sehen, nur eben mit größerem maschinellen und zeitlichen Aufwand. Diese falsche Vorstellung von der aktuellen Mathematik ist verbreitet, und es ist wichtig, ihr entgegenzuwirken, durch Veranstaltungen für Schüler an den Universitäten zum Beispiel, aber auch dadurch, daß das große Feld der populär-wissenschaftlichen Aufbereitung aktueller mathematischer Forschungsergebnisse für interessierte Laien – und es gibt genügend hochkarätige mathematische Resultate, die sich hierfür eignen – nicht gänzlich fachunkundigen Wissenschaftsjournalisten und Autoren ohne Sinn für Wert und Bedeutung von Entwicklungen in der modernen Mathematik überlassen bleibt.

Zum zweiten Punkt: Grobe, aber schon durchaus sehr reizvolle Versionen der Bilder von Julia-Mengen und von der Mandelbrot-Menge sind mit den heutzutage jedem Schüler zur Verfügung stehenden Kleincomputern in sehr kurzer Zeit mühelos herstellbar. Viele von uns haben sich, als die neuen Ergebnisse über die Iteration von Selbstabbildungen des Einheitsintervalls oder der Zahlenebene in den 80er Jahren bekannt wurden, sofort an den elektronischen Rechner gesetzt und die Erfahrung gemacht, daß sich mit einem Primitiv-Programm in kürzester Zeit schon recht eindrucksvolle Bilder erzeugen lassen. Schüler machen dieselbe Erfahrung – Erfolg in wenigen Minuten –, und die Anerkennung aus ihrer Umgebung verstärkt noch das Mißverständnis, man befinde sich mit seinen Computer-Graphiken von Julia-Mengen und Mandelbrot-Menge schon an der Front der modernen Mathematik. Da gibt es manch böses Erwachen, wenn sich bei Aufnahme eines Mathematikstudiums zeigt, daß für Erfolg in der Mathematik dickere Bretter mit sehr viel mehr Arbeitsaufwand gebohrt werden müssen.

Damit ich nicht mißverstanden werde: Ich bestreite keineswegs, daß viel Geschick, Können, Erfahrung und auch Kreativität nötig sind, um so perfekte hochaufgelöste Farbgraphiken von Fraktalen zu produzieren, wie man sie etwa in [PR], [PS] bewundern kann. Nur, mathematisch bedeutende Inhalte werden mit diesen Bildern nicht transportiert. Innerhalb der Mathematik wurde breites Interesse an Julia-Mengen und der Mandelbrot-Menge vor allem durch die Resultate bedeutender Forscher über die Iteration quadratischer und allgemeinerer rationaler Abbildungen der Zahlenebene in sich geweckt (siehe [Fa, Chap. 14], [Bea], [De], [Ste]), aber von diesen phantastischen Resultaten erfährt der Laie wenig oder nichts. Es wird suggeriert, daß die einfache Iterationsvorschrift schon das ganze Geheimnis ist; die eigentlich interessanten, gelösten oder ungelösten, mathematischen Fragen bleiben unerklärt oder gar unerwähnt, auch die viele Jahrzehnte umfassende mit diesen Fragen verbundene historische Entwicklung wird verschwiegen. Auf diese Weise geht die Einsicht verloren bzw. kann sich nicht bilden, daß die Aneignung wirklich bedeutender Erkenntnisse in der Mathematik oder sonst einem Gebiet der Wissenschaft nicht kurzfristig möglich ist, sondern jahrelanges intensives Studium braucht.

Schließlich zum dritten und letzten Punkt, in dem ich mögliche negative Auswirkungen der Fraktaltheorie sehe, genauer gesagt, des überzogenen Anspruchs, mit dem ihre übereifrigen Verfechter auftreten: Mag sein, daß die Werbekampagnen der Fraktalisten kurzfristig auch Vorteile für die Mathematik insgesamt bringen, etwa in Form von Geldern für Forschungsvorhaben oder für elektronische Rechenanlagen mit besonderer Graphiktauglichkeit, die zwar unter dem Stichwort „Fraktale" eingeworben sind, aber auch Projekten ohne diese Zweckbindung zugute kommen. Da aber finanzielle Mittel nicht beliebig vermehrbar sind, ist zu befürchten, daß derartige Entwicklungen zu Lasten der Förderung der Mathematik in ihrer ganzen Breite gehen werden. Der ungute Trend, über die Förderung von wissenschaftlichen Untersuchungen in erster Linie unter dem vordergründigen Gesichtspunkt unmittelbar verwertbarer Anwendungen zu entscheiden, wird verstärkt. Und was geschieht, wenn die Öffentlichkeit, d. h. die maßgebenden Gremien und Institutionen, in einigen Jahren herausfindet, daß unser aller Zukunft doch nicht von der Fraktaltheorie abhängt oder auch nur davon positiv beeinflußt wird, daß konkrete nutzbringende Anwendungen nicht existieren und auch nicht zu erwarten sind, daß Fraktale letztlich nichts anderes sind als ein weiteres Spielzeug auf der großen Spielwiese der Mathematiker? Ist dann nicht eine Gegenreaktion zu erwarten, welche die Mathematik insgesamt trifft, nicht nur die Fraktaltheorie? Wird man dann noch glauben, daß die Mathematik gefördert werden muß, als Grundlage unserer gesamten naturwissenschaftlich-technischen Zivilisation und integrierter Bestandteil unserer Kultur?

3. Reguläre und irreguläre Mengen – von Besicovitch über Federer und Marstrand bis Preiss

In diesem Paragraphen berichten wir über einige an Hausdorffs Arbeit von 1918 anschließende Entwicklungen auf dem Gebiet der Geometrischen Maßtheorie, die ganz wesentlich sind für die Unterscheidung zwischen „fraktalen" und „nichtfraktalen" Mengen, die aber kaum bekannt geworden sind und in Büchern zur „Fraktaltheorie" fast nie behandelt oder auch nur erwähnt werden (mit Ausnahme des schon empfohlenen Buches „Fractal Geometry" von K. Falconer [Fa]). Angesichts der Bedeutung dieser Resultate für die Erklärung und Abgrenzung des Begriffs „Fraktal" ist verwunderlich, wie wenig Resonanz sie bisher in der interessierten Öffentlichkeit, ja selbst in mathematischen Fachkreisen, gefunden haben. Die Ursache ist wohl die dominierende Rolle, welche unter den der „Fraktaltheorie" zugerechneten Publikationen diejenigen spielen, die dynamischen Systemen gewidmet sind, und zwar vorzugsweise diskreten dynamischen Systemen, also der Iteration von Abbildungen. Diese Arbeiten haben den Vorteil, daß sich ihre Ergebnisse mit verhältnismäßig geringem Aufwand beschreiben und mit den heutzutage zur Verfügung stehenden Möglichkeiten der Computer-Graphik auch für ein breites Publikum attraktiv illustrieren lassen. Es gibt aber auf der maßtheoretischen Seite der „Fraktaltheorie" ebenfalls Entdeckungen, die unserer Meinung nach den Beiträgen von der Seite der dynamischen Systeme in Rang und Bedeutung nicht nachstehen und auch einem größeren Personenkreis mit mathematischer Grundbildung zugänglich sind. Von solchen Entdeckungen soll hier die Rede sein.

Es geht dabei um Aussagen über infinitesimale Strukturdaten von s-Mengen A in $\mathbb{R}^N$, also von Mengen positiven endlichen s-dimensionalen Hausdorff-Maßes $\mathcal{H}^s(A)$, wobei s irgendeine reelle Zahl zwischen 0 und N ist. Mit „infinitesimalen Strukturdaten" von $A \subset \mathbb{R}^N$ an einer Stelle $x \in \mathbb{R}^N$ ist dabei gemeint, daß man die Menge A Homothetien mit Zentrum x und Streckungsfaktoren $R \to \infty$ unterwirft – also gewissermaßen die Menge A unter einem auf den Punkt x zentrierten Mikroskop mit kontinuierlich über alle Schranken wachsender Vergrößerungsstufe betrachtet – und die Grenzwerte von mit den vergrößerten Mengen verbundenen Daten bei $R \to \infty$ bildet. Das einfachste und für das folgende grundlegende Konzept dieser Art ist das der s-dimensionalen Dichte von A an einer Stelle $x \in \mathbb{R}^N$. Hier bildet man für die mit Faktor $R \geq 1$ vom Punkt x aus gestreckte Menge das s-dimensionale Hausdorff-Maß ihres Durchschnitts mit der abgeschlossenen Kugel $B_1(x)$ vom Radius 1 um x in $\mathbb{R}^N$. Wegen der Homogenität vom Grad s des Maßes $\mathcal{H}^s$ kann man dafür auch $r^{-s}\mathcal{H}^s(A \cap B_r(x))$ schreiben, wo $r := R^{-1}$ den reziproken Radius und $B_r(x)$ die abgeschlossene Kugel vom Radius r um x bezeichnen. Mit Grenzübergang $R \to \infty$ bzw. $r \downarrow 0$ gelangt man so zum Begriff der **s-dimensionalen Dichte** der Menge $A \subset \mathbb{R}^N$ an der Stelle $x \in \mathbb{R}^N$:

$$\Theta^s(A, x) := \lim_{r \downarrow 0} \frac{\mathcal{H}^s(A \cap B_r(x))}{\alpha(s)r^s},$$

sofern dieser Grenzwert in $[0, \infty]$ existiert. Der Faktor $\alpha(s)$ im Nenner wird aus Normalisierungsgründen angebracht, so daß sich $\Theta^s(A, x) = 1$ ergibt, wenn $s \in [0, N]$ ganz ist und A eine glatte s-dimensionale Untermannigfaltigkeit von $\mathbb{R}^N$ mit $x \in A$ (bzw. allgemeiner $\Theta^s(A, x) = m$, wenn A Vereinigung von m solchen Untermannigfaltigkeiten ist, die sich nur in einer $\mathcal{H}^s$-Nullmenge schneiden).

Ist die Existenz des obigen Grenzwertes nicht gesichert, so kann man jedenfalls die **s-dimensionale untere Dichte**

$$\Theta_*^s(A, x) := \liminf_{r \downarrow 0} \frac{\mathcal{H}^s(A \cap B_r(x))}{\alpha(s)r^s}$$

und die **s-dimensionale obere Dichte**

$$\Theta^{*s}(A,x) := \limsup_{r\downarrow 0} \frac{\mathcal{H}^s(A \cap B_r(x))}{\boldsymbol{\alpha}(s)r^s}$$

von A an der Stelle x bilden. Auch läßt sich allgemeiner das Konzept der s-dimensionalen (unteren/oberen) **Dichte eines Maßes** μ auf $\mathbb{R}^N$ an einer Stelle $x \in \mathbb{R}^N$ formulieren:

$$\Theta_*^s(\mu,x) \quad := \quad \liminf_{r\downarrow 0} \frac{\mu(B_r(x))}{\boldsymbol{\alpha}(s)r^s},$$

$$\Theta^{*s}(\mu,x) \quad := \quad \limsup_{r\downarrow 0} \frac{\mu(B_r(x))}{\boldsymbol{\alpha}(s)r^s},$$

$$\Theta(\mu,x) \quad := \quad \Theta_*^s(\mu,x) = \Theta^{*s}(\mu,x) = \lim_{r\downarrow 0} \frac{\mu(B_r(x))}{\boldsymbol{\alpha}(s)r^s},$$

sofern der Limes existiert. Wählt man als Maß μ speziell das durch $A \subset \mathbb{R}^N$ reduzierte Hausdorff-Maß $\mathcal{H}^s$, das heißt $\mu(B) := \mathcal{H}^s(A \cap B)$ für alle $B \subset \mathbb{R}^N$, so ergibt sich die zuvor definierte (untere/obere) Dichte der Menge A.

Anschaulich gesprochen beschreibt die s-dimensionale Dichte einer Menge $A \subset \mathbb{R}^N$ (bzw. eines Maßes μ auf $\mathbb{R}^N$) an einer Stelle $x \in \mathbb{R}^N$, wieviel $\mathcal{H}^s$-Masse von A (bzw. Masse von μ) im Gesichtsfeld eines auf den Punkt x zentrierten Mikroskops zu finden ist, wenn die Vergrößerungsstufe sehr groß gewählt wird. Analytisch gesprochen ist die Bildung der Dichte ein Differentiationsprozeß, und es gibt in der Maßtheorie Versionen des Hauptsatzes der Differential- und Integralrechnung, welche einen Zusammenhang zwischen Maßen und ihren Dichten herstellen (sie gehen auf Vitali und Lebesgue zurück, siehe z. B. [Fe, 2.9]). Wir benötigen nur folgende Information ([Fe, 2.10.19], [Fa, 5.1]):

$$A \ s\text{-Menge} \implies \begin{cases} \Theta^s(A,x) = 0 & \text{für } \mathcal{H}^s\text{-fast-alle } x \in \mathbb{R}^N \setminus A, \\ 2^{-s} \le \Theta^{*s}(A,x) \le 1 & \text{für } \mathcal{H}^s\text{-fast-alle } x \in A. \end{cases}$$

Im Fall des Lebesgue-Maßes $\mathcal{H}^N = \mathcal{L}^N$ besagt der klassische *Lebesguesche Dichtesatz*, daß die N-dimensionale Dichte einer (meßbaren) Teilmenge A von $\mathbb{R}^N$ fast-überall den Wert 1 hat auf A und fast-überall den Wert 0 auf $\mathbb{R}^N \setminus A$. Für die Hausdorff-Maße $\mathcal{H}^s$ zu Dimensionen $0 \le s \le N$ gibt uns die oben formulierte Dichteaussage das analoge Resultat $\Theta^s(A,\cdot) = 0$ $\mathcal{H}^s$-fast-überall auf dem Komplement $\mathbb{R}^N \setminus A$ einer s-Menge A, jedoch existiert im Fall $0 < s < N$ die Dichte $\Theta^s(A,\cdot)$ nicht unbedingt $\mathcal{H}^s$-fast-überall auf A. Immerhin aber ist garantiert, daß die obere Dichte $\Theta^{*s}(A,x)$ für fast-alle $x \in A$ den Wert 1 nicht übersteigt, und das ist schon eine nichttriviale und wichtige Information. Im Falle ganzer Dimensionen s und s-dimensionaler „Varietäten" $A \subset \mathbb{R}^N$ besagt sie zum Beispiel, daß die Menge der singulären Punkte x von A, bei denen A etwa lokal durch mehrere in x transversale s-dimensionale glatte Flächenstücke repräsentiert ist oder allgemeiner einen Tangentialkegel in x mit Dichte > 1 in der Spitze besitzt, eine $\mathcal{H}^s$-Nullmenge ist. Auf der andern Seite impliziert die untere Abschätzung $\Theta^{*s}(A,\cdot) \ge 2^{-s}$ $\mathcal{H}^s$-fast-überall, daß eine s-Menge A in $\mathbb{R}^N$ auch nur eine $\mathcal{H}^s$-unwesentliche Menge von „Spitzen", „Randeckpunkten" etc. haben kann, in denen die s-dimensionale Dichte sehr klein ist. Die Konstante 2^{-s} ergibt sich im Beweis dieser Dichteungleichung aus der technischen Notwendigkeit, von Kugeln B in $\mathbb{R}^N$ mit $A \cap B \neq \emptyset$, die als überdeckende Mengen in der Definition des Maßes $\mathcal{H}^s(A)$ zugelassen sind, zu Kugeln $\tilde{B}$ in $\mathbb{R}^N$ mit Mittelpunkt $x \in A$ und $A \cap \tilde{B} \supset A \cap B$ überzugehen, weil Dichtevoraussetzungen nur Informationen über das $\mathcal{H}^s$-Maß von A in Kugeln mit Mittelpunkten aus A (und hinreichend kleinen Radien) geben; dieser Übergang erfordert die Verdopplung des Kugelradius. Es ist bemerkenswert, daß die untere Schranke 2^{-s} für die obere Dichte $\Theta^{*s}(A, \cdot)$ auf A aber nicht nur durch solche beweistechnischen Überlegungen begründet, sondern tatsächlich größtmöglich ist, wie ein Beispiel in [Fe, 3.3.14] zeigt.

Da für $0 < s < N$ die s-dimensionale Dichte $\Theta^s(A, x)$ im allgemeinen nicht für $\mathcal{H}^s$-fast-alle Punkte x einer s-Menge $A \subset \mathbb{R}^N$ den Wert 1 hat (oder überhaupt existiert), wie man in Kenntnis des auf den Fall $s = N$ bezogenen Lebesgueschen Dichtesatzes vielleicht erwartet hätte, ist es sinnvoll, diejenigen s-Mengen A bzw. Punkte $x \in A$ mit besonderen Namen zu belegen, für welche sich die s-dimensionale Dichte doch so verhält „wie erwartet". Wir sagen ([Fa, 5.1] folgend), daß $x \in A$ ein **regulärer Punkt** der s-Menge $A \subset \mathbb{R}^N$ ist, wenn $\Theta^s(A, x) = 1$ ist, und nennen x andernfalls, wenn also die Dichte in x nicht existiert oder einen von 1 verschiedenen Wert hat, einen **irregulären Punkt**. A heißt **reguläre s-Menge**, wenn $\mathcal{H}^s$-fast-alle Punkte x aus A reguläre Punkte von A sind (und A s-Menge ist), dagegen sprechen wir von einer **total irregulären s-Menge** A, wenn $\mathcal{H}^s$-fast-alle $x \in A$ irreguläre Punkte sind. Die regulären s-Mengen A sind demnach genau diejenigen s-Mengen in $\mathbb{R}^N$, für welche das Analogon des Lebesgueschen Dichtesatzes gültig ist: $\Theta^s(A, x) = 0$ für $\mathcal{H}^s$-fast-alle $x \in \mathbb{R}^N \setminus A$ und $\Theta^s(A, x) = 1$ für $\mathcal{H}^s$-fast-alle $x \in A$. Da für jede s-Menge A gilt $\Theta^{*s}(A, \cdot) \leq 1$ $\mathcal{H}^s$-fast-überall auf A, kann man die regulären s-Mengen A auch durch die Bedingung $\Theta^s_*(A, \cdot) \geq 1$ $\mathcal{H}^s$-fast-überall auf A charakterisieren und die total irregulären s-Mengen A durch die Bedingung $\Theta^s_*(A, \cdot) < 1$ $\mathcal{H}^s$-fast-überall auf A.

Beispiele für reguläre s-Mengen sind im Fall ganzer Dimensionen s offenbar alle glatten s-dimensionalen Untermannigfaltigkeiten von $\mathbb{R}^N$ mit endlichem s-dimensionalen Flächeninhalt; das ist eine einfache Konsequenz der Definition der Dichte und der Existenz differentialgeometrischer s-dimensionaler Tangentialräume. Mit der Flächenformel und dem Lebesgueschen Dichtesatz sieht man leicht, daß auch beliebige Borelsche Teilmengen A von s-dimensionalen Untermannigfaltigkeiten in $\mathbb{R}^N$ reguläre s-Mengen sind, sofern $0 < \mathcal{H}^s(A) < \infty$ ist. Schließlich sind auch Vereinigungen von abzählbar unendlich vielen regulären s-Mengen wieder reguläre s-Mengen, sofern das $\mathcal{H}^s$-Maß der Vereinigung noch endlich ist; das ergibt sich aus der Charakterisierung der regulären s-Mengen A durch die Ungleichung $\Theta^s_*(A, \cdot) \geq 1$ $\mathcal{H}^s$-fast-überall auf A unmittelbar. Mit solchen Vereinigungen erhält man schon sehr komplizierte Mengen in $\mathbb{R}^N$, Vereinigungen von unendlich vielen s-dimensionalen glatten Flächenstücken mit allen denkbaren Arten der gegenseitigen Durchdringung und Berührung etwa; man darf sich also eine reguläre s-Menge nicht als „regulär" im differentialgeometrischen Sinne vorstellen!

Bei der Suche nach total irregulären s-Mengen wird man andererseits beim nächstliegenden Beispiel fündig, bei der Cantor-Menge $C \subset \mathbb{R}$. Diese s-Menge für

$s := (\ln 3)^{-1} \ln 2$ hat untere Dichte $\Theta^s_*(C, x) \leq 2^{-s}$ für alle $x \in C$, wie eine leichte Überlegung zeigt. (Sind $x \in C$ und $l \in \mathbb{N}$, so ist das $\mathcal{H}^s$-Maß von $C \cap [x - 3^{-l}, x + 3^{-l}]$ höchstens so groß wie $(3^{-l})^s \mathcal{H}^s(C)$ wegen der Selbstähnlichkeit von C; da $\mathcal{H}^s(C) = 2^{-s} \alpha(s)$ ist, wie schon in §1 erwähnt, folgt die Behauptung unmittelbar.) Für viele der in §1 vorgestellten selbstähnlichen Mengen A, z. B. für Cantor-Stäube, kann man mit elementaren Mitteln ebenfalls nachweisen, daß es sich um total irreguläre s-Mengen mit $s := \text{H-dim}(A)$ handelt, indem man etwa direkt mit der zugrunde-liegenden Konstruktion verifiziert, daß die untere Dichte $\Theta^s_*(A, x)$ für alle $x \in A$ echt kleiner ist als die obere Dichte $\Theta^{*s}(A, x)$. Gemäß [Fe, 3.3.21] ist das Cartesi-sche Quadrat einer gewissen verallgemeinerten Cantor-Menge gegebener Hausdorff-Dimension $\frac{s}{2} \in \,]0, 1[$ eine s-Menge A in $\mathbb{R}^2$ mit $\Theta^s_*(A, \cdot) = 0$ $\mathcal{H}^s$-fast-überall auf A, und in [Fe, 3.3.19] wird eine 1-Menge A in $\mathbb{R}^2$ konstruiert mit $\Theta^{*1}(A, \cdot) = \frac{1}{2}$ $\mathcal{H}^1$-fast-überall auf A. Diese Mengen sind Beispiele dafür, wie merkwürdig sich die untere bzw. obere s-dimensionale Dichtefunktion einer total irregulären s-Menge im Extremfall verhalten kann.

Ist A eine s-Menge in $\mathbb{R}^N$ und B eine Borel-Teilmenge von A, so gilt $\Theta^s_*(A, x) = \Theta^s_*(B, x)$ für $\mathcal{H}^s$-fast-alle $x \in B$. Dies ergibt sich unmittelbar aus dem Verschwin-den der Dichtefunktion $\Theta^s(A \setminus B, \cdot)$ $\mathcal{H}^s$-fast-überall auf B. Eine Folgerung ist, daß Teil-s-Mengen von regulären s-Mengen wieder regulär sind und solche von total ir-regulären s-Mengen wieder total irregulär; insbesondere kann eine reguläre mit einer total irregulären s-Menge höchstens eine $\mathcal{H}^s$-Nullmenge gemeinsam haben. Wählt man für B speziell die Menge der $x \in A$ mit $\Theta^s(A, x) = 1$, so erhält man als weitere Konsequenz den *Zerlegungssatz* (siehe [Fa, Theorem 5.3]):

$$A = A_{reg} \cup A_{irr},$$

wobei A_{reg} eine reguläre s-Menge oder $\mathcal{H}^s$-Nullmenge ist, A_{irr} eine total irreguläre s-Menge oder $\mathcal{H}^s$-Nullmenge und A_{reg}, A_{irr} bis auf $\mathcal{H}^s$-Nullmengen durch A eindeu-tig bestimmt sind. Eine entscheidende Erkenntnis über Regularität und Irregularität von s-Mengen, welche Licht insbesondere auf die Mengen gebrochener Dimension wirft, stammt von J. M. Marstrand, der 1954 für $N = 2$ und zehn Jahre später für allgemeine N folgenden tiefliegenden Satz bewies:

Satz (Marstrand 1954 [Mar1], 1964 [Mar2]) *Sind μ ein Borel-Maß auf $\mathbb{R}^N$, A eine Borel-Teilmenge von $\mathbb{R}^N$ mit $\mu(A) > 0$ und $s \geq 0$ eine reelle Zahl, derart daß die Dichte $\Theta^s(\mu, \cdot)$ μ-fast-überall auf A existiert und endliche positive Werte hat, so ist s eine ganze Zahl.*

Die Bedeutung dieses Satzes wird klar anhand des Spezialfalls $\mu(B) := \mathcal{H}^s(A \cap B)$; denn dann ergibt sich das

Korollar *Für nichtganze $s > 0$ ist jede s-Menge A in $\mathbb{R}^N$ total irregulär; genauer gilt sogar $\Theta^s_*(A, x) < \Theta^{*s}(A, x)$ für $\mathcal{H}^s$-fast-alle $x \in A$, d. h. die s-dimensionale Dichte von A existiert $\mathcal{H}^s$-fast-nirgends auf A.*

Letzteres ist so, weil ja die s-dimensionale obere Dichte von A $\mathcal{H}^s$-fast-überall auf A positive endliche Werte hat, nämlich Werte im Intervall $[2^{-s}, 1]$. Anschaulich besagt das Korollar, daß jede s-Menge A gebrochener Hausdorff-Dimension in der Nähe eines zufällig herausgegriffenen Punktes x bei Vergrößerung mit einem Mikroskop ein Verhalten zeigt, das vom Maßstab der Vergrößerung wesentlich abhängt. Wächst die Vergrößerungsstufe kontinuierlich über alle Schranken, so ist im Gesichtsfeld des auf x zentrierten Mikroskops abwechselnd einmal weniger, einmal mehr $\mathcal{H}^s$-Masse der abgebildeten Menge zu sehen, wobei die beobachteten Massen zwischen Werten oszillieren, die sich der unteren bzw. oberen s-dimensionalen Dichte von A an der Stelle x nähern. Wenn man dieses erratische Verhalten der Dichtequotienten im folgenden als Definition eines „Fraktals" nimmt, also unter einer **fraktalen s-Menge** in $\mathbb{R}^N$ eine s-Menge $A \subset \mathbb{R}^N$ mit $\mathcal{H}^s$-fast-nirgends auf A existierender Dichte versteht, so lautet das Korollar des Satzes von Marstrand, daß jede s-Menge gebrochener Hausdorff-Dimension s fraktal ist, während es bei ganzem $s \in \,]0, N[$ außer den fraktalen s-Mengen, wie man sie in den oben angegebenen Beispielen von total irregulären s-Mengen bei geeigneter Parameterwahl zur Erzielung der Ganzzahligkeit der Dimension s vorliegen hat, auch noch s-Mengen ganz anderer Natur in $\mathbb{R}^N$ gibt, reguläre s-Mengen eben. Also ist es nicht richtig zu sagen, die Fraktale seien Mengen gebrochener Dimension, sondern es verhält sich gerade umgekehrt: Jede Menge gebrochener Dimension ist fraktal! Nicht bei den s-Mengen gebrochener Dimension s gibt es Besonderheiten zu vermerken, sondern gerade bei ganzen Dimensionen s tritt ein sonst nicht vorhandenes Phänomen auf, die Existenz nichtfraktaler s-Mengen!

Nach diesen Ergebnissen von Marstrand gilt das Interesse natürlich den s-Mengen ganzer Dimension $s \in \{1, 2, \ldots, N-1\}$ in $\mathbb{R}^N$, und zwar der Frage, wie die regulären bzw. „total nichtfraktalen" derartigen s-Mengen geometrisch charakterisiert werden können. Wir schreiben, um die Ganzzahligkeit der ab jetzt nur noch zugelassenen Dimensionen von Teilmengen A des $\mathbb{R}^N$ hervorzuheben, im folgenden k statt s. Um das Problem anzugehen, kann man zunächst einmal versuchen, möglichst viele reguläre k-Mengen in $\mathbb{R}^N$ zu konstruieren. Wir haben schon bemerkt, daß alle k-dimensionalen glatten Untermannigfaltigkeiten endlichen Inhalts dazu gehören, und daß mit Hilfe einfacher maßtheoretischer Überlegungen derselbe Sachverhalt für Borelsche Teilmengen (positiven $\mathcal{H}^k$-Maßes) solcher Untermannigfaltigkeiten und für Vereinigungen (endlichen $\mathcal{H}^k$-Maßes) von endlich oder abzählbar unendlich vielen solchen Teilmengen einzusehen ist. Natürlich kann man auch noch eine beliebige $\mathcal{H}^k$-Nullmenge hinzufügen, ohne die Regularität zu zerstören. Man nennt eine k-Menge in $\mathbb{R}^N$ **k-rektifizierbare Menge**, wenn sie in dieser Weise konstruierbar ist, wenn sie also durch höchstens abzählbar unendlich viele k-dimensionale Untermannigfaltigkeiten (der Klasse C^1) von $\mathbb{R}^N$ und eine $\mathcal{H}^k$-Nullmenge überdeckt werden kann. ($\mathcal{H}^k$-Nullmengen zählen wir auch zu den k-rektifizierbaren; in der Terminologie von [Fe, 3.2.14] heißen die hier als k-rektifizierbar bezeichneten Teilmengen von Euklidischen Räumen ($\mathcal{H}^k, k$)-rektifizierbar.) Halten wir als Quintessenz der vorangegangenen Überlegungen für k-Mengen A in $\mathbb{R}^N$ fest ([Fe, 3.2.19]):

$$A \ k\text{-rektifizierbar} \quad \Longrightarrow \quad A \ \text{reguläre } k\text{-Menge} \ .$$

Eine alternative Definition der k-rektifizierbaren Mengen in $\mathbb{R}^N$ ist ihre Darstellbarkeit als Vereinigung von abzählbar vielen Lipschitz-Bildern von Teilmengen des $\mathbb{R}^k$ und einer $\mathcal{H}^k$-Nullmenge. Die Gleichwertigkeit dieser Beschreibung mit der oben gegebenen beruht wesentlich auf dem klassischen *Satz von Rademacher*, wonach Lipschitz-Abbildungen fast-überall total differenzierbar sind (siehe [Fe, 3.1.6, 3.2.29]). Die Theorie der rektifizierbaren Mengen wurde hauptsächlich von H. Federer entwickelt [Fe1] und ist in seinem Lehrbuch „Geometric Measure Theory" [Fe, Chap. 3] dargestellt (siehe auch [Mo, Chap. 3], [Si, Chap. 3]).

Die Klasse der k-rektifizierbaren Mengen in $\mathbb{R}^N$ enthält Objekte von großer Komplexität, wie schon bei den früher angegebenen Beispielen von regulären k-Mengen klar wurde; wir erinnern an die Vereinigung von abzählbar unendlich vielen glatten k-dimensionalen Flächenstücken mit endlicher Inhaltssumme, wobei die Flächenstücke sich völlig beliebig schneiden oder berühren können und z. B. auch in $\mathbb{R}^N$ dicht liegen dürfen! Um so bemerkenswerter ist es, daß jede k-rektifizierbare Menge $A \subset \mathbb{R}^N$ in $\mathcal{H}^k$-fast-allen Punkten $x \in A$ einen wohlbestimmten k-dimensionalen Unterraum von $\mathbb{R}^N$ als Tangentialkegel besitzt, wobei allerdings das Tangentenkonzept in einem geeigneten maßtheoretischen Sinne zu verstehen ist. Dabei heißt ein Kegel K in $\mathbb{R}^N$ mit Spitze im Ursprung **approximativer Tangentialkegel** zur k-Menge A im Punkte x, wenn für jede Kegelumgebung U von K die Menge $A \backslash (x+U)$ k-dimensionale Dichte 0 hat im Punkte x und wenn K minimal ist mit dieser Eigenschaft ([Fe, 3.2.16]). Ist A k-rektifizierbar, so gibt es an $\mathcal{H}^k$-fast-allen Stellen $x \in A$ einen approximativen Tangentialkegel zu A, der sich sogar als k-dimensionaler Unterraum von $\mathbb{R}^N$ erweist, genannt der **approximative Tangentialraum** zu A im Punkte x ([Fe, 3.2.19]). Ein tiefliegendes *Rektifizierbarkeitskriterium* von Federer [Fe, 3.3.17] besagt übrigens, daß auch die Umkehrung gilt: Ist A eine k-Menge in $\mathbb{R}^N$, derart daß in $\mathcal{H}^k$-fast-allen Punkten von A der approximative Tangentialkegel zu A ein k-dimensionaler Unterraum von $\mathbb{R}^N$ ist, so ist A k-rektifizierbar.

Da das Konzept der k-rektifizierbaren Teilmengen des $\mathbb{R}^N$ für allgemeine Dimensionen $k \in \{1, 2, \ldots, N\}$ sehr viel weniger bekannt ist als das der rektifizierbaren Kurvenbögen (das sind spezielle 1-rektifizierbare Mengen), soll hier für den nicht fachkundigen Leser noch etwas zum Verständnis der fundamentalen Bedeutung dieser Begriffsbildung gesagt werden: Die Bedeutung liegt nicht nur in der Tatsache, daß man innerhalb der Klasse der k-rektifizierbaren Teilmengen des $\mathbb{R}^N$ mannigfaltige Operationen ausführen kann, wie etwa die Bildung der Vereinigung von abzählbaren Familien, sondern vor allem in einer viel tieferen Abgeschlossenheitseigenschaft, die in dem *Abschließungs- und Kompaktheitssatz für k-rektifizierbare Ströme ganzer Vielfachheit* von Federer und Fleming ausgedrückt wird ([FF], [Fe, 4.2.16, 4.2.17]; ein neuerer Beweis findet sich in [Wh]). Man darf sich k-rektifizierbare Ströme (currents) auf $\mathbb{R}^N$ von ganzer Vielfachheit vorstellen als k-rektifizierbare Mengen A mit einer zusätzlichen Struktur, nämlich einer meßbar gewählten Orientierung auf den $\mathcal{H}^k$-fast-überall existenten approximativen Tangentialräumen zu A und einer $\mathcal{H}^k$-integrierbaren Vielfachheitenfunktion auf A mit natürlichen Zahlen als Werten. Über derartige geometrische Objekte kann man beschränkte Differentialformen vom Grad k auf $\mathbb{R}^N$ in natürlicher Weise integrieren, so daß der k-rektifizierbare Strom T als lineares Funktional $\phi \mapsto <T, \phi>$ auf einem Raum von „Testformen" ϕ des Grades k erscheint, als vektorwertige Distribution also. Der angesprochene

Satz von Federer und Fleming garantiert nun zum Beispiel, daß jede Folge von orientierten k-dimensionalen Untermannigfaltigkeiten M_n des $\mathbb{R}^N$ mit beschränkten Inhalten $\mathcal{H}^k(M_n) \leq \mathrm{const} < \infty$ und mit (eventuellen) Rändern außerhalb einer ins Auge gefaßten offenen Menge U in $\mathbb{R}^N$ auf dieser Menge U im Distributionssinne gegen einen k-rektifizierbaren Strom T mit ganzer Vielfachheit subkonvergiert. Nach Übergang zu einer Teilfolge hat man also Konvergenz $M_n \to T$ auf U in dem Sinne, daß für jede glatte k-Form ϕ mit kompaktem Träger in U die Integrale von ϕ über M_n gegen $<T, \phi>$ streben bei $n \to \infty$. Der Limes T der (Teil-)Folge von Untermannigfaltigkeiten M_n ist dabei interpretierbar als k-rektifizierbare Menge mit zusätzlicher Orientierung und ganzzahliger Vielfachheitenfunktion.

Der Abschließungssatz von Federer und Fleming zeigt (unter anderem), daß wir auf die Klasse der k-rektifizierbaren Mengen in $\mathbb{R}^N$ zwangsläufig stoßen, wenn wir die Klasse der k-dimensionalen Untermannigfaltigkeiten des $\mathbb{R}^N$ bezüglich Konvergenz im Distributionssinne abschließen bzw. vervollständigen wollen. Ein entsprechender Approximationssatz [Fe, 4.2.22] garantiert im übrigen, daß man für einen derartigen Abschließungsprozeß tatsächlich alle k-rektifizierbaren Ströme ganzer Vielfachheit benötigt. Der allgemeine Kompaktheitssatz von Federer und Fleming ermöglicht darüberhinaus die Lösung geometrischer Variationsprobleme vielfältiger Art in Räumen von k-rektifizierbaren Strömen ganzer Vielfachheit, für die in der Klasse der k-dimensionalen Untermannigfaltigkeiten des $\mathbb{R}^N$ eine Lösung nicht existiert oder nicht nachgewiesen werden kann, ohne diese Klasse zu verlassen. (A posteriori mag sich in günstigen Fällen herausstellen, daß der als Lösung gefundene Strom tatsächlich durch eine glatte Untermannigfaltigkeit repräsentiert ist.) k-rektifizierbare Mengen und k-rektifizierbare Ströme erweisen sich damit als ganz wesentliche Konzepte für die geometrische Variationsrechnung.

Diese Bemerkungen müssen dem mit dem Gegenstand nicht schon vertrauten Leser wohl eher kryptisch erscheinen. Ihr Zweck ist aber erreicht, wenn der Leser zur Kenntnis nimmt, daß es sich bei den k-rektifizierbaren Mengen und Strömen ganzer Vielfachheit in $\mathbb{R}^N$ um fundamentale geometrische Objekte handelt, die ausgiebig studiert worden und Gegenstand umfangreicher Theorien sind, wie sie in Federers Monographie [Fe] präsentiert werden (siehe auch [Si] und, als schöne Einführung, [Mo]). Um die im folgenden dargestellten Ergebnisse zu dem Problem, das Ausgangspunkt unserer Diskussion der rektifizierbaren Mengen war, angemessen würdigen zu können, ist jedenfalls die Einnahme des Standpunkts angebracht, daß man die k-rektifizierbaren Mengen in $\mathbb{R}^N$ gut kennt, daß ihre Struktur wohl verstanden ist. Dieses Ausgangsproblem ist, um daran zu erinnern, die geometrische Charakterisierung derjenigen k-Mengen A in $\mathbb{R}^N$, die total unfraktal bzw. regulär sind, für die also die Dichte $\Theta^k(A, x)$ für $\mathcal{H}^k$-fast-alle $x \in A$ existiert bzw. sogar den Wert 1 hat. Und das Problem stellt sich nur für ganze Dimensionen $k \in]0, N[$, weil nach dem Satz von Marstrand die s-Mengen gebrochener Dimension allesamt fraktal sind, während es sich für $s = 0$ (trivialerweise) und für $s = N$ (nach dem Lebesgueschen Dichtesatz) nur um reguläre Mengen handeln kann.

Die Pionierarbeit zu dieser Fragestellung wurde in einer Serie von Arbeiten, die in den Mathematischen Annalen zwischen 1928 und 1939 erschienen, von A. S. Besicovitch geleistet im Fall $k = 1$, $N = 2$. Unter anderem bewies er folgenden

Satz (Besicovitch 1928-1939 [Be1],[Be2], [Be3])
(i) *Die regulären 1-Mengen in $\mathbb{R}^2$ sind genau die 1-rektifizierbaren.*
(ii) *Die total irregulären 1-Mengen in $\mathbb{R}^2$ sind genau diejenigen, die mit jeder rektifizierbaren Jordan-Kurve höchstens eine $\mathcal{H}^1$-Nullmenge gemeinsam haben.*

Wegen des Zerlegungssatzes $A = A_{reg} \cup A_{irr}$ sind die beiden Aussagen des Satzes äquivalent. Im Beweis zeigt Besicovitch sogar $\mathcal{H}^1$-fast-überall eine Abschätzung $\Theta^1_*(A, \cdot) \leq \frac{3}{4}$ auf jeder 1-Menge A, die mit rektifizierbaren Jordan-Bögen höchstens $\mathcal{H}^1$-Nullmengen als Durchschnitt hat. Daraus folgt dann unschwer, daß jede reguläre 1-Menge A durch abzählbar viele rektifizierbare Jordan-Bögen bis auf eine $\mathcal{H}^1$-Nullmenge überdeckt werden kann, und dies ist gleichwertig mit 1-Rektifizierbarkeit von A, einem damals noch nicht eingeführten Begriff. Es stellt sich also heraus, daß außer den 1-rektifizierbaren Mengen, deren Regularität evident ist (aufgrund der Regularität glatter Kurvenbögen, der Definition der 1-Rektifizierbarkeit und einfacher maßtheoretischer Betrachtungen), garkeine weiteren regulären 1-Mengen in $\mathbb{R}^2$ existieren!

Eine nicht sehr schwierige Folgerung aus (ii) ist übrigens, daß die total irregulären 1-Mengen A total unzusammenhängend sind; andernfalls könnte man eine zusammenhängende Menge $B \subset A$ mit positivem $\mathcal{H}^1$-Maß und unterer Dichte $\Theta^1_*(B, \cdot) \geq 1$ auf B produzieren, und B wäre dann reguläre Teilmenge von A (siehe [EH]). Für s-Mengen A mit Hausdorff-Dimension $s < 1$ ist die Eigenschaft, total unzusammenhängend zu sein, eine unmittelbare Konsequenz der Tatsache, daß die nicht-expansiven Abstandsfunktionen $A \ni x \mapsto |x - a| \in \mathbb{R}$ zu Punkten $a \in A$ ein Bild der Hausdorff-Dimension $\leq s$ in $\mathbb{R}$ haben; die Menge der Radien $r > 0$, für welche die Sphäre vom Radius r um a die Menge A nicht trifft, liegt daher dicht in $]0, \infty[$. Daß aber auch die total irregulären 1-Mengen noch total unzusammenhängend sind, ist keineswegs so offensichtlich und benötigt zu Begründung eine Strukturaussage, wie sie der Satz von Besicovitch macht.

Im Anschluß an Besicovitch haben viele Mathematiker an der Aufgabe gearbeitet, seine Resultate auf k-Mengen in $\mathbb{R}^N$ für höhere Dimensionen N und k auszudehnen bzw. auf allgemeinere Maße μ an Stelle des durch eine k-Menge A und das Hausdorff-Maß $\mathcal{H}^k$ definierten Maßes $\mu(B) := \mathcal{H}^k(A \cap B)$ auf $\mathbb{R}^N$. Zu nennen sind hier A. P. Morse & J. F. Randolph ([MR] 1944, $k = 1$, $N = 2$, μ beliebig), E. F. Moore ([Moo] 1950, $k = 1$, N und μ beliebig), J. M. Marstrand ([Mar3] 1961, $k = 2$, $N = 3$; in [Fe, 3.3.22] äußert Federer, es scheine, daß Marstrands Methode modifiziert werden könne, um allgemeine k, N zu erfassen) und P. Mattila ([Mat1] 1975, k, N und μ beliebig, statt der Regularitätsvoraussetzung $0 < \Theta^k(\mu, \cdot) < \infty$ μ-fast-überall auf $\mathbb{R}^N$ wird aber hier zusätzlich gefordert, daß die Dichte $\Theta^k(\mu, x)$ an μ-fast-allen Stellen $x \in \mathbb{R}^N$ mit dem oberen Limes der Quotienten $\mu(B)/(\alpha(k)r^k)$ bei $r \downarrow 0$ übereinstimmt, wenn B ganz beliebige Borel-Mengen mit $x \in B$ und Durchmesser $2r$ durchläuft). Diese Entwicklungen gipfelten in der großen Arbeit des tschechischen, kürzlich nach London berufenen, Mathematikers D. Preiss [Pr] in den Annals of Mathematics 1987, in der er nicht nur die hier diskutierte Aufgabe vollständig erledigt, sondern darüberhinaus eine ganze Reihe von allgemeineren und verwandten maßtheoretischen Problemen löst, die lange Zeit offen waren. Er beweist den

Satz (Preiss 1987 [Pr]) *Ist k eine ganze Zahl zwischen 0 und N und ist μ ein Borel-Maß auf $\mathbb{R}^N$, derart daß die Dichte $\Theta^k(\mu, x)$ für μ-fast-alle $x \in \mathbb{R}^N$ existiert und einen positiven endlichen Wert hat, so ist μ k-rektifizierbar.*

Letzteres heißt, daß $\mathbb{R}^N$ Vereinigung einer k-rektifizierbaren Menge und einer μ-Nullmenge ist, bzw. äquivalent, daß $\mathbb{R}^N$ durch abzählbar unendlich viele k-dimensionale Untermannigfaltigkeiten der Klasse C^1 und eine μ-Nullmenge überdeckt werden kann. Die vorausgesetzte k-Regularität des Maßes μ, d. h. die Existenz seiner k-dimensionalen Dichte mit Wert in $]0, \infty[$ an μ-fast-allen Stellen, erzwingt also automatisch eine k-dimensionale geometrische Struktur des Maßes: Es ist auf eine verallgemeinerte k-dimensionale Untermannigfaltigkeit des $\mathbb{R}^N$ konzentriert! Die Tiefe dieses Satzes wird vielleicht deutlicher, wenn man darauf hinweist, daß die Voraussetzung an das Maß μ räumlich völlig isotrop ist – bei Bildung der Dichte an einer Stelle $x \in \mathbb{R}^N$ wird ein bezüglich des Zentrums x rotationssymmetrischer Differentiationsprozeß durchgeführt –, die Folgerung aber eine extrem anisotrope Struktur von μ beinhaltet (im Fall $0 < k < N$) – k-rektifizierbare Mengen haben ja $\mathcal{H}^k$-fast-überall k-dimensionale approximative Tangentialräume. Verbindet man den Satz von Preiss mit dem früher angegebenen Satz von Marstrand, so ergibt sich die Aussage, daß ein für irgendeine reelle Zahl $s \in [0, N]$ in obigem Sinne s-reguläres Maß auf $\mathbb{R}^N$ erstens nur existiert, wenn $s = k$ eine ganze Zahl ist, und zweitens dann k-rektifizierbar sein muß. Weitgehende Verallgemeinerungen, wobei die Dichte statt auf Potenzfunktionen $r \mapsto r^s$, wie wir sie hier nur betrachtet haben, auf allgemeinere „Dichtefunktionen" $r \mapsto h(r)$ bezogen wird, finden sich in [Pr].

Die phantastischen Ergebnisse von Preiss haben außerhalb des engeren Expertenkreises noch nicht die gebührende Beachtung gefunden, insbesondere nicht in den Arbeiten zur Fraktaltheorie. Dabei leisten sie den entscheidenden Beitrag zur Klärung der Frage, wie unter den k-Mengen ganzer Dimension k in $\mathbb{R}^N$ die „Fraktale" zu unterscheiden sind von den „Nichtfraktalen". Um dies zu verdeutlichen, formulieren wir zu obigem Satz das

Korollar **(i)** *Für $k \in \{1, 2, \ldots, N{-}1\}$ und k-Mengen $A \subset \mathbb{R}^N$ sind folgende drei Aussagen äquivalent:*

- *A ist regulär (d. h. $\Theta^k(A, \cdot) = 1$ $\mathcal{H}^k$-fast-überall auf A);*
- *A ist k-rektifizierbar;*
- *A hat $\mathcal{H}^k$-fast-überall k-dimensionale approximative Tangentialräume.*

*(Mengen A mit diesen Eigenschaften könnte man **total unfraktale** k-Mengen nennen.)*

(ii) *Ebenso sind auch folgende vier Aussagen äquivalent:*

- *A ist total irregulär (d. h. $\Theta^k(A, \cdot) = 1$ gilt $\mathcal{H}^k$-fast-nirgends);*
- *die Dichte $\Theta^k(A, \cdot)$ existiert $\mathcal{H}^k$-fast-nirgends auf A;*
- *A ist total k-unrektifizierbar;*
- *A hat $\mathcal{H}^k$-fast-nirgends k-dimensionale approximative Tangentialräume.*

*(Mengen A mit diesen Eigenschaften könnte man als **fraktale k-Mengen** bezeichnen.)*

Dabei heißt natürlich A **total k-unrektifizierbar**, wenn keine k-rektifizierbare Teilmenge positiven $\mathcal{H}^k$-Maßes existiert. Das Korollar folgt aus dem Satz von Preiss unmittelbar, indem man dort μ als das durch die k-Menge A reduzierte k-dimensionale Hausdorff-Maß $\mu(B) := \mathcal{H}^k(A \cap B)$ nimmt und die Dichteungleichung $2^{-k} \leq \Theta^{*k}(A, \cdot) \leq 1$ auf A $\mathcal{H}^k$-fast-überall berücksichtigt; das Rektifizierbarkeitskriterium von Federerer gibt die Äquivalenz der jeweils letzten Aussage in (i) bzw. (ii) zur vorletzten. Daß für fraktale k-Mengen A die Dichte $\Theta^k(A, \cdot)$ auf A fast-nirgends existiert, also $\Theta_*^k(A, x) < \Theta^{*k}(A, x)$ gilt für $\mathcal{H}^k$-fast-alle $x \in A$, hat dieselbe Interpretation wie bei den s-Mengen gebrochener Dimension s: Wenn man A unter einem auf x zentrierten Mikroskop bei kontinuierlich über alle Schranken wachsender Vergößerungsstufe betrachtet, so oszillieren die im Gesichtsfeld erkennbaren Massen zwischen zwei verschiedenen Werten. Im Unterschied zu den gebrochenen Dimensionen s, für die *jede* s-Menge dieses erratische Verhalten der Dichtequotienten zeigt, besteht bei ganzen Dimensionen $k \in \{1, 2, \ldots, N-1\}$ eine merkwürdige *Dichotomie* für k-Mengen A in $\mathbb{R}^N$: *Entweder* hat die k-dimensionale Dichte von A $\mathcal{H}^k$-fast-überall auf A den Wert 1, dann ist A k-rektifizierbar und hat damit die in maßtheoretischem Sinne abgeschwächte Struktur einer k-dimensionalen Untermannigfaltigkeit, *oder* es gibt eine Teilmenge positiven $\mathcal{H}^k$-Maßes in A, auf der diese Dichte nirgends existiert, dann ist A zerlegbar in eine k-rektifizierbare Menge und in eine total k-unrektifizierbare Teilmenge positiven $\mathcal{H}^k$-Maßes, die jede k-dimensionale Untermannigfaltigkeit nur in einer $\mathcal{H}^k$-Nullmenge schneidet. Im ersten Fall haben wir eine „total unfraktale" k-Menge vor uns, im zweiten Fall eine mit wesentlichem „fraktalen Anteil" oder, wenn der k-rektifizierbare Anteil der Zerlegung eine $\mathcal{H}^k$-Nullmenge ist, sogar eine „vollständig fraktale" k-Menge. Es gibt also keine k-Menge A, für welche die Dichte $\Theta^k(A, \cdot)$ auf einer Teilmenge positiven $\mathcal{H}^k$-Maßes existiert und einen Wert < 1 hat. Welche Definition des Begriffs „Fraktal" auch immer vorgeschlagen wird, sie muß dieser bei Mengen ganzer Hausdorff-Dimension auftretenden Dichotomie Rechnung tragen!

Wir wollen zum Schluß noch einige interessante Ergebnisse über **Projektionseigenschaften von Fraktalen**, soll heißen von total irregulären s-Mengen, angeben. Sätze von J. M. Marstrand ([Mar1] 1954, $N = 2$) und P. Mattila ([Mat2] 1975, N beliebig) besagen, daß fast-alle Projektionen einer s-Menge in $\mathbb{R}^N$ auf Unterräume einer Dimension $k \geq s$ ein Bild der Hausdorff-Dimension s geben, während fast-alle Projektionen auf Unterräume einer Dimension $k < s$ ein Bild von positivem k-dimensionalen Lebesgue-Maß und damit von der Hausdorff-Dimension k liefern. Anschaulich für $N = 3$, $k = 2$ interpretiert bedeutet das folgendes: Wenn eine aus zufälliger Richtung aufgenommene Photographie eines (zum Beispiel „fraktalen") Objekts in $\mathbb{R}^3$ ein ebenes Bild des Objekts mit einer Hausdoff-Dimension $s < 2$ zeigt oder eine Lebesgue-Nullmenge mit Hausdorff-Dimension $s = 2$, so kann man mit einiger Berechtigung behaupten, daß das Objekt selbst ebenfalls die Hausdorff-Dimension s besitzt. Zeigt die Photographie dagegen ein Bild des Objekts mit positivem ebenen Lebesgue-Maß, so läßt sich über die wirkliche Hausdorff-Dimension des Objekts nicht viel aussagen, eben gerade nur soviel, daß sie nicht kleiner als 2 sein kann.

Das ist soweit ganz einleuchtend und keine Überraschung. Interessant ist aber auch hier gerade wieder die Projektion von k-Mengen ganzer Dimension k auf k-dimensionale Unterräume des $\mathbb{R}^N$. Es stellt sich nämlich heraus, daß sich die regulären (also k-rektifizierbaren) k-Mengen hierbei ganz anders verhalten als die total irregulären (also total k-unrektifizierbaren). Erstere kann man „sehen", letztere sind „unsichtbar" auf jeder aus zufälliger Richtung aufgenommenen k-dimensionalen Photographie! (Dabei wird eine Teilmenge eines k-dimensionalen Unterraums von $\mathbb{R}^N$ als „sichtbar" apostrophiert, wenn ihr k-dimensionales Lebesgue-Maß nicht verschwindet.) Diese verblüffende Aussage ist eine Konsequenz des folgenden auf A. S. Besicovitch im Fall $N = 2$, $k = 1$ und auf H. Federer im allgemeinen Fall zurückgehenden Ergebnisses:

Satz (Besicovitch 1939 [Be3]; Federer 1947 [Fe1])
(i) *Für $k \in \{1, 2, \ldots, N-1\}$ und k-Mengen $A \subset \mathbb{R}^N$ sind folgende drei Aussagen äquivalent:*

- *A enthält eine k-rektifizierbare Teilmenge positiven $\mathcal{H}^k$-Maßes;*
- *das integralgeometrische Maß $\mathcal{J}_t^k(A)$ ist positiv;*
- *für fast-alle orthogonalen Projektoren P in $\mathbb{R}^N$ vom Rang k ist $\mathcal{H}^k(PA) > 0$.*

(ii) *Ebenso sind folgende drei Aussagen äquivalent:*

- *A ist total k-unrektifizierbar;*
- *das integralgeometrische Maß $\mathcal{J}_t^k(A)$ verschwindet;*
- *für fast-alle orthogonalen Projektoren P in $\mathbb{R}^N$ vom Rang k ist $\mathcal{H}^k(PA) = 0$.*

Das hier auftretende integralgeometrische Maß $\mathcal{J}_t^k$ wurde in §1 schon erklärt, der Exponent $t \in [1, \infty]$ ist beliebig. Das zu den Projektoren gehörige „fast-alle" Attribut bezieht sich auf das bei der Einführung der integralgeometrischem Maße erwähnte natürliche Maß auf der Mannigfaltigkeit aller orthogonalen Projektoren des Rangs k in $\mathbb{R}^N$ (bzw. auf der Graßmann-Mannigfaltigkeit der k-dimensionalen Unterräume des $\mathbb{R}^N$). Da PA in einem k-dimensionalen Unterraum liegt, ist $\mathcal{H}^k(PA)$ nichts anderes als das (auf den Unterraum mittels einer Isometrie zu $\mathbb{R}^k$ übertragene) k-dimensionale Lebesgue-Maß des Projektionsbildes PA von A. Die Äquivalenz der zweiten und dritten Aussage in (ii) ist elementar [Fe, 2.10.5], die der ersten und zweiten dagegen hängt von der tiefliegenden Strukturtheorie [Fe1], [Fe, 3.3] ab. Um dann (i) zu folgern, ist nur noch $\mathcal{H}^k(PA) > 0$ für fast-alle P zu verifizieren, wenn A k-rektifizierbar mit $\mathcal{H}^k(A) > 0$ ist; dies läßt sich in einfacher Weise auf den Fall einer k-dimensionalen Untermannigfaltigkeit A von $\mathbb{R}^N$ zurückführen und ist dann evident. Für k-rektifizierbare A ist im übrigen $\mathcal{J}_t^k(A) = \mathcal{H}^k(A)$ gemäß [Fe, 3.2.26], und für allgemeine k-Mengen A gibt $\mathcal{J}_t^k(A)$ dann das $\mathcal{H}^k$-Maß des rektifizierbaren Anteils von A bei Zerlegung in eine k-rektifizierbare und in eine total k-unrektifizierbare Menge an. Im Fall $N = 2$, $k = 1$ hat Besicovitch außerdem bewiesen, daß für 1-rektifizierbare Mengen A in der Ebene sogar $\mathcal{H}^1(PA) > 0$ gilt für alle Projektoren P auf Geraden mit höchstens *einer* Ausnahme.

Für Photographen auf der Suche nach 2-dimensionalen Fraktalen in $\mathbb{R}^3$ ist der vorangehende Satz eine Enttäuschung, sagt er doch aus, daß man diese auf *keiner* aus zufälliger Richtung genommenen Photographie sehen kann – das Bild ist eine ebene Lebesgue-Nullmenge. Nichtfraktale 2-dimensionale Mengen, d. h. solche, die eine 2-rektifizierbare Teilmenge von positivem $\mathcal{H}^2$-Maß enthalten, kann man dagegen auf *jedem* zufällig genommenen Lichtbild erkennen. Es gibt also keine 2-Menge in $\mathbb{R}^3$, die etwa aus der „Hälfte" aller Richtungen sichtbar, aus der anderen „Hälfte" der Richtungen aber unsichtbar ist! Dieselbe Aussage gilt natürlich auch für (Borel-)Mengen von unendlichem $\mathcal{H}^2$-Maß, die bezüglich $\mathcal{H}^2$ noch abzählbar endlich sind, d. h. durch abzählbar viele Mengen von endlichem $\mathcal{H}^2$-Maß überdeckt werden können. Eine derartige Erweiterung ist – wie ganz generell in der Maßtheorie – für die meisten Ergebnisse richtig, die wir zuvor der Einfachheit halber für k-Mengen, also Mengen mit positivem endlichen $\mathcal{H}^k$-Maß, formuliert haben. Läßt man aber 2-dimensionale Mengen in $\mathbb{R}^3$ zu, die nicht abzählbar endlich bzgl $\mathcal{H}^2$ sind (solche Mengen gibt es durchaus, etwa das Cartesische Produkt einer Cantor-Menge der Hausdorff-Dimension 0 mit einer ebenen Borel-Menge von positivem Lebesgue-Maß), so treten völlig neue Projektionsphänomene auf. K. Falconer hat gezeigt, daß für eine Menge A der Hausdorff-Dimension 2 in $\mathbb{R}^3$ die Projektionsbilder PA auf alle Ebenen des $\mathbb{R}^3$ im wesentlichen *beliebig vorgeschrieben* werden können, wenn man auf die Forderung der abzählbaren Endlichkeit von A bezüglich $\mathcal{H}^2$ verzichtet. Sein Satz lautet genauer für gegebene $1 \leq k < N$:

Satz (**Falconer 1986 [Fa2]**) *Zu jedem orthogonalen Projektor P vom Rang k in $\mathbb{R}^N$ sei in meßbarer Abhängigkeit von P eine Teilmenge A_P des Bildraums von P vorgegeben. Dann existiert eine Borel-Menge $A \subset \mathbb{R}^N$ der Hausdorff-Dimension k, derart daß für fast-alle Projektoren P die Bilder PA mit der gegebenen Menge A_P bis auf eine $\mathcal{H}^k$-Nullmenge übereinstimmen.*

Man kann also zum Beispiel eine 2-dimensionale Menge in $\mathbb{R}^3$ finden, deren Projektionen für eine gewählte „Hälfte" aller Ursprungsebenen des $\mathbb{R}^3$ im wesentlichen wie Kreisscheiben aussehen, für die andere „Hälfte" der Ebenen jedoch wie Quadrate! Die geforderte Meßbarkeit der Abbildung $P \mapsto P_A$, durch welche die Projektionsbilder P_A vorgeschrieben werden, ist erfüllt, wenn der Graph dieser mengenwertigen Abbildung eine Borel-Menge ist. Falconer hat sein verblüffendes Ergebnis und die Beweisidee dazu anschaulich dargestellt im Buch [Fa, 6.3] und in [Fa3]. Populär wurde der Satz durch eine nicht ganz ernst gemeinte, aber hübsche Anwendung, die Konstruktion einer *digital anzeigenden Sonnenuhr*: Der Satz garantiert nämlich die Existenz eines 2-dimensionalen „fraktalen" (und bezüglich $\mathcal{H}^2$ nicht abzählbar endlichen) Schattenstabs in $\mathbb{R}^3$, der für jeden Sonnenstand einen Schatten beliebig vorgegebener Form wirft, also beispielsweise einen Schatten, der in digitaler Zifferndarstellung die der jeweiligen Sonnenposition entsprechende Uhrzeit angibt. Eine weitere Anwendung ist ein neuer Beweis eines schon viel früher in anderem Zusammenhang gefundenen Satzes von R. O. Davies, der zeigt, auf welch paradox erscheinende Phänomene man in der Maßtheorie stoßen kann, wenn man den Bereich der abzählbar endlichen Mengen verläßt (nicht den Bereich der meßbaren Mengen – wir bewegen uns nach wie vor nur in der Klasse der Borel-Mengen!):

Satz (**Davies 1952 [Da]**) *Zu jeder Borel-Menge in $\mathbb{R}^2$ gibt es eine Überdeckung durch Geraden, deren Vereinigung kein größeres ebenes Lebesgue-Maß hat als die überdeckte Menge.*

Schon in einfachsten Fällen, bei der Einheitskreisscheibe etwa, ist eine derartige
Überdeckung durch Geraden schwer vorstellbar. Sie wird aber durch maßtheoretische Konstruktionen und Grenzprozesse in Form einer meßbaren Menge von Geraden hergestellt! Bei rechter Betrachtung erweist sich der Satz von Davies als duales
Gegenstück des Satzes von Falconer im ebenen Fall $N = 2$, $k = 1$, und zwar bezüglich
der durch die Pol-Polaren-Beziehung an der Einheitskreislinie vermittelten Dualität
(siehe [Fa3]).

Damit beenden wir unsere Tour durch ausgewählte Resultate aus der Theorie
der Mengen gebrochener Hausdorff-Dimension bzw. der regulären oder total irregulären Mengen ganzer Hausdorff-Dimension in Euklidischen Räumen. Unser Ziel
war, zu zeigen, daß sich im Anschluß an Hausdorffs Arbeit „Dimension und äußeres
Maß" von 1918 eine Fülle von Entwicklungen in der geometrischen Maßtheorie
ergeben hat, daß interessante Fragen aufgeworfen wurden, die manchmal überraschende Antworten gefunden und die Anstrengungen bedeutender Forscher bis in
die jüngste Zeit hinein provoziert haben, und daß grundlegende und weitreichende
Theorien von dauerhafter Bedeutung entstanden. Jede Art von „Fraktaltheorie"
muß die dabei gewonnenen Erkenntnisse berücksichtigen und würdigen. Nicht nur
auf der Seite der iterativen Prozesse und dynamischen Systeme gibt es hochrangige
Resultate mit Verbindung zu den Fraktalen, auf der Seite der geometrischen Maßtheorie wurden ebenfalls Ergebnisse von Relevanz für die „Fraktaltheorie" gefunden,
die nach innermathematischen Maßstäben – ungeachtet des Fehlens von suggestiver
Computer-graphischer Veranschaulichung und von (Pseudo-)Anwendungen außerhalb der Mathematik – zu den bedeutenden Leistungen in der Mathematik dieses
Jahrhunderts gerechnet werden müssen und deshalb mehr Beachtung verdienen.

Literaturverzeichnis

[Ba]   M. F. Barnsley, *Fractals Everywhere*. Academic Press, Orlando 1988.

[Be1] A. S. Besicovitch, On the fundamental properties of linearly measurable
       plane sets of points. Math. Annalen **98** (1928), 422 - 464.

[Be2] A. S. Besicovitch, On the fundamental properties of linearly measurable
       plane sets of points II. Math. Annalen **115** (1938), 296 - 329.

[Be3] A. S. Besicovitch, On the fundamental properties of linearly measurable
       plane sets of points III. Math. Annalen **116** (1939), 349 - 357.

[Be4] A. S. Besicovitch, On existence of subsets of finite measure of sets of infinite
       measure. Indag. Math. **14** (1952), 339 - 344.

[Bea] A. Beardon, *Iteration of Rational Functions*. Springer, Berlin 1991.

[BM]   L. M. Blumenthal, K. Menger, *Studies in Geometry*. Freeman, San Francisco
       1979.

[Ca]   C. Carathéodory, Über das lineare Maß von Punktmengen, eine Verallgemeinerung des Längenbegriffs. Nachr. Ges. Wiss. Göttingen 1914, 404 - 426.

[Da]   R. O. Davies, On accessibility of plane sets and differentiation of functions of two real variables. Proc. Cambridge Philos. Soc. **48** (1952), 215 - 232.

[De]   R. L. Devaney, *An intoduction to chaotic dynamical systems.* Benjamin/Cummings, Menlo Park 1986.

[EH]   S. Eilenberg, O. G. Harrold, Jr., Continua of finite linear measure. Amer. J. Math. **65** (1943), 137 - 146.

[Fa]   K. Falconer, *Fractal Geometry.* Wiley, Chichester 1990.

[Fa1] K. Falconer, The Hausdorff dimension of self-affine fractals. Math. Proc. Cambridge Phil. Soc. **103** (1988), 339 - 350.

[Fa2] K. Falconer, Sets with prescribed projections and Nikodym sets. Proc. London Math. Soc. (3) **53** (1986), 48 - 64.

[Fa3] K. Falconer, Digital sundials, paradoxical sets, and Vituschkin's conjecture. Math. Intelligencer **9** (1987), No. 1, 24 - 27.

[Fav] J. Favard, Une définition de la longeur et de l'aire. C. R. Acad. Sci. Paris **194** (1932), 344 - 346.

[Fe]   H. Federer, *Geometric Measure Theory.* Springer, Berlin 1969.

[Fe1] H. Federer, The (ϕ, k) rectifiable subsets of n space. Trans. Amer. Math. Soc. **62** (1947), 114 - 192.

[Fed] J. Feder, *Fractals.* Plenum Press, New York 1988.

[Fr]   M. Fréchet, Les dimensions d'un ensemble abstrait. Math. Annalen **68** (1910), 145 - 168.

[FF]   H. Federer, W. H. Fleming, Normal and integral currents. Ann. of Math. **72** (1960), 458 - 520.

[Gu]   J. Guckenheimer, The catastrophe controversy. Math. Intelligencer **1** (1978), 15 - 20.

[Ha]   F. Hausdorff, Dimension und äußeres Maß. Math. Annalen **79** (1918), 157 - 179.

[Hu]   J. E. Hutchinson, Fractals and self-similarity. Indiana Univ. Math. J. **30** (1981), 713 - 747.

[Kr]   S. G. Krantz, Fractal Geometry. Math. Intelligencer **11** (1989), No. 4, 12 - 16.

[Ma] B. B. Mandelbrot, *The Fractal Geometry of Nature*. Freeman, San Francisco 1982.

[Ma1] B. B. Mandelbrot, Some 'Facts' that evaporate upon Examination. Math. Intelligencer **11** (1989), No. 4, 17 - 19.

[Mar1] J. M. Marstrand, Some fundamental geometric properties of plane sets of fractional dimension. Proc. London Math. Soc. (3) **4** (1954), 257 - 302.

[Mar2] J. M. Marstrand, The (ϕ, s) regular subsets of n-space. Trans. Amer. Math. Soc. **113** (1964), 369 - 392,

[Mar3] J. M. Marstrand, Hausdorff-two-dimensional measure in 3-space. Proc. London Math. Soc. (3) **11** (1961), 91 - 108.

[Mat1] P. Mattila, Hausdorff m regular and rectifiable sets in n-space. Trans. Amer. Math. Soc. **205** (1975), 263 - 274.

[Mat2] P. Mattila, Hausdorff dimension, orthogonal projections, and intersections with planes. Ann. Acad. Sci. Fennicae A1 (1975), 227 - 244.

[Mi] E. Mickle, On a decomposition theorem of Federer. Trans. Amer. Math. Soc. **92** (1959), 322 - 335.

[Mo] F. Morgan, *Geometric Measure Theory – a beginner's guide*. Academic Press, San Diego 1988.

[Moo] E. F. Moore, Density ratios and $(\phi, 1)$ rectifiability in n-space. Trans. Amer. Math. Soc. **69** (1950), 323 - 334.

[Mor] P. A. P. Moran, Additive functions of intervals and Hausdorff measure. Proc. Cambridge Phil. Soc. **42** (1946), 15 - 23.

[MR] A. P. Morse, J. F. Randolph, The ϕ rectifiable subsets of the plane. Trans. Amer. Math. Soc. **55** (1944), 236 - 305.

[Ne] W. C. Nemitz, On a decomposition theorem for measure in Euclidean n-space. Trans. Amer. Math. Soc. **98** (1961), 306 - 333.

[Pr] D. Preiss, Geometry of measures in $\mathbb{R}^n$; Distribution, rectifiability, and densities. Ann. of Math. **125** (1987), 537 - 643.

[PJS] H.-O. Peitgen, J. Jürgens, D. Saupe, *Fractals for the Classroom*. Springer, Berlin 1992.

[PR] H.-O. Peitgen, H. P. Richter, *The Beauty of Fractals*. Springer, Berlin 1986.

[PS] H.-O. Peitgen, D. Saupe, *The Science of Fractal Images*. Springer, Berlin 1988.

[Sch] M. R. Schroeder, Selbstähnlichkeit: Fraktale, Chaos und Potenzgesetze. Physik i. u. Zeit **20** (1989), 144 - 152.

[Si]   L. Simon, *Lectures on Geometric Measure Theory*. Australian National University, Canberra 1983.

[Ste]   N. Steinmetz, *Komplexe dynamische Systeme*. Erscheint demnächst.

[Th]   R. Thom, *Stabilité structurelle et morphogénèse*. W. A. Benjamin, Reading (Mass.) 1972. Englische Ausgabe: *Structural Stability and Morphogenesis*. W. A. Benjamin, Reading (Mass.) 1975.

[Wh]   B. White, A new proof of the compactness theorem for integral currents. Comment. Math. Helvetici **64** (1989), 207 - 220.

Klaus Steffen
Mathematisches Institut der
Heinrich-Heine-Universität
Universitätsstr. 1
40225 Düsseldorf

Die Hausdorff-Dimension in der Dynamik

Hans-Günther Bothe und Jörg Schmeling

1 Einleitung

Spricht man heute mit einem Dynamiker über Dimensionen, so muß man sich von der Vorstellung trennen, daß deren Werte ganzzahlig sind. Durch seine Auffassung vom Dimensionsbegriff ist es ihm sicher vertrauter, festzustellen, daß ein durch die Dynamik definiertes Gebilde, das wohl eine Punktmenge im Koordinatenraum $\mathbf{R}^m$ sein kann, etwa die Dimension $\log 2$ hat, als daß es 1–, 2– oder 3–dimensional wäre. Auf die Frage nach dem Grund hierfür könnte man etwa die folgende Antwort erhalten:

«Wir versuchen in der Dynamik komplizierte Abläufe (man nennt sie zuweilen chaotisch) zu modellieren. Dabei spiegelt sich die Kompliziertheit der zu untersuchenden Prozesse unter anderem darin wider, daß wir es mit ungewohnten mathematischen Gebilden aus der Geometrie oder auch Maßtheorie zu tun bekommen. Die seltsamen Attraktoren zum Beispiel sind Punktmengen im $\mathbf{R}^m$ oder in Mannigfaltigkeiten, die viel eher an das Cantorsche Diskontinuum als an vertraute Figuren wie Kurven, Flächen, Mannigfaltigkeiten oder etwas Ähnliches erinnern. Auf der Suche nach numerischen Invarianten für diese Gebilde kam man auch zu deren Dimension. Aber die Anschauung von dem, was die Dimension sein sollte, beschränkt sich auf "vernünftige" Figuren; hier bei vielen in der Dynamik auftauchenden Gebilden läßt sie uns im Stich, und wir sind auf mathematische Definitionen angewiesen. Je nach dem Ausgangspunkt führt uns unsere Vorstellung zu verschiedenen Varianten einer solchen Definition, die sich bei einfachen Punktmengen nur formal unterscheiden mögen. Nicht aber bei uns in der Dynamik, wo interessante Mengen ganz verschiedene Dimensionen erhalten können je nachdem, für welche Definition wir uns entscheiden. So konnten wir uns unter den angebotenen Dimensionsbegriffen einen passenden auswählen, oder, wenn wir Feinheiten unterscheiden wollen, können wir sogar eng miteinander verwandte Dimensionen vergleichen. Dabei ergab es sich, daß die klassische, im Rahmen der Topologie von Poincaré, Brouwer, Menger, Urysohn u. a. eingeführte Dimension ungeeignet erschien, und das schon deswegen, weil sie nur ganzzahlige Werte liefert, während wir durch die auf Hausdorff zurückgehenden Definitionen in der Regel nicht ganze reelle Zahlen und damit feinere Invarianten erhalten. Außerdem steht der mathematische Formalismus, aus dem die Hausdorffsche Dimension hervorgegangen ist, der Denkweise in der Dynamik näher als die topologische Dimensionstheorie. Viele Impulse für Neuentwicklungen in der Dimensionstheorie sind in letzter Zeit von der Dynamik ausgegangen, und alle beziehen sich auf die Dimensionen, die auch nicht ganzzahlige Werte annehmen können. »

Diesen Erklärungen soll hinzugefügt werden, daß sich in der Dynamik reizvolle und umfangreiche mathematische Theorien entwickelt haben. Unter den begrifflichen Hilfsmitteln zur Beschreibung der vielfältigen Phänomene nehmen hier die Hausdorff–Dimension sowie verschiedene aus ihr abgeleitete Invarianten einen wichtigen Platz ein, und das nicht nur, weil sie selbst interessante numerische Informationen liefern, sondern auch, weil grundlegende Zusammenhänge zwischen Urbegriffen der Dynamik, wie Ljapunov–Exponenten und Entropie ohne sie nicht allgemein formuliert werden können. So ist die Hausdorff–Dimension eingewoben in das Netz der Beziehungen zwischen den Grundbegriffen der Dynamik, dessen Aufdeckung wohl das wichtigste Anliegen der mathematischen Untersuchungen auf diesem Gebiet ist.

Schließlich bleibt zu erwähnen, daß es mehrere Zweige mathematischer Untersuchungen in der Dynamik gibt, die zwar alle miteinander zusammenhängen, aber doch spezifische Betrachtungsweisen und Methoden entwickelt haben. Um einige charakteristische Ergebnisse einigermaßen klar darstellen zu können, werden wir uns hier auf ein Modell für dynamische Prozesse beschränken. Interessante Gebiete wie z.B. die klassische Mechanik, die Theorie der Intervallabbildungen oder Erkenntnisse zur qualitativen Theorie partieller Differentialgleichungen werden daher nicht erwähnt. Diese Beschränkung scheint erlaubt, da wir ja keineswegs einen Überblick über die Dynamik geben können, sondern nur an einigen Beispielen zeigen wollen, wie wichtig die Hausdorff–Dimension hier ist; und dazu taugt das gewählte Modell mindestens ebensogut wie jedes andere.

Wir wollen anhand von drei Beispielen illustrieren, welche Rolle die Haudorff–Dimension und aus ihr abgeleitete Begriffe in der Dynamik spielen. Nachdem im Abschnitt 2 das zugrundegelegte mathematische Modell für die Dynamik festgelegt ist und in den Abschnitten 3, 4 die zu betrachtenden Begriffe mit ihrem Haupteigenschaften vorgestellt sind, wird jeder der Abschnitte 5, 6 und 7 einem dieser Beispiele gewidmet. Dabei zeigt der in Abschnitt 6 beschriebene Zusammenhang zwischen den Ljapunov–Exponenten und der Entropie, wie stark die Hausdorff–Dimension in die durch eine Dynamik definierten Struktur integriert ist. (Die "wahren"Vielfachheiten der Ljapunov–Exponenten sind im allgemeinen gewisse Hausdorff–Dimensionen, die nur in speziellen Fällen mit den auf die übliche Weise definierten ganzzahligen Werten zusammenfallen.) Das in Abschnitt 6 betrachtete Dimensionsspektrum soll einen Eindruck davon vermitteln, wie aus der ursprünglichen Hausdorff–Dimension neue Bergriffe entstehen, die dann Einsichten in die Struktur eines Maßes und dadurch in den Ablauf mancher modellierten Prozesse versprechen. Schließlich wird im Abschnitt 7 versucht, den Zusammenhang zwischen der Hausdorff–Dimension und dem Druck von Funktionen zu veranschaulichen. Daran anschließend wird an einem einfachen Attraktor demonstriert, daß auf naheliegende Fragen nicht immer eine befriedigende Antwort zu erwarten ist. Das mag auch als eine Erklärung dafür gelten, warum die Beispiele in den beiden vorangegangenen Abschnitten so kompliziert gewählt werden mußten.

2 Das Modell

Interpretiert man ein System zeitunabhängiger gewöhnlicher Differentialgleichungen geometrisch, so erhält man ein Vektorfeld $x \mapsto X(x)$ auf einem Gebiet M im $\mathbf{R}^m$ oder, etwas allgemeiner, auf einer Mannigfaltigkeit M. Die vollständige Lösung erscheint dann als Fluß f auf M, bei dem für jedes $x \in M$ die sich bewegenden Punkte die Stelle x mit der Geschwindigkeit $X(x)$ passieren, und die Bahnkurven liefern die individuellen Lösungen. Setzt man voraus, daß diese Kurven für alle (positiven und negativen) Zeiten erklärt sind, so wird der Fluß eine Abbildung $f : M \times \mathbf{R} \to M$, die bei der Bezeichnung $f(x,t) = f_x(t) = f^t(x)$ einmal die Lösungskurven $f_x : \mathbf{R} \to M$ und zum anderen die Abbildungen $f^t : M \to M$ liefert. Da das Vektorfeld X unverändert bleibt, gilt

$$f^{s+t}(x) = f^t(f^s(x)), \ f^0(x) = x \qquad (x \in M) \,,$$

und man kann f als Operation der additiven Gruppe $\mathbf{R}$ der reellen Zahlen auf M ansehen.

Die Untersuchung derartiger Flüsse ist eine der Hauptaufgaben in der Dynamik. Allerdings beschränkt man sich nicht auf Operationen von $\mathbf{R}$ sondern betrachtet auch den einfacheren Fall, in dem die additive Gruppe $\mathbf{Z}$ der ganzen Zahlen auf M operiert. Die ganze Dynamik ist dann durch eine einzige eineindeutige Abbildung $f = f^1$ von M auf sich bestimmt, deren (positive und negative) Iterierte $f^k : M \to M$ ($k \in \mathbf{Z}$) die Operation auf M ergeben. Die Punkte in M bewegen sich nun nicht mehr kontinuierlich, sondern sprungartig zu ganzzahligen Zeiten.

Daß man sich häufig auf diesen zweiten Fall beschränkt, mag neben seiner Relevanz für gewisse Anwendungen folgenden Grund haben: Viele (aber nicht alle) Phänomene treten in beiden Fällen gleichzeitig mit nur unwesentlichen Modifikationen auf, wobei im zweiten Fall technische Komplikationen wegfallen, so daß man hier den Kern mancher Erscheinungen leichter erkennt.

So werden wir hier das folgende Modell für einen dynamischen Prozeß zugrundelegen: f sei ein Homöomorphismus eines kompakten metrisierbaren topologischen Raumes auf sich, und $f^k : X \to X$ ($k \in \mathbf{Z}$) seien die Iterierten von f. Vorrangig interessiert uns der Fall, wo $X = M$ eine randlose glatte Mannigfaltigkeit ist und alle Abbildungen f^k differenzierbar sind. Ganz auf diesen Fall beschränken können wir uns nicht, denn in der differenzierbaren Dynamik auf Mannigfaltigkeiten M spielen Teilmengen Λ von M ohne Mannigfaltigkeitsstruktur eine wichtige Rolle, die invariant sind (d.h. $f(\Lambda) = \Lambda$), so daß die Einschränkung der Dynamik auf solche Mengen möglich ist und zu dynamischen Systemen der topologischen Kategorie führt. Außerdem gehören manche der einzuführenden Begriffe in diese Kategorie und sollen auch dort definiert werden.

Ein zentrales Problem der Dynamik ergibt sich aus der Frage nach dem asymptotischen Verhalten, das sich für jeden Punkt $x \in M$ mit seinem Orbit $o_x = \{f^k(x)|k \in \mathbf{Z}\}$ in der ω–Menge ω_x ausgedrückt, die aus allen Punkten $y \in M$ besteht, denen sich o_x bei wachsendem k beliebig nähert:

$$\omega_x = \left\{ y \in M | \exists k_1 < k_2 < \ldots \in \mathbf{Z} : \lim_{i \to \infty} f^{k_i}(x) = y \right\} \,.$$

Diese Mengen ω_x sind kompakt und invariant. Eine noch bessere Beschreibung erhält man, wenn man ein Maß μ_x auf ω_x findet, das jeder abgeschlossenen Teilmenge A von ω_x als Masse $\mu_x(A)$ den Wert zuordnet, der angibt, wie groß der Teil des positiven Halborbits $\{f^k(x)|k \geq 0\}$ ist, der sich A nähert:

$$\mu_x(A) = \lim_{\varepsilon \to 0} \lim_{k \to \infty} \frac{1}{k} \#\{i \in \mathbf{Z}|0 \leq i < k, \text{dist}(f^i(x), A) \leq \varepsilon\},$$

wo $\#$ die Anzahl der Elemente in einer Menge anzeigt und "dist" den Abstand bei einer auf M gewählten Metrik bedeutet. Diese Maße μ_x sind, falls sie existieren, genau wie die Mengen ω_x, gegenüber der Dynamik invariant. Außerdem sind sie normiert, d.h. es gilt $\mu_x(\omega_x) = 1$.

Allgemeine Aussagen werden möglich, wenn verschiedene Orbits die gleichen ω–Mengen ω_x und Maße μ_x haben. Es liegt daher nahe, nach solchen invarianten Mengen Λ und invarianten Maßen μ auf Λ zu suchen, die für viele Punkte x mit ω_x bzw. mit μ_x zusammenfallen. Die Frage danach, was man hier unter vielen Punkten verstehen soll, führt zum Begriff des Attraktors, dessen genaue Definition von dem betrachteten Gebiet der Dynamik abhängt. Hier soll unter einem Attraktor eine kompakte Teilmenge Λ von M verstanden werden, die eine Umgebung U in M mit folgenden Eigenschaften besitzt:

$$f(U) \subset U, \quad \bigcap_{i=0}^{\infty} f^i(U) = \Lambda.$$

Diese Mengen Λ sind invariant, und es sei zudem vorausgesetzt, daß sie minimal sind, also keine echten Teilmengen mit den genannten Eigenschaften besitzen. Die offene Menge

$$W_{\Lambda}^s = \bigcup_{i=0}^{\infty} f^{-i}(U) = \{x \in M| \omega_x \subset \Lambda\}$$

besteht aus allen von Λ angezogenen Punkten und wird Einzugsbereich von Λ genannt. Es ist nicht zu erwarten, daß bei Attraktoren Λ, die chaotischem Verhalten entsprechen, für *alle* Punkte $x \in W_{\Lambda}^s$ die Menge ω_x ganz Λ ausfüllt. Es gibt jedoch Klassen interessanter Attraktoren Λ, bei denen für *fast alle* $x \in W_{\Lambda}^s$ die Gleichungen $\omega_x = \Lambda$ gelten und darüberhinaus die Maße μ_x existieren und von x unabhängig sind. Damit ist ein derartiger Attraktor Λ Träger eines invarianten Maßes μ, das den Einfluß von Λ auf die Dynamik oft viel genauer beschreibt als die bloße geometrische Struktur der Punktmenge Λ. ["Fast alle Punkte aus W_{Λ}^s" bedeutet hier "alle Punkte aus W_{Λ}^s minus einer gewissen Lebesgueschen Nullmenge".]

Da man eine Dynamik auf einer Mannigfaltigkeit M nicht immer durch Attraktoren Λ oder durch Maße μ der soeben genannten Art beschreiben kann, invariante Maße ohne zusätzliche Eigenschaften auf M jedoch stets vorhanden sind, hatte man Anlaß, zu untersuchen, ob man ausgehend von ganz allgemeinen invarianten normierten Borel–Maßen auf M zu Erkenntnissen über die Dynamik gelangen kann. Tatsächlich haben sich auf diesem Weg tiefliegende Zusammenhänge gezeigt, was insofern verwunderlich ist, als man hierdurch Aussagen über Maße erhält, deren spezielle Struktur unbekannt bleibt.

3   Dimensionen

Zu den wichtigen numerischen Invarianten von Punktmengen und – wie wir unten sehen werden – auch von Maßen gehören die Dimensionen. Bei einer Punktmenge X soll eine Dimension ähnlich wie ein Maß die "Fülle" von X messen. Anders als bei einem Maß ist allerdings für zwei genügend getrennt liegende Mengen X_1, X_2 die Dimension der Vereinigung $X_1 \cup X_2$ nicht die Summe, sondern das Maximum der Dimensionen von X und Y. Das bringt es mit sich, daß Dimensionen eigentlich lokale Invarianten sind: Die Dimension einer Menge X im Punkt $x \in X$ ist das Infimum der Dimensionen von Umgebungen von x. Die Dimension von X sollte dann das Supremum dieser lokalen Dimensionen sein.

Da ist zunächst die von L.E.J. Brouwer 1913 [3] definierte *topologische Dimension* $\dim X$ eines Raumes X. Sie kann für die hier allein interessierenden separablen metrischen Räume X rekursiv definiert werden, indem man total unzusammenhängende Räume 0–dimensional nennt und für $n > 0$ sagt, daß ein Raum n–dimensional ist, falls er nicht eine kleinere Dimension als n hat, aber durch eine $(n-1)$–dimensionale Menge in beliebig kleine Stücke zerlegt werden kann. Genauer: Ein Raum X ist 0–dimensional, falls jeder Punkt beliebig kleine Umgebungen mit leerer Begrenzung besitzt. Ist $n > 0$ und ist X nicht für ein $n' < n$ bereits n'–dimensional, so wird X n–dimensional genannt, falls jeder Punkt beliebig kleine Umgebungen mit höchstens $(n-1)$–dimensionaler Begrenzung besitzt. [Die Begrenzung einer Teilmenge A aus X besteht aus den Punkten von X deren Umgebungen alle sowohl A als auch das Komplement $X \setminus A$ schneiden.]

Sechs Jahre nach Brouwer definierte F. Hausdorff [5] auf ganz anderem Wege die später nach ihm benannte Dimension. Hängt die toplogische Dimension eines Raumes X grob gesprochen von der Stärke des topologischen inneren Zusammenhanges in X ab (homöomorphe Räume haben die gleiche topologische Dimension), so mißt die *Hausdorff–Dimension* $\dim_H X$ die Fülle eines metrischen Raumes X durch metrische Eigenschaften, die von dessen topologischem Zusammenhang weitgehend unabhängig sind. Zwar impliziert ein hochdimensionaler topologischer Zusammenhang auch eine hohe Dimension bzgl. der Metrik, was sich durch die Ungleichung $\dim_H X \geq \dim(X)$ ausdrückt, aber darüberhinaus gibt es kaum Zusammenhänge zwischen der Hausdorff–Dimension und der topologischen Struktur. Insbesondere läßt sich die obige Ungleichung bei lokal komplizierten Räumen in der Regel nicht umkehren, und $\dim_H X$ ist dann nur in Ausnahmefällen ganzzahlig.

Zur Definition von $\dim_H X$ benutzt man das für jede reelle Zahl $d \geq 0$ und $Y \subset X$ durch

$$m^d(Y) \;=\; \lim_{\varepsilon \to 0} \inf \left\{ \sum_i (\mathrm{diam}\, U_i)^d \,\middle|\, \right.$$

$$\left. \{U_1, U_2, \ldots\} \text{ abzählbare Überdeckung von } Y \text{ mit } \mathrm{diam}\, U_i \leq \varepsilon \right\}$$

definierte d-dimensionale äußere Maß von Y. Ausgehend von der Anschauung, daß für zu kleine d dieses Maß unendlich wird (wie etwa der Flächeninhalt eines Würfels), während für zu große d stets $m^d(Y) = 0$ gilt, kann man zeigen, daß es genau eine reelle Zahl $d_0 \geq 0$ oder $d_0 = \infty$ gibt, so daß

$$m^d(Y) = \begin{cases} \infty, & \text{falls} \quad d < d_0 , \\ 0, & \text{falls} \quad d > d_0 . \end{cases}$$

Dieser Wert d_0 ist die *Hausdorff–Dimension* von X. Er gibt an, in welcher Dimension das d–dimensionale Maß $m^d(Y)$ von Y allein sinnvoll ist.

Im Gegensatz zur topologischen Dimension, wo die Vereinigung zweier disjunkter 0–dimensionaler Mengen 1–dimensional sein kann (rationale und irrationale Zahlen in $\mathbf{R}$) gilt hier stets $\dim_H(X \cup Y) = \max(\dim_H X, \dim_H Y)$. Sei C_0 das Cantorsche Diskontinuum, das man ausgehend von einem Intervall sukzessive dadurch erhält, daß man aus allen im n–ten Schritt erhaltenen Intervallen im nächsten Schritt jeweils das offene mittlere Drittel herausnimmt. Dann sind die beiden Teile C_0', C_0'' von C_0, die in je einem der beiden nach dem ersten Schritt erhaltenen Intervalle liegen, mit dem Faktor $\frac{1}{3}$ zu C_0 ähnlich. Nimmt man einmal an, daß es ein d_0 mit $0 < m^{d_0}(C_0) < \infty$ gibt, so wird $\dim_H C_0 = d_0$. Außerdem gilt dann offenbar $m^{d_0}(C_0) = m^{d_0}(C_0') + m^{d_0}(C_0'')$ und $m^{d_0}(C_0') = m^{d_0}(C_0'') = (\frac{1}{3})^{d_0} m^{d_0}(C_0)$, so daß wir $\dim_H C_0 = \frac{\log 2}{\log 3}$ erhalten. Natürlich hat C_0 die topologische Dimension 0. Ähnlich ergibt sich für die aus einem gleichschenkligen Dreieck mit der Basislänge b und der Seitenlänge a konstruierte topologisch eindimensionale Kochschen Kurve K (siehe Abbildung 1) die Hausdorff-Dimension $\dim_H K = \frac{\log 2}{\log b - \log a}$.

Abb. 1

Das erste Beispiel deutet darauf hin, daß auf natürliche Weise gebildete Cantor–Mengen (das sind zum oben konstruierten Cantorschen Diskontinuum C_0 homöomorphe Punktmengen) eine positive Hausdorff–Dimension besitzen werden. In der Tat lassen sich Cantor-Mengen mit positiver Hausdorff–Dimension viel leichter konstruieren als solche mit der Hausdorff–Dimension 0. Entsprechendes gilt auch für viele in der Dynamik entstehenden Mengen, so etwa für die seltsamen Attraktoren: Ihre Hausdorff–Dimension übersteigt i.a. die topologische Dimension.

Zur Definition der Maße $m^d(Y)$ zogen wir abzählbare ε–Überdeckungen durch Mengen U_i heran, für die die Summe $\sum_i (\mathrm{diam} U_i)^d$ möglichst klein wurde. Betrachten wir für kompakte Räume X stattdessen endliche ε–überdeckungen von Y, bei denen die Anzahl der benötigten Mengen minimal wird, so erhalten wir, falls diese minimale Anzahl mit $N_\varepsilon(Y)$ bezeichnet wird, die Maße

$$\begin{aligned} \overline{m}^d(Y) &= \lim\sup_{\varepsilon\to 0} N_\varepsilon(Y)\cdot\varepsilon^d\,, \\ \underline{m}^d(Y) &= \lim\inf_{\varepsilon\to 0} N_\varepsilon(Y)\cdot\varepsilon^d\,. \end{aligned}$$

Wie bei der Hausdorff–Dimension definiert jedes von ihnen eine mit $\dim^C$ bzw. $\dim_C$ bezeichnete Dimension. Diese *obere* bzw. *untere Kapazitätsdimension* genannten Größen werden u.a. wegen der folgenden einfachen Charakterisierung zuweilen der ursprünglichen Hausdorff–Dimension vorgezogen: Um $\dim^C X$, $\dim_C X$ für eine kompakte Teilmenge X des $\mathbf{R}^m$ zu bestimmen, betrachte man für jedes $\varepsilon > 0$ ein Würfelgitter $\mathcal{W}_\varepsilon$ im $\mathbf{R}^m$, dessen Würfel die Kantenlänge ε haben. Ist dann $N_\varepsilon(X)$ die Anzahl der Würfel aus $\mathcal{W}_\varepsilon$, die X schneiden, so wird

$$\begin{aligned} \dim^C X &= \lim\sup_{\varepsilon\to 0} \log N_\varepsilon(X)/\log\varepsilon^{-1} \\ \dim_C X &= \lim\inf_{\varepsilon\to 0} \log N_\varepsilon(X)/\log\varepsilon^{-1}\,, \end{aligned}$$

d.h. diese Dimensionen geben an, für welche Werte d die Zahlen $N_\varepsilon(X)$ bei gegen 0 strebendem ε sich höchstens bzw. mindestens wie ε^{-d} verhalten. Die Ungleichungen

$$\dim_H X \le \dim_C X \le \dim^C X$$

lassen sich leicht beweisen, und es ist nicht schwer, kompakte Mengen X zu finden, für die beide Ungleichungen echt sind. Inwieweit hier für interessante Mengen Λ der Dynamik, etwa Attraktoren, die Gleichheit gilt, ist in vielen Fällen noch eine offene Frage. Übrigens gilt das gleiche, wenn man fragt, ob die entsprechenden lokalen Dimensionen auf Λ konstant sind.

Die folgende Bemerkung weist auf eine wichtige Anwendung der bisher definierten Dimensionen hin. Will man sich eine Punktmenge veranschaulichen, so versucht man, sie sich als Teilmenge der Ebene, des dreidimensionalen Raumes oder wenigstens eines Raumes $\mathbf{R}^m$ mit möglichst kleinem m vorzustellen. Natürlich läßt sich nicht jeder Raum X mit der topologischen Dimension $\dim X = n$ in $\mathbf{R}^n$ einbetten, aber wie von K. Menger, G. Nöbeling und W. Hurewicz gezeigt wurde, gibt es eine topologische Einbettung von X in $\mathbf{R}^{2n+1}$. Von der Dynamik wurde das Interesse an folgender Frage geweckt (Reduktion der Zahl der Koordinaten im Phasenraum): Sei X kompakte Teilmenge von $\mathbf{R}^m$ und sei für $n < m$ der Raum $\mathbf{R}^n$ als linearer Teilraum in $\mathbf{R}^m$ eingebettet. Wann gibt es eine lineare Projektion $p:\mathbf{R}^m \to \mathbf{R}^n$, die X homöomorph auf $p(X)$ abbildet? Hier reicht $n \ge 2\dim(X)+1$ nicht aus, aber F. Takens [18] hat bewiesen, daß bei $n \ge 2\dim^C X + 1$ fast alle (im Sinne des Lebesgueschen Maßes auf dem Raum der Projektionsrichtungen) Projektionen auf X eindeutig sind und daher X homöomorph auf $p(X)$ abbilden. Ein Beispiel von I. Kan zeigt, daß man hierbei $\dim^C$ nicht durch $\dim_H$ ersetzen darf.

Wir kommen nun zur *Hausdorff–Dimension eines normierten Maßes* μ auf X. Sie wird naheliegend durch

$$\dim_H \mu = \inf\{\dim_H Y;\, Y \subset X \text{ meßbar},\, \mu(Y)=1\}$$

definiert. Offenbar ist $\dim_H(\mu)$ höchstens gleich der Hausdorff–Dimension des Trägers von μ. Da für viele wichtige Maße der Dynamik die beiden Dimensionen nicht übereinstimmen, kann man schließen, daß in diesen Maßen über ihren Träger hinaus wichtige weitere Information enthalten ist.

Die lokale Dimension wird bei Maßen nicht auf dem oben für Punktmengen geschilderten Weg eingeführt. Die Definition wird vielmehr dadurch motiviert, daß bei einem räumlich verteilten Maß μ in einem Punkt x des Trägers die Funktion $\rho \mapsto \mu(B(x,\rho))$ ($\rho \geq 0$, $B(x,\rho)$ die Kugel vom Radius ρ um x) mit der dritten Potenz gegen 0 strebt, während bei flächenhaft verteilten Maßen hier die zweite Potenz erscheint. Verallgemeinert man diese Bemerkung, so kommt man für ein Maß μ in einem metrischen Raum und einen Punkt x aus dessen Träger zur folgenden Definition der *lokalen Dimension*

$$d_x(\mu) = \lim_{\rho \to 0} \frac{\log \mu(B(x,\rho))}{\log \rho} \, ,$$

falls dieser Limes existiert. Anschaulich läßt sich feststellen: Je dichter sich das Maß μ bei x konzentriert, um so kleiner wird seine lokale Dimension $d_x(\mu)$.

Da die lokale und die globale Dimension eines Maßes auf verschiedenen Wegen definiert wurden, ist die Frage nach den Beziehungen zwischen ihnen besonders interessant. Von L.–S. Young [20] wurde bewiesen: Ist μ ein normiertes Borel–Maß auf einer kompakten Riemannschen Mannigfaltigkeit und sind die lokalen Dimensionen $d_x(\mu)$ für μ–fast alle Punkte x definiert und gleich einem Wert α, (das gilt z.B. für Maße, die bei einem Homöomorphismus $h : X \to X$ invariant und ergodisch sind) so gilt $\dim_H(\mu) = \alpha$. Auch die unten in Abschnitt 5 definierte Rényi–Dimension $\dim_1(\mu)$ stimmt dann mit α überein.

4   Entropie

Es sei X ein kompakter metrischer Raum, $f : X \to X$ ein Homöomorphismus und μ ein invariantes normiertes Borel–Maß auf X. Die hier zu definierende Entropie von f wird eine nicht negative reelle Zahl oder der Wert ∞ sein. Sie fällt um so größer aus je mehr und schneller der Raum X bei der durch die Iterierten von f gegebenen Dynamik in sich verzerrt wird; ja die Entropie kann geradezu als ein Maß für die Stärke dieser Verzerrung gelten. Obwohl diese inhaltliche Motivation kaum darauf hindeutet, hat die Entropie vieles gemein mit den im letzten Abschnitt eingeführten Dimensionen. So gibt es auch hier sowohl eine topologische Entropie h, die nur von X und f abhängt, als auch eine maßtheoretische Entropie $h(\mu)$ von Maßen μ, und von der letzteren spielt eine lokale Variante eine besondere Rolle, auf die hier allerdings nicht eingegangen wird.

Wir beginnen mit der von R.L. Adler, A.G. Konheim und M.H. McAndrew [1] eingeführten geometrischen oder topologischen Entropie h. Zu ihrer Definition wird hier der Zugang von Ja. B. Pesin [10] gewählt, bei dem die enge Verwandtschaft mit der Hausdorff–Dimension besonders gut zum Ausdruck kommt.

Sei eine endliche offene Überdeckung $\mathcal{U}$ von X fest gewählt. Für jede Menge V in X bezeichnen wir mit $k(V)$ die größte Zahl k, für die jede der Mengen $V = f^0(V), f(V), \ldots,$ $f^{k-1}(V)$ in einer zu $\mathcal{U}$ gehörenden Menge liegt. Für Mengen V, die im Vergleich mit der

Lebesgueschen Zahl von $\mathcal{U}$ klein sind, kann die Zahl $\delta(V) = e^{-k(V)}$ als Maß für die Schnelligkeit angesehen werden, mit der V bzgl. $\mathcal{U}$ langgezerrt wird: $\delta(V)$ wird kleiner oder größer je nachdem ob $k(V)$ größer oder kleiner wird, d.h. ob die Mengen einer langen oder nur einer kurzen Folge $V, f(V), \ldots, f^{j(V)}$ in je einer Menge von $\mathcal{U}$ liegen. Sieht man $\delta(V)$ als "dynamischen" Durchmesser von V an, so gelangt man für jede reelle Zahl $d \geq 0$ zu folgendem d–dimensionalen äußeren Maß der Teilmengen Y von X:

$$m^d(Y,\mathcal{U}) = \lim_{\varepsilon \to 0} \inf \left\{ \sum_i \delta(V_i)^d \mid \right.$$

$$\left. \{V_1, V_2, \ldots\} \text{abzählbare Überdeckung von } Y \text{ mit diam} V_i \leq \varepsilon \right\} .$$

Wie bei der Definition der Hausdorff–Dimension gibt es auch hier zu jeder Menge Y einen Wert $d_0 \geq 0$ (der auch ∞ sein kann), so daß

$$m^d(Y,\mathcal{U}) = \begin{cases} \infty, & \text{falls} \quad d < d_0 , \\ 0, & \text{falls} \quad d > d_0 . \end{cases}$$

Diesen Wert $d_0 = h(Y,\mathcal{U})$ bezeichnet man als die Entropie von Y bzgl. $\mathcal{U}$. Da von einer Überdeckung $\mathcal{U}$ nicht alle von der Dynamik in Y verursachten Verzerrungen erfaßt werden können, setzt man

$$h(Y) = \sup\{h(Y,\mathcal{U}) \mid \mathcal{U} \text{ endliche offene Überdeckung von } Y\}$$

und nennt $h(Y)$ die Entropie von Y bei der Abbildung f. Die Zahl $h = h_f = h(X)$ wird als *topologische Entropie* von f bezeichnet.

Man könnte die Entropie der hier interessierenden Maße μ ähnlich wie deren Hausdorff–Dimension durch

$$h(\mu) = \inf\{h(Y) \mid Y \subset X, \mu(Y) = 1\}$$

definieren. Damit wird man allerdings dem Sinn dieser Größe weniger gerecht als wenn man sich auf die Beziehung Entropie – Information stützt. Die Definition der Entropie eines invarianten Maßes durch die topologische Entropie wäre auch eine Mißachtung des historischen Verlaufs; denn jene wurde lange vor dieser von Kolmogorov und Sinai eingeführt und war Motivierung und Muster für deren Definition.

Um diesen anderen Weg zur Entropie eines Maßes zu beschreiben, muß zunächst einiges zur mathematischen Information gesagt werden. Damit ist eine reelle Zahl gemeint, die messen soll, wieviel Information eine Beobachtung oder eine Mitteilung enthält. In dem einfachen Fall, daß man von einem Ereignis erfährt, dessen Eintreten bereits vorher mit der Wahrscheinlichkeit p zu erwarten war, setzt man diese Größe gleich $-\log p$: Ist p sehr klein, wird die Information groß, während sie für $p = 1$ verschwindet. Daß man gerade die Funktion $-\log$ heranzieht, ergibt sich aus der Forderung, daß sich die Information bei der Beobachtung unabhängiger Ereignisse addiert, während man die Wahrscheinlichkeiten zu multiplizieren hat, und daß als Einheit die Information festlegt wird, die man erhält, wenn man über ein Ereignis informiert wird, das mit der Wahrscheinlichkeit $1/e$ zu erwarten war. (In der Informationstheorie legt man hier die Wahrscheinlichkeit $1/2$ zugrunde, so daß man dort anstatt mit natürlichen Logarithmen mit den Logarithmen zur Basis 2 zu rechnen hat.)

Fragt man, welche Information im Mittel von einem Versuch zu erwarten ist, durch den man erfährt, welches von r möglichen einander ausschließenden Ereignissen $E_1, \ldots, E_r$ eingetreten ist, wobei E_i mit der Wahrscheinlichkeit p_i zu erwarten war ($p_1 + \ldots + p_r = 1$), so kommt man auf den Wert

$$I(p_1, \ldots, p_r) = -\sum_{i=1}^{r} p_i \cdot \log p_i \,.$$

Je mehr Information bei dem Versuch zu erwarten ist, desto geringer ist die Information, die bereits in der Wahrscheinlichkeitsverteilung $p_1, \ldots, p_r$ steckt. Sieht man die Entropie eines Zustandes als Mangel an Information an, die in diesem Zustand steckt, so kann man $I(p_1, \ldots, p_r)$ geradezu als Entropie des Zustandes vor Ausführung des Versuches ansehen, in dem man über den Ausgang noch nichts außer den Wahrscheinlichkeiten $p_1, \ldots, p_r$ wußte. Damit ist ein Grund gegeben, $I(p_1, \ldots, p_r)$ als die Entropie der Wahrscheinlichkeitsverteilung $p_1, \ldots, p_r$ anzusehen. (Eine einfache Rechnung zeigt, daß die Entropie am größten wird, wenn alle Ereignisse gleich wahrscheinlich sind, d.h., wenn $p_1 = p_2 = \ldots = p_r = 1/r$ gilt. Ist dagegen ein p gleich 1, während alle anderen Wahrscheinlichkeiten gleich 0 sind, so ist der Ausgang des Versuches von vornherein gewiß und die Entropie des Zustandes vor dem Versuch ist 0.)

Ist $\mathcal{V}$ eine Zerlegung von X in endlich viele bzgl. eines normierten Maßes μ meßbare Mengen, so motiviert die Bemerkung, daß durch die Maße $\mu(V)$ ($V \in \mathcal{V}$) die Wahrscheinlichkeitsverteilung dafür gegeben wird, in welche Menge ein bzgl. μ zufälliger Punkt $x \in X$ fällt, die folgende Definition der Entropie von $\mathcal{V}$

$$h(\mathcal{V}) = -\sum_{V \in \mathcal{V}} \mu(V) \cdot \log \mu(V) \,.$$

Die Entropie $h(\mu, \mathcal{V})$ von μ bzgl. $\mathcal{V}$ bei der durch f gegebenen Dynamik mißt dann, wie schnell für $k = 1, 2, \ldots$ die Entropien der Zerlegungen $\mathcal{V}_k$ steigen, wo $\mathcal{V}_k$ für alle k–elementigen Folgen $\underline{V} = (V_0, \ldots, V_{k-1})$ von Elementen aus $\mathcal{V}$ aus den Mengen

$$\bigcap_{i=0}^{k-1} f^{-i}(V_i) = \{x \in X \mid f^i(x) \in V_i \quad (i = 0, \ldots, k-1)\}$$

besteht. Man setzt also

$$h(\mu, \mathcal{V}) = \lim_{k \to \infty} \frac{1}{k} \log h(\mathcal{V}_k) \,,$$

wobei nicht schwer zu zeigen ist, daß dieser Limes existiert.

Die Entropie $h(\mu)$ ist dann das über alle endlichen Zerlegungen $\mathcal{V}$ genommene Supremum dieser Werte $h(\mu, \mathcal{V})$.

5 Entropie und Ljapunov–Exponenten

Daß die Entropie eine sinnvolle Größe in der Dynamik darstellt, haben wir im letzten Abschnitt durch die Motivierung ihrer Definition zu zeigen versucht. Ein weiterer Grund für die Bedeutung der Entropie liegt darin, daß sie durch vielfältige nicht oberflächliche Beziehungen mit anderen Invarianten der Dynamik verknüpft ist. So gibt es interessante Erkenntnisse darüber, wie Expansivitätseigenschaften eines Diffeomorphismus $f : M \to M$ dessen Entropie beeinflussen. Hierzu gehört die Pesin–Formel, die erlaubt, die Entropie eines Maßes durch die unten definierten Ljapunov–Exponenten auszudrücken. Darauf, daß dabei die Hausdorff–Dimension eine ganz wesentliche Rolle spielt, wurde bereits in der Einleitung hingewiesen.

Es sei $f : M \to M$ ein Diffeomorphismus einer kompakten randlosen Mannigfaltigkeit. Mit $\mathcal{M}$ sei die Menge aller normierten invarianten Borel–Maße auf M bezeichnet, die zudem ergodisch sind. (Die Voraussetzung der Ergodizität wurde nur gemacht, um die Aussagen zu vereinfachen.)

Daß Untersuchungen für so allgemeine Maße überhaupt möglich sind, liegt an dem Ergodensatz von Oseledec [7] und der anschließenden Konstruktion stabiler und unstabiler Mannigfaltigkeiten von Pesin [8, 9] und Ruelle [17] (siehe auch [4]). Mit Hilfe dieses Ergodensatzes gelang es, zu zeigen, daß die Menge Γ der Punkte $x \in M$, die sich bei der Dynamik regulär verhalten, bei jedem Maß $\mu \in \mathcal{M}$ die volle Masse 1 hat. Es soll hier nicht definiert werden, was diese Regularität bedeutet, sondern wir bemerken nur, daß die Menge Γ invariant ist ($f(\Gamma) = \Gamma$), und führen eine für unsere Zwecke notwendige Eigenschaft regulärer Punkte an. Hierzu betrachten wir für Punkte $x \in M$ und reelle Zahlen $\lambda < 0$ die Mengen

$$W_x^s(\lambda) = \{y \in M \,|\, \limsup_{j \to \infty} \frac{1}{j} \log(\mathrm{dist}(f^j(y), f^j(x)) \leq \lambda\}$$

aller Punkte y, die vom Orbit durch x exponentiell mindestens mit dem Exponenten λ angezogen werden. Ähnlich besteht für $\lambda > 0$ die Menge

$$W_x^u(\lambda) = \{y \in M \,|\, \limsup_{j \to \infty} \frac{1}{j} \log(\mathrm{dist}(f^{-j}(y), f^{-j}(x)) \leq -\lambda\}$$

aus den Punkten die bei rückwärtslaufender Dynamik auf diese Weise angezogen werden. (Man darf sich vorstellen, daß sehr nahe bei x gelegene Punkte in $W_x^u(\lambda)$ eine zeitlang vom Orbit durch x exponentiell mit einem Exponenten $\geq \lambda$ abgestoßen werden.) Offenbar gilt für diese Mengen

$$x \in W_x^s(\lambda), \quad x \in W_x^u(\lambda),$$

$$f(W_x^s(\lambda)) = W_{f(x)}^s(\lambda), \quad f(W_x^u(\lambda)) = W_{f(x)}^u(\lambda).$$

Eine wichtige Eigenschaft eines regulären Punktes x besteht darin, daß es reelle Zahlen $\lambda_1 > \lambda_2 > \ldots > \lambda_k > 0 > \lambda_1' > \lambda_2' > \ldots > \lambda_{k'}'$ und positive ganze Zahlen $n_1, \ldots, n_k$, $n_1', \ldots, n_{k'}'$ gibt, für die die Mengen $W_x^u(\lambda_i)$, $W_x^s(\lambda_j')$ glatte Mannigfaltigkeiten der Dimension $m_i = n_1 + \ldots + n_i$ bzw. $m_j' = n_j' + \ldots + n_{k'}'$ werden. Genauer: $W_x^u(\lambda_i)$ ist Bild einer eineindeutigen glatten Immersion $\mathbf{R}^{m_i} \to M$, und entsprechendes gilt für $W_x^s(\lambda_j')$.

Die Zahlen λ_i, λ'_j werden *Ljapunov–Exponenten* von x genannt, und n_i, n'_j sind deren Vielfachheiten. Sie hängen i.a. von x ab, aber wegen der Ergodizität gibt es für jedes feste Maß $\mu \in \mathcal{M}$ eine Teilmenge Γ_μ von Γ mit der vollen Masse $\mu(\Gamma_\mu) = 1$, so daß die Zahlen $k, k', \lambda_i, \lambda'_j, n_i, n'_j$ für alle $x \in \Gamma_\mu$ den gleichen Wert haben. So sind jedem Maß μ aus $\mathcal{M}$ Ljapunov–Exponenten zugeordnet. Die positiven unter ihnen messen die Stärke der Expansion von f auf dem von μ erfaßten Teil von M, und die Mannigfaltigkeiten $W^u_x(\lambda'_i)$ geben die Richtungen an, in die expandiert wird. (Da im Zusammenhang mit der Pesin–Formel der Ljapunov–Exponent 0 keine Rolle spielt, haben wir ihn hier, falls er überhaupt auftreten sollte, nicht berücksichtigt.)

Vermerkt werden sollte, daß die Aussage „$\mu \in \mathcal{M} \Rightarrow \mu(\Gamma) = 1$" erst dann etwas über die Reichhaltigkeit von Γ aussagt, wenn man weiß, daß $\mathcal{M}$ nicht zu spärlich ist, wenn man also in M interessante Maße gefunden hat.

Es sei nun μ ein festes Maß aus $\mathcal{M}$, und λ_i, λ'_j seien seine Ljapunov–Exponenten. Da schon Γ_μ die Masse $\mu(\Gamma_\mu) = 1$ hat gilt das bei jedem festen i ($1 \leq i \leq k$) erst recht für die Vereinigung der Mannigfaltigkeiten $W^u_x(\lambda_i)$ ($x \in \Gamma_\mu$). Bezüglich des Maßes μ bilden diese Mannigfaltigkeiten also eine Zerlegung $\mathcal{W}^u_i$ von M (bis auf eine Nullmenge). Um das Maß μ auf diese Mannigfaltigkeiten zu verteilen, wendet man die folgende Bemerkung aus der Maßtheorie an:

Ist eine Zerlegung $\mathcal{W}$ von M (bis auf eine Nullmenge) meßbar (eine Bedingung, die etwa in [13] erklärt ist), so gibt es in $\mathcal{W}$ ein Maß μ^* und in jeder Menge $W \in \mathcal{W}$ ein normiertes Maß μ_W, das im wesentlichen eindeutig bestimmt ist und *bedingtes Maß* genannt wird, so daß für meßbare Teilmengen X von M gilt

$$\mu(X) = \int_{\mathcal{W}} \mu_W(W \cap X) d\mu^* \, .$$

Zwar sind unsere Zerlegungen $\mathcal{W}^u_i$ in diesem Sinne nicht immer meßbar, sie werden es aber, wenn man die Mannigfaltigkeiten $W^u_x(\lambda_i)$ noch in gewisse Zellen zerlegt. Da es hier auf technische Einzelheiten nicht ankommen soll, lassen wir dieses Hindernis unbeachtet und tuen so als seien die $\mathcal{W}^u_i$ meßbar. Damit haben wir auf den Mannigfaltigkeiten $W^u_x(\lambda_i)$ bedingte Maße eingeführt, und deren lokale Hausdorff–Dimension an der Stelle x, die wegen der Ergodizität von μ nicht von x abhängt, sei mit δ_i bezeichnet. Schließlich werden die Zahlen $\gamma_1, \ldots, \gamma_k$ durch die Gleichungen $\sum_{i=1}^{j} \gamma_i = \delta_j$ ($j = 1, \ldots, k$) definiert.

Der Einfluß der positiven Ljapunov–Exponenten auf die Entropie kommt zunächst in der folgenden Abschätzung von Margulis und Ruelle [16] zum Ausdruck:

$$h(\mu) \leq \sum_{i=1}^{k} \lambda_i n_i \, .$$

Die Gleichheit gilt hier allerdings im allgemeinen nicht, und es war Ja.G. Pesin [9], der eine hinreichende Voraussetzung dafür fand:

$$h(\mu) = \sum_{i=1}^{k} \lambda_i n_i$$

gilt, falls das Maß μ absolut stetig bzgl. des zu einer Riemannschen Metrik auf M gehörenden Lebesgueschen Maßes ist.

Abschließend konnten dann F. Ledrappier und L.-S. Young den Einfluß der Ljapunov–
Exponenten auf die Entropie klären. Zunächst zeigten sie [6, Part I], daß die Pesin–
Gleichung genau dann gilt, wenn die oben eingeführten bedingten Maße auf den unstabilen
Mannigfaltigkeiten $W_x^u(\lambda_k)$ $(x \in \Gamma_\mu)$ absolut stetig bzgl. des Lebesgueschen Maßes auf
den $W_x^u(\lambda_k)$ sind.

Maße $\mu \in \mathcal{M}$ mit dieser Eigenschaft spielen eine große Rolle in der Dynamik. Man nennt
sie SRB–Maße, und die Maße auf vielen Attraktoren mit den in der Einleitung genannten
Eigenschaften gehören zu ihnen. Allerdings sind die bekannten Voraussetzungen, unter
denen man ihre Existenz beweisen kann, recht einschränkend für f (hier ist vor allem Smales
Axiom A zu nennen), und die Frage nach der Existenz von SRB–Maßen ist noch weitgehend
unbeantwortet. Dabei steht aber fest, daß diese Maße in vielen interessanten Fällen nicht
existieren werden, und es ist natürlich, nach einer Verallgemeinerung der Pesinschen Formel
zu suchen. Die wohl endgültige Fassung dieser Formel, in die die Hausdorff–Dimension
ganz entscheidend eingeht, wurde von Ledrappier und Young gefunden [6, Part II]. Sie gilt
für alle Maße $\mu \in \mathcal{M}$ und lautet

$$h(\mu) = \sum_{i=1}^{k} \lambda_i \gamma_i \, .$$

An dieser Formel erkennt man: **Nicht die Vielfachheiten n_i sind die richtige Art, das
Gewicht der einzelnen Ljapunov–Exponenten zu messen, man hat vielmehr gewis-
se Hausdorff-Dimensionen heranzuziehen.** Daß sich diese Bemerkung keineswegs nur
auf die Pesin–Formel bezieht, sondern allgemeine Gültigkeit besitzt, zeigt die folgende
Gleichung, in der die Beziehung zwischen den positiven und den negativen Ljapunov–
Exponenten ausgedrückt wird

$$\sum_{i=1}^{k} \lambda_i \gamma_i = - \sum_{j=1}^{k'} \lambda_j' \gamma_j' \, .$$

Hier gehen die Zahlen γ_j' aus den Hausdorff-Dimensionen der bedingten Maße auf den
stabilen Mannigfaltigkeiten $W_x^s(\lambda_j')$ $(x \in \Gamma_\mu; 1 \leq j \leq k')$ so hervor, wie die Zahlen γ_i
mittels der unstabilen Mannigfaltigkeiten definiert wurden. Mit den Vielfachheiten n_i, n_j'
anstelle von γ_i, γ_j' bliebe diese Gleichung auf spezielle Maße beschränkt.

6 Das Dimensionsspektrum

In diesem Abschnitt soll eine ganze Schar $\dim_q(\mu)$ $(q \in \mathbf{R})$ von Dimensionen eines
Maßes μ vorgeführt werden, deren Definition zunächst formal erscheinen mag, von der
aber durch heuristische Spekulationen wahrscheinlich gemacht wird, daß sie interessante
Eigenschaften von μ widerspiegelt. Mathematisch exakte Erkenntnisse liegen dazu erst in
speziellen Fällen vor, deren Beschreibung für diesen Artikel zu technisch wäre. So kann
hier auf formale Präzision noch weniger Rücksicht genommen werden als in den anderen
Abschnitten. Es sei bemerkt, daß, oberflächlich gesehen, die Dynamik in den folgenden

Betrachtungen zwar kaum auftaucht, daß sie aber als Anlaß und Motivation eine ganz wesentliche Rolle gespielt hat und wir damit genügend Grund haben, diese Entwicklung hier kurz vorzustellen.

Es sei μ ein normiertes Borel Maß auf $\mathbf{R}^n$ mit kompaktem Träger Λ. (Verallgemeinerungen von $\mathbf{R}^n$ auf andere Mannigfaltigkeiten sind möglich). Für $\varepsilon > 0$ bezeichnen wir mit $Q_1(\varepsilon), \ldots, Q_{r(\varepsilon)}(\varepsilon)$ die Würfel aus dem Gitter aller Würfel

$$\{(x_1, \ldots, x_n) \in \mathbf{R}^n | k_i \varepsilon \le x_i < (k_i + 1)\varepsilon\} \qquad (k_i \in \mathbf{Z}),$$

für die gilt

$$p_i(\varepsilon) = \mu(Q_i(\varepsilon)) > 0.$$

Erinnert man sich an den Begriff der Entropie einer Zerlegung, wie er im Abschnitt 3 definiert wurde, so liegt es nahe, zu fragen, wie sich

$$\sum_{i=1}^{r(\varepsilon)} p_i(\varepsilon) \log p_i(\varepsilon)$$

bei gegen 0 strebendem ε verhält. Existiert der Limes

$$\dim_1(\mu) = \lim_{\varepsilon \to 0} \frac{\sum_{i=1}^{r(\varepsilon)} p_i(\varepsilon) \log p_i(\varepsilon)}{\log \varepsilon},$$

so hat er Eigenschaften einer Dimension und wird Informations– oder Entropiedimension genannt. (Der Index 1 deutet auf spätere Modifizierungen dieser Dimension hin.)

Daß damit tatsächlich eine vernünftige Invariante von μ definiert wurde, deutet das folgende Resultat von L.S. Young [20] an: Existiert für fast alle Punkte $x \in \Lambda$ die oben definierte lokale Dimension $d_x(\mu)$, was für ergodisches μ immer zutrifft, und ist ihr Wert fast überall konstant auf Λ, so wird

$$\dim_1(\mu) = \dim_H(\mu) = d_x(\mu).$$

Es sei vermerkt, daß die Entropiedimension $\dim_1(\mu)$ mit der Kapazitätsdimension $\dim_C \Lambda$ von Λ übereinstimmen wird, falls μ geometrisch gleichverteilt ist, falls also für jedes $\varepsilon > 0$ die Maße $p_1(\varepsilon), \ldots, p_{r(\varepsilon)}(\varepsilon)$ annähernd übereinstimmen. Ist $\dim_1(\mu) < \dim_C \Lambda$, so kann man die Differenz als Maß für "Verklumpungen" von μ auf Λ ansehen.

Es soll nun auf die angekündigten Modifikationen $\dim_q(\mu)$ ($q \in \mathbf{R}, q \ne 1$) der Dimension $\dim_1(\mu)$ eines Maßes eingegangen werden. Die formale auf P. Grassberger zurückgehende Definition schließt wieder an die der Kapazitätsdimension an und ist einfach. Sie wird durch die von A. Rényi (siehe [12] Kap. IX.) für jede reelle Zahl $q \ne 1$ eingeführte Information

$$I_q(p_1, \ldots, p_r) = \frac{1}{1-q} \log \sum_{i=1}^{r} p_i^q$$

einer Wahrscheinlichkeitsverteilung $p_1, \ldots, p_r$ nahegelegt und lautet

$$\dim_q(\mu) = \frac{1}{1-q} \lim_{\varepsilon \to 0} \frac{\log \sum_{i=1}^{r(\varepsilon)} p_i^q(\varepsilon)}{\log 1/\varepsilon}.$$

Für $q = 0$ erhält man so die Kapazitätsdimension des Trägers, und für gegen 1 strebendes q wird $\dim_q(\mu)$ gegen $\dim_1(\mu)$ streben. Da $\dim_q(\mu)$ auch sonst stetig von q abhängt, wird so dem Maß μ die stetige Dimensionsfunktion $q \mapsto \dim_q(\mu)$, das *Dimensionsspektrum*, zugeordnet, vorausgesetzt natürlich, daß alle bei deren Konstruktion gemachten Annahmen gerechtfertigt sind.

Zunächst sei kurz darauf hingewiesen, wie man sich die Dimensionen $\dim_2(\mu)$, $\dim_3(\mu)$, .. veranschaulichen kann.

Sehen wir $p_i(\varepsilon)$ als die Wahrscheinlichkeit dafür an, daß ein μ–zufälliger Punkt in den Würfel $Q_i(\varepsilon)$ fällt, so ist $p_1(\varepsilon)^2 + \ldots + p_{r(\varepsilon)}(\varepsilon)^2$ die Wahrscheinlichkeit dafür, daß beide Punkte eines zufällig gewählten Punktpaares im gleichen Würfel liegen. Es ist nicht schwer einzusehen, daß sich diese Wahrscheinlichkeit bei gegen 0 strebendem ε ungefähr so verhält wie die Wahrscheinlichkeit dafür, daß zwei zufällig gewählte Punkte höchstens den Abstand ε haben. Die Dimension $\dim_2(\mu)$ sagt also etwas über das asymptotische Verhalten dieser Wahrscheinlichkeit aus.

Ist μ das in der Einleitung erwähnte SRB–Maß auf einem Attraktor Λ, so ist die folgende weitergehende Deutung möglich: Es sei $\ldots, f^{-1}(x), x, f(x), \ldots$ ein Orbit in Λ, der in dem Sinne allgemein ist, daß sich sowohl seine Punkte als auch die Paare seiner Punkte gemäß μ verteilen. Dann gibt, grob gesprochen, für ein $\varepsilon > 0$ die reziproke Summe $(p_1(\varepsilon)^2 + \ldots + p_{r(\varepsilon)}(\varepsilon)^2)^{-1}$ an, wie lang ein Orbitstück sein muß, damit man in ihm zwei ε–dicht beieinanderliegende Punkte erwarten kann, damit also in diesem Stück eine ε–Rekurrenz auftritt. Da die Dimension $\dim_2(\mu)$ etwas über das asymptotische Verhalten dieser Summe aussagt, mißt sie das Rekursionsverhalten der Orbits in μ: Je kleiner $\dim_2(\mu)$ ist, desto rekurrenter ist die Dynamik auf Λ. Aus dem soeben Gesagten geht leicht hervor, daß man die Dimensionen $\dim_q(\mu)$ für ganzzahlige $q \geq 2$ als Maß für eine q–Punkte–Rekurrenz in Λ ansehen kann, bei der es darauf ankommt, wie lang ein Stück eines allgemeinen Orbits sein muß, damit es q dicht beieinanderliegende Punkte enthält.

Wir kommen nun zu einer interessanten Deutung der Dimensionen $\dim_q(\mu)$ für alle reellen Zahlen q aus einem gewissen Intervall, die u.a. auf I. Procaccia zurückgeht [11]. Dabei setzen wir μ als ergodisch voraus. Uns interessiert für ein beliebiges $\alpha \geq 0$ die Menge der Punkte x, in denen die lokale Dimension $d_x(\mu)$ des Maßes gleich α ist:

$$K_\alpha = \{x \in \Lambda | d_x(\mu) = \alpha\}.$$

Es geht darum, einen Zusammenhang zwischen den Dimensionen $\dim_q(\mu)$ und den Kapazitätsdimensionen

$$g(\alpha) = \dim_C(K_\alpha)$$

zu finden. Numerische Experimente an einigen interessanten Beispielen zeigen, daß die Funktion g auf einem Intervall I konkav ist und das in Abbildung 2 gezeigte Aussehen hat, während sie außerhalb von I gleich 0 ist.

Für kleine positive ε, δ betrachten wir zu jedem α das Intervall $I_\alpha = [\alpha, \alpha + \delta]$ und die Vereinigung $Q(\alpha, \varepsilon)$ aller Würfel $Q_i(\varepsilon)$, für die die beiden äquivalenten Bedingungen

$$\frac{\log p_i(\varepsilon)}{\log \varepsilon} \in I_\alpha, \quad \varepsilon^\alpha \geq p_i(\varepsilon) > \varepsilon^{\alpha+\delta}$$

gelten. Die Anzahl dieser Würfel soll mit $n(\alpha, \varepsilon)$ bezeichnet werden. Es ist naheliegend, anzunehmen, daß bei kleinem $\varepsilon_0 \geq 0$

$$\bigcap_{\varepsilon_0 > \varepsilon > 0} Q(\alpha, \varepsilon) = \bigcup_{\alpha \leq \beta < \alpha + \delta} K_\beta$$

wird, und ein wenig mehr Überlegung motiviert die Annahme, daß

$$- \lim_{\varepsilon \to 0} \frac{\log n(\alpha, \varepsilon)}{\log \varepsilon}$$

gleich dem Supremum von g auf I_α sein wird, der Wert bei kleinem δ also nahe bei $g(\alpha)$ liegt, so daß angenähert gilt

$$n(\alpha, \varepsilon) \sim \varepsilon^{-g(\alpha)} \, .$$

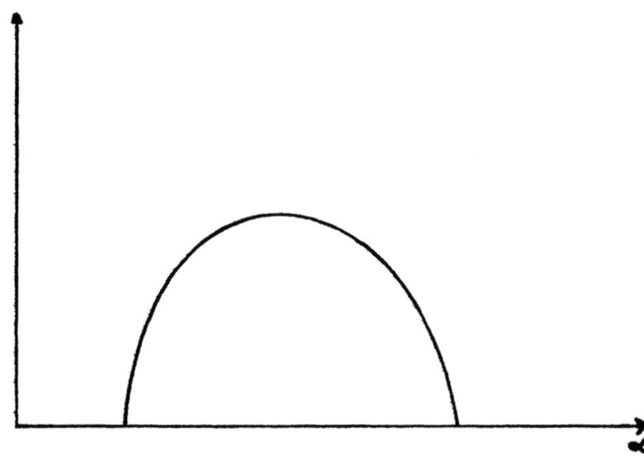

Abb. 2

Nach Aufteilen der reellen Achse in die Intervalle $[j\delta, (j + 1)\delta]$ $(j \in \mathbf{Z})$ kommen wir so dazu, bei kleinen ε, δ die folgenden Werte als nahe beieinanderliegend anzusehen:

$$\sum_{i=0}^{r(\varepsilon)} p_i(\varepsilon)^q \;\sim\; \sum_{j=0}^{\infty} n(j\delta, \varepsilon)\varepsilon^{qj\delta}$$

$$\sim\; \sum_{j=0}^{\infty} \varepsilon^{-g(j\delta)+qj\delta} \, .$$

Interessiert man sich bei festem δ nur für das exponentielle Wachstum dieser Werte falls $\varepsilon \to 0$, so darf man den Faktor δ hinzufügen, und die Kette läßt sich fortsetzen mit

$$\sim \delta \sum_{j=0}^{\infty} \varepsilon^{-g(j\delta)+qj\delta}$$

Für kleines δ ist dieser letzte Wert annähernd gleich

$$\sim \int_0^{\infty} \varepsilon^{-g(\alpha)+q\alpha} d\alpha \;,$$

und das exponentielle Wachstum (bei $\varepsilon \to 0$) hiervon stimmt überein mit dem von

$$\varepsilon^{\inf(-g(\alpha)+q\alpha)} = \varepsilon^{-\sup(g(\alpha)-q\alpha)} \;.$$

Damit gilt

$$(1-q)\dim_q(\mu) = \lim_{\varepsilon \to 0} \frac{\log \sum_{i=1}^{r(\varepsilon)} p_i(\varepsilon)^q}{\log 1/\varepsilon} = \sup(g(\alpha) - q\alpha) \;.$$

Die Funktion $q \mapsto (q-1)\dim_q(\mu)$ ist also die Legendre–Transformierte von g, und man erhält $(q-1)\dim_q(\mu)$, indem man die Tangente mit dem Anstieg q an den Graphen von g legt und deren Schnittpunkt mit der Ordinatenachse bestimmt (siehe Abbildung 3). Bei großzügiger Anwendung im Fall $q = 0$ erhält man die (ohne Maß definierte) Kapazitätsdimension von Λ

$$\dim_C \Lambda = \dim_0(\mu) = \sup_{\alpha} g(\alpha)$$

als maximalen Wert der Funktion g.

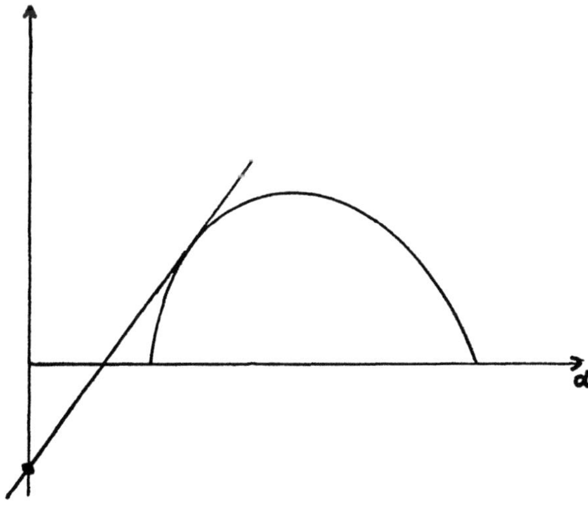

Abb. 3

7 Die Hausdorff–Dimension und der Druck einer Funktion

Sieht man einmal von numerischen Berechnungsverfahren ab, so ist es schwer, etwas über die Dimensionen $\dim_H$, $\dim_C$, $\dim^C$ von interessanten invarianten Mengen des hier betrachteten Modells der Dynamik auszusagen. Selbst bei den Attraktoren treten wesentliche Schwierigkeiten auf, will man deren Dimensionen zu anderen Invarianten in Beziehung setzen. Das wird weiter unten an einem einfachen Beispiel vorgeführt.

Zuvor soll jedoch hingewiesen werden auf den für derartige Beispiele wichtigen Zusammenhang der Hausdorff–Dimension einer invarianten Menge X mit einer reellen Zahl, die jeder stetigen Funktion $\psi : X \to \mathbf{R}$ zugeordnet wird. Da die auf D. Ruelle [14] und P. Walters [19] zurückgehende Definition dieser Zahl $P(\psi)$ Analogien zur Einführung des Druckes in der statistischen Mechanik aufweist, hat sie die Bezeichnung Druck von ψ erhalten. (Zu formalen Aspekten des Zusammenhanges zwischen der Theorie dynamischer Systeme und der Thermodynamik siehe [15].)

Es seien X ein kompakter metrischer Raum mit der Abstandsfunktion d und $f : X \to X$ eine stetige Abbildung von X auf sich. Hier wird nicht vorausgesetzt, daß f eineindeutig ist, wir nehmen aber an, daß f eine Expansivitätskonstante ε besitzt. Damit ist eine positive Zahl ε gemeint, so daß es zu je zwei verschiedenen Punkten $x, y \in X$ einen Exponenten $k \geq 0$ gibt, für den $d(f^k(x), f^k(y)) > \varepsilon$ gilt. Neben d betrachten wir für $k = 0, 1, \ldots$ die durch

$$d_k(x, y) = \max_{0 \leq i < k} d(f^i(x), f^i(y))$$

definierten Abstände. Sie werden bei wachsendem k niemals kleiner, und da f expansiv ist, gilt für je zwei verschiedene Punkte x, y sogar

$$\limsup_{k \to \infty} d_k(x, y) > \varepsilon \ .$$

Die Schnelligkeit, mit der die Abstände d_k wachsen, drückt sicher eine wichtige Eigenschaft der durch f auf X definierten Dynamik aus. Um dieses Wachstum unabhängig von einem speziellen Punktepaar x, y zu erfassen, führen wir Punktnetze in X ein. Dabei verstehen wir unter einem k–Netz ($k = 0, 1, \ldots$) eine maximale Teilmenge N_k von X in der je zwei Punkte mindestens den d_k–Abstand ε haben, wo ε eine fest gewählte Expansivitätskonstante ist. Da die folgenden Definitionen weder von ε noch von der benutzten Folge (N_k) abhängen, nehmen wir an, daß nicht nur ε sondern auch die Netze N_k fest gewählt sind. Die Netze N_k sind endlich (X ist ja kompakt), sie werden bei wachsendem k aber immer feiner, so daß ihre Vereinigung in X dicht liegt. Die Geschwindigkeit mit der die Anzahlen $\#N_k$ von Punkten in N_k zunehmen, kann man als Maß für das Anwachsen der Abstände d_k ansehen. Da hier ein exponentieller Anstieg zu erwarten ist, interessiert uns dessen Exponent

$$\lim_{k \to \infty} \frac{1}{k} \log \#N_k \ .$$

Für Homöomorphismen f stimmt dieser Wert mit der im Abschnitt 4 definierten Entropie h überein.

Um den Druck einer stetigen Funktion $\psi : X \to \mathbf{R}$ zu definieren und damit auch eine Verbindung zur Hausdorff–Dimension gewisser durch eine Dynamik definierten Mengen zu erhalten, muß diese Charakterisierung der Entropie von f verallgemeinert werden. Dazu gehen wir von einer stetigen positiven Funktion $\varphi : X \to \mathbf{R}$ aus und bilden die neuen Funktionen

$$\varphi^{(k)}(x) = \Pi_{i=0}^{k-1}\varphi(f^i(x)) \qquad (k = 0, 1, \ldots)$$

sowie die Summen

$$\varphi^{(k)} = \sum_{x \in N_k} \varphi^{(k)}(x) \,.$$

Der Exponent der als exponentiell zu erwartenden Abhängigkeit des Wertes $\varphi^{(k)}$ von k

$$Q(\varphi) = \lim_{k \to \infty} \frac{1}{k} \log \varphi^{(k)}$$

ist eine Verallgemeinerung der Entropie; denn für $\varphi \equiv 1$ wird $\varphi^{(k)} = \# N_k$ und $Q(\varphi) = h$. Wie die folgenden Betrachtungen zeigen, kann man hierdurch auch für andere Funktionen φ zu interessanten Aussagen gelangen.

Der *Druck* einer stetigen Funktion ψ ist definiert durch

$$P(\psi) = Q(e^\psi) \,.$$

Obwohl die folgende Veranschaulichung der Schlüsse zur Bestimmung von $\dim_H X$ recht grob ist, hoffen wir damit eine Einsicht in Hintergründe für den Zusammenhang zwischen der Hausdorff–Dimension von X und dem Druck einer einfach zu definierenden Funktion zu geben und gleichzeitig auch anzudeuten, warum hierfür so restriktive Voraussetzungen notwendig sind.

Wir setzen voraus, daß f in dem folgenden Sinne konform und lokal expandierend ist: Für jeden Punkt x und jede gegen x konvergierende Folge (x_n), deren Punkte von x verschieden sind, soll der Limes

$$\lim_{n \to \infty} \frac{d(f(x_n), f(x))}{d(x_n, x)} = \varphi(x)$$

existieren, unabhängig von (x_n) und größer als 1 sein. So ist eine Funktion $\varphi : X \to (1, \infty)$ definiert, und es wird gefordert, daß diese Funktion stetig ist.

Da wegen $\varphi > 1$ die Abbildung f lokal expandiert, findet man eine Expansivitätskonstante ε. Wird ε genügend klein gewählt, so definiert eine maximale Teilmenge N von X, in der je zwei Punkte mindestens den Abstand ε haben, durch $N_k = f^{-k}(N)$ eine Folge von k–Netzen. Eine solche Folge soll den weiteren Betrachtungen zugrundeliegen.

Für Punkte $x \in N_k$ sei $U_k(x)$ die Menge aller der Punkte aus X, für die x zu den bzgl. d nächstgelegenen Punkten aus N_k gehört. Diese Menge $U_k(x)$ ist eine kompakte Umgebung von x, und die Abstände von x zum Rand von $U_0(x)$ liegen zwischen $\varepsilon/2$ und ε. Für festes $k \geq 0$ bilden alle Mengen $U_k(x)$ eine endliche Überdeckung $\mathcal{U}_k$ von X.

Gehört x für ein großes k zu N_k, so wird der Durchmesser von $U_k(x)$ wesentlich durch $\varphi^{(k)}(x)$ bestimmt. Damit meinen wir, daß sich $\varphi^{(k)}(x)$ und $\mathrm{diam} U_k(x)$ nur so weit unterscheiden, daß man in der Definition von $Q(\varphi)$ die einen Werte durch die anderen ersetzen darf:

$$Q(\varphi) = \lim_{k \to \infty} \frac{1}{k} \log \sum_{x \in N_k} \operatorname{diam} U_k(x) .$$

Ist p eine reelle Zahl, so gilt eine entsprechende Gleichung auch noch für die p–te Potenz φ^p der Funktion φ:

$$Q(\varphi^p) = \lim_{k \to \infty} \frac{1}{k} \log \sum_{x \in N_k} (\operatorname{diam} U_k(x))^p .$$

Da die Abbildung f lokal konform ist und die Mengen $U_k(x)$ bei wachsendem k immer kleiner werden, dürfen sie sich nicht zu schnell von der Kugelgestalt entfernen, die d–Abstände eines Punktes $x \in N_k$ zu den Randpunkten von $U_k(x)$ dürfen nicht zu stark schwanken, oder, anders ausgedrückt, die N_k dürfen ihre "Gleichverteilung" bzgl. der Metrik d nicht zu schnell verlieren. Dadurch bleiben die Überdeckungen in dem Sinne optimal, daß man sich bei der Definition der im Abschnitt 3 eingeführten Maße m^p auf sie beschränken darf, sofern man diese Maße nur zur Definition der Hausdorff–Dimension von X verwendet:

$$\lim_{k \to \infty} \sum_{x \in N_k} (\operatorname{diam} U_k(x))^p = \left\{ \begin{array}{ll} \infty, & \text{falls} \quad p < \dim_H X \\ 0, & \text{falls} \quad p > \dim_H X \end{array} \right.$$

Offenbar ist $Q(\varphi^p)$ in Abhängigkeit von p fallend. Es läßt sich zeigen, daß $Q(\varphi^p)$ sogar eigentlich monoton fallend von p abhängt und sowohl positive als auch negative Werte annimmt. Dann ergeben die soeben angeführten Charakterisierungen von $Q(\varphi^p)$ und $\dim_H X$ den folgenden Zusammenhang:

Die Hausdorff–Dimension von X ist der Wert p_0, für den $Q(\varphi^{p_0}) = 0$ gilt. Setzt man $\psi = \log \varphi$, so wird damit die Hausdorff–Dimension von X auch durch die Gleichung

$$P(\dim_H X \cdot \psi) = 0$$

festgelegt, in der P den oben eingeführten Druck der Funktion $\dim_H X \cdot \psi$ auf X bedeutet.

Wie aus den oben gemachten Andeutungen für eine Begründung dieser Gleichung hervorgeht, wird sie für nicht konforme Abbildungen $f : X \to X$ i.a. nicht mehr gelten. In dem nun folgenden Beispiel werden sich die dadurch ergebenden Schwierigkeiten bei einem konkreten Attraktor zeigen.

Beispiel (siehe [2]). Es sei S^1 die Kreislinie, $\mathbf{D}^2$ die Einheitskreisscheibe in $\mathbf{R}^2$ und $V = S^1 \times \mathbf{D}^2$ der dreidimensionale Volltorus. Wir betrachten eine differenzierbare Einbettung $f : V \to \operatorname{Int} V$, die sich in der Form

$$f(t, x) = (\vartheta(t), \chi(t, x))$$

schreiben läßt, wobei die Abbildung $\vartheta : S^1 \to S^1$ expandiert, d.h. überall eine Ableitung $\frac{d\vartheta}{dt} > 1$ hat. Von $\chi : V \to \operatorname{Int} \mathbf{D}^2$ wird vorausgesetzt, daß sich für jedes $t \in S^1$ die Abbildung $x \mapsto \chi(t, x)$ durch Einschränkung einer affinen Abbildung $\mathbf{R}^2 \to \mathbf{R}^2$ auf $\mathbf{D}^2$ ergibt. Dann hat f die Form

$$f(t, x) = (\vartheta(t), z(t) + A_t(x))$$

mit einer Abbildung $z : S^1 \to \text{Int}\mathbf{D}^2$ und linearen Abbildungen $A_t : \mathbf{R}^2 \to \mathbf{R}^2$. Da $z(t) + A_t(\mathbf{D}^2)$ im Innern von $\mathbf{D}^2$ liegt, ist jede der Abbildungen A_t kontrahierend, für $x \neq y$ gilt also $|A_t(x) - A_t(y)| < |x - y|$. Damit ist das Bild $f(V)$ von V dünner als V, und es läuft, da ϑ expandiert, mehrmals in V herum (siehe Abb. 4). Die Zahl der Umläufe sei mit θ bezeichnet. Da sich leicht eine dreidimensionale randlose Mannigfaltigkeit M finden läßt, die V enthält und auf die sich f zu einem Diffeomorphismus $f : M \to M$ fortsetzen läßt, verlassen wir mit diesem Beispiel nicht das für diesen Artikel gewählte Modell der Dynamik.

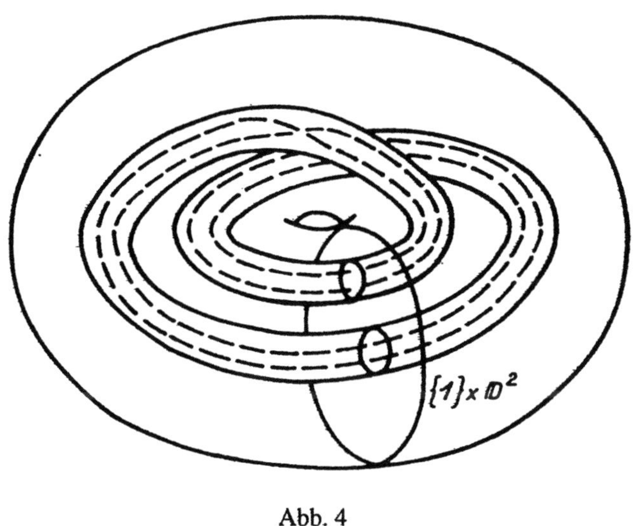

Abb. 4

Für $t \in S^1$ möge D_t die Scheibe $t \times \mathbf{D}^2$ in V bezeichnen. Dann besteht $f^k(V) \cap D_t$ aus θ^k disjunkten Ellipsen, und jede dieser Ellipsen enthält genau θ der Ellipsen, aus denen $f^{k+1}(V) \cap D_t$ besteht. Da diese Ellipsen bei wachsendem k immer kleiner werden, ist der Durchschnitt aller Mengen $f^k(V) \cup D_t$ eine Cantor–Menge in D_t. Die Menge

$$\Lambda = \bigcap_{k=0}^{\infty} f^k(V)$$

wird in der Topologie Solenoid genannt. In ihr haben wir den einzigen Attraktor von f gefunden, denn Λ zieht alle Punkte aus V an. Es ist nicht schwer, zu zeigen, daß sogar für alle $x \in V$ mit Ausnahme der Punkte einer Menge von verschwindendem Lebesgueschen Maß die ω–Menge ω_x mit ganz Λ übereinstimmt.

Wir fragen nun nach den Dimensionen von Λ. Da uns dabei auch die lokalen Dimensionen interessieren, ist es sinnvoll, die Dimensionen der Cantor–Mengen $\Lambda_t = \Lambda \cap D_t$ $(t \in S^1)$ zu untersuchen.

Im einfachsten Fall sind alle Abbildungen A_t Ähnlichkeitsabbildungen derart daß die Ellipsen in den Durchschnitten $f^k(V) \cap D_t$ $(t \in S^1)$ Kreise werden. Λ soll dann transversal konform genannt werden. Indem wir jedem $t \in S^1$ den Kontraktionsfaktor von A_t zuordnen, erhalten wir eine Abbildung $\lambda : S_1 \to (0,1)$, wobei $\lambda(t)$ den Radius des Kreises $f(D_t)$ angibt. Ist diese Funktion λ konstant gleich λ_0, so lassen sich die gesuchten Dimensionen ähnlich wie beim Cantorschen Diskontinuum berechnen, und man erhält unabhängig von t

$$\dim_H \Lambda_t = \dim_C \Lambda_t = \dim^C \Lambda_t = -\frac{\log \theta}{\log \lambda_0} \, .$$

Auch bei nicht konstanter Funktion λ sind diese Dimensionen gleich und unabhängig von t. Um ihren Wert zu bestimmen, kann man den soeben eingeführten Druck heranziehen. Das Ergebnis lautet ähnlich wie bei dem oben beschriebenen Raum X: Ist $\kappa : \Lambda \to \mathbf{R}$ die mittels der Projektion $V \to S^1$ auf Λ zurückgezogene Funktion $\lambda : S^1 \to \mathbf{R}$, so ist die Hausdorff–Dimension p von Λ_t durch die Gleichung

$$P(p \cdot \log \kappa) = 0$$

bestimmt. Eine verwandte definierende Bedingung für p besteht darin, daß die Funktional-gleichung

$$\sum_{\varphi(t')=t} \kappa^p(t')\xi(t') = \xi(t)$$

auf S^1 genau für $p = \dim_H \Lambda_t$ eine positive Lösung $\xi : S^1 \to \mathbf{R}$ besitzt.

Sucht man vergleichbare Ergebnisse für lineare Abbildungen A_t, die nicht Ähnlichkeits-abbildungen sind, so hat man von Darstellungen

$$\Lambda_t = \bigcap_{k=0}^{\infty} (f^k(V) \cap D_t)$$

der Cantormengen Λ_t auszugehen, bei denen die Mengen $f^k(V) \cap D_t$ sich aus Ellipsen (und nicht mehr aus Kreisen) zusammensetzen. Die dadurch entstehenden Schwierigkeiten haben zwei Gründe: Einmal können die Dimensionen von Λ_t nun von der Lage der Mittelpunkte der Ellipsen aus $f^k(V) \cap D_t$, d.h. von der Abbildung $z : S^1 \to \mathrm{Int}D^2$ abhängen, und zum anderen kann man die Längen und Richtungen der Ellipsenachsen schwer überblicken.

Das zweite (schwerer wiegende) Hindernis tritt nicht auf, wenn man sich auf Einbettungen $f : V \to V$ beschränkt, bei denen die Abbildungen A_t von der Gestalt

$$A_t(x_1, x_2) = (\lambda_1 x_1, \lambda_2 x_2)$$

sind. Dann ist f durch die beiden Funktionen $\lambda_1, \lambda_2 : S^1 \to (0,1)$ bestimmt, und die Achsen der Ellipsen werden zu den Koordinatenachsen parallel. Wie im transversal konformen Fall sind den Funktionen λ_1, λ_2 Zahlen p_1 bzw. p_2 zu zugeordnet. Die naheliegende Vermutung

$$\dim_H \Lambda_r = \dim_C \Lambda_t = \dim^C \Lambda_t = \max(p_1, p_2)$$

ist leicht durch Gegenbeispiele zu widerlegen; denn die Dimensionen hängen nun auch von der Abbildung $z : S^1 \to \mathbf{D}^2$ ab. Man kann unter der Annahme, daß die Funktionen λ_1, λ_2 genügend klein sind, jedoch zeigen, daß die Gleichungen wenigstens in fast allen Fällen richtig sind: Es gibt im Raum aller Einbettungen $f : V \to V$ der angenommenen Form, für die zudem die Funktionen λ_1, λ_2 unterhalb einer gewissen Schranke liegen, eine bzgl. der C^1-Topologie offene und dichte Teilmenge, deren Elemente Attraktoren definieren, die die Gleichungen erfüllen.

Die Bedingungen, unter denen Aussagen über die Hausdorff–Dimension der Mengen Λ_t möglich waren, sind offenbar recht einschränkend. Es ist auch nicht zu erwarten, daß die angewandten Methoden eine wesentliche Abschwächung der Voraussetzungen zulassen, ja es ist viel wahrscheinlicher, daß es vergleichbare Zusammenhänge, die auf direktem Wege von der Abbildung $t \mapsto A_t$ zur Hausdorff–Dimension von Λ_t führen, dann gar nicht mehr gibt. Ein wesentliches Teilproblem taucht schon auf, wenn man nur nach scharfen Kriterien dafür fragt, unter denen $\dim_H \Lambda_t$ nicht von t abhängt. Begnügt man sich dagegen mit einer Bestimmung von $\dim_H \Lambda_t$, in die nicht nur die Abbildungen A_t sondern die Größen aller Ellipsen aus $f^n(V) \cap D_t$ ($n = 1, 2, 3, \ldots$) eingehen, so werden die Aussichten wesentlich besser, zumindest wenn man sich mit generischen Aussagen zufriedengibt.

Sind die Antworten auf die Frage nach der Hausdorff–Dimension bei unserem Beispiel für einen Attraktor an sehr speziellen Voraussetzungen gebunden, so zeigt die Strukturtheorie für gewisse Attraktoren (die sog. expandierenden Attraktoren) und Vermutungen über die Struktur weiterer invarianter Mengen, daß das Beispiel selbst gar nicht so speziell ist, wie es zunächst scheinen mag: Es ist zu erwarten, daß Probleme, die im Zusammenhang mit der Hausdorff–Dimension von expandierenden oder, allgemeiner, hyperbolischen Attraktoren auftreten, sich bereits bei dem oben beschriebenen Attraktor Λ andeuten, so daß die hier angedeuteten Schwierigkeiten von allgemeiner Art sind.

References

[1]   R.L. Adler, A. G. Konheim, M.H. McAndrew: Topological entropy, Trans. Amer. Math. Soc. **114**, 309–319, (1965).

[2]   H.G. Bothe: The Hausdorff dimension of certain solenoids; Ergod. Th. Dynam. Sys. 15, 449-474, 1995.

[3]   L.E.J. Brouwer: Über den natürlichen Dimensionsbegriff, Journ. f. Math. **142**, 146–152 (1913).

[4]   A. Fathi, M.R. Herman, J.C. Yoccoz: A proof of Pensin's stable manifold theorem; Geometric Topology (J. Palis Jr. Edit.) Lect. Notes Math. 1007, 177–215 (1983).

[5]   F. Hausdorff: Dimension und äußeres Maß, Math. Ann. **79**, 157–179 (1919).

[6]   F. Ledrappier, L.-S. Young: The metric entropy of diffeomorphisms Part I: Characterization of measure satisfying Pesin's entropy formula, Ann. Math. **122**, 505–539 (1985); PartII: Relations between entropy, exponents and dimension, ibid. 540–574.

[7]   V.I. Oseledec: Ein multiplikativer Ergodensatz und charakteristische Ljapunov–Zahlen für dynamische Systeme, Trudy Moskov. Mat. Obsč **19**, 179–210 (1968) (russisch).

[8]   Ja. B. Pesin: Familien invarianter Mannigfaltigkeiten zu nicht verschwindenden charakteristischen Exponenten, Izv. Akad. Nauk SSSR, Ser. Mat. **40**, 1332–1379 (1976) (russisch).

[9]   Ja. B. Pesin: Charakteristische Ljapunov–Exponenten und glatte Ergodentheorie, Usp. Mat. Nauk. **32:4**, 55–112 (1977) (russisch).

[10] Ja. B. Pesin: Charakteristiken von dimensionsartigem Typ für invariante Mengen dynamischer Systeme, Usp. Mat. Nauk **43**, 95–128 (1988) (russisch).

[11] I. Prococcia: The characterization of fractal measures as interwoven sets of singulatities: Global universality at the transition to chaos; Dimension and Entropies in Chaotic Systems. Proc. Internat. Workshop, Pecos River Ranch, Sept. 11–16, 1985: Springer 1986.

[12] A. Renyi: Probability Theory, Budapest 1970.

[13] V.A. Rochlin: Über die Grundbegriffe der Maßtheorie, Mat. Sbornik **25 (67)**, 107–150 (1949) (russisch).

[14] D. Ruelle: Statistical mechanics on a compact set with $\mathbf{Z}^\nu$ action satisfying expansiveness and specification, Trans. Amer. Math. Soc. **185**, 237–251 (1973).

[15] D. Ruelle: Thermodynamic formalism, Encyclop. of Mathem. and its Appl. 5. London–Amsterdam–...1978.

[16] D. Ruelle: An inequality for the entropy of differentiable maps, Bol. Soc. Bras. Mat. **9**, 83–87 (1978).

[17] D. Ruelle: Ergodic theory of differentiable dynamical systems, Publ. Math. IHES **50**, 275–306 (1979).

[18] F. Takens: Detecting strange attractors in turbulence; Dynamical Systems and Turbulence. Warwick 1980, Lecture Notes in Math. **898**, 366–381 (1981).

[19] P. Walters: A variational principle for the pressure of a continuous transformation, Amer. J. Math. **97**, 937–971 (1974).

[20] L.–S. Young: Dimension, entropy and Ljapunov exponents. Ergodic theory Dyn. Syst. **2**, 109–124 (1982).

Hans-Günther Bothe und Jörg Schmeling
Weierstraß-Institut für Angewandte Analysis und Stochastik
Mohrenstr. 39
10117 Berlin

Felix Hausdorffs letzte Lebensjahre nach Dokumenten aus dem Bessel-Hagen-Nachlaß

Erwin Neuenschwander

Der Mathematiker und Mathematikhistoriker Erich Bessel-Hagen (1898-1946) ist heute vor allem dank der über ihn kursierenden Anekdoten und Erzählungen bekannt. Eine angemessene Würdigung seines Werkes suchte man bis vor kurzem vergeblich, und sein umfangreicher Nachlaß, der sich als wahre Schatzgrube erweist, wurde von der Nachwelt überhaupt nicht zur Kenntnis genommen. Beinahe vergessen ist auch seine uneigennützige Unterstützung jüdischer Fachkollegen (wie z. B. Hausdorff und Toeplitz) während der NS-Zeit, deren Ende er selbst infolge Unterernährung und Krankheit ebenfalls nur um wenige Monate überlebte. Es scheint mir deshalb angemessen, diesen Beitrag mit einigen Worten über Bessel-Hagen zu beginnen, zumal er im Überblick zur Bonner Mathematik von W. Krull ([13], S. 9) in nur 6 Zeilen abgehandelt worden ist. Anschließend sollen die erschütternden Zeugnisse über Hausdorff und dessen von uns im Bessel-Hagen-Nachlaß entdeckter Abschiedsbrief im Original vorgestellt werden. Für eine detailliertere Würdigung Bessel-Hagens und seines Nachlasses sei auf unsere Arbeit „Der Nachlass von Erich Bessel-Hagen im Archiv der Universität Bonn" [19] verwiesen.

Erich Bessel-Hagen war ein Urenkel des berühmten Astronomen Friedrich Wilhelm Bessel und hatte zunächst in Berlin unter Knopp, Schmidt, Schur und Carathéodory studiert und dort auch 1920 bei letzterem mit einer Arbeit auf dem Gebiete der Variationsrechnung promoviert. Alsdann wechselte er nach Göttingen über, wo er seine Studien bei Courant, Landau, Hilbert, Noether und Klein fortsetzte und sich 1925 mit einer Arbeit über die elliptischen Modulfunktionen habilitierte. Daneben besuchte er zahlreiche allgemeinbildende Vorlesungen und war ein begeisterter Anhänger von Ulrich v. Wilamowitz-Moellendorff, der seine bereits auf die Schulzeit zurückgehende Liebe zum klassischen Altertum noch verstärkte. Nach Bonn wurde Bessel-Hagen im Sommer 1928 von Otto Toeplitz (1881-1940) geholt. Dieser versprach sich von ihm eine entscheidende Hilfe beim Aufbau der neugegründeten historisch-didaktischen Abteilung des Mathematischen Seminars.

In Bonn gab Bessel-Hagen neben vereinzelten historischen vor allem rein mathematische Vorlesungen und war während der Kriegszeit als Gehbehinderter und damit Kriegsdienstuntauglicher eine der wichtigsten Stützen des mathematischen Unterrichts. 1931 wurde er zum nichtbeamteten außerordentlichen Professor und 1939 zum außerplanmäßigen Professor ernannt. Nach der Amtsenthebung von Toeplitz im Jahre 1935 übernahm er von diesem bis zu seinem Tod die Leitung der historischen Abteilung des Mathematischen Seminars und war in seinen letzten Lebensjahren überdies mit der Wahrnehmung der Dienstobliegenheiten des geschäftsführenden Direktors des Mathematischen Seminars betraut.

Bessel-Hagens wissenschaftliche Verdienste liegen neben seiner Lehr- und Publikationstätigkeit vor allem im Aufbau der historischen Abteilung des Mathematischen Seminars der Universität Bonn sowie in der Sicherung und Rettung wertvollen Kulturgutes über die Kriegsjahre. So bemühte er sich seit seiner Göttinger Zeit wertvolle Bücher und Manuskripte zu sammeln, die er alsdann teils in seine eigenen Sammlungen, teils in die Bibliothek der historischen Abteilung des Mathematischen Seminars eingliederte. Später half er den Hinterbliebenen verfolgter Fachgenossen, wie z. B. von Johann Oswald Müller (1877-1940) und Hausdorff, beim Verkauf der Bibliotheken, wobei er wichtige Werke entweder für sich oder für die Abteilungsbibliothek ankaufte. Da bei dem verhängnisvollen Luftangriff auf die Bonner Innenstadt vom 18. Oktober 1944 auch die Bibliothek des Mathematischen Institutes und die Institutsakten beinahe vollständig zerstört wurden, besitzen Bessel-Hagens eigene, glücklicherweise erhaltenen Sammlungen heute für die Geschichte der Bonner Mathematik insbesondere während der NS-Zeit unschätzbaren Wert.[1]

Dem NS-Regime stand Bessel-Hagen von Anfang an kritisch gegenüber und scheute sich auch nicht, seine Meinung in Briefen gegenüber Freunden oder Verwandten zu äußern. So schreibt er bereits am 4. März 1932 an seine Mutter:

> An die Träume der Nazi's glaube ich nicht, befürchte vielmehr von ihrer Regirung das Schlimmste. Vor allem ist mir aber das Wesen dieser Partei, die hässliche Art ihrer Propaganda und das mehr als pöbelhafte Benehmen ihrer Vertreter, verhasst [. . .] Was diese Partei will, ist das Gegenteil von dem, was ich wünsche.

Am 5. April 1944 ermahnt ihn sein Bruder Hermann anläßlich einer ähnlichen Äußerung, sich in Briefen an Militärpersonen „grösster Zurückhaltung mit Bezug auf Meinungsäusserungen über militärische (oder auch politische) Massnahmen zu befleissigen", da die in Bessel-Hagens Brief enthaltenen Aussagen ihnen beiden schwer geschadet hätten, falls der Brief geöffnet worden wäre. Wie man Bessel-Hagens Nachlaß entnehmen kann, war er auch der einzige Bonner Mathematiker, der sich nach der „Reichskristallnacht" noch um die jüdischen Mathematiker kümmerte. Mit Toeplitz verband Bessel-Hagen eine besonders herzliche Freundschaft, und er traf diesen vor dessen Emigration nach Palästina zwecks Zusammenarbeit beinahe täglich. Sein Verhältnis zu Hausdorff scheint sich sogar erst in der NS-Zeit intensiviert zu haben, wo Bessel-Hagen Hausdorffs, wenn es irgend möglich war, wöchentlich besuchte, um mit ihm über Mathematik zu plaudern und ihnen das Gefühl der Vereinsamung zu verringern.[2] Nach Hausdorffs Tod schreibt er am 2. März 1942 an Maximilian Pinl, daß er in Hausdorff einen „lieben Freund verloren" habe und daß ihm Beck und Krull beide zu wesensfremd seien, um mit ihnen behaglich plaudern zu können. Daß sich Bessel-Hagen in jenen Jahren als einziger Bonner Mathematiker um Hausdorff und Toeplitz kümmerte, wird auch durch die Aussagen von Dritten, wie zum Beispiel Hans Bonnet, bestätigt.[3]

---

[1] Für eine Zusammenstellung der von Bessel-Hagen bei jenen Bibliotheksauflösungen übernommenen auf Hausdorff bezüglichen Materialien vgl. Anhang 2.

[2] Vgl. seine Aussagen in den Briefen an Ernst Zermelo vom 23. Dez. 1940 und an die Mutter vom 2. Febr. 1942.

[3] [6], S. 76 sowie diverse private Mitteilungen an den Autor.

Im folgenden sollen die wichtigeren Hausdorff betreffenden Angaben im Bessel-Hagen-Nachlaß in chronologischer Abfolge vorgestellt werden. Sie finden sich vor allem in Bessel-Hagens gesammelten und signierten Kohlepapierdurchschlägen von Briefen an Familienangehörige und Freunde, in seiner Korrespondenz zur Auflösung der Hausdorffschen Bibliothek sowie in einigen von Hausdorff und Johann Oswald Müller übernommenen Materialien. Da sich die einzelnen Stellen leicht zu einem erschütternden zeitgenössischen Dokumentarbericht verbinden, wollen wir nach Möglichkeit stets die Dokumente sprechen lassen und Erläuterungen und Kommentar auf das absolut Notwendige beschränken. Die auf Hausdorff bezüglichen Angaben beginnen sich im Briefwechsel erst mit dessen Emeritierung zu häufen. So schreibt Bessel-Hagen am 20. Juni 1935 an André Weil:

> Herr Hausdorff ist emeritirt worden, weil vor dreiviertel Jahr ein Gesetz herauskam, durch das die Altersgrenze herabgesetzt wurde, und er dadurch diese Altersgrenze überschritten hatte. Es ist aber eine ordnungsmässige Emeritirung ohne einen üblen Beigeschmack gewesen; und so ist Herr H. ganz zufrieden damit. Jetzt schwebt aber die Frage seines Nachfolgers. Wir möchten alle sehr gerne Herrn Hasse herbekommen, der wie es scheint, selbst Lust hat, herzukommen, wenn er den Ruf erhält. Ob ihm aber der Ruf erteilt wird, liegt ja nicht in unseren Händen; so müssen wir vorläufig geduldig abwarten, was das Schicksal beschliesst.

Eine ähnlich lautende Mitteilung hatte Bessel-Hagen bereits am 16. April 1935 an Richard Courant gemacht, wobei er aber dort für die Nachfolge noch keine Namen nennen wollte. Berufen wurde schließlich nach längeren Verhandlungen am 22. Nov. 1938 Ernst Peschl als Extraordinarius, nachdem wenige Tage zuvor Wolfgang Krull zum ordentlichen Nachfolger von Toeplitz ernannt worden war. Das Hausdorffsche Ordinariat war auf den 1. Nov. 1937 nach Göttingen verlegt worden, wobei Bonn im Gegenzug das Bernsteinsche Extraordinariat erhielt.[4]

Die nächste längere Mitteilung über Hausdorff findet man in einem Brief aus dem Jahre 1938 im Zusammenhang mit Hausdorffs 70. Geburtstag. Am 30. März 1938 schreibt Bessel-Hagen an Otto Neugebauer:

> Anfang November dieses Jahres feiert Hausdorff seinen 70. Geburtstag. Es ist mir mehrmals durch den Kopf gegangen, ob man die Redaction der Fundamenta Mathematicae nicht veranlassen sollte, ihm ein Festheft zu dieser Gelegenheit zu widmen. Die F[undamenta] M[athematicae] leben ja von Hausdorffschen Gedanken, sodass ein solches „Zeichen der Dankbarkeit" auch sachlich berechtigt wäre. Da Hausdorff die F. M. stets liest, wohl auch mit vielen ihrer Autoren in persönlicher Verbindung steht, würde er sich wohl über einen solchen Schritt freuen. Nun kenne ich keinen der Herausgeber der F. M., da mir ja das ganze dort behandelte Gebiet recht fern liegt. Als Herausgeber des

---

[4]Zu diesen Berufungen und zum Abtausch der Stellen vgl. Archiv der Universität Bonn, Akten der Philosophischen Fakultät, Nachfolge Hausdorff, Nachfolge Toeplitz und Prof. Beck (insbes. Mappe Nachfolgeschaft Beck) sowie die Akten des Kuratoriums und des Rektorats zu Prof. Peschl und Krull. Wie man einer späteren Mitteilung des Rektors der Universität Göttingen entnehmen kann, wurde das Hausdorffsche Ordinariat in Göttingen zum 1.1.1938 mit Carl Ludwig Siegel besetzt.

> Zbl. [Zentralblatt für Mathematik] sind Dir die massgebenden Personen sicher
> näher bekannt. Würdest Du es eventuell übernehmen, einem von denen meine
> Anregung weiterzuleiten? Oder wie denkst Du über den ganzen Gedanken?

In seinem Antwortschreiben vom 2. April begrüßt Neugebauer Bessel-Hagens Anregung,
die er an die 'Fundamentaleute' weiterleiten will. Bessel-Hagens Anregung scheint wenigstens einen kleinen Erfolg gehabt zu haben. Jedenfalls trägt der erste Artikel in Band 30
(1938) der Fundamenta von W. Sierpiński den Titel „Sur un problème de M. Hausdorff";
und in Band 31 (1938) findet man einen Artikel von C. Kuratowski mit dem Vermerk „Dédié
à Monsieur Felix Hausdorff". Ein expliziter Hinweis auf den 70. Geburtstag von Hausdorff
ließ sich jedoch in den Fundamenta nicht entdecken.

Eine weitere Mitteilung zu Hausdorff findet man in einem Brief vom 27. Juli 1938
an Dora Reimann, die 1936 bei Toeplitz mit einer Arbeit zur Geschichte der Mechanik
promoviert hatte. Dort liest man:

> Hausdorff lebt mit seiner Frau sehr zurückgezogen, kümmert sich um die Dinge
> der Welt nicht und arbeitet an mathematischen Problemen. Gesundheitlich geht
> es ihm wechselnd (wie es ja immer war), im Durchschnitt aber besser als früher.

Bei einem der zahlreichen Besuche, die Bessel-Hagen in jenen Jahren Hausdorff und
seinem früheren Chef Toeplitz machte, dürfte wohl auch jene Schokoladenaufgabe erzählt
worden sein, über die er am 8. Mai 1939 dem ebenfalls vor den Nazis geflüchteten Hans
Schwerdtfeger wie folgt berichtet:

> Vielleicht macht Ihnen folgende ganz elementare Schokoladenaufgabe von
> Hausdorff Spass. Eine Tafel Schokolade ist durch horizontale und verticale
> Rinnen in eine gewisse Anzahl n von Elementarfeldern eingeteilt, durch die
> selbst keine Rinnen mehr laufen. Wenn man die ganze Tafel in die Elemen-
> tarfelder zerlegen will, aus denen sie besteht, und sich dabei zur Regel macht,
> dass jedesmal längs einer *ganzen* Rinne gebrochen wird (sei es am Anfang bei
> der ganzen Tafel, sei es, nachdem diese schon in mehrere Teiltafeln zerlegt ist,
> bei einer dieser Teiltafeln), so gebraucht man im Ganzen immer die gleiche
> Anzahl von Brüchen, wie man auch den Process des Zerbrechens vornimmt,
> nämlich stets $2n - 1$ Brüche. Hübsch, nicht wahr?

Schwerdtfeger schrieb Bessel-Hagen am 13. Mai 1939 vom Institut Fourier aus Grenoble
zurück:

> Die Aufgabe über Schokolade haben wir behandelt; wenn ich mich nicht
> täusche, ist der Beweis durch Induktion nach der einen Rechteckseite bei
> festgehaltener zweiter leicht zu führen. Es gibt übrigens nicht $2n - 1$ sondern
> $n - 1$ Brüche.

Selbst im Jahre 1941 tönen die Informationen über Hausdorff zunächst noch relativ positiv.
So liest man in einem Brief an die Toeplitz-Schülerin Elisabeth Hagemann (1906-1989)
vom 27. April 1941:

Hsdff's. [Hausdorffs] geht es leidlich gut, wenn sie auch aus dem Aerger und der Aufregung über dauernde neue antisemitische Chicanen nicht hinauskommen. Die steuerliche Belastung und die Abzüge, die ihnen gemacht werden, sind so hoch, dass er von seinem Gehalt allein nicht mehr leben kann und sein Vermögen verbrauchen muss; wie gut, dass er diese Reserve noch hat. Ausserdem sind sie genötigt worden, einen Teil ihres Hauses abzugeben, wodurch sie räumlich sehr beengt sind. Aber ich freue mich darüber, dass es noch mehr Menschen gibt, die sich um Hsdff's kümmern, wie ich gelegentlich feststelle, wenn ich bei einem Besuch den einen oder anderen treffe. Neulich traf ich z.B. einen Musiker, der mit Hsdff. zusammen gerade musicirt hatte. Das ist doch schön, dass auf diese Weise ihnen etwas Freude ins Haus getragen wird!

Später häufen sich jedoch die Schikanen. Am 1. August 1941 schreibt er an Frau Hagemann:

Grosse Sorge hatte ich oft um Hsdff's. Frau Hsdff war lange Zeit ernstlich krank an einem alten Leiden, ich weiss nicht, was es ist. Kaum war sie über das Schlimmste hinüber, da kam die Aufregung wegen der beabsichtigten Internirung der Juden. Man ist hier toll verfahren. Im Frühjahr hat man aus einem am Kreuzberg gelegenen Kloster die alten Nonnen mit Gewalt vertrieben, diese armen alten Frauen, die niemandem etwas zu Leide tun und nur ein ihren frommen Uebungen gewidmetes zurückgezogenes Leben führten und natürlich dem Getriebe der Aussenwelt völlig fremd sind. In dieses gestohlene Gebäude werden jetzt die sämtlichen noch in Bonn lebenden Juden zwangsweise internirt; ihre Sachen müssen sie entweder versteigern oder zu „treuen" Händen aufbewahren lassen. Bei Hdff. und Philippson[5] ist es mit Mühe erreicht worden, dass man eine Ausnahme zuliess. H. hat zwar keinen officiellen Bescheid erhalten, dass er in seinem Hause wohnen bleiben darf, es ist aber laut inofficiellem Bescheid absolut sicher. Er hatte selbst eine Eingabe darum gemacht, da er ohne seine Bibliothek doch gar nicht arbeiten kann; ausserdem hat sich ausnahmsweise die Universität einmal anständig gezeigt und in den beiden Fällen H. und Ph. sich für diese verwandt. Kaum war diese mit vieler Aufregung verknüpfte Sorge abgewandt, kam eine neue Aufregung. In einer scheusslichen Alarmnacht bekamen H's. eine Brandbombe in ihr Haus. Glücklicherweise fiel sie an eine unschädliche Stelle im Treppenhaus, und es gelang leicht sie zu löschen; der Schreck bleibt aber doch. Frau H. sieht oft jammervoll schlecht aus. Die Schwester von Frau H. wollte nach Amerika zu ihrer Tochter; es war vorgesehen, dass sie ein Schiff aus Portugal nähme, das dort Ende Juli oder im August abfahren sollte. Dieses Schiff fährt aber nicht mehr, und so ist die Abreise in den Januar verschoben. Sie hat auch Schwierigkeiten gehabt mit den Formalitäten bei den amerikanischen Behörden in Deutschland. So leid es mir für sie tut, dass ihre Uebersiedelung nach drüben nun noch einmal hinausgeschoben ist, man darf wohl sagen, ins Ungewisse, so bin ich auf der

---

[5] Alfred Philippson (1864-1953), emeritierter Professor der Geographie in Bonn, wurde am 14. Juni 1942 als Jude mit seiner Familie nach Theresienstadt deportiert, erhielt dort aber dank des Einsatzes von Carl Troll und Sven Hedin eine Sonderstellung und überlebte das KZ schließlich. Für detailliertere Angaben zu Philippson vgl. [13], S. 205-214 und [11], S. 44-78 und 117-132.

andern Seite ganz froh darüber, weil ich glaube, dass sie für H's. doch eine grosse Hilfe im Hause ist.

Am 4./5. Oktober 1941 schreibt er an Frau Hagemann:

Hausdorffs haben in der Zwischenzeit wieder einige Unannehmlichkeiten gehabt; vor allem müssen die Juden jetzt, wenn sie auf die Strasse gehen, Abzeichen tragen! Das soll auch in unseren Zeitungen gestanden haben; da ich diese nicht lese, wusste ich noch nichts davon. Ferner sind sie genötigt worden, ihre Actien zu verkaufen und in Reichsschatzanweisungen umzutauschen, natürlich mit Cursverlusten. Und noch anderes, was ich nicht schreiben kann.

Schließlich nimmt das Schicksal seinen Lauf. Am 1. Februar 1942 berichtet Bessel-Hagen an Frau Hagemann vom Tod der Hausdorffs:

Und nun habe ich Ihnen eine entsetzlich traurige Nachricht zu bringen. Unsere lieben Hausdorffs haben in der Nacht vom letzten Sonntag zum Montag ihrem Leben ein Ende gemacht, um den Schrecken, die ihnen drohten, zu entgehen. Ich weiss nicht, ob ich Ihnen schon im Sommer, als ich in Salem war, erzählt habe, oder ob es erst später kam, dass es Hausdorffs drohte, dass sie ihr Haus verlassen und in ein ehemaliges Nonnenkloster ziehen müssten, aus dem kurze Zeit vorher die es bewohnenden Nonnen mit Gewalt vertrieben worden waren. Damals wurde die Gefahr von H's noch abgewendet, wobei eine Fürsprache aus den Kreisen der Universität mitgeholfen haben wird. Als ich am 3. Januar hier eintraf, fand ich zwei Briefe von Prof. Bonnet[6] vor, von denen der eine mich in Kenntnis setzte, dass H. eine neue Gefahr drohe, der andere, dass sich die Wolken wieder verzogen hätten. Ich suchte gleich am selben Tag Herrn B. auf und erfuhr, die Gefahr sei, dass H's wie die meisten Bonner Juden nach Köln hatte[n] transportirt werden sollen. Das wäre furchtbar gewesen; denn in Köln ist die Unterbringung entsetzlich, in alten Kasematten, die feucht sind und moderig, immer sehr viele Menschen in einem Raum. Wie ich später hörte, war für H's zwar eine etwas bessere Unterbringung in einem jüdischen Krankenhaus vorgesehen; aber wenn auch, das Ganze ist ja nur eine Vorstufe zur Deportation nach Polen. Und was man über die Unterbringung und Behandlung der Juden dort hört, ist ganz unvorstellbar. Zu Sylvester wurde plötzlich die ganze Action abgeblasen, es solle alles beim Alten bleiben. Vor zwei Wochen kam ein neuer Befehl, nach dem Hausdorffs jetzt doch nach Endenich in die Internirung ziehen sollten. Dort wären sie schlimmer als Gefängnisgefangene aufgehoben gewesen; sie hätten zwar noch gerade erträgliche Räume bekommen, aber sie wären von aller Welt abgeschnitten gewesen. Sie hätten den Bezirk der Anstalt nicht verlassen dürfen ohne besondere Genehmigung des Anstaltsleiters, der ihnen die Genehmigung nur in ganz dringenden Ausnahmefällen erteilen darf. Sie hätten zu keinem ihrer Bekannten und keiner ihrer Freunde hätte zu ihnen gehen können. Aus den Kreisen unserer Universität (den nicht officiellen natürlich) hat man noch einmal versuchen wollen einzugreifen; es wurde

---

[6]Hans Bonnet (1887-1972), Ordinarius für Ägyptologie in Bonn, Verfasser von [6].

aber ich weiss nicht von welcher Instanz bedeutet, man solle es nicht tun, man könne dadurch H's Lage nur verschlimmern, Endenich sei das Aeusserste, was sich jetzt erreichen lasse. Die Internirung in E. hätten H's schon noch ertragen, aber die Ueberlegung, dass mit an Gewissheit grenzender Wahrscheinlichkeit das nicht die letzte Quälerei sein wird, und die Befürchtung, dass sie dort vielleicht nicht mehr die Möglichkeit haben würden, sich dem Schlimmsten durch Flucht zu entziehen, hat H's zu ihrem Entschluss gebracht. Es kann sein, dass H's am Donnerstag vor acht Tagen, als ich das letzte Mal bei ihnen war (ich hatte gerade die neue Wendung erfahren), den Entschluss schon gefasst oder beinahe gefasst hatten. Während sie sonst immer den optimistischen Mut nicht verloren und die Hoffnung nicht preisgaben, dass sie den Tag, an dem sich die Dinge zum Bessern wenden werden, noch erleben werden, sagte H. an diesem letzten Abend mit einer Festigkeit und Entschiedenheit, die mich in Erstaunen versetzte, jetzt glaube er mit Bestimmtheit, dass sie den Tag nicht mehr erleben werden. An diesem Donnerstag verabschiedeten sich Hausdorffs zärtlich von mir und baten mich auch, vor ihrer Uebersiedelung nicht noch einmal zu ihnen zu kommen, um nicht den Abschiedsschmerz noch einmal zu erneuern. In der Nacht von Sonntag auf Montag haben sie sich alle drei, Herr H., Frau H. und Frau H's Schwester mit Veronal vergiftet. Herr H. und Frau H. waren am nächsten Morgen hinüber, die arme Schwester von Frau H. hat noch mehrere Tage Lebenszeichen gehabt, aber ohne von ihrer Betäubung aufzuwachen. Ich glaube, man muss den Entschluss der drei billigen. So wie die Dinge liegen, ist es vielleicht am besten und mildesten, das Feld zu räumen, ehe es zu spät ist. Sie können sich schwer vorstellen, wie erschüttert und seelisch niedergeschlagen ich über diese Tragoedie bin; und alle Ueberlegung, dass es vielleicht besser so ist, vermag, zunächst wenigstens, nicht über den Schmerz hinwegzuhelfen, so liebe Freunde verloren zu haben. Es ist ein entsetzliches Gefühl, dem Untergang so lieber Menschen in der wilden Flut zusehen zu müssen, ohne einen Finger rühren zu können. Man kommt sich so entsetzlich feige vor und schämt sich andauernd. Und doch weiss ich nicht, was ich hätte tun können.

Der Tod der Hausdorffs hat Bessel-Hagen zutiefst erschüttert und während längerer Zeit belastet, wie mehrere Briefe im Nachlaß bezeugen. So schrieb er am 26. März 1942 an Frau Hagemann:

Ueber den Verlust von Hausdorffs bin ich natürlich noch durchaus nicht hinweggekommen, zumal ich seinem Schwiegersohn etwas bei dem Verkauf der Bibliothek helfen soll. Ich mache mir damit nicht so viel Arbeit wie mit dem Verkauf der Bibliothek von J. O. Müller, musste aber doch einige Male in das Haus in der Hindenburgstrasse. Es ist ein trauriger Eindruck, so ein Haus, das schon fast leer geräumt ist, und in dem doch die Erinnerungen immer umhergehen wie lebendige Geister. Wenigstens ist es nach einigem Kampf erreicht worden, dass die Familie H. auf dem Poppelsdorfer Friedhof ein Plätzchen für die Urnen bekommen hat, nicht einmal das wollte man ihnen gönnen. Es ist wie eine versöhnliche Note, dass sie jetzt einen besonders schönen Platz gefunden haben, auf der Höhe unter schönen Bäumen.

Und am 3. April 1942 schreibt er zusammenfassend und leicht ergänzend über Hausdorffs
Tod an Hans Hermes:

> Am meisten hat mich geschmerzt das Ende der Familie Hausdorff, über das ich
> noch gar nicht hinwegkomme. Schon seit langem waren H's davon bedroht,
> dass sie ihre Wohnung aufgeben und nach Endenich in die Internirung ziehen
> sollten. Einige Male gelang es, das abzuwenden. Ende Januar schien es aber
> unabwendbar. Darauf haben H's, der vielen Quälereien, denen sie dauernd
> ausgesetzt waren, satt, die Consequenz gezogen, ihrem Leben durch Veronal
> selbst ein Ende zu bereiten. Es war keine Verzweiflung, sondern ruhige Ueber-
> legung, dass auch die Verpflanzung nach E. nicht das Letzte sein werde, was
> man ihnen antut, und dass ihnen immer die Deportation nach Polen oder
> sonstwohin droht; und vielleicht hätten sie in E. dann keine Möglichkeit mehr
> gehabt, freiwillig den andern Weg zu gehen. Nach allem, was mir von den
> Menschen berichtet worden ist, die H. in den letzten Tagen gesehen oder
> gesprochen haben, hat H. alles in stoischer Ruhe und Ueberlegtheit geordnet
> und bis zum Schluss nicht die Neigung zu humoristischen Redewendungen
> verloren. Er ist wirklich „als Philosoph gestorben". Es ist wirklich entsetzlich,
> dass ein Mann von seinem Ruhm und Ansehen, der Anrecht auf so viel Dank
> hatte, von seinen Verfolgern dahin getrieben worden ist und dass keiner stark
> genug ist, einen Finger gegen dieses Geschehen zu rühren. Mir persönlich geht
> der Verlust dieser lieben guten Freunde sehr nahe. Das Schlimmste bei allem
> ist, dass man doch sagen muss, dass es angesichts dessen, was sonst vielleicht
> noch gekommen wäre, dieses traurige Ende gut so ist.

Hausdorffs eigener, lange Zeit verschollen gewesener Abschiedsbrief an den jüdischen
Rechtsanwalt Hans (Lot) Wollstein ist in Anhang 1 wiedergegeben.

Zum Abschluß soll noch kurz auf das Schicksal von Hausdorffs Bibliothek und seines
wissenschaftlichen Nachlasses eingegangen werden, wie es sich anhand der Materiali-
en im Bessel-Hagen-Nachlaß darstellt. Bei einer Besprechung zwischen Bessel-Hagen
und Hausdorffs Schwiegersohn Dr. Arthur König kamen diese Ende Februar 1942 überein, der Transportanstalt Norrenberg's den Auftrag zu geben, Hausdorffs Bibliothek an
K. F. Koehlers Antiquarium in Leipzig zu spedieren und die Manuskriptkästen zu dem
Ägyptologen Hans Bonnet, einem Freund von Hausdorff, der in seiner Wohnung genügend
Platz zur Unterstellung der Manuskripte hatte.[7] Infolge der Saumseligkeit der Transporteu-
re und Transporteinschränkungen bei der Eisenbahn verzögerte sich jedoch der Versand.
In der Zwischenzeit interessierte sich auch das Leipziger Antiquariat L. Franz und der
Hamburger Astronom Otto Heckmann (1901-1983), ein Freund von Hausdorffs Schwie-
gersohn, für den Nachlaß, was die Sache komplizierte und Bessel-Hagen zu einem umfangreichen Schriftwechsel zwang, der mancherlei Informationen über die Bibliothek und

---

[7] Vgl. Bessel-Hagens Briefwechsel zum Verkauf der Bibliothek von Hausdorff in Bessel-Hagen-Nachlaß,
Manuskript Nr. 320 (Abkürzung BH 320), insbesondere die Kohlepapierdurchschläge seiner Briefe an Koehlers
und Norrenbergs vom 24. 2. 1942 bzw. 2. 3. 1942.

den Nachlaß enthält.[8] Nach Bessel-Hagens Schilderung aus dem Gedächtnis an das Antiquariat Franz vom 25. März 1942 umfaßte Hausdorffs Bibliothek jedenfalls „etwas über 300 Lehrbücher und Monographien aus dem Gebiet der Mathematik und Physik (einiges auch aus der Philosophie), darunter z. B. die Collection de monographies sur la théorie des fonctions, hrsg. von E. Borel, ca. 30 Bde., viele Bände aus der sogenannten 'gelben' Sammlung von Springer, einige Bände aus einer neueren polnischen Lehrbuchsammlung [Monografje Matematyczne]"; dann „zahlreiche Bändchen aus Ostwalds Classikern der exacten Wissenschaften (bei den ca. 300 Bänden nicht mitgezählt) und eine *sehr* umfangreiche Sammlung von Sonderdrucken von Zeitschriftenaufsätzen". Gemäß einem summarischen Verzeichnis auf Notizzetteln waren des weiteren nachfolgende Zeitschriftenbände vorhanden: Abhandlungen aus dem Mathematischen Seminar der Hamburger Universität, Bde. 1-12; Die Naturwissenschaften, Jahrgang 14-16; Fundamenta Mathematicae, Bde. 1-32; Jahresbericht der Deutschen Mathematiker-Vereinigung, Bde. 12-48; Journal für die reine und angewandte Mathematik, Bde. 160-180; Mathematische Annalen, Bde. 82-116; Mathematische Zeitschrift, Bde. 9-44; Rendiconti del Circolo Matematico di Palermo, Bde. 31-57; Semester-Berichte Münster, 1.-8. Semester; Sitzungsberichte der Berliner Mathematischen Gesellschaft, Bde. 21-37; Studia Mathematica, Bde. 1, 2 und 6 sowie u. a. ein vollständiges Exemplar der Encyklopädie der mathematischen Wissenschaften.

Wie man Bessel-Hagens Korrespondenz mit Otto Heckmann entnehmen kann, wollte dieser ebenfalls mehrere Bücher aus der Hausdorffschen Bibliothek erwerben und schlug vor, Hausdorffs Manuskripte bei der Sternwarte in Hamburg oder beim dortigen Mathematischen Institut bei Prof. Blaschke unterzustellen. Letzteres schien Bessel-Hagen aber etwas verfrüht, da man doch gar nicht wissen könne, „was noch alles in den nächsten Zeiten kommen kann und ob nicht vielleicht noch eines Tages für alle öffentliche Stellen 'Säuberungsactionen' anbefohlen werden, gegen die selbst der beste Wille machtlos ist".[9] Zudem wollte Bessel-Hagen die Manuskripte auch noch durchsehen und verzeichnen, wie er dies auch beim Toeplitz-Nachlaß getan hatte.[10] So kam Hausdorffs wissenschaftlicher Nachlaß schließlich in das Haus von Professor Bonnet in Bonn, wie dies Bonnet und Günter Bergmann im Jahresbericht der Deutschen Mathematiker-Vereinigung berichtet haben, ohne freilich den Beitrag von Bessel-Hagen zu erwähnen.[11]

Nach dem Krieg blieb Hausdorffs Nachlaß zunächst während beinahe 20 Jahren im Hause Bonnet, wo er von keinem einzigen Mathematiker eingesehen wurde, bis er 1964 auf Drängen von Bonnet und Bergmann zunächst im Mathematischen Institut der Universität Bonn deponiert wurde, wo ihn letzterer zwecks Publikation von Hausdorffs ‚Nachgelassenen Schriften'[5] bearbeitete. Von dort wurde er 1969 zur weiteren Bearbeitung nach Münster überführt, von wo er schließlich 1980 von Bergmann im Einverständnis mit den Erben und zu deren Gunsten an die Bonner Universitätsbibliothek verkauft wurde.[12] Hausdorffs Bibliothek andererseits dürfte schließlich nach erheblichen Wirren an Koehlers

---

[8]Der diesbezügliche Schriftwechsel befindet sich heute in BH 320. Er umfaßt insgesamt ca. 25 Kohlepapierdurchschläge von Briefen von Bessel-Hagen, ca. 10 Briefe von Arthur König, ca. 5 Briefe von Otto Heckmann, nebst zahlreichen weiteren Briefen der Antiquariate und Transportunternehmungen sowie diversen Briefabschriften.

[9]Vgl. Bessel-Hagens Schreiben an Heckmann vom 14. Mai 1942.

[10]Vgl. Bessel-Hagens Schreiben an Heckmann vom 16. April 1942 und [19].

[11]Vgl. [4] und [6].

[12]Briefliche Mitteilungen von Günter Bergmann vom 8.2.1990 und 3.12.1991.

Antiquarium in Leipzig verkauft worden sein. Jedenfalls traf die Bibliothek, wie man Bessel-Hagens Korrespondenz entnehmen kann, im September 1942 dort ein und die Angelegenheit war Ende 1943, wenn auch nicht zur vollständigen Zufriedenheit von Arthur König, erledigt. Ob Otto Heckmann noch Bücher aus der Bibliothek entnommen hat, läßt sich aus der in Bonn befindlichen Korrespondenz nicht ersehen. Für eine Zusammenstellung der im Bonner Bessel-Hagen-Nachlaß befindlichen Hausdorffiana vgl. Anhang 2.

Anhang 1: *Abschiedsbrief von Hausdorff an Dr. Hans (Lot) Wollstein*[13]

Bonn, 25. Jan. 1942

Lieber Freund Wollstein!

Wenn Sie diese Zeilen erhalten, haben wir Drei das Problem auf andere Weise gelöst –
auf die Weise, von der Sie uns beständig abzubringen versucht haben. Das Gefühl der
Geborgenheit, das Sie uns vorausgesagt haben, wenn wir erst einmal die Schwierigkeiten
des Umzugs überwunden hätten, will sich durchaus nicht einstellen, im Gegenteil:

auch Endenich
Ist noch vielleicht das Ende nich!

Was in den letzten Monaten gegen die Juden geschehen ist, erweckt begründete Angst, dass
man uns einen für uns erträglichen Zustand nicht mehr erleben lassen wird.

Sagen Sie Philippsons, was Sie für gut halten, nebst dem Dank für ihre Freundschaft
(der vor allem aber Ihnen gilt). Sagen Sie auch Herrn Mayer[14] unseren herzlichen Dank
für alles, was er für uns getan hat und gegebenenfalls noch getan haben würde; wir haben
seine organisatorischen Leistungen und Erfolge aufrichtig bewundert und hätten uns, wäre
jene Angst nicht, gern in seine Obhut gegeben, die ja ein Gefühl relativer Sicherheit mit
sich gebracht hätte, – leider nur einer relativen.

Wir haben mit Testament vom 10. Okt. 1941 unseren Schwiegersohn Dr. Arthur König,
Jena, Reichardtstieg 14, zum Erben eingesetzt. Helfen Sie ihm, soweit Sie können, lieber
Freund! helfen Sie auch unserer Hausangestellten Minna Nickol[15] oder wer sonst Sie darum
bittet; unseren Dank müssen wir ins Grab mitnehmen. Vielleicht können nun die Möbel,
Bücher usw. noch über den 29. Jan. (unseren Umzugstermin) im Hause bleiben; vielleicht
kann auch Frau Nickol noch bleiben, um die laufenden Verbindlichkeiten (Rechnung der
Stadtwerke u.s.w.) abzuwickeln. – Steuerakten, Bankkorrespondenz u. dgl., was Arthur
braucht, befindet sich in meinem Arbeitszimmer.

Wenn es geht, wünschen wir mit Feuer bestattet zu werden und legen Ihnen drei Erklärungen dieses Inhalts bei. Wenn nicht, dann muss wohl Herr Mayer oder Herr Goldschmidt[16]

---

[13]Das Original von Hausdorffs Abschiedsbrief befindet sich heute im Archiv der Universität Bonn bei den von
Bessel-Hagen gesammelten Hausdorffiana (vgl. Anhang 2). Nach einer brieflichen Mitteilung des Stadtmuseums
Bonn wird Hausdorffs Abschiedsbrief in einem Zeitungsartikel der Kölnischen Rundschau vom 18. Dez. 1948
(S. 33; Titel: „SD-Chef Dr. Müller vor dem Schwurgericht. Gestapo-Zentrale Kreuzbergweg 5 – Die Judenverfol-
gung in Bonn") zwar erwähnt unter Zitierung des Ausspruchs „Endenich ist noch lang das Ende nicht!", der Brief
selbst konnte jedoch bisher nicht aufgefunden werden. Hans (Lot) Wollstein (1895-1944/45), jüdischer Rechtsanwalt in Bonn, wohnhaft Gluckstr. 12, wurde am 27.7.1942 über Theresienstadt nach Auschwitz deportiert, wo er
1944/45 umkam (für weitere Angaben zu Wollstein siehe [20], S. 163 und [11], S. 65).

[14]Dr. Siegmund Mayer (1884-1944/45), Rechtsanwalt in Bonn, zog am 18.6.1941 in das als Sammellager
zwangsgeräumte Benediktinerinnenkloster „Zur ewigen Anbetung" in Bonn-Endenich und wurde von dort am
27.7.1942 über Theresienstadt nach Auschwitz deportiert (für weitere Angaben vgl. [20], S. 160 und 164 f.).

[15]Minna Nickol, geb. Siekmann (1891-1965). Lebte gemäss einer Mitteilung des Stadtmuseums Bonn seit dem
1.5.1938 im Hause von Prof. Hausdorff.

[16]Es handelt sich höchstwahrscheinlich um den Kaufmann Emil Goldschmidt (1873-1944/45), der 1940/41 wie
Mayer an der Meckenheimerstr. 30 wohnte und im Sommer 1941 ebenfalls ins Endenicher Kloster kam und von
dort über Theresienstadt nach Minsk [vgl. Gedenkbuch des Bundesarchivs Koblenz] deportiert wurde (für weitere
Angaben vgl. [20], S. 178 f.).

das Notwendige veranlassen*). Für Bestreitung der Kosten werden wir, so gut es geht, sorgen; meine Frau war übrigens in einer evangelischen Sterbekasse – die Unterlagen dazu befinden sich in ihrem Schlafzimmer. Was augenblicklich an der Kostendeckung noch fehlt, wird unser Erbe oder Nora[17] übernehmen.

Verzeihen Sie, dass wir Ihnen über den Tod hinaus noch Mühe verursachen; ich bin überzeugt, dass Sie tun, was Sie tun *können* (und was vielleicht nicht sehr viel ist). Verzeihen Sie uns auch unsere Desertion! Wir wünschen Ihnen und allen unseren Freunden, noch bessere Zeiten zu erleben.

Ihr treu ergebener
Felix Hausdorff

*) Meine Frau und meine Schwägerin sind aber evangelischer Konfession.

---

[17]Lenore König, geb. Hausdorff (1900-1991), Tochter von Felix Hausdorff.

Bonn, 25. Jan. 1942

Lieber Freund Wollstein!

Wenn Sie diese Zeilen erhalten, haben wir (das Problem auf andere Weise gelöst — auf die Weise, von der Sie uns beständig abzubringen versucht haben. Das Gefühl der Geborgenheit, das Sie uns vorausgesagt haben, wenn wir erst einmal die Schwierigkeiten des Umzugs überwunden hätten, will sich durchaus nicht einstellen, im Gegenteil:

auch endlich
Ist noch vielleicht das Ende nich!

Was in den letzten Monaten gegen die Juden geschehen ist, erweckt begründete Angst, daß man uns einen für uns erträglichen Zustand nicht mehr erleben lassen wird.

Sagen Sie Philippsons, was Sie für gut halten, nebst dem Dank für ihre Freundschaft (der vor allem aber Ihnen gilt). Sagen Sie auch Herrn Mayer unseren herzlichen Dank für alles, was er für uns getan hat und gegebenenfalls noch getan haben würde;

Wir haben seine organisatorischen Leistungen und Erfolge aufrichtig bewundert und hätten uns, wäre jene Angst nicht, gern in seine Obhut gegeben, die ja ein Gefühl relativer Sicherheit mit sich gebracht hätte, — leider nur einer relativen.

Wir haben mit Testament vom 10. Okt. 1941 unseren Schwiegersohn Dr. Arthur König, Jena, Reichardtstieg 14, zum Erben eingesetzt. Helfen Sie ihm, soweit Sie können, lieber Freund! helfen Sie auch unserer Hausangestellten Minna Nickol oder wer sonst Sie darum bittet; unseren Dank müssen wir ins Grab mitnehmen. Vielleicht können nun die Möbel, Bücher usw. noch über den 29. Jan. (unseren Umzugstermin) im Hause bleiben: vielleicht, kann auch Frau Nickol noch bleiben, um die laufenden Verbindlichkeiten (Rechnung der Stadt usw. u.s.w.) abzuwickeln. — Steuerakten, Bankkorrespondenz u. dgl., was Arthur braucht, befindet sich in meinem Arbeitszimmer.

Wenn es geht, wünschen wir mit Feuer bestattet zu werden und legen Ihnen drei Erklärungen dieses Inhalts bei. Wenn nicht, dann muss wohl Herr Mayer oder Herr Goldschmidt das Notwendige veranlassen[x]. Für Bestreitung der Kosten werden wir, so gut es geht, sorgen; meine Frau war übrigens in einer evangelischen Sterbekasse — die Unterlagen dazu befinden sich in ihrem Schlafzimmer. Was augenblicklich an der Kostendeckung noch fehlt, wird unser Erbe oder Nora übernehmen.

Verzeihen Sie, dass wir Ihnen über den Tod hinaus noch Mühe verursachen; ich bin überzeugt, dass Sie tun, was Sie tun <u>können</u> (und was vielleicht nicht sehr viel ist). Verzeihen Sie uns auch unsere Desertion! Wir wünschen Ihnen und allen unseren Freunden, noch bessere Zeiten zu erleben.

Ihr treu ergebener

Felix Hausdorff

[x] Meine Frau und meine Schwägerin sind aber evangelischer Konfession.

Anhang 2: *Materialien von Felix Hausdorff im Archiv der Universität Bonn*

Die heute im Universitätsarchiv Bonn liegenden Hausdorffschen Papiere sind wohl zum einen von Bessel-Hagen beim Bibliotheksverkauf abgesondert worden und dürften zum anderen aus dem Nachlaß von Johann Oswald Müller stammen, von dem Bessel-Hagen ja auch andere Materialien übernommen hat.[18] Ihr Umfang ist zwar relativ gering, aber ganz ohne jedes Interesse für die Wissenschaftsgeschichte sind sie in Anbetracht der großen Bedeutung Hausdorffs trotzdem nicht, weshalb sie im folgenden kurz aufgelistet werden sollen:

– Materialien zu Hausdorffs Antrittsvorlesung in Leipzig über das Raumproblem

– Entwürfe und Notizen zur Rezension von „E. Landau, Handbuch der Lehre von der Verteilung der Primzahlen, Leipzig und Berlin 1909" in: Jahresbericht der Deutschen Mathematiker-Vereinigung 20 (1911), 2. Abteilung, S. 92-97

– Einige Briefe von Hausdorff an J.O. Müller sowie sein Abschiedsbrief an Dr. Hans (Lot) Wollstein

– Druckbogen zum Artikel „Sprachkritik" von Paul Mongré [literarisches Pseudonym von Hausdorff] und zu den von Hausdorff in Band 138 der „Ostwald's Klassiker der exakten Wissenschaften" herausgegebenen nachgelassenen Abhandlungen von Christiaan Huygens

– Adreßlisten mit Angaben über den Versand von Sonderabdrucken aus den Jahren 1928, 1935, 1938 usw.

– Restbestände von Sonderabdrucken

Dank

Zum Abschluß möchten wir Frau Dorothea Bessel-Hagen und Herrn Dr. Paul Schmidt, Leiter des Archivs der Universität Bonn, für ihre freundliche Erlaubnis zur Publikation der Quellentexte herzlich danken. Zu Dank verpflichtet sind wir ferner den Herren Prof. Dr. Günter Bergmann und Horst Bothien (Stadtmuseum Bonn), die Ergänzungen zu einer ersten Fassung dieser Arbeit beisteuerten sowie dem *Schweizerischen Nationalfonds*, der das Bessel-Hagen-Projekt finanziell unterstützte.

---

[18] In Bessel-Hagens Brief an Koehlers Antiquarium vom 15. März 1942 anläßlich des Verkaufs der Bibliothek von Hausdorff findet sich die Mitteilung: „Ich habe mich bemüht, in den vergangenen Tagen alles, was an handschriftlichem Material noch zwischen den Büchern stand, herauszusondern." Zugleich äußert er die Bitte, etwaige ihm entgangene Materialien nicht einfach zu vernichten, sondern ihm wieder zurückzusenden. Zu den von J. O. Müller übernommenen Materialien vgl. BH 290, BH 325 und [19], Anmerkung 17.

Literaturverzeichnis

[1] Beck, H.: Der Zeichensaal und die Lehrsammlung für darstellende Geometrie. In: F. von Bezold (Hrsg.), Geschichte der Rheinischen Friedrich-Wilhelm-Universität zu Bonn am Rhein, Bd. 2, Cohen, Bonn 1933, 334-336.

[2] Behnke, H.; Köthe, G.: Otto Toeplitz zum Gedächtnis. Jahresbericht der Deutschen Mathematiker-Vereinigung 66 (1964), 1-16.

[3] Behnke, H.: Semesterberichte. Ein Leben an deutschen Universitäten im Wandel der Zeit. Vandenhoeck und Ruprecht, Göttingen 1978.

[4] Bergmann, G.: Vorläufiger Bericht über den wissenschaftlichen Nachlaß von Felix Hausdorff. Jahresbericht der Deutschen Mathematiker-Vereinigung 69 (1967), 62-75.

[5] Bergmann, G. (Hrsg.): Felix Hausdorff. Nachgelassene Schriften, 2 Bde. Teubner, Stuttgart 1969.

[6] Bonnet, H.: Geleitwort. Jahresbericht der Deutschen Mathematiker-Vereinigung 69 (1967), 75-76.

[7] Dierkesmann, M.: Felix Hausdorff. Ein Lebensbild. Jahresbericht der Deutschen Mathematiker-Vereinigung 69 (1967), 51-54.

[8] Fletcher, C.R.: Refugee Mathematicians: A German Crisis and a British Response, 1933-1936. Historia Mathematica 13 (1986), 13-27.

[9] Gillispie, Ch.C. (Hrsg.): Dictionary of Scientific Biography, 16 Bde. Scribner, New York 1970-1980.

[10] Gohberg, I. (Hrsg.): Toeplitz Centennial. Toeplitz Memorial Conference in Operator Theory, Dedicated to the 100th Anniversary of the Birth of Otto Toeplitz, Tel Aviv, May 11-15, 1981. Operator Theory: Advances and Applications, Vol. 4. Birkhäuser, Basel/Boston/Stuttgart 1982.

[11] Gutzmer, K. (Hrsg.): Die Philippsons in Bonn. Deutsch-jüdische Schicksalslinien 1862-1980. Dokumentation einer Ausstellung in der Universitätsbibliothek Bonn 1989. Veröffentlichungen des Stadtarchivs Bonn, Bd. 49. Bouvier, Bonn 1991.

[12] Klingenberg, W. (Hrsg.): Otto Toeplitz 1881-1940. Gedächtnisfeier zur Wiederkehr seines 100. Geburtstages am 3. Juli 1981. Bonner Mathematische Schriften, Nr. 143. Bonn 1982.

[13] Krull, W. (Hrsg.): Bonner Gelehrte. Beiträge zur Geschichte der Wissenschaften in Bonn. Mathematik und Naturwissenschaften. In: 150 Jahre Rheinische Friedrich-Wilhelms-Universität zu Bonn 1818-1968. Bouvier und Röhrscheid, Bonn 1970.

[14] London, F.; Toeplitz, O.: Das mathematische Seminar an der Universität Bonn. In: F. von Bezold (Hrsg.), Geschichte der Rheinischen Friedrich-Wilhelms-Universität zu Bonn am Rhein, Bd. 2, Cohen, Bonn 1933, 324-334.

[15] Lorentz, G.G.: Das mathematische Werk von Felix Hausdorff. Jahresbericht der Deutschen Mathematiker-Vereinigung 69 (1967), 54-62.

[16] Lorey, W.: Das Studium der Mathematik an den deutschen Universitäten seit Anfang des 19. Jahrhunderts. Teubner, Leipzig/Berlin 1916.

[17] Mehrtens, H.: Felix Hausdorff. Ein Mathematiker seiner Zeit. Mathematisches Institut der Universität Bonn, Bonn 1980.

[18] Mehrtens, H.: Die „Gleichschaltung" der mathematischen Gesellschaften im nationalsozialistischen Deutschland. Jahrbuch Überblicke Mathematik 1985, 83-103.

[19] Neuenschwander, E.: Der Nachlass von Erich Bessel-Hagen im Archiv der Universität Bonn. Historia Mathematica 20 (1993), 382-414.

[20] Neugebauer, O.: Ein Dokument zur Deportation der jüdischen Bevölkerung Bonns und seiner Umgebung. Bonner Geschichtsblätter 18 (1964), 158-229.

[21] Pinl, M. (unter Mitarbeit von A. Dick): Kollegen in einer dunklen Zeit. Jahresbericht der Deutschen Mathematiker-Vereinigung 71 (1969), 167-228; 72 (1971), 165-189; 73 (1972), 153-208; 75 (1974), 166-208; 77 (1976), 161-164.

[22] Pinl, M.; Furtmüller, L.: Mathematicians under Hitler. Leo Baeck Institute, Year Book 18 (1973), 129-182.

[23] Reingold, N.: Refugee Mathematicians in the United States of America, 1933-1941: Reception and Reaction. Annals of Science 38 (1981), 313-338.

[24] Röder, W.; Strauss, H. A. (Hrsg.): Biographisches Handbuch der deutschsprachigen Emigration nach 1933, 3 Bde. K.G. Saur, München/New York/London/Paris 1980-1983.

[25] Schappacher, N. (unter Mitwirkung von M. Kneser): Fachverband – Institut – Staat. Streiflichter auf das Verhältnis von Mathematik zu Gesellschaft und Politik in Deutschland seit 1890 unter besonderer Berücksichtigung der Zeit des Nationalsozialismus. In: G. Fischer, F. Hirzebruch, W. Scharlau und W. Törnig (Hrsg.). Ein Jahrhundert Mathematik 1890-1990. Festschrift zum Jubiläum der DMV. Dokumente zur Geschichte der Mathematik, Bd. 6. Vieweg, Braunschweig/Wiesbaden 1990. 1-82.

[26] Schubring, G.: Die Entwicklung des Mathematischen Seminars der Universität Bonn 1864-1929. Jahresbericht der Deutschen Mathematiker-Vereinigung 87 (1985), 139-163.

[27] Study, E.: Franz London. Jahresbericht der Deutschen Mathematiker-Vereinigung 26 (1918), 153-157.

[28] Wenig, O. (Hrsg.): Verzeichnis der Professoren und Dozenten der Rheinischen Friedrich-Wilhelms-Universität zu Bonn 1818-1968. In: 150 Jahre Rheinische Friedrich-Wilhelms-Universität zu Bonn 1818-1968. Bouvier und Röhrscheid, Bonn 1968.

Erwin Neuenschwander
Mathematisches Institut
Universität Zürich
Winterthurerstr. 190
CH-8057 Zürich

Die vom Lande NRW 1980 erworbenen Schriftstücke aus dem Nachlaß Felix Hausdorffs

Günter Bergmann

Die hier vorgelegte Liste ist – von technischen Daten abgesehen, welche den Druck und die Übersicht erleichterten – fast wörtlich Teil des Übereignungsvertrages, auf Grund dessen das Land NRW im Herbst 1980 Eigentümer derjenigen Manuskripte, Briefe, Notizen, Korrekturbögen ... wurde, welche unmittelbar nach dem Tode Hausdorffs 1942 vom nunmehrigen Eigentümer, dem Astronomen Dr. Arthur König, dem Ägyptologen Hans Bonnet, Ordinarius der Universität Bonn, zur Verwahrung übergeben wurden. Sinn dieser Maßnahme war, das umfangreiche Paket von Manuskripten im Bombenkrieg zu erhalten. A. König nannte diese H. Bonnet übergebene Sammlung „Wissenschaftlicher Nachlaß" (W. N.).

Als A. König 1969 starb, wurde seine Ehefrau, Lenore König, Tochter Hausdorffs, Eigentümerin. Die von Unglück verfolgte Frau verlor 1973 auch ihren Sohn Felix und dessen Ehefrau. Daraufhin bot sie mir 1973 das Nachlaß-Paket als Geschenk an. Im ersten Moment noch zögernd, ging ich doch darauf ein aus Gründen, die im folgenden klar werden. Nach umfangreichen Ordnungsprozessen bot ich 1980 das wertvolle Schriftgut der Universitätsbibliothek Bonn an. Ihr Direktor, Dr. Hartmut Lohse, zeigte sich interessiert, und bald darauf wurde nach üblichen Verkaufsformalitäten das Land NRW Eigentümer. Den beträchtlichen Erlös des Verkaufs habe ich unmittelbar Frau König überschrieben.

Noch häufiger als den Eigentümer wechselte der W. N. Hausdorffs seinen Standort. Als ich 1963 nach Bonn kam, um nur ein paar Schriftzeichen von Hausdorff zu finden – seine Schrift hatte ich in angenehmster Erinnerung, hatte sogar einige seiner Zeichen in meine eigene Schrift aufgenommen - erfuhr ich zu meiner Überraschung von E. Peschl, daß sich eine ganze Kiste voll von Schriftstücken bei H. Bonnet befände; „vielleicht rückt er etwas heraus." H. Bonnet erklärte mir dagegen, vor ein paar Monaten seien die Manuskripte nach zahlreichen an W. Krull und E. Peschl gerichteten Aufforderungen endlich von einem jungen Mann (im Pkw) abgeholt worden. Weitere Recherchen ergaben, daß es sich bei dem Abholer um eine Hilfskraft von W. Krull handelte. Auf meine Bitte wurde der W. N. nunmehr in das Mathematische Institut transportiert, wo ich einen Arbeitsplatz erhielt. Den Zustand des Nachlasses zu diesem Zeitpunkt und die Methoden meiner Ordnungs-Arbeiten habe ich im Jahresbericht DMV, Bd. 69 (1967), beschrieben. Ich gab auch 2 Bände in Faksimile heraus: *Felix Hausdorff, Nachgelassene Schriften, B. G. Teubner 1969.*

Kurz nach dem Erscheinen der beiden Teubner-Bände verlor ich wegen bevorstehender Umbauarbeiten meinen Arbeitsplatz im Bonner Institut. Daraufhin bewilligte mir der Direktor der Universitätsbibliothek Münster, Prof. Dr. Gerhard Liebers, einen Platz im dortigen Zeitungsmagazin. Ab Mitte 1969 befand sich der W. N. also in Münster. Ich war froh, ihn nach über 100 Bonn-Reisen endlich in meiner Nähe zu haben, konnte allerdings nur zur Öffnungszeit der Bibliothek daran arbeiten. Frau König, damals noch Eigentümerin des W. N., war mit dieser Umquartierung einverstanden.

Nach 10 Jahren fühlte ich mich, inzwischen als Eigentümer, verpflichtet, der gastfreundlichen Bibliothek ein Geschenk zukommen zu lassen. Ich bot mit dem Ausdruck der Dankbarkeit dem Direktor der Bibliothek, Nachfolger des inzwischen pensionierten G. Liebers, eine Spende von tausend DM an. Nach 3 Tagen eröffnete er mir, der Nachlaß könne dort nicht bleiben, weil er Privateigentum sei. Ein neuer Standortwechsel war erforderlich.

Es fügte sich, daß der W. N. in einem Raum Platz fand, in dem dieselben exotischen Bäume blühten und Duft spendeten, unter deren Art Hausdorff ehemals seine literarischen Werke verfaßte; in dem zur gleichen Zeit auf der Orgel eine Auftragskomposition der Astronomischen Gesellschaft zu Keplers 350. Todestag entstand; in meinem Labor, unweit meiner Privatwohnung. Hier befanden sich jetzt die mehrere Zehntausend zählenden Manuskriptseiten (Briefe, Notizen, Korrekturbögen ...) in einem eigens dafür besorgten Panzerschrank, in dem sie sich – seit 1980 in der Universitätsbibliothek Bonn – noch heute befinden.

Der von mir in 61 Kapseln bzw. Umschlägen untergebrachte W. N. konnte zunächst nicht vollständig der Öffentlichkeit zugänglich gemacht werden. Während meiner Ordnungsarbeiten kamen Briefe von P. Alexandroff an Felix Hausdorff zu Tage, in denen kritische Äußerungen Alexandroffs über die politischen Verhältnisse in der Sowjetunion standen, von denen ich annahm, daß sie bei Bekanntwerden dem Verfasser schaden könnten.

Ich versuchte deshalb, für P. Alexandroff eine Vortragsreise zu veranstalten, um mit ihm unter vier Augen darüber sprechen zu können. Der erste Versuch mißlang. Aber 1969 kam er, in seiner Begleitung A. Malcev. Das mit festlichem Rahmen versehene Vortragsprogramm ging glatt vonstatten. Es ergab sich auch – und ich wartete ungeduldig darauf – die Gelegenheit, ihm die mir gefährlich erscheinenden Briefe vorzulegen. Er war höchst erschrocken und ging sofort an die Vernichtung. In einem der etwa 5 Briefe, der besonders kompromittierend war, verglich er sich – ein bekanntes englisches Scherzgedicht zitierend – mit einer gut gelaunten Dame, die auf einem Tiger ritt, seinen Staat aber mit dem Tiger. Über das Ende berichten die Verse:

> *There was a young lady from Riga*
> *who smiled as she rode on a tiger*
> *They returned from the ride*
> *with the lady inside*
> *and the smile on the face of the tiger.*

Solche Briefe hatte Alexandroff während seiner Vortragsreisen durch Westeuropa in den zwanziger Jahren an Hausdorff gerichtet. Alexandroff bat mich, zu vernichten, was ich sonst noch Belastendes fände und ließ durchblicken, daß er gerne seine Post zurückerhielte; ich ging aber nicht darauf ein. Es war schwer zu beurteilen, was an dem noch vorhandenen Bestand Alexandroff belasten konnte. Deshalb wurde die Briefsammlung versiegelt und erst 1990 geöffnet. Entsprechend der von mir 1980 eingelegten Liste, liegen in Nr. 61 vor:

> 52 Briefe bzw. Postkarten von Alexandroff an Hausdorff,
> davon 5 gemeinsam mit P. Urysohn
> (Zitate aus diesen Sendungen findet man im Vorwort zu
> meinen oben erwähnten Faksimile-Bänden).

Außerdem liegen vor:

> 6 Briefe bzw. Postkarten von Kollegen;
> 2 Abschriften aus Briefen von Hausdorff an Alexandroff;
> 6 Briefe bzw. Fragmente aus der Familie oder von Bekannten,
> Schriftstücke, die wohl durch Zufall in den W. N. gelangten,
> und einige Bilder.

Über das Schicksal der Bibliothek Hausdorffs berichtet Herr E. Neuenschwander in seinem Bessel-Hagen-Bericht.

1991, fast 50 Jahre nach dem Tod ihres Vaters, verstarb Frau König. Ihr Nachlaß enthält viele Bilder aus der Familie Hausdorffs, von denen Herr E. Brieskorn recht eindrucksvolle Beispiele in einer Ausstellung im Bonner Mathematischen Institut vorgelegt hat. Im Nachlaß der Frau König befinden sich auch an Hausdorff gerichtete Briefe mit kurzen mathematischen Exposés, z. B. von C. Carathéodory und F. v. Krbek, auch verstreut Bemerkungen, die Aufschlüsse über Kollegen geben. Die Erkenntnisse hierüber sind noch nicht abgeschlossen.

Münster, den 26. 11. 1992

Günter Bergmann
Hermannstr. 35
48151 Münster

Felix Hausdorff (1868–1942)
Wissenschaftlicher Nachlaß

Inhaltsübersicht

Vorlesungen

Kapsel 1:

1. Analytische Geometrie 1896.
2. Mathematische Einführung in das Versicherungswesen 1896, 1898, 1900.
3. Politische Arithmetik 1897, 1898/99.
4. Analytische Geometrie des Raumes 1897/98.
5. Mathematische Statistik 1897/98.

Kapsel 2:

6. Einführung in die projektive Geometrie 1898/99, 1901/02.
7. Complexe Zahlen und Vektoren 1899, 1902.
8. Ausgewählte Capitel der höheren Geometrie 1899/1900.
9. Einleitung in die Analysis und Determinantentheorie 1900, 1903/04.
10. Wahrscheinlichkeitsrechnung 1900/01.

Kapsel 3:

11. Kartenprojektion 1900/01.
12. Mengenlehre 1901.
13. Differentialgeometrie 1901, 1903.
14. Nichteuklidische Geometrie 1901/02, 1904.
15. Complexe Zahlen und Vektoren 1902.

Kapsel 4:

16. Gewöhnliche Differentialgleichungen 1902, 1906, 1909(?).
17. Analytische Mechanik 1902/03.
18. Analytische Geometrie 1904.
19. Differential- und Integralrechnung 1904/05.

Kapsel 5:

20. Einführung in die Theorie der continuierlichen Transformationsgruppen 1905/06.
21. Zahlentheorie 1906/07.
22. Algebraische Gleichungen 1907.

Kapsel 6:

23. Differential- und Integralrechung 1907/08.
24. Differentialgleichungen 1908, 1924.
25. Reihen und bestimmte Integrale 1908/09.

Kapsel 7:

26. Zahlentheorie 1909, 1913, 1917, 1921/22, 1924/25, 1927.
27. Determinanten 1909, 1915.
28. Differentialgeometrie 1909/10.
29. Einführung in die Mengenlehre 1910.

Kapsel 8:

30. Differential- und Integralrechnung I, 1910, 1914/15, 1916.
31. Differential- und Integralrechnung II, 1910/11, 1915, 1916/17 ...
32. Einführung in die Gruppentheorie 1910/11.

Kapsel 9:

33. Einführung in die Funktionentheorie 1911/12 ...
34. Einführung in die Mengenlehre 1911/12, 1915/16.

Kapsel 10:

35. Elliptische Funktionen 1912, 1920, 1930/31.
36. Lineare Differentialgleichungen 1912/13.

Kapsel 11:

37. Analytischc Geometrie 1912/13, 1914/15, 1916/17, 1917/18.
38. Differentialgeometrie 1913, SS 1919, Herbstzwischensemester 1919.

Kapsel 12:

39. Integralgleichungen 1914, 1923/24, 1934.
40. Einführung in die Algebra 1915/16, 1920/21.
41. Algebra 1916.

Kapsel 13:

42. Mengenlehre und Theorie der reellen Funktionen 1921/22.
43. Der moderne Integralbegriff 1922/23, 1927/28.
44. Die Vertheilung der Primzahlen 1924.

Kapsel 14:

45. Divergente Reihen 1925, 1929/30.
46. Hyperkomplexe Zahlen 1926/27.
47. Partielle Differentialgleichungen 1927/28.

Kapsel 15:

48. Algebraische Gleichungen 1928/29.
49. Mengenlehre 1930/31.
50. Punktmengen 1931.

Kapsel 16:

51. Zahlentheorie 1931/32.
52. Algebraische Zahlen 1932.

Kapsel 17:

53. Reelle Funktionen und Masstheorie 1932/33.
54. Infinitesimalrechnung 1933.

Kapsel 18:

55. Einführung in die Kombinatorische Topologie 1933, (1940).
56. Divergente Reihen 1933/34.

Kapsel 19:

57. Infinitesimalrechnung I 1933/34.
58. Infinitesimalrechnung II 1934.
59. Infinitesimalrechnung III 1934/35,
    (letzte von Hausdorff vorgetragene Vorlesung).

Kapsel 20:

60. Curventheorie (aus der Zeit vor dem 1. Weltkrieg).
61. Zahlentheorie (aus der Zeit vor dem 1. Weltkrieg).
62. Fouriersche Reihen (mit Varianten aus der Greifswalder Zeit).

Kapsel 21:

63. Fouriersche Reihen (in Greifswald begonnen, in Bonn fortgeführt).
64. Wahrscheinlichkeitstheorie (nach 1921 in Bonn entstanden).

Kapsel 22:

65. Algebraische Zahlen 1909/10 – 1930/31,
(mit zahlreichen Einschüben versehene Neubearbeitung).

Kapsel 23:

Vorlesungsvorbereitungen
über Themen der Astronomie, Theoretischen Physik, Mathematischen
Geographie, (aus der Zeit um 1895), darunter:
Vorlesung über „Kartenprojektion" 1895/96.

Kapsel 24:

Sechs Fragmente von Vorlesungen:
Anwendungen der Differential- und Integralrechnung auf Geometrie SS 1898.
Zeit und Raum WS 1903/04.
Politische Arithmetik (Handelshochschule Leipzig).
Einführung in die Versicherungsmathematik, Köln WS 1910/11.
Politische Arithmetik, Cöln SS 1911.
Integrale und Fouriersche Reihen SS 1930.

Kapsel 25:

Übungen, Seminare 1902 bis 1934/35
und Assistentenaufzeichnungen hierzu.

Kapsel 26:

Vorträge und
Manuskripte von Veröffentlichungen.

Manuskripte und Druckproben, insbesondere für seine 3 Bücher über Mengenlehre

Kapsel 27:

Manuskript zur Vorbereitung der
„Grundzüge der Mengenlehre", 1. Aufl. 1914 (Fragment).

Kapsel 28:

Umbruch zur Mengenlehre 1927, 2. Aufl.
(darunter ein vollständiges Exemplar).

Kapsel 29:

Fragmente vom Umbruch zur Mengenlehre 1914, 1. Aufl.
und 1935, 3. Aufl., hierzu
Figurenzeichnungen F. Hausdorffs und des Verlages.

Kapsel 30:

Druckkorrekturen diverser wissenschaftlicher Arbeiten
(Veröffentlichungen).

Studien und Referate

Kapsel 31:

Jahrgänge 1907–1908, mit Datum.
Jahrgänge 1910–1914, mit Datum.
Jahrgänge 1915–1919, mit Datum.
Jahrgänge 1920–1924, mit Datum.
(Vgl. auch 33).

Kapsel 32:

Jahrgänge vor 1922, datumslos.

Kapsel 33:

Jahre 1915–1925 Axiomatik topologischer Räume usf., mit Datum.
Jahrgänge 1925–1929, mit Datum.

Kapsel 34:

Jahrgänge 1921–1930, datumslos.
Gruppe um 1930, datumslos.

Kapsel 35:

1930 – Febr. 1934, mit Datum
1. Teil.

Kapsel 36:

1930 – Febr. 1934, mit Datum
2. Teil.

Kapsel 37:

1930 – Febr. 1934, datumslos,
und Reste und Fragmente.

Kapsel 38:

> März 1934 – Aug. 1936, mit Datum,
> 1969 fast ganz veröffentlicht.

Kapsel 39:

> März 1934 – Aug. 1936, datumslos.
> a) 1969 veröffentlicht,
> b) nicht veröffentlicht,
> c) Reste.

Kapsel 40:

> September 1936 – März 1938, mit Datum,
> 1969 fast ganz veröffentlicht.

Kapsel 41:

> September 1936 – März 1938, datumslos.

Kapsel 42:

> April 1938 – April 1940
> a) mit Datum,
> b) ohne Datum.

Kapsel 43:

> Juni 1940 – 16.01.1942
> a) mit Datum,
> b) ohne Datum.
> (Vgl. auch Vorlesung Nr. 55 in Kapsel 18).

Sammlungen und umfangreiche Berichte über Spezialgebiete

Kapsel 44:

> a) Relativitätsprinzip um 1917
>
> > (Entwurf für Vortrag).
>
> b) „Varia" im wesentlichen 1910–1920.
> c) Konvergenz von Reihen und Orthogonalfunktionen 1914–1918.

Kapsel 45:

a) Das Momentenproblem, zwanziger Jahre.
b) Summationsmethoden und Momentfolgen, zwanziger Jahre.
c) Wahrscheinlichkeitsrechnung, Perron-Stieltjes-Integral, zwanziger Jahre.

Kapsel 46:

Lipschitzsche Zahlensysteme 1936–1939.
Clifford-Lipschitzsche Zahlensysteme 1926–1935.

Kapsel 47:

Kurventheorie (K. Menger), dreissiger Jahre.
Dimensionstheorie, dreissiger Jahre,
(mit Vorläufer aus den zwanziger Jahren).

Kapsel 48.1:

Kleinere Manuskriptsammlungen I (vor 1930).

Kapsel 48.2:

Kleinere Manuskriptsammlungen II (nach 1930).

Kapsel 49:

Kleinere Abhandlungen über Naturwissenschaften und Mathematik
(vor 1910).
Notiz-Sammlungen zur Psychologie, Philosophie (vor 1910).
Buchbesprechung von B. Russell: *„The Principles of Mathematics"*.

Kapsel 50:

Manuskript-Reste I.

Kapsel 51:

Manuskript-Reste II.

Kapsel 52:

Mitteilung an H. von E. Bessel-Hagen 1937
über das quadratische Reziprozitätsgesetz.

Kapsel 53:

Notizbücher, -zettel, Tafeln.

Schüler- und Studentenzeit

Kapsel 54:

Arbeitsmaterial für Übungen zur Geometrie, Univ. Leipzig 1883.
Vom Dozenten mit Bemerkungen versehene Übungsarbeiten des Studenten
F. Hausdorff.

Kapsel 55:

Vorlesungsmitschriften und -ausarbeitungen
aus seiner Studentenzeit 1888–1891 Teil I.

Kapsel 56:

Vorlesungsmitschriften und -ausarbeitungen
aus seiner Studentenzeit 1888–1891 Teil II.

Kapsel 57:

Vorlesungsmitschriften und -ausarbeitungen
aus seiner Studentenzeit 1888–1891 Teil III.

Kapsel 58:

Schlechter erhaltene Notizen, Mitschriften,
Ausarbeitungen aus der Studentenzeit 1888-1891.

Kapsel 59:

Steno-Mitschriften Hausdorffs von Vorlesungen
des Gastprofessors [1] Sophus Lie (Norwegen)
a) Anwendungen der Berührungstransformationen (2 Hefte)   SS 1889,
b) Theorie der Transformationsgruppen (3 Hefte)   SS 1889,
c) Theorie der Berührungstransformationen (1 Heft), abgebrochen
    WS 1889/90.

Kapsel 60:

Notizen des Unteroffiziers F. Hausdorff aus einem Offizierslehrgang
1892,
Allgemeine Dienstkenntnisse,
Felddienstordnung,
(Heft vorwärts und rückwärts zu lesen).

Kapsel 61:

Briefe und Bilder
(Umschlag, versiegelt).

---

[1] Nicht zutreffend. S. Lie war Ord. Professor.

Verzeichnis der mathematischen Schriften
Felix Hausdorffs

Claus Hertling

1. *Zur Theorie der astronomischen Strahlenbrechung* (Dissertation), Ber. über die Verh. der Königl. Sächs. Ges. der Wiss. zu Leipzig. Math.-phys. Classe **43** (1891), 481—566.

2. *Zur Theorie der astronomischen Strahlenbrechung II,III*, Ber. über die Verh. der Königl. Sächs. Ges. der Wiss. zu Leipzig. Math.-phys. Classe **45** (1893), 120—162, 758—804.

3. *Über die Absorption des Lichtes in der Atmosphäre* (Habilitationsschrift), Ber. über die Verh. der Königl. Sächs. Ges. der Wiss. zu Leipzig. Math.-phys. Classe **47** (1895), 401—482.

4. *Infinitesimale Abbildungen der Optik*, Ber. über die Verh. der Königl. Sächs. Ges. der Wiss. zu Leipzig. Math.-phys. Classe **48** (1896), 79—130.

5. *Das Risico bei Zufallsspielen*, Ber. über die Verh. der Königl. Sächs. Ges. der Wiss. zu Leipzig. Math.-phys. Classe **49** (1897), 497—548.

6. *Analytische Beiträge zur nichteuklidischen Geometrie*, Ber. über die Verh. der Königl. Sächs. Ges. der Wiss. zu Leipzig. Math.-phys. Classe **51** (1899), 161—214.

7. *Zur Theorie der Systeme complexer Zahlen*, Ber. über die Verh. der Königl. Sächs. Ges. der Wiss. zu Leipzig. Math.-phys. Classe **52** (1900), 43—61.

8. *Beiträge zur Wahrscheinlichkeitsrechnung*, Ber. über die Verh. der Königl. Sächs. Ges. der Wiss. zu Leipzig. Math.-phys. Classe **53** (1901), 152—178.

9. *Ueber eine gewisse Art geordneter Mengen*, Ber. über die Verh. der Königl. Sächs. Ges. der Wiss. zu Leipzig. Math.-phys. Classe **53** (1901), 460—475.

10. *Das Raumproblem* (Antrittsvorlesung, an der Universität Leipzig am 4. Juli 1903 gehalten), Annalen der Naturphilosophie **3** (1903), 1—23.

11. *Der Potenzbegriff in der Mengenlehre*, Jahresbericht der Deutschen Mathematiker-vereinigung **13** (1904), 569—571.

12. *Die symbolische Exponentialformel in der Gruppentheorie*, Ber. über die Verh. der Königl. Sächs. Ges. der Wiss. zu Leipzig. Math.-phys. Klasse **58** (1906), 19—48.

13. *Untersuchungen über Ordnungstypen I, II, III*, Ber. über die Verh. der Königl. Sächs. Ges. der Wiss. zu Leipzig. Math.-phys. Klasse **58** (1906), 106—169.

14. *Untersuchungen über Ordnungstypen IV, V*, Ber. über die Verh. der Königl. Sächs. Ges. der Wiss. zu Leipzig. Math.-phys. Klasse **59** (1907), 84—159.

15. *Über dichte Ordnungstypen*, Jahresbericht der Deutschen Mathematikervereinigung **16** (1907), 541—546.

16. *Grundzüge einer Theorie der geordneten Mengen*, Mathematische Annalen **65** (1908), 435—505.

17. *Die Graduierung nach dem Endverlauf*, Abhandlungen der Königl. Sächs. Ges. der Wiss. in Leipzig. Math.-phys. Klasse **31** (1909), 295—334.

18. *Zur Hilbertschen Lösung des Waringschen Problems*, Mathematische Annalen **67** (1909), 301—305.

19. *Bemerkung über den Inhalt von Punktmengen*, Mathematische Annalen **75** (1914), 428—433.

20. *Die Mächtigkeit der Borelschen Mengen*, Mathematische Annalen **77** (1916), 430—437.

21. *Dimension und äußeres Maß*, Mathematische Annalen **79** (1919), 157—179.

22. *Der Wertvorrat einer Bilinearform*, Mathematische Zeitschrift **3** (1919), 314—316.

23. *Zur Verteilung der fortsetzbaren Potenzreihen*, Mathematische Zeitschrift **4** (1919), 98—103.

24. *Über halbstetige Funktionen und deren Verallgemeinerung*, Mathematische Zeitschrift **5** (1919), 292—309.

25. *Summationsmethoden und Momentfolgen I, II*, Mathematische Zeitschrift **9** (1921), I, 74—109, II, 280—299.

26. *Eine Ausdehnung des Parsevalschen Satzes über Fourierreihen*, Mathematische Zeitschrift **16** (1923), 163—169.

27. *Momentprobleme für ein endliches Intervall*, Mathematische Zeitschrift **16** (1923), 220—248.

28. *Die Mengen G_δ in vollständigen Räumen*, Fundamenta Mathematicae **6** (1924), 146—148.

29. *Zum Hölderschen Satz über* $\Gamma(x)$, Mathematische Annalen **94** (1925), 244—247.

30. *Beweis eines Satzes von Arzelà,* Mathematische Zeitschrift **26** (1927), 135—137.

31. *Lipschitzsche Zahlensysteme und Studysche Nablafunktionen,* Journal für reine und angewandte Mathematik **158** (1927), 113—127.

32. *Die Äquivalenz der Hölderschen und Cesàroschen Grenzwerte negativer Ordnung,* Mathematische Zeitschrift **31** (1930), 186—196.

33. *Erweiterung einer Homöomorphie,* Fundamenta Mathematicae **16** (1930), 353—360.

34. *Zur Theorie der linearen metrischen Räume,* Journal für reine und angewandte Mathematik **167** (1931/32), 294—311.

35. *Zur Projektivität der* δs*–Funktionen,* Fundamenta Mathematicae **20** (1933), 100—104.

36. *Über innere Abbildungen,* Fundamenta Mathematicae **23** (1934), 279—291.

37. *Gestufte Räume,* Fundamenta Mathematicae **25** (1935), 486—502.

38. *Über zwei Sätze von G. Fichtenholz und L. Kantorovitch,* Studia Mathematica **6** (1936), 18—19.

39. *Summen von* $\aleph_1$ *Mengen,* Fundamenta Mathematicae **26** (1936), 241—255.

40. *Die schlichten stetigen Bilder des Nullraums,* Fundamenta Mathematicae **29** (1937), 151—158.

41. *Erweiterung einer stetigen Abbildung,* Fundamenta Mathematicae **30** (1938), 40—47.

Bücher

1. *Grundzüge der Mengenlehre,* 10 Kapitel und ein Anhang, 476 Seiten mit 53 Figuren, Leipzig: Veit & Comp. 1914.

   Nachdruck: New York: Chelsea Pub. Co. 1949, 1965.

2. *Mengenlehre,* zweite, neubearbeitete Auflage, 9 Kapitel und ein Nachtrag, 285 Seiten mit 12 Figuren, Berlin: Walter de Gruyter & Co. 1927.

   [Die zweite Auflage unterscheidet sich so grundlegend von der ersten Auflage, daß sie als neues Buch anzusehen ist.]

   Dritte Auflage, 10 Kapitel und Nachträge, 307 Seiten mit 12 Figuren, Berlin: Walter de Gruyter & Co. 1935.

   [Neu gegenüber der zweiten Auflage sind das zehnte Kapitel und einige Nachträge.]

   Nachdruck der dritten Auflage: New York: Dover Pub., ohne Jahresangabe.

Englische Ausgabe: *Set theory*, Übersetzung der dritten Auflage aus dem Deutschen von J.R. Aumann et al., 352 Seiten, New York: Chelsea Pub. Co. 1957, 1962.

[Gegenüber der dritten Auflage sind zwei Nachträge von R.L. Goodstein hinzugefügt worden, Literaturverzeichnis und Register sind erweitert worden.]

Russische Ausgabe: *Теория множеств* [Mengenlehre], Übersetzung aus dem Deutschen von N.B. Wedenisoff, Redaktion und Ergänzungen von P.S. Alexandroff und A.N. Kolmogoroff, 9 Kapitel und ein Anhang, 304 Seiten, Vereinigter wissenschaftlich-technischer Verlag Moskau-Leningrad 1937.

[Die Kapitel I – V der russischen Ausgabe stimmen weitgehend mit den Kapiteln I – V der zweiten Auflage überein. Kapitel VI und VII sind eine modernisierte Darstellung der Theorie der topologischen und metrischen Räume im Geist der Kapitel 7 und 8 der *Grundzüge der Mengenlehre* unter Benutzung der ersten zwei Kapitel der *Topologie* von Alexandroff und Hopf. Kapitel VIII und IX über deskriptive Mengenlehre und reelle Funktionen enthalten in überarbeiteter Form Material der letzten drei Kapitel der zweiten Auflage. Der Anhang ist eine Übersetzung von Hausdorffs Arbeit *Zur Theorie der linearen metrischen Räume.*]

Herausgegeben von Felix Hausdorff

Christian Huygens' nachgelassene Abhandlungen: Über die Bewegung der Körper durch den Stoss, Über die Centrifugalkraft, 79 Seiten, mit Anmerkungen von Felix Hausdorff auf den Seiten 63—79, Leipzig: Akademische Verlagsgesellschaft m.b.H., ohne Jahresangabe.

Referate

1. *Eine neue Strahlengeometrie,* Zeitschrift für mathematischen und naturwissenschaftlichen Unterricht **35** (1904), 470—483.

    [Besprechung des Werkes von E. Study: *Geometrie der Dynamen. Die Zusammensetzung von Kräften und verwandte Gegenstände der Geometrie.*]

2. *B. Russell, The principles of mathematics.* Vierteljahresschrift für wissenschaftliche Philosophie und Sociologie **29** (1905), 119—124.

3. *E. Landau, Handbuch der Lehre von der Verteilung der Primzahlen.* Jahresbericht der Deutschen Mathematikervereinigung **20** (1911), 2. Abteilung, IV Literarisches, 1.b. Besprechungen, 92—97.

Probleme

1. *Problem 58,* Fundamenta Mathematicae **20** (1933), 286.

2. *Problem 62,* Fundamenta Mathematicae **25** (1935), 578.

MIX
Papier aus verantwortungsvollen Quellen
Paper from responsible sources
FSC® C105338

If you have any concerns about our products,
you can contact us on
ProductSafety@springernature.com

In case Publisher is established outside the EU,
the EU authorized representative is:
Springer Nature Customer Service Center GmbH
Europaplatz 3, 69115 Heidelberg, Germany

Printed by Libri Plureos GmbH
in Hamburg, Germany